DSP原理与应用技术

—— 基于TMS320F2833x系列

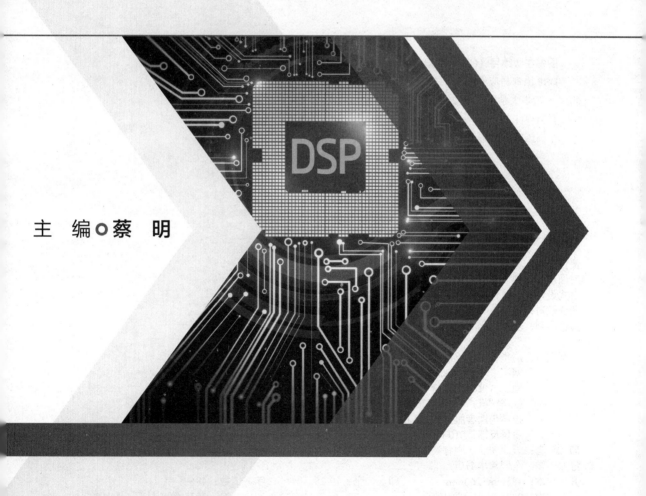

主 编◉蔡 明

清华大学出版社

北京

内 容 简 介

本书选择 TI C2000 中的 TMS320F2833x 系列产品，并以 TMS320F28335 为例，全面系统地介绍了世界主流 DSP 芯片的基本原理及其应用。本书共分 8 章，涵盖了 DSP 的基本概念、硬件结构、软件编程知识与开发环境安装，以及基本外设、控制类外设和串行通信外设等众多片上外部设备的组成、原理与应用案例，内容翔实，重点突出，层次分明，硬件与软件相结合，基本原理与应用技术交融，凝聚了作者多年的科研与教学心得。每章既自成体系，又循序渐进，前后呼应，附有习题与思考题，便于教学与自学。本书最后附有自主设计的 DSP 开发板电路原理图，以及相关的应用案例软件包。通过本书的学习，可以快速系统地掌握 DSP 芯片的基本原理与应用技术。

本书可作为普通高等院校高年级本科生、相关专业研究生的 DSP 原理与应用类课程的教材，也可供相关科技人员自学参考。

图书在版编目（CIP）数据

DSP 原理与应用技术：基于 TMS320F2833x 系列 / 蔡明主编.
北京：清华大学出版社，2025.2. -- ISBN 978-7-302-68298-1
Ⅰ. TN911.72
中国国家版本馆 CIP 数据核字第 2025JC3768 号

责任编辑：邓　艳
封面设计：刘　超
版式设计：楠竹文化
责任校对：范文芳
责任印制：丛怀宇

出版发行：清华大学出版社
　　　　　网　　　址：https://www.tup.com.cn，https://www.wqxuetang.com
　　　　　地　　　址：北京清华大学学研大厦 A 座　　　　　邮　　编：100084
　　　　　社　总　机：010-83470000　　　　　　　　　　邮　　购：010-62786544
　　　　　投稿与读者服务：010-62776969，c-service@tup.tsinghua.edu.cn
　　　　　质量反馈：010-62772015，zhiliang@tup.tsinghua.edu.cn
印　装　者：天津安泰印刷有限公司
经　　销：全国新华书店
开　　本：185mm×260mm　　　印　　张：19.25　　　字　　数：486 千字
版　　次：2025 年 3 月第 1 版　　　　　　　　　　印　　次：2025 年 3 月第 1 次印刷
定　　价：75.80 元

产品编号：094359-01

前　言
PREFACE

　　DSP 是当目前世界最先进的微处理器，DSP 技术也是信息与人工智能时代的核心与关键支撑技术之一，在工业生产与制造、电力、通信、交通运输、军工、航空航天等领域有着极为广泛的工程应用。因此，近年来国内外各高校在电子信息、自动化、电气工程、机器人、智能制造、机电一体化等专业，纷纷开设了 DSP 课程，其中不少高校将其列为重要的专业核心课程之一。

　　德州仪器公司（TI）的 DSP 产品，系统设计先进、产品性能优异，在全球 DSP 市场中独占鳌头，几乎占据了半壁江山，TMS320F2833x（以下简称 F2833x）系列控制器，将内核与丰富的外设集成为一体，既有高超的数字信号处理能力，又兼具强大的嵌入式操作和微控制器功能，已经被广泛地应用于各种车载数字终端、手持智能设备、数字控制器、数字电源、智能仪表、无人装备和智能家电等领域。

　　本书以目前主流的 TMS320F28335 微处理器为例，面向高等院校应用型、创新型、"卓越工程师"人才培养需求，全面系统地介绍 DSP 原理及其应用技术。本书内容丰富、系统、全面，章节布局合理，重点突出，前后自然衔接，论述透彻，语言通俗易懂，应用案例丰富，降低了学习门槛。

　　全书首先从整体上对 DSP 做了概述，讲述了 DSP 的基本概念以及 DSP 芯片的基础知识，使读者对其基本特征、基本应用领域有初步的了解。随后，从硬件角度详细描述了 DSP 的系统结构和组成；接着从软件角度进行了阐述，包括常用汇编指令、C 语言指令，以及混合编程等，并以 CCS6.0 版本为例，图文并茂介绍了开发环境的安装、初始化设置、工程案例导入、编译、下载及运行等环节的实操步骤。从第 4 章开始，对 F2833x 众多片上外设，按照基本外设、控制类外设、异步与同步通信外设、串行通信外设等划分为四大类，采取分门别类的方式，从基本外设模块入手，循序渐进，由浅入深，遵循学以致用原则，依次对系统结构、工作原理、功能、模块寄存器，以及应用案例进行了详细论述。

　　全书共分为 8 章，第 1 章为绪论，讲述了 DSP 的基本概念，数字信号处理与数字信号处理器，F2833x 系列 DSP 的特性、参数、产品封装，以及 F2833x/F2823x 系列微控制器系统结构。第 2 章为硬件基础，讲述了 DSP 总体结构，总线与流水线、中央处理单元、FPU 及其寄存器组、存储器与存储空间、时钟系统，以及电源与复位系统等，针对外部存储器接口，给出了实际应用案例。第 3 章为软件基础，内容涵盖软件开发流程、汇编与 C 语言基础，混合编程，以及 CCS6.0 开发环境的安装、设置与使用。第 4 章为基本外设，包括 GPIO、PIE 中断、CPU 定时器、模/数转换（ADC）和 DMA 模块，是 DSP 开发与应用所需要的几种基本功能模块，对其功能结构、工作原理，以及寄存器设置进行了理论描述，并配备了应用例程，通过例程分析，理论联系实际，进一步巩固理论知识。第 5 章为控制类外设，也是 F2833x 系列产品的特色功能模块，包括增强脉宽调制（ePWM）、增强捕获（eCAP）和增强正交编码脉冲（eQEP）等模块，其中 ePWM 和 eQEP 分别是电机控制和电机测速专用功能模块，均配置了相应的功能程序。第 6 章为异步与同步通信，分别介绍了 SCI 和 SPI 模块的功能结构、寄存器设置及软件编程。第 7 章为常用串行通信总线，对 I^2C 通信、控制器局域网（eCAN）、多通道缓冲接口（McBSP）等模块的功能结构、工作原理，以及开发应用案例等进行了详细论述。第 8 章为 DSP 综合应用部分，对 DSP 最小应用系统的概念和组成，以及常用外围功能电路的设计思路、电路原理图和软件源代码等，分别进行了详细介绍与阐述。在每章后配有相关习题与思考题，有助于巩固课堂理论教学。

本课程的参考教学学时为 40～56 学时，推荐为 48 学时，其中理论 38 学时，实验 10 学时左右。本课程的教学学时分配表如下。

学时分配表

章节	课程内容	学时分配	
		理论（学时）	实验（学时）
第 1 章	绪论	1	0
第 2 章	硬件基础	5	0
第 3 章	软件编程基础	4	0
第 4 章	基本外设及其应用	10	4
第 5 章	控制类外设及其应用	8	2
第 6 章	异步与同步通信	4	2
第 7 章	串行通信总线	5	0
第 8 章	DSP 应用系统设计	1	2
合计（学时）		38	10

在实际教学中，建议积极建设线上课程平台，采用"线上+线下"混合式教学模式，同时，强化实践教学训练，改革传统试卷考核单一模式，不断探索和创新以能力考核为目标的课程设计考核新模式。

本书由蔡明主编，承蒙清华大学信息科学技术学院张旭东教授审阅，在此表示诚挚的谢意。硕士研究生李琴、陶梦林等帮助绘制了部分图表，在此一并致谢。

本书的第一手资料源自作者精心组织编写的课程教案，同时，也学习借鉴了有关参考文献资料，包括 TI 官网提供的信息，在此谨向其作者表示衷心的感谢。尽管付出了极大的努力，但由于作者水平有限，加之时间仓促，书中可能存在疏忽和不当之处，敬请各位读者批评指正。

编　者

目 录
CONTENTS

第1章	绪　论

CHAPTER 1

1.1　数字信号处理与数字信号处理器

1.1.1　数字信号处理

目前，人类社会已经进入以大数据和人工智能为重要特征的信息时代。数字信号处理技术与高速数字信号处理器，在其中担负着关键角色。

在工农业生产和人们的日常生活中，需要采集处理的信息，绝大多数是以模拟信号的形式存在的，譬如温湿度、速度、压力、流量等。计算机等数字设备无法直接处理和使用非电量物理量和模拟电信号信息，需要经过传感器和模/数转换等环节，并将模拟电信号转换成数字电信号，才能进行进一步的数字信号处理。DSP 有以下两层含义。

一是指数字信号处理过程（digital signal processing，DSP）。即指利用计算机或专用信号处理设备，对模/数转换后的数字信号进行处理与变换（包括滤波、压缩、算法处理等）。数字信号处理是信息领域的关键环节，广泛存在于现代通信、自动控制、语音识别、图像处理等过程。数字信息处理的方法及实现，主要有软件和硬件两种模式，其中，软件模式是基于计算机平台和软件工具，如 MATLAB 软件，对原始的数据信息进行分析、加工与处理；硬件模式则是利用高性能通用或专用微处理器芯片作为核心，外加具体电路形成信息处理的硬件平台，对数字信号进行进一步的加工与处理。

二是指数字信号处理器（digital signal processor，DSP）。利用高速数字信号处理器——DSP 平台，借助各种软件处理算法，对复杂信号进行综合处理并完成相应的工程应用，已经成为信息技术领域的主流研究模式。因此，学习并掌握一款适合专业发展需求或实际工程需要的高速数字信号处理器，已经成为电子信息工程、机器人、电气自动化等专业领域广大师生和工程技术人员的迫切需求。

从 1978 年第一款真正意义上的 DSP 芯片开始，经过数代人的不懈努力，目前，DSP 芯片已经发展为一款功能强大的高级微处理器：具有 32 位架构、多总线结构、高达 150Hz 及以上主频速度、高达 512KB 的集成型闪存，同时拥有高分辨率 ePWM 模块、集成型 12 位宽片上 ADC 模块，和外部寄存器接口 XINTF，以及众多标准串行通信端口。从而为高速实时信息采集与处理，提供了强大的技术支撑平台。

1.1.2　DSP 微处理器

目前世界上著名的 DSP 微处理器生产商，有 TI、Intel、Qualcomm、Nvidia、NEC 等大型公司。其中，TI 公司产品占据了世界近 60% 的市场需求，成为本领域的主导产品。根据应用领域不同，TI 公司 DSP 产品分为 TMS320C2000、TMS320C5000 和 TMS320C6000 三大系列。其中，TMS320C5000 系列包括 C55x 和 C55x 两款主导产品，主要面向手持设备、无线终端等通信消费类市场；TMS320C6000 系列包括 C62xx、C67xx、C64xx 三个子系列，主要面向高性能、多功能、复杂高端领域，譬如现代通信、雷达海量数据处理等。

TMS320C2000 系列产品主要面向信号检测与控制工业应用领域，因此，又被称为 DSP 微控制器；C2000™ MCU 系列拥有 32 位架构、众多高级片上外设、能够完成信号采集、处理与控制等复杂功能，有多种引脚封装，拥有颇具特色的重要片上外设资源，包括 12 位的 ADC 模块、18 路 PWM 波发生器 ePWM 模块和增强型测速模块 eQEP 等。其中 TMS320C28x™ 拥有 32 位内核，具有 32 x 32 位硬件乘法器以及单周期原子指令执行能力。

TMS320F28335 是一款具有优良性能具有代表性的芯片，具有丰富的片内资源、强大的信息处理和控制功能，其结构组成如图 1.2 所示（简化后的总体结构参阅图 2.1），包括片内总线（存储器总线+DMA 总线+CPU 总线）、中央处理器单元、时钟系统、存储单元、CPU 定时器、PIE 中断管理单元、仿真与调试端口、外部存储器接口 XINTF 单元等。包括 CPU 在内的所有片内功能单元，均挂接在片内总线之上，通过总线传输地址和数据等信息。其中，CPU 与众多片内功能单元之间，有中断和控制信号等相互连接。

1.2　TMS320F2833x 系列微控制器

1.2.1　主要特性

TMS320F2833x 和 TMS320F2823x 系列数字信号处理器，具有如下特性。

（1）高性能静态 CMOS 技术

① 主频高达 150MHz（周期 6.67ns）；

② 内核电压 1.9V/1.8V，I/O 电压 3.3V。

（2）高性能 32 位 CPU（TMS320C28x）

① IEEE-754 单精度浮点单元（FPU）（仅 F2833x 提供）；

② 16×16 和 32×32 介质访问控制（MAC）运算；

③ 16×16 双 MAC；

④ 哈佛（Harvard）总线架构；

⑤ 快速中断响应和处理；

⑥ 统一存储器编程模型；

⑦ 高效代码（C/C++和汇编语言混合编程）。

（3）6 通道 DMA 处理器：应用于 ADC、McBSP、ePWM、XINTF 和 SARAM 单元。

（4）16 位或 32 位外部接口（XINTF）：超过 2M×16 地址范围。

（5）片上存储器

① F28335/F28235：256K×16 闪存，34K×16SARAM；

② F28334/F28234：128K×16 闪存，34K×16SARAM；

③ F28332/F28232：64K×16 闪存，26K×16SARAM；

④ 1K×16 一次性可编程（OTP）ROM。

（6）引导 ROM（8K×16）

① 支持软件引导模式（通过 SCI、SPI、CAN、I²C）McBSP、XINTF 和并行 I/O）；

② 标准数学表。

（7）时钟和系统控制

① 支持动态锁相环（PLL）比率变化；

② 片载振荡器；

③ 安全装置定时器模块。

（8）8 个外部中断，可以通过 GPIO0～GPIO63 引脚输入 DSP。

（9）外设中断扩展（PIE）块，支持 58 个外设中断。

（10）128 位安全密钥/锁

① 保护闪存/OTP/RAM 模块；

② 防止固件逆向工程。

（11）增强型控制类外设

① 多达 18 路脉宽调制（PWM）输出；

② 高达 6 路高分辨率脉宽调制器（HRPWM）输出；

③ 高达 6 个事件捕捉输入；

④ 多达两个正交编码器接口；

⑤ 高达 8 个 32 位定时器（6 个 eCAP 以及 2 个 eQEP）；

⑥ 高达 9 个 32 位定时器（6 个 ePWM 以及 3 个 XINTCTR）。

（12）3 个 32 位 CPU 定时器。

（13）串行端口外设

① 多达 2 个控制器局域网（CAN）模块；

② 多达 3 个 SCI（UART）模块；

③ 高达 2 个 McBSP 模块（可配置为 SPI）；

④ 1 个 SPI 模块；

⑤ 1 个内部集成电路（I²C）总线。

（14）12 位模/数转换器（ADC）

① 16 个模拟输入通道；

② 80ns 转换率；

③ 2×8 通道输入复用器；

④ 2 个采样保持；

⑤ 单一/同步转换；

⑥ 内部或者外部电压基准。

（15）GPIO 单元

多达 88 个具有输入滤波功能、可单独编程的多路复用通用输入输出（GPIO）引脚。

（16）支持 JTAG 边界扫描；

（17）高级仿真特性

① 分析和断点功能；

② 借助硬件的实时调试。

（18）开发支持

① ANSI C/C++编译器/汇编语言/连接器；

② Code Composer Studio IDE；

③ 数字电机控制和数字电源软件库。

（19）低功耗模式和省电模式

支持 IDLE（空闲）、STANDBY（待机）、HALT（暂停）模式；可禁用独立外设时钟。

（20）封装选项

① 无铅，绿色封装；

② 薄型四方扁平封装（PGF，PTP）；

③ MicroStar BGA（ZHH）；

④ 塑料 BGA 封装（ZJZ）。

（21）温度选项

① A：−40℃至 85℃（PGF，ZHH，ZJZ）；

② S：−40℃至 125℃（PTP，ZJZ）；

③ Q：−40℃至 125℃（PTP，ZJZ）。

1.2.2 芯片封装与引脚

1. 芯片封装

TMS320F28335 有 3 种封装，其中，最常见的是 176 引脚的 PGF/PTP 低剖面扁平封装（LQFP），如图 1.1 所示。芯片左下角的"○"型标识符号是引脚起始标识符号，其下面最左则的引脚，是芯片第 1 号引脚。该封装的芯片共 176 个引脚，从 1 号引脚开始按照逆时针排列，由于 LQFP 封装呈正方形，故每边排列 44 个引脚。

2. 引脚分布及其功能

在 F28335 的 176 个引脚中，共有 88 个多功能复用引脚，每个复用引脚最多拥有 4 种复用功能（具体参见 4.1 GPIO 部分）。

在 DSP 应用系统电路设计中，要重点注意电源和地线（GND）引脚的分布，F28335 芯片内核需要 1.8V、1.9V 两种电压供电，以降低功耗；同时，I/O 端口部分引脚则需要 3.3V 电压供电，以增大驱动能力。所以，F28335 需要 1.8V、1.9V 和 3.3V 共 3 种不同的电压供电，但是，在实际使用中可以将 1.8V、1.9V 的内核电源引脚，按照 1.9V 电压统一供电。DSP 作为一款高精密的数字信号处理器，在电源电路设计中，还需要考虑模拟电源与数字电源的隔离问题，以降低干扰，提高供电质量。

1.2.3 内部结构

TMS320F2833x/F2823x 系列芯片内部功能结构如图 1.2 所示，具体功能论述，参见第 2 章。

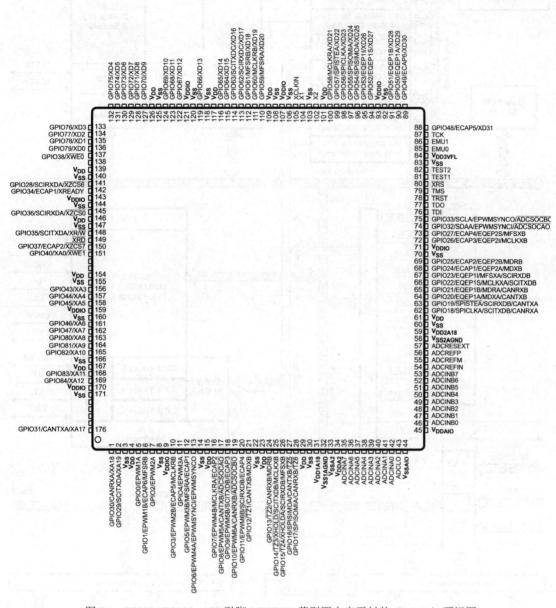

图 1.1 F2833x/F2823x 176 引脚 PGF/PTP 薄型四方扁平封装（LQFP）顶视图

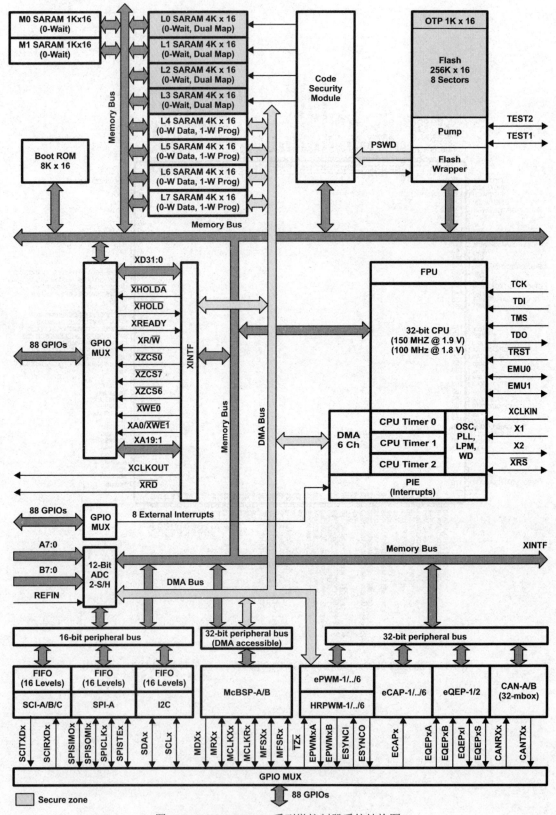

图 1.2　F2833x/F2823x 系列微控制器系统结构图

习题与思考题

1.1　简述 TI 公司 TMS320C2000、TMS320C5000、TMS320C6000 系列产品各自的及应用领域。

1.2　简述 TMS320F2833x 芯片的主要片上外设。

1.3　简述 TMS320F28335 芯片的封装种类及常见封装特点。

课件

代码

第 2 章

硬 件 基 础

2.1 DSP 总体结构

2.1.1 概述

TMS320F28335 具有丰富的片上资源，快速的信息处理能力和强大的控制功能，其结构框图如图 2.1 所示。包括片内总线：程序总线、数据总线、DMA 总线和 CPU 内的寄存器总线（位于 CPU 内部）；中央处理器、时钟系统、存储单元、CPU 定时器、PIE 中断管理单元、仿真与调试端口、外部存储器接口 XINTF，以及众多片上外设（虚线框部分）。DSP 系统架构采用改进的哈佛结构，片上各功能单元均挂在程序总线、数据总线或 DMA 总线上，通过总线传输地址、数据和控制信息。

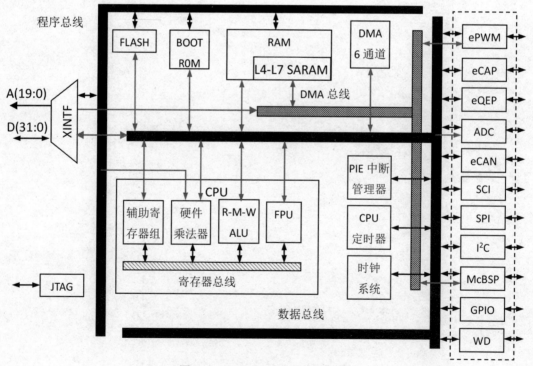

图 2.1 TMS320F28335 结构框图

2.1.2 片内结构及其功能

主要片上功能单元如下。

（1）CPU

TMS320F28335 的 CPU 采用 C28x+FPU 架构，包括 1 个 C28x 系列的 32 位定点运算内核，和 1 个单精度 32 位 IEEE-754 浮点处理内核 FPU。其中，32 位定点运算内核，又包括输入定标部分，可以进行 32×32 位或者 16×16 位乘法运算和乘累加运算的乘法部分和算术逻辑部分等。

（2）存储单元

片内存储器是 DSP 核心功能单元之一，是影响 DSP 运行性能的重要因素。F28335 的片内存储器映射，包括 4M 的数据存储空间和 4M 的程序存储空间。片内存储空间又配置了各种存储器：256KW（W：16 位字长）FLASH；34KW 单周期访问 SARAM，其中 L4～L7 单元支持 DMA 直接存储访问模式；2MW+4KW 的外部存储器接口映射存储单元 XINTF：XINTF Zone0 4KW、XINTF Zone6 1MW、XINTF Zone7 1MW；外设寄存器帧 PF0～PF3；BOOT ROM，该存储区域又包括加载程序、定点/浮点数学表、产品的版本号和校验信息，以及一个 CPU 中断向量表（地址范围 0x3FFFC0～0x3FFFFF），其中引导程序由 TI 公司出厂前设置并固化，可以根据 DSP 特定管脚的设置，在开机时实现不同模式下的程序加载。

（3）片上外设

如图 2.1 所示，右侧虚线框内是重要的片上外设功能单元，包括如下片上外设：6 通道的 ePWM 单元，可以输出高达 18 路的 PWM 波信号；拥有 6 路并行捕获/比较通道的 eCAP 单元；2 个增强型正交编码器单元 eQEP；1 个 12 位精度的模/数转换器，拥有 16 路模拟信号输入通道；2 个 eCAN 总线接口单元；3 个异步通信接口（SCI）；1 个同步通信接口单元 SPI；1 个标准 I^2C 通信接口单元；2 个多通道缓冲串行接口单元 McBSP；通用型数字输入输出引脚功能单元 GPIO，拥有 88 个可独立编程、可进行内部滤波的复用引脚。其中，ePWM、eQEP 和 eCAP 功能单元，主要针对电机控制与信号检测，是 F2833x 系列产品与众不同的特色设计。

（4）基本功能单元

还有一些基本的功能单元，包括中断管理单元 PIE、时钟系统、CPU 定时器、电源系统等。其中中断管理单元 PIE，可以管理高达 96 个来自芯片内外的外设级中断，目前实际管理有 58 个；时钟系统，可以直接利用来自外部的标准时钟信号，也可以使用外部晶振，加内部电路一起形成振荡源，产生初始时钟信号，经过 PLL 锁相环的稳频、倍频，形成 CPU 输入时钟 CLKIN，为 WD 和 CPU，以及片上众多功能单元提供时钟信号；3 个 32 位的 CPU 定时器 T0、T1 和 T3；电源系统，DSP 的电源系统可以提供 3.3V、1.8、1.9V 三种不同的电压，以满足 DSP 在不同工作状态下的电源需求。

（5）总线

F28335 采用改进的哈佛总线结构，几乎所有的功能单元均挂接在总线上，通过总线进行软件代码的读写以及数据信息的传递，其中寄存器总线位于 CPU 内部，是 CPU 各功能单元进行信息传输的高速通道，并与 CPU 外部总线相连接；DMA 总线是直接存储总线，不需要 CPU 的干预也不占用主程序执行时间，与 DMA 总线连接的功能单元，包括 DMA 控制器、SARAM（L4～L7）、ePWM、ADC、McBSP 等。

2.2　总线与流水线

2.2.1　总线及其结构

总线是 DSP 的重要组成部分之一，F2833x 总线包括片内总线和片外总线两部分。

如图 2.2 所示，左侧虚线框部分即为外部总线，由 20 位宽的地址线 A（19:0）、32 位宽的数据线 D（31:0）和相关控制信号线组成，是标准的单总线结构，便于兼容单总线外部器件。

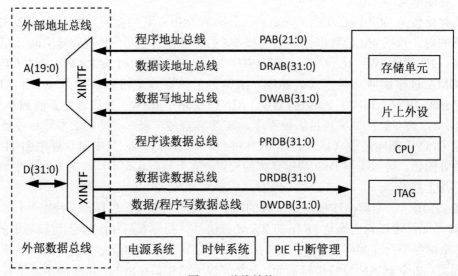

图 2.2　总线结构

DSP 片内总线与外部单总线结构不同，采用了改进的哈佛结构，包括地址总线和数据总线，上述总线又各自采用了分离的三总线结构，因此，共两类、六组总线，如图 2.2 所示。

地址总线：包括程序地址总线 PAB（22 位）、数据读地址总线 DRAB（32 位）、数据写地址总线 DWAB（32 位）；数据总线：包括程序读数据总线 PRDB（32 位）、数据读数据总线 DRDB（32 位）、数据/程序写数据总线 DWDB（32 位）。地址总线和数据总线各有 3 组总线。

其中，程序地址总线 PAB 为 22 位，所以，程序空间（读/写）的最大寻址范围 2^{22}=4MW；数据读地址总线 DRAB 和数据写地址总线 DWAB 均为 32 位，故数据空间的（读/写）最大寻址范围 2^{32}=4GW。但是，目前 F28335 片内只有 4M 大小的数据存储空间，所以 32 位数据地址总线仅使用了其中的低 22 位地址线（对应 4MW 寻址空间）。程序（空间）拥有自己独立的地址总线 PAB，数据（空间）拥有自己独立的读/写地址总线 DRAB/DWAB，片内程序空间与片内数据空间虽然大小相同、且起始与结束地址一致，但是却相互独立。

由于数据空间的读操作地址总线 DRAB，与数据空间写操作地址总线 DWAB，两者相互独立，所以数据的读/写操作可以并行进行；程序读数据总线 PRDB 与数据读数据总线 DRDB，两者相互独立，所以程序读取操作与数据读取操作也可以并行进行；程序写数据总线与数据写数据总线，则采用分时复用模式，共用一组写数据总线 DWDB。

改进的哈佛结构，又称三总线结构，是 F2833x 微控制器最显著的特征之一，大幅提升了存储速度和运行效率。

注意：由于程序空间的地址读、写操作共用 PAB 地址总线，故程序空间的地址读/写寻址操作不能同时发生；同样，由于程序空间数据的写操作与数据空间数据的写操作共用 DWDB 数据总线，故上述写操作也不能同时发生。

外部总线，是 DSP 芯片对外部设备或外部扩展存储区进行操作时的总线，为了与其他外设兼容，采用了单总线结构，即只有一组 20 位宽地址总线和一组 32 位宽的数据总线，采用分时复用方法，因此，对外部总线操作速度相对缓慢。

2.2.2　流水线机制

DSP 内部采取了 8 级流水线机制，即每一条指令的执行过程分为 8 个阶段：取指 1（F1）、取指 2（F2）、译码 1（D1）、译码 2（D2）、读 1（R1）、读 2（R2）、执行（E）、写（W），每个阶段分别完成不同的任务。上述每一个阶段，执行时间均需要 1 个机器周期，但是，并非每个阶段都是有效的，故一条指令的执行最多需要 8 个机器周期。但是，由于每个周期均激活 8 条指令，分别处于不同的流水线的不同阶段，而且每个周期均有指令执行。所以，总体效果是每个机器周期可以执行完一条指令，运行高效。通过流水线机制，DSP 实现了对海量数据的高速实时处理。

2.3　中央处理单元（CPU）

F2833x 系列 DSP 中央处理单元，简称 CPU，采用定点 C28x+FPU 浮点架构，在原来 C28x 系列定点运算中央处理器单核基础上，增加了一个可以进行浮点运算的副处理器 FPU，形成双核机制。可以进行复杂的定点和浮点运算，包括 32×32 位、16×16 位乘法运算、乘累加运算，具有 64 位的数据处理能力，可以处理高精度浮点运算。中央处理单元（CPU）由输入定标单元、硬件乘法器、算术逻辑单元、32 位辅助寄存器组和 FPU 等组成。

2.3.1　中央处理单元执行机构

输入定标部分、乘法部分和算术逻辑部分，组成了中央处理单元执行机构。来自总线的 16 位数据，首先进入输入定标部分，该部分是一个 32 位的移位寄存器，将输入的 16 位数据进行定标处理，转换为 32 位数据。定标过程中，可以进行符号扩展，该功能由状态寄存器 ST0 中的符号扩展位 SXM 控制，输入定标器工作不占用 DSP 运行周期。

乘法部分，由一个 32×32 位的硬件乘法器、32 位临时寄存器 XT、32 位乘积寄存器 P 和输出移位器等组成，与软件乘法运算不同，硬件乘法器不占用 CPU 时钟周期，可以完成 32×32 位、16×16 位乘法运算，可以在单周期内完成乘累加（MAC）运算，显著提升了乘法运算速度。

临时寄存器 XT 是 32 位寄存器，用于存放 32 位被乘数，也可以作为两个独立的 16 位寄存器使用，即高 16 位寄存器 T 和低 16 位寄存器 TL；32 位的乘积寄存器 P，用于存放乘法运算结果，与 XT 寄存器类似，P 寄存器也可以拆分成两个独立的 16 位寄存器使用，即高 16 位寄存器 PH 和低 16 位寄存器 PL。

进行 32×32 位乘法运算时，XT 中的 32 位被乘数与指令中给出的 32 位乘数相乘，得到

64 位的乘积，可以将乘积的高 32 位或低 32 位放入 P 寄存器；进行 16×16 位乘法运算时，T 中的 16 位被乘数与指令中给出的 16 位乘数相乘，将 32 位的乘积结果，存放入乘积寄存器 P 或累加器 ACC。

算术逻辑部分，由 32 位算术运算单元 ALU、累加器 ACC 和 32 位输出移位器等组成，主要用于完成二进制补码算术运算和逻辑运算。其中，累加器 ACC 可以用作 32 位寄存器使用，也可以拆分成两个独立的 16 位寄存器使用，即 AH（高 16 位）和 AL（低 16 位），或者每 4 位为 1 组，进一步拆分为 4 个 8 位寄存器：AH.MSB、AH.LSB、AL.MSB、AL.LSB。32 位输出移位器，可以复制 ACC 的内容，移位后送至存储器。

2.3.2　中央处理单元寄存器组

DSP 中央处理单元 CPU 的寄存器组，数量多、使用灵活、功能强大。包括临时寄存器 XT、乘积寄存器 P、累加器 ACC、程序控制寄存器 PC、返回程序计数器 RPC、辅助寄存器 XAR0～XAR7、数据页指针寄存器 DP、堆栈指针寄存器 SP、状态寄存器 ST0/ST1、中断控制寄存器 IER、中断标志寄存器 IFR，以及调试中断寄存器 DBGIER 等。其中，部分寄存器介绍如下。

（1）程序控制寄存器 PC 和 RPC

PC 是程序计数器，RPC 是返回程序计数器，均为 22 位的程序控制寄存器。在 8 级流水线操作流程中，D2 阶段是取指阶段，PC 存放 D2 阶段指令的地址；RPC 存放执行长调用指令 LCR 时的返回地址。

（2）辅助寄存器 XAR0～XAR7

XAR0～XAR7 均为 32 位的辅助寄存器，有两大功能。一是间接寻址时，存放操作数的地址，最大可寻址 $2^{32}=4GW$ 的数据地址空间；二是可以作为通用寄存器使用，其中，辅助寄存器的低 16 位：AR0～AR7，可以作为独立的 16 位寄存器单独访问。寄存器组由辅助寄存器算术单元 ARAU 负责管理。

（3）数据页面指针 DP

F28335 片内数据空间大小为 4MW，对应 22 位地址线，即 $2^{22}=4MW$，可以进行直接寻址。首先，将片内 4M 字的数据存储空间，划分为 $2^{16}=65536$ 页，页码序号 0～65535，对应 22 位地址线的高 16 位地址编码；每个页面，最多可存储 $2^6=64$ 个字，页内偏移序号 0～63，对应 22 位地址线的低 6 位地址编码。

总之，4M 片内数据空间的直接地址寻址，分为高 16 位的数据页寻址和低 6 位的页内寻址，通过"页→页内偏移量"两级寻址的方式，实现了对数据存储空间的低 4M 空间的完全寻址。其中，高 16 位地址线所对应的地址，被称为"数据页"地址，存放于数据页指针 DP 之中，低 6 位地址线所对应的页内地址，则由寻址指令中的偏移量直接给出。数据页面指针 DP 寻址，如表 2.1 所示。

表 2.1　数据空间低 4MW 分页

页码 （Page）	22 位地址线分页寻址		数据存储空间地址范围
	DP 值（高 16 位）	页内偏移量（低 6 位）	
第 0 页	0000 0000 0000 0000	000000～111111	0x00 0000～0x00 003F
第 1 页	0000 0000 0000 0001	000000～111111	0x00 0040～0x00 007F

续表

页码 （Page）	22 位地址线分页寻址		数据存储空间地址范围
	DP 值（高 16 位）	页内偏移量（低 6 位）	
第 2 页	0000 0000 0000 0010	000000～111111	0x00 0080～0x00 00BF
第 3 页	0000 0000 0000 0011	000000～111111	0x00 00C0～0x00 00FF
⋮	⋮	⋮	⋮
第 65533 页	1111 1111 1111 1101	000000～111111	0x3F FF40～0x3F FF7F
第 65534 页	1111 1111 1111 1110	000000～111111	0x3F FF80～0x3F FFBF
第 65535 页	1111 1111 1111 1111	000000～111111	0x3F FFC0～0x3F FFFF

（4）堆栈指针 SP

堆栈指针 SP 是 16 位的寄存器，最大可寻址空间 2^{16}=64K，因此，可以对片内数据存储空间的低 64K 字进行寻址。正常情况下，堆栈的寻址方向，从低地址向高地址方向增长，SP 永远指向下一个要存取的字，即 SP 中存放的地址永远是下一步要操作的存储单元的地址。片内数据存储空间，以字（16 位）为基本存储单元，1 个 32 位数据占用 2 个存储单元，所以，使用 SP 指针进行 32 位访问时，一般从偶地址开始，倘若要存放 32 位数据，要先存放低 16 位，再存放高 16 位。

复位时，SP 指向 0x0400 存储单元。SP 的地址在 0x0000～0xFFFF 自动增/减变化。当 SP 值增加超过 0xFFFF 时，SP 会自动复位到 0x0000，并向高地址循环；当 SP 值小于 0x0000 时，会自动从 0xFFFF 向低地址循环。

（5）状态寄存器 ST0、ST1

DSP 有 2 个 16 位的状态寄存器 ST0 和 ST1。其中，ST0 寄存器的结构如下，位描述如表 2.2 所示。

15 10	9 7	6	5	4	3	2	1	0
OVC/OVCU	PM	V	N	Z	C	TC	OVM	SXM
R/W-000000	R/W-000	R/W-0	R/W-0	R/W-0	R/W-0	R/W-0	R/W-0	R/W-0

注："R/W"分别表示该位可读/可写，"-"表示 DSP 复位后的值，全书一致。

表 2.2　状态寄存器 ST0 的位描述

位	名称	说明
15～10	OVC/OVCU	溢出计数器。有符号运算时为 OVC，保存 ACC 溢出信息；无符号运算时为 OVCU，加法运算时有进位则加；减法运算时有借位则减
9～7	PM	乘积移位模式，决定乘积在输出前如何移位
6	V	溢出标志，反映操作结果是否引起保存结果的寄存器的溢出
5	N	负标志，反映操作结果是否为负值
4	Z	0 标志，反映操作结果是否为 0 值
3	C	进位标志，反映加法操作结果是否产生进位，或减法操作结果是否产生借位
2	TC	测试/控制位，反映了位测试或归一化指令的测试结果
1	OVM	溢出模式位，规定对 ACC 溢出结果是否进行调整
0	SXM	符号扩展位，决定输入移位器对数据移位时，是否需要进行符号扩展

ST1 寄存器的结构如下，位描述如表 2.3 所示。

15			13	12	11	10	9	8
ARP				保留	M0M1MAP	保留	OBJMODE	AMODE
R/W-000				R-0	R-1	R-0	R/W-0	R/W-0

7	6	5	4	3	2	1	0
IDLESTAT	EALLOW	LOOP	SPA	VMAP	PAGE0	DBGM	INTM
R-0	R-0	R/W-0	R/W-0	R/W-1	R/W-0	R/W-1	R/W-1

表 2.3　状态寄存器 ST1 的位描述

位	位域	说明
15～13	ARP	辅助寄存器指针，指示当前时刻工作的辅助寄存器 XAR0～XAR7
11	M0M1MAP	M0、M1 映射位。0-C27x 兼容模式；1-C28x 模式，仅供 TI 测试使用
9	OBJMODE	目标兼容模式位。0-C27x 模式；1-C28x 模式
8	AMODE	寻址模式位。0-C28x 模式；1-C2xLP 模式
7	IDLESTAT	空闲状态位（只读），执行 IDLE 指令时置位
6	EALLOW	受保护寄存器访问允许位。0-不允许；1-允许
5	LOOP	循环指令状态位。0-没有执行循环指令；1-CPU 执行循环指令
4	SPA	队列指针定位位。0-SP 指针没有定位到偶地址；1-SP 指针定位到偶地址
3	VMAP	CPU 中断向量表映射位。0-映射到最低地址；1-映射到最高地址
2	PAGE0	寻址模式设置位。0-堆栈寻址；1-直接寻址
1	DBGM	调试功能屏蔽位，置 1 时仿真器不能实时访问寄存器和存储器
0	INTM	中断屏蔽位，0-允许可屏蔽中断；1-禁止所有可屏蔽中断

INTM 位是全局可屏蔽中断总控制位，位于 C28x 核心级中断逻辑部分，具体参阅 4.2.2。

2.4　FPU 及其寄存器组

2.4.1　FPU 协处理器

FPU 是 C28x 定点 CPU 的协处理器，二者之间可以进行数据交换。在定点中央处理器 CPU 的基础上，FPU 增加了支持 IEEE 单精度浮点操作的寄存器组和指令。FPU 的寄存器组，包括 8 个浮点结果寄存器 R0H～R7H、浮点状态寄存器 STF 和块重复寄存器 RB，均为 32 位。其中，RnH（n=0～7，本节下同）和 STF，均有映射寄存器，可以在处理高级中断操作时，对上述浮点运算寄存器中的数据，进行快速保护和恢复。FPU 新增加的块重复指令是 RPTB，该指令允许重复执行一块代码，协处理器 FPU 通过块重复寄存器 RB，辅助实现块重复操作。

在进行定点与浮点数据转换时，注意时延操作，若用汇编程序实现浮点预算，需要在其后插入 NOP 空操作指令，若用 C/C++语言编程处理，则编译系统自动处理时延问题。

2.4.2 FPU 寄存器组

（1）浮点状态寄存器 STF

浮点状态寄存器 STF 反映了浮点运算的结果，其结构如下，位域描述如表 2.4 所示。

31	30			10	9	8
SHDWS	保留				RND32	保留
R/W-0	R-0				R/W-0	R-0

7	6	5	4	3	2	1	0
保留	TF	ZI	NI	ZF	NF	LUF	LVF
R-0	R/W-0	R/W-0	R/W-0	R/W-0	R/W-0	R/W-0	R/W-0

表 2.4　浮点状态寄存器 STF 位描述

位	位域	说明
31	SHDWS	映射模式状态位。SAVE 指令清零，RESTORE 指令置位，装载 STF 不影响该位
9	RND32	浮点运算取整模式位。0-向 0 取整；1-向最近的整数取整
6	TF	测试标志位，反映测试指令条件。0-条件为假；1-条件为真
5	ZI	0 整数标志位。0-整数值非 0；1-整数值为 0
4	NI	负整数标志位。0-整数值非负；1-整数值为负
3	ZF	浮点 0 标志位。0-浮点值非 0；1-浮点值为 0
2	NF	浮点负标志位。0-浮点值非负；1-浮点值为负
1	LUF	浮点下溢条件缓存标志。0-下溢条件未被缓存；1-下溢条件被缓存
0	LVF	浮点上溢条件缓存标志。0-上溢条件未被缓存；1-上溢条件被缓存

（2）块重复寄存器 RB

RB 寄存器的结构如下，位描述如表 2.5 所示。

31	30	29　　　　23	22　　　　　　16	15　　　　　　　0
RAS	RA	RSIZE	RE	RC
R-0	R-0	R-0	R-0	R-0

表 2.5　块重复寄存器 RB 位域描述

位	位域	说明
31	RAS	块重复激活缓冲位。中断发生时，RA 内容复制到 RAS
30	RA	重复块激活位。执行 RPTB 指令置 1；块重复操作结束清 0。中断发生时将 RA 内容复制到 RAS，清零 RA；中断返回时 RAS 内容复制到 RA，清零 RAS
29-23	RSIZE	重复块大小
22-16	RE	重复块结束地址。执行 RPTB 指令时，RE=（PC+1+RSIZE）的低 7 位
15-0	RC	重复计数器。块重复次数=（RC+1）次

2.5 存储器与存储空间

2.5.1 概述

F2833x 采用改进的哈佛结构，存储空间划分为程序空间和数据空间，各自拥有独立的地址总线和数据总线。其中数据的读/写地址总线相互独立，程序与数据的读总线也相互独立，多总线运行机制，显著提升了数据的处理速度。同时，程序空间与数据空间本身又是重合的，包括 I/O 端口、DSP 引脚、各种片上外设的寄存器和片外存储器等，采取了统一编址模式。改进的哈佛结构，既保留了冯·诺依曼计算机体系结构的优点，增强了兼容性，又便于嵌入式操作系统运行。

TMS320F28335/28235 片内存储器映射，如图 2.3 所示。其程序地址总线为 22 位，故可寻址最大 4MW 程序存储空间，对应地址 0x000000～0x3FFFFF；数据地址总线为 32 位，故可寻址最大 4GW 数据存储空间，由于 DSP 片内存储空间有限，因此，片内只有 4MW 数据存储空间。同时，可以通过外部地址总线 XA0～XA19 和外部数据总线 XD0～XD31 扩展片外存储空间，增加存储容量。

2.5.2 存储空间映射与存储空间配置

由图 2.3 可见，DSP 片内存储空间配置了多种类型的存储器，并对应不同的映射地址：FLASH（256KW）、SARAM（34KW）、OTP（1KW）、BOOT ROM（8KW）、外设帧存储器 PF0～PF3、外部存储器接口 XINTF Zone0、XINTF Zone6、XINTF Zone7 等。

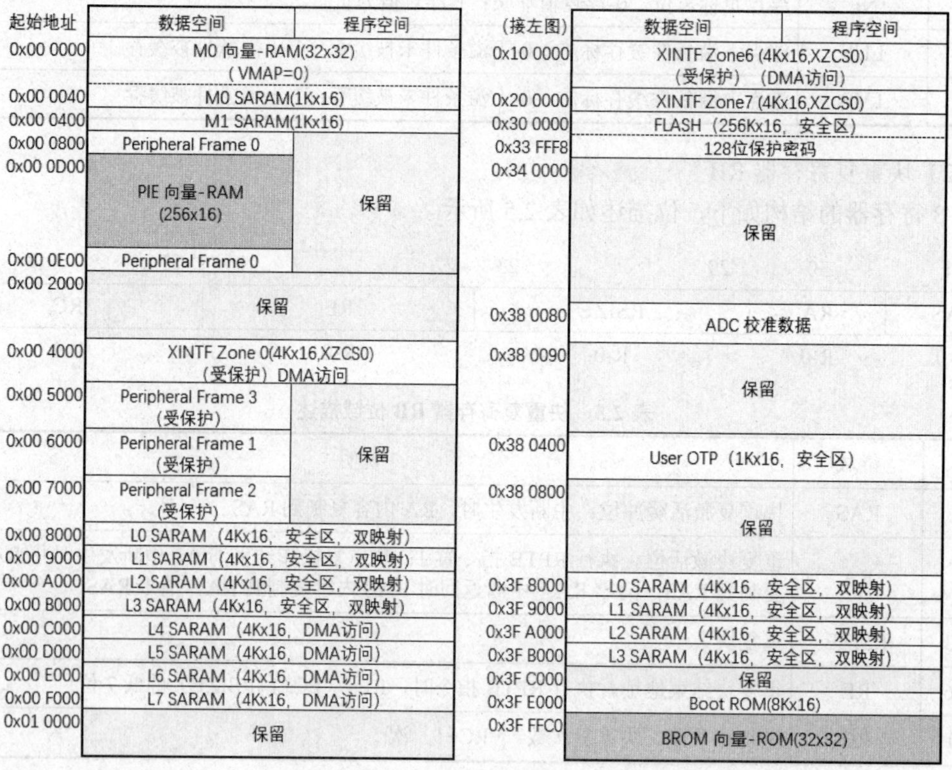

图 2.3 TMS320F28335/28235 存储器映射

1. FLASH 与代码安全模块

FLASH 是可重复电擦除的存储空间，一般应用于程序调试，编译后的可执行程序代码，通过 JTAG 端口下载，并存储于 FLASH 之中。FLASH 同时被映射到程序存储空间和数据存储空间，既可以存放程序代码，也可以存储掉电后需要保护的重要数据。F28335 的 FLASH 共有 256KW 存储空间，片内具体地址区间为 0x300000～0x33FFFF，被细分为 8 个 32KW 的存储扇区 A～H，每个存储扇区均独立执行擦写操作，如表 2.6 所示。

表 2.6　F28335/F28235 闪存 FLASH 扇区划分与地址映射

扇区序号	地址范围	程序和数据空间
1	0x30 0000-0x30 7FFF	扇区 H（32K×16）
2	0x30 8000-0x30 FFFF	扇区 G（32K×16）
3	0x31 0000-0x31 7FFF	扇区 F（32K×16）
4	0x31 8000-0x31 FFFF	扇区 E（32K×16）
5	0x32 0000-0x32 7FFF	扇区 D（32K×16）
6	0x32 8000-0x32 FFFF	扇区 C（32K×16）
7	0x33 0000-0x33 7FFF	扇区 B（32K×16）
8	0x33 8000-0x33 FF7F	扇区 A（32K×16）
	0x33 FF80-0x33 FFF5	当使用 代码安全模块时，编程至 0x0000
	0x33 FFF6-0x33 FFF7	引导至闪存进入点 （程序分支指令所在的位置）
	0x33 FFF8-0x33 FFFF	安全密码 （128 位）（不要设定为全零）

注：①当代码安全密码被编辑时，0x33FF80～0x33F FF5 之间的所有地址不能被用作存储程序代码或数据，这些位置必须被设定为 0x0000。②如果代码安全特性未被使用，地址 0x33FF80～x33FFEF 空间可以被用于存储代码或数据；③地址 0x33FF0～0x33FF5 共 6 个字的存储空间，可以存储数据，但是不能存储程序代码。

其中，FLASH 的最高 8 个字 0x33FFF8～0x33FFFF 共 128 位，为代码安全模块 CSM，可以设置 128 位的程序保护密码，以保护知识产权。

2. SARAM

F28335 拥有 34K×16 的 SARAM，即单周期访问 RAM，每个机器周期仅能访问一次。其中，M0、M1 大小均为 1KW；L0～L7 大小均为 4KW。M0 块位于 4M 存储空间的最低地址端，复位时，堆栈指针 SP 指向 M1 块起始地址 0x000400。上述存储块同时被映射到数据存储空间和程序存储空间，每个存储空间均可独立访问，以降低流水线拥堵。

其中 L0～L3 SARAM 是双映射，同时映射到 0x008000～0x00BFFF 和 0x3F8000～0x3FBFFF，L0～L3 内容受代码安全模块 CSM 保护；L4～L7 是单映射，映射范围为 0x00C000～0x00FFFF，可以直接进行 DMA 访问。

3. ADC 校准数据存储器与用户 OTP

（1）ADC 校准数据存储器，地址范围 0x380080～0x38008F，双映射存储区，厂家保留空间，用于 ADC 校准和系统测试。

（2）用户 OTP

地址范围 0x380400～0x3807FF，大小 1KW，双映射存储区，可以存储用户需要保护的非遗失性数据或程序代码，并受 CSM 密码保护，为一次性编程使用存储器，若无特殊需要，用户不要使用该区域。

4. BOOT ROM

BOOT ROM 又称引导 ROM，出厂时由厂家使用并固化了引导加载程序进行设定等信息，存储空间大小为 8KW，同时映射到数据与程序存储空间。其中，4 个 GPIO 端口 GPIO84～GPIO87 的电平状态决定引导模式，如表 2.7 所示。根据引导模式设置，引导加载软件在加电时自动选择具体的引导模式，包括正常引导模式、从外部连接下载新软件引导模式、在内部闪存/ROM 中编辑的引导软件等；同时，引导 ROM 还包含有 IQ 数学表、FPU 数学表、产品版本信息、CPU 中断向量表等。

表 2.7　引导模式设置与说明

引导模式	GPIO87/XA15	GPIO86/XA14	GPIO85/XA13	GPIO84/XA12	说明
F	1	1	1	1	跳转到闪存
E	1	1	1	0	SCI-A boot
D	1	1	0	1	SPI-A 引导
C	1	1	0	0	I^{2}C-A 引导
B	1	0	1	1	eCAN-A 引导
A	1	0	1	0	McBSP-A 引导
9	1	0	0	1	跳转到 XINTF×16
8	1	0	0	0	跳转到 XINTF×32
7	0	1	1	1	跳转到 OTP
6	0	1	1	0	并行 GPIO I/O 引导
5	0	1	0	1	并行 XINTF 引导
4	0	1	0	0	跳转至 SARAM
3	0	0	1	1	分支到检查引导模式
2	0	0	1	0	跳转到闪存，跳过 ADC 校准
1	0	0	0	1	跳转至 SARAM，跳过 ADC 校准
0	0	0	0	0	跳转至 SCI，跳过 ADC 校准

注：4 个 GPIO 端口 GPIO84～GPIO87 内部使用上拉电阻。

表 2.8　BOOT ROM 功能划分及空间映射

空间映射地址	BOOT ROM 存储空间	
	数据存储空间	程序存储空间
0x3FE000～0x3FEBDB	IQ 数学表	
0x3FEBDC～0x3FF27B	FPU 数学表	
0x3FF27C～0x3FF34B	保留	
0x3FF34C～0x3FF9ED	BOOT 下载功能区	

续表

空间映射地址	BOOT ROM 存储空间	
	数据存储空间	程序存储空间
0x3FF9EE～0x3FFFB8	保留	
0x3FFFB9～0x3FFFBF	版本、检测信息区	
0x3FFFC0	CPU 中断向量表（上电复位向量）	
0x3FFFC1～0x3FFFFF	CPU 中断向量表	

BOOT ROM 功能划分及空间映射如表 2.8 所示。其中，地址区间 0x3FFFC0～0x3FFFFF 是 CPU 中断向量表，大小 64W，存放着 32 个 CPU 软/硬件中断向量，每个中断向量占用 2 个字长的存储区域。其中，在中断向量表的首地址 0x3FFFC0 处，存放着 DSP 上电复位向量，该向量在出厂时被烧录为指向上电引导程序（BootLoader）。DSP 上电后自动读取该向量，将程序引导至 BootLoader 入口。根据上述引导模式设置，完成用户程序的加载和引导。有关中断向量知识，参阅 PIE 中断部分。

5. 外设寄存器帧 PFn 与保护寄存器 EALLOW

（1）外设寄存器帧 PFn

外设寄存器帧 PFn（n=0～3，本节下同）仅映射到数据存储区。除了个别寄存器之外，DSP 所有的片上外设寄存器、片上外设中断向量表、FLASH 存储器的控制、数据与状态寄存器等，都映射在外设寄存器帧 PFn。PF0 主要包括 PIE、FLASH、XINTF、DMA、CPU 定时器、ADC（双映射）、CSM 等模块的寄存器；PF1 主要包括 GPIO、eCAN、ePWM、eCAP、eQEP 等外设模块的寄存器；PF2 主要包括系统控制寄存器、外部中断寄存器，以及 SCI、SPI、ADC（双映射）、I^2C 等外设模块的寄存器；PF3 主要包括 McBSP 模块寄存器。其中，PF0 不受 EALLOW（Edit Allow）指令保护，而 PF1、PF2、PF3 则受 EALLOW 指令保护，PF3 可以进行 DMA 访问，如表 2.9 所示。

表 2.9　PFn 及其对应寄存器

名称	PF3	PF2	PF1	PF0
地址	0x005000-0x005FFF	0x007000-0x007FFF	0x006000-0x006FFF	0x000800-0x000CFF 0x000E00-0x0001FFF
大小	4KW	4KW	4KW	7.25KW
外设或功能单元寄存器	McBSP-A 寄存器	系统控制寄存器	eCAN-A 寄存器	器件仿真寄存器
	McBSP-B 寄存器	SPI-A 寄存器	eCAN-B 寄存器	闪存寄存器
	ePWMn+RPWM1	SCI-A 寄存器	ePWMn+HRPWMn 寄存器	代码安全模块寄存器
	ePWMn+RPWM2	SCI-B 寄存器	eCAPn 寄存器	ADC 寄存器（双映射）
	ePWMn+RPWM3	SCI-C 寄存器	eQEP1 寄存器	XINTF 寄存器
	ePWMn+RPWM4	外部中断寄存器	eQEP2 寄存器	CPU 定时器 T0/T1/T2 寄存器
	ePWMn+RPWM5	ADC 寄存器	GPIO 寄存器	PIE 寄存器
	ePWMn+RPWM6	I^2C-A 寄存器		PIE 矢量表
				DMA 寄存器

注：①n=1～6，n 是指表中部分寄存器的下标；②映射到 PF3 的寄存器，可以直接 DMA 访问。

（2）保护寄存器 EALLOW

由于 PF1～PF3 受 EALLOW 保护，所以对上述受保护的寄存器进行访问、更改设置之前，要引用编辑允许指令 EALLOW（Edit Allow）开锁；操作完毕之后，要引用编辑禁止指令 EDIS（Edit Disable）闭锁，对重要寄存器重新上锁保护。

注意：汇编指令 EALLOW 与 EDIS 要成对使用。上述指令实质是对状态寄存器 ST1 中的位域 ST1[EALLOW]进行置 1（允许）或置 0（不允许）操作。

6. 外部存储器接口 XINTF

DSP 可以通过 XINTF 单元连接外部程序或数据存储器，以扩大 DSP 芯片的存储空间。XINTF 属于单总线结构，可以与外部单总线结构的设备直接连接，增强对外部设备的兼容性。

XINTF 包括 20 位的外部地址总线 XA0～XA19、32 位的数据总线 XD0～XD31 和三条片选控制信号线 $\overline{XZCS0}$、$\overline{XZCS6}$、$\overline{XZCS7}$。三条片选信号线均低电平有效，分别对应三个不同的存储区域：区域 0（XINTF Zone0），寻址地址范围 0x004000～0x004FFF，大小 4K 空间；区域 6（XINTF Zone6），寻址地址范围 0x100000～0x1FFFFF，大小 1MW 空间；区域 7（XINTF Zone7），寻址地址范围 0x200000～0x2FFFFF，大小 1MW 空间。通过 XINTF 便可以将 DSP 外部设备或器件中对应的扩展存储空间地址，与 DSP 片内对应区域的存储空间之间，建立起一一对应的映射关系。

譬如，若令 F28335 第 145 号引脚接地，$\overline{XZCS0} = 0$，片选信号有效时，则 DSP 外部存储空间的首地址，便指向片内存储器的区域 0（XINTF Zone0）的起始地址 0x004000；同理，若令片选信号 $\overline{XZCS6} = 0$，则外部的存储空间的起始地址便指向片内存储器的区域 6（XINTF Zone6）的起始地址 0x100000。通过外部存储器接口 XINTF，便可以像存储、读取片内存储单元的信息一样，对片外设备存储单元，直接进行存储或读取操作。

2.5.3　外部存储器接口 XINTF 应用实例

以模/数转换器 ADS8364 为例，阐述外部存储器接口 XINTF 的原理及其应用。

1. 并行模/数转换器 ADS8364

ADS8364 是 TI 公司设计生产的一款高速、低功耗的 16 位并行模/数转换器，具有较大的共模抑制比，适合于高噪声环境下对多路模拟信号进行并行高速采样，其引脚分布如图 2.4 所示。

ADS8364 拥有 6 个独立的模/数转换子模块，分别对应 6 路差分模拟输入通道 CH_A0、CH_A1、CH_B0、CH_B1、CH_C0、CH_C1，划分为 A 组、B 组和 C 组分别进行管理。对应 6 个 ADC 子模块和 6 路差分模拟输入通道，ADS8364 内部有 6 个对应的转换结果输出寄存器，包括 CHA0、CHA1、CHB0、CHB1、CHC0 和 CHC1。另外，ADS8364 外部的地址线 A0～A2；数据线 D0～D15；采样/保持信号 $\overline{HOLDA}$、$\overline{HOLDB}$ 和 $\overline{HOLDC}$；以及外部时钟信号 CLK、片选信号 $\overline{CS}$、读使能信号 $\overline{RD}$ 和转换结束信号 $\overline{EOC}$。

2. 外扩 ADC 电路设计

基于 ADS8364 的 DSP 信号采集系统电路原理图，如图 2.5 所示。

通过地址线 A0～A2 进行地址译码，配合相应控制信号，实现对转换结果寄存器 CHA0～CHC1 中的数据进行读取。地址译码与模拟输入通道、输出寄存器之间的对应关系，如表 2.10 所示。

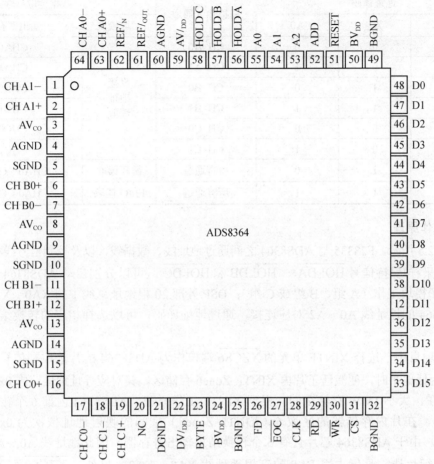

图 2.4　ADS8364 引脚分布图

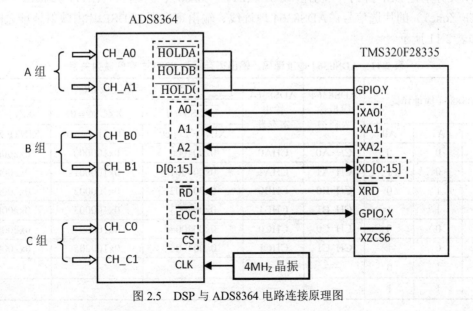

图 2.5　DSP 与 ADS8364 电路连接原理图

表 2.10   地址译码与模拟输入通道/输出寄存器对应关系表

地址译码			模拟输入通道	数据读取	
A2	A1	A0		读取模式	输出寄存器
0	0	0	CH_A0	直接地址读取	CHA0
0	0	1	CH_A1		CHA1
0	1	0	CH_B0		CHB0
0	1	1	CH_B1		CHB1
1	0	0	CH_C0		CHC0
1	0	1	CH_C1		CHC1
1	1	0	所有通道	循环读取	CHA0~CHC1
1	1	1	所有通道	FIFO 读取	CHA0~CHC1

3. 工作原理

如图 2.5 所示，F28335 与 ADS8364 之间通过地址线、数据线，以及控制信号线相连接。

通过采样/保持信号 $\overline{\text{HOLDA}}$、$\overline{\text{HOLDB}}$ 和 $\overline{\text{HOLDC}}$，可以分别启动 ADS8364 片内对应的 ADC 子模块工作（A 组、B 组或 C 组）；DSP 外部 20 根地址总线中的 XA0~XA2，分别与 ADS8364 的地址线 A0~A2 对应连接，通过地址译码，可以选择相应的转换结果输出寄存器。

在本项目中，选择 XINTF 单元的 $\overline{\text{XZCS6}}$ 端口作为 ADS8364 的片选控制信号，当使能 $\overline{\text{XZCS6}}$ 为低电平时，便激活了片内 XINTF Zone6 存储区，其对应寻址地址范围 0x100000~0x01FFFFF，大小 1MW 存储空间。根据 XINTF 工作原理，ADS8364 内部 6 个转换结果输出寄存器，在片内存储器的区域 6（XINTF Zone6）空间的映射地址依次为 0x100000~0x100005。由于 ADS8364 芯片只有 6 个转换结果输出寄存器，因此地址线 A0~A2 已经足够对其进行片选，且仅占用 DSP 的三根地址线 XA0~XA2。另外，$\overline{\text{XZCS0}}$、$\overline{\text{XZCS6}}$、$\overline{\text{XZCS7}}$ 又分别是 DSP 片内存储器区域 0（XINTF Zone0）、区域 6（XINTF Zone6）和区域 7（XINTF Zone7）的片选信号。ADS8364 地址线、输出寄存器与 DSP 片内映射地址之间的关系，如表 2.11 所示。

表 2.11   ADS8364 地址译码、输出寄存器与 F28335 空间映射关系

ADS8364 地址译码			ADS8364 模拟输入通道	ADS8364 输出寄存器	片内寄存器区域 0/6/7 地址映射		
					$\overline{\text{XZCS0}} = 0$	$\overline{\text{XZCS6}} = 0$	$\overline{\text{XZCS7}} = 0$
A2	A1	A0			XINTF Zone0	XINTF Zone6	XINTF Zone7
0	0	0	CH_A0	CHA0	0x004000	0x100000	0x200000
0	0	1	CH_A1	CHA1	0x004001	0x100001	0x200001
0	1	0	CH_B0	CHB0	0x004002	0x100002	0x200002
0	1	1	CH_B1	CHB1	0x004003	0x100003	0x200003
1	0	0	CH_C0	CHC0	0x004004	0x100004	0x200004
1	0	1	CH_C1	CHC1	0x004005	0x100005	0x200005
1	1	0	—	—	—	—	—
1	1	1	—	—	—	—	—

利用外部 ADC 集成芯片 ADS8364 进行多路采样时，通过 XINTF 接口，可以很方便地在片内映射地址中，直接读取 ADS8364 输出存储器中的转换数据。

2.6　时钟系统

2.6.1　时钟系统概述

1. 系统结构

时钟系统是 DSP 重要组成部分，是保障系统正常运行的神经网络，主要由时钟振荡器、锁相环 PLL、看门狗 WD、高/低速外设定标器、系统时钟控制寄存器，以及若干控制和状态寄存器等组成。F2833x 时钟系统结构框图，如图 2.6 所示。

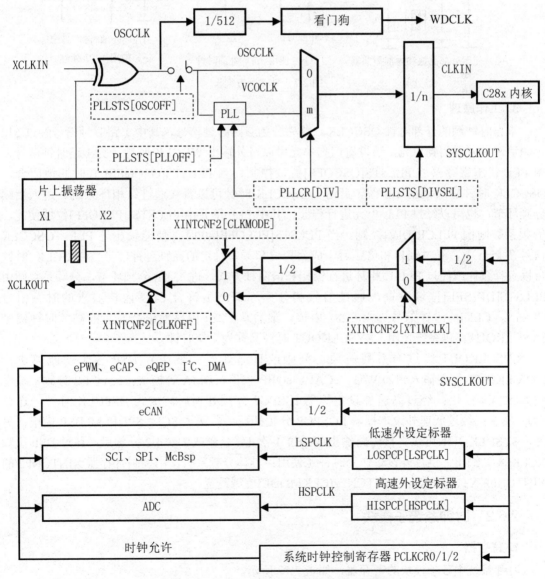

图 2.6　TMS320F2833x 时钟系统原理框图

2. 外部时钟 OSCCLK

时钟源位于时钟系统的前端，产生外部时钟 OSCCLK。目前，有 2 种时钟源模式。其一，通过外部时钟输入引脚 XCLKIN，输入 1 路幅值为 3.3V 或 1.9V 的标准时钟信号，作为 DSP 时钟系统的基础时钟；其二，利用 DSP 时钟引脚 X1 和 X2，通过外接石英晶体和 2 个高频电容，与片内振荡电路一起，组成一个时钟振荡器（Oscillator）系统，从而产生振荡信号，即基础时钟。具体实现电路如图 2.7 所示，其中图（b）和图（c）为从外部引进标准时钟信号模式；图（a）则是搭建时钟振荡器产生 OSCCLK 模式，DSP 应用系统多选择该模式产生基础时钟信号，其中外接晶振参数为 30MHz，高频电容参数为 24pF。

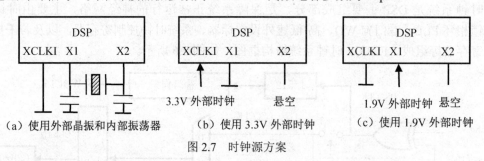

图 2.7　时钟源方案

3. 工作原理

来自时钟源的外部时钟 OSCCLK，首先分为 2 路时钟信号，其中 1 路时钟信号经过 512 分频后，送入看门狗单元，通过看门狗单元可以对外输出 WDCLK 时钟；另 1 路时钟信号，由 PLL 状态寄存器的 PLLSTS[OSCOFF] 位域控制，当 PLLSTS[OSCOFF]=0 时通道闭合，OSCCLK 时钟进入锁相环系统，此时，OSCCLK 时钟可以直接通过锁相环系统，进入后续分频环节，也可以经过 PLL 单元进行倍频，其中 PLL 单元由 PLLSTS [PLLOFF] 位域使能，倍频系数则由 PLLCR[DIV] 控制。当 PLLSTS[PLLOFF]=0 时，使能锁相环 PLL，OSCCLK 信号在 PLL 中，经过锁相和倍频后，成为相位和频率稳定的高频时钟信号。OSCCLK 时钟可以选择直通或经过 PLL 锁相环进行锁相和倍两种方式，进入 1/n 分频环节，分频系数则由 PLLSTS[DIVSEL] 位域设置，通过倍频和分频环节产生符合 CPU 内核要求的时钟信号 CLKIN，CLKIN 时钟信号进入 C28x 内核。最后从 C28x 内核输出高质量的高频时钟信号 SYSCLKOUT，供系统使用，SYSCLKOUT 时钟又称为系统时钟。

SYSCLKOUT 经过一系列倍频、分频或直通处理，被送到 DSP 各个功能模块。SYSCLKOUT 直接输入到 ePWM、eCAP、eQEP、I²C、DMA 等模块；经过 1/2 分频，被送到到 eCAN 模块；经过高速外设定标器 HISPCP 分频处理后，成为 HSPCLK 时钟，送至 ADC 模块；经过低速外设定标器 LOSPCP 分频处理后，送至 SCI、SPI 和 McBSP 模块；另外，SYSCLKOUT 可以直接旁路输出或经过 1 次 1/2 分频或 2 次 1/2 分频后，通过 DSP 引脚 XCLKOUT 输出，供片外设备作为时钟源使用；具体分频系数，由控制寄存器 XINTCNF2 的 XINTCNF2[XTIMCLK] 和 XINTCNF2[CLKMODE] 位域设置。

2.6.2　时钟系统子模块

1. 寄存器

时钟系统中各子模块的寄存器，如表 2.12 所示。

表 2.12　时钟系统寄存器

序号	寄存器名称	大小×16	功能描述	序号	寄存器名称	大小×16	功能描述
1	PLLSTS	1	PLL 状态寄存器	7	HISPCP	1	高速外设定标寄存器
2	PLLCR	1	PLL 控制寄存器	8	LOSPCP	1	低速外设定标寄存器
3	PCLKCR0	1	外设时钟控制寄存器 0	10	SCSR	1	系统控制与状态寄存器
4	PCLKCR1	1	外设时钟控制寄存器 1	11	WDCNTR	1	看门狗计数寄存器
5	PCLKCR2	1	外设时钟控制寄存器 2	12	WDKEY	1	看门狗复位密匙寄存器
6	LPMCR0	1	低功耗模式控制寄存器 0	113	WDCR	1	看门狗控制寄存器

2. 锁相环 PLL

外部时钟 OCSCLK 是相对低速的基础时钟，为了给 C28x 内核以及其他片上外设提供高品质时钟信号，必须经过锁相环 PLL 单元进行相位和频率处理。首先通过锁相环 PLL 可以使时钟信号相对于参考信号保持恒定相位，达到锁相目的，同时，通过 PLL 控制寄存器的 PLLCR[DIV] 位域，设置倍频系数，通过状态寄存器 PLLSTS[DIVSEL] 位域，设置分频系数，从而调整输出频率。

PLLCR 是 16 位的控制寄存器，通过 PLLCR[DIV] 设置倍频系数值，PLLCR 结构如下所示。

15					4	3			0
保留						DIV			
R-0						R/W-0			

PLLSTS 是 16 位的状态寄存器，通过 PLLSTS[DIVSEL] 位域设置分频系数值，PLLSTS 结构如下，位域描述如表 2.13 所示。

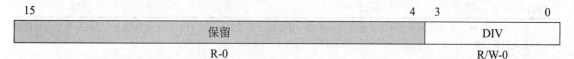

15					9	8		7
保留						DIVSEL		
R-0						R/W-0		

6	5	4	3	2	1	0
MCLKOFF	OSCOFF	MCLKCLR	MCLKSTS	PLLOFF	保留	PLLOCKS
R/W-0	R/W-0	R/W-0	R-0	R/W-0	R-0	R/W-0

表 2.13　锁相环状态寄存器 PLLSTS 的位域描述

位	位域	说明
8-7	DIVSEL	分频系数位。00 或 01-4 分频；10-2 分频；11-不分频[①]
6	MCLKOFF	振荡器时钟丢失检测位。0-使能；1-关闭
5	OSCOFF	锁相环单元输入时钟关闭位。0-打开；1-关闭
4	MCLKCLR	丢失时钟清零复位位。0-无效；1-清零、复位丢失时钟检测电路
3	MCLKSTS	丢失时钟状态指示位。0-无时钟丢失；1-时钟丢失
2	PLLOFF	PLL 单元关闭位。0-使能 PLL；1-关闭 PLL
0	PLLOCKS	PLL 锁相指示位。0-锁相中；1-完成锁相，并进入稳态

注：①只有 PLL 被旁路或关闭时，才能使用该功能；

PLLCR[DIV]位域完成倍频设置，PLLSTS[DIVSEL]位域完成分频设置，两者配合完成 CLKIN 频率调整。PLL 模块设置与 CLKIN 频率调整，如表 2.14 所示。

表 2.14　PLL 模块设置与 CLKIN 频率

PLLCR[DIV]	倍频 m=	PLLSTS[DIVSEL]=00、01 分频系数 n=4	PLLSTS[DIVSEL]=2 分频系数 n=2	PLLSTS[DIVSEL]=3 分频系数 n=1[①]
0000（PLL 旁路）	无	CLKIN= OSCCLK/4	CLKIN= OSCCLK/2	CLKIN=OSCCLK
0001	1	CLKIN=（OSCCLK×1）/4	CLKIN=（OSCCLK×1）/2	CLKIN= OSCCLK×1
0010	2	CLKIN=（OSCCLK×2）/4	CLKIN=（OSCCLK×2）/2	CLKIN=OSCCLK×2
0011	3	CLKIN=（OSCCLK×3）/4	CLKIN=（OSCCLK×3）/2	CLKIN=OSCCLK×3
0100	4	CLKIN=（OSCCLK×4）/4	CLKIN=（OSCCLK×4）/2	CLKIN=OSCCLK×4
0101	5	CLKIN=（OSCCLK×5）/4	CLKIN=（OSCCLK×5）/2	CLKIN=OSCCLK×5
0110	6	CLKIN=（OSCCLK×6）/4	CLKIN=（OSCCLK×6）/2	CLKIN=OSCCLK×6
0111	7	CLKIN=（OSCCLK×7）/4	CLKIN=（OSCCLK×7）/2	CLKIN=OSCCLK×7
1000	8	CLKIN=（OSCCLK×8）/4	CLKIN=（OSCCLK×8）/2	CLKIN=OSCCLK×8
1001	9	CLKIN=（OSCCLK×9）/4	CLKIN=（OSCCLK×9）/2	CLKIN=OSCCLK×9
1010	10	CLKIN= OSCCLK×10）/4	CLKIN=（OSCCLK×10）/2	CLKIN=OSCCLK×10
1011～1111	保留	保留	保留	保留

注意：①只有 PLL 被旁路或关闭时，才能使用该功能；②系统上电或复位后，PLL 处于旁路状态；③PLL 模块重新设置前，要先关闭看门狗，待 PLL 系统运行稳定后，再启动看门狗。

其中，PLLCR[DIV]=0000，则 PLL 旁路，若向 PLLCR[DIV]写入 10 以内的非零值，即 PLLCR[DIV]≠0000 时，倍频系数即为 DIV 位域二进制数所对应的十进制数值 m（m≤10）1～10，频率倍频计算公式为 OSCCLK×m；PLLSTS 为 16 位状态寄存器，其中，PLLSTS[DIVSEL]为分频系数的有效位域，PLLSTS[DIVSEL]=00 或 01，分频系数为 4；PLLSTS[DIVSEL]=10，分频系数为 2；PLLSTS[DIVSEL]=11，若 PLL 被旁路或关闭，则分频系数为 1，否则不启用该功能。计算公式 CLKIN=（OSCCLK×m)/n，其中 m 和 n 分别是倍频与分频系数值。

3. 高/低速外设定标器 HISPCP/LOSPCP

高速外设定标器 HISPCP 和低速外设定标器 LOSPCP，均为 16 位寄存器，低 3 位有效。结构如下，位域描述如表 2.15 所示。

高速外设定标器 HISPCP：

15		3	2	0
保留			HSPCLK	
R-0			R/W-001	

低速外设定标器 LOSPCP：

15		3	2	0
保留			LSPCLK	
R-0			R/W-010	

表 2.15　高/低速外设定标器设置

名称	位域状态及分频系数							
[HSPCLK]或 [LSPCLK]	000	001	010	011	100	101	110	111
位域值	0	1	2	3	4	5	6	7
分频系数 K	1	2	4	6	8	10	12	14

高、低速外设定标器分频系数设置，如表 2.15 所示。当位域为"000"时，分频系数为 1，当位域为其他状态时，分频系数为其对应的十进制值的 2 倍。系统复位后两者默认分频系数不同，HSPCLK 默认频率为 $f_{\text{SYSCLKOUT}}/2$，LSPCLK 默认频率为 $f_{\text{SYSCLKOUT}}/4$。

4. 外设时钟控制寄存器

所有片上外设的时钟功能，分别通过 3 个外设控制寄存器 PCLKCR0/PCLKCR1/PCLKCR3 进行设置，每个片上外设在上述控制寄存器中均有对应的一个功能位域，可以独立设置。

位域描述：0-不使能外设时钟；1-使能外设时钟。为了降低功耗，一般将不使用的片上外设时钟关闭。具体应用示例，参见例题 4.1。上述控制寄存器的结构和位域描述如下所示。

（1）外设时钟控制寄存器 PCLKCR0

15	14	13	12	11	10	9	8
ECANB ENCLK	ECANA ENCLK	MCBSPB ENCLK	MCBSPA ENCLK	SCIBEN CLK	SCIAEN CLK	保留	SPIAEN CLK
R/W-0	R/W-0	R/W-0	R/W-0	R/W-0	R/W-0	R-0	R/W-0

7	6	5	4	3	2	1	0
保留		SCICENCLK	I2CAENCLK	ADCENCLK	TBCLKSYNC	保留	
R-0		R/W-0	R/W-0	R/W-0	R/W-0	R-0	

（2）外设时钟控制寄存器 PCLKCR1

15	14	13	12	11	10	9	8
EQEP2 ENCLK	EQEP1 ENCLK	ECAP6 ENCLK	ECAP5 ENCLK	ECAP4 ENCLK	ECAP3 ENCLK	ECAP2 ENCLK	ECAP1 ENCLK
R/W-0	R/W-0	R/W-0	R/W-0	R/W-0	R/W-0	R/W-0	R/W-0

7	6	5	4	3	2	1	0
保留		EPWM6 ENCLK	EPWM5 ENCLK	EPWM4 ENCLK	EPWM3 ENCLK	EPWM2 ENCLK	EPWM1 ENCLK
R-0		R/W-0	R/W-0	R/W-0	R/W-0	R/W-0	R/W-0

（3）外设时钟控制寄存器 PCLKCR3

15　14	13	12	11	10
保留	GPIOINENCLK	XINTFENCLK	DMAENCLK	CPUTIMER2ENCLK
R-0	R/W-1	R/W-0	R/W-0	R/W-1

9	8	7　　　　　　　　　0
CPUTIMER1ENCLK	CPUTIMER0ENCLK	保留
R/W-1	R/W-1	R-0

5. 看门狗 WD

（1）概述

看门狗模块（Watch Dog，WD），WD 实质上是 1 个 8 位的连续增计数模式计数器，主要功能是监控程序是否正常运行，WD 启动以后，便对经过前置分频的时钟信号进行周期计数。若程序运行正常，通过周期性或非周期性地向 WD 计数器写"0x55+0xAA"进行"喂狗"，使其及时复位，可以避免 WD 因持续增计数导致计数器溢出而产生中断或使系统复位。相反，当程序跑飞或进入死循环时，WD 便会因不能及时复位而产生溢出中断信号 $\overline{\text{WDINT}}$ 或直接使系统复位。

（2）系统结构

WD 结构如图 2.8 所示，包括 4 部分：①前置分频与 8 位周期计数器；②"喂狗"和系统复位；③软件中断；④复位/中断信号发生器。

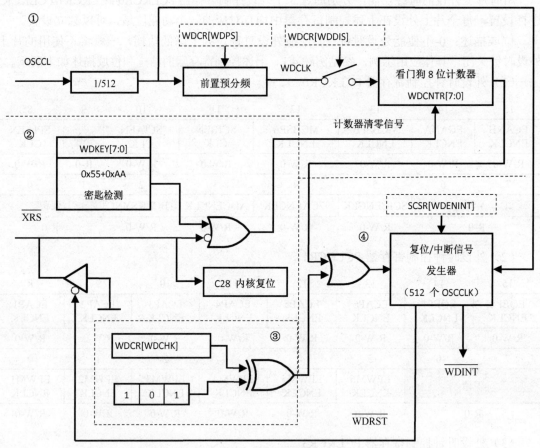

图 2.8 WD 结构图

（3）看门狗 WD 寄存器

WD 的寄存器包括系统控制与状态寄存器 SCSR、计数寄存器 WDCNTR、密码复位寄存器 WDKEY 和控制寄存器 WDCR。

① 系统控制与状态寄存器 SCSR，其结构和位域描述如下。

15						8
保留						
R-0						

7		3	2		1		0
保留			WDINTS		WDENINT		WDOVERRIDE
R-0			R-1		R/W-0		R/W1C-1

其中，低 3 位为有效位域，其余为保留位。

WDOVERRIDE：WD 重写位，写 0 无效，该位是 WDCR[WDDIS]位域是否可以改变的控制位。0-不能改变；1-可以改变。复位信号 RESET 可以置位 WDCR[WDDIS]。

WDENINT：WD 中断允许位：0-禁止中断 $\overline{WDINT}$ ；1-使能中断 $\overline{WDINT}$ 。

WDINTS：WD 中断状态位。0- $\overline{WDINT}$ 有效；1- $\overline{WDINT}$ 无效。

② 计数寄存器 WDCNTR

WD 计数寄存器 WDCNTR 是 16 位寄存器，低 8 位有效，WDCNTR[WDCNTR]保存着当前 WD 计数器的值，其余位为保留位，结构如下。

15		8	7		0
保留			WDCNTR		
R-0			R-0		

③ 密码复位寄存器 WDKEY

WD 密码复位寄存器 WDKEY 是 16 位寄存器，低 8 位有效，其余位为保留位，结构如下。

15		8	7		0
保留			WDKEY		
R-0			R/W-0		

向 WDKEY[WDKEY]写入 "0x55+0xAA"，则清零 WDCNTR，写入其他值无效。

④ 控制寄存器 WDCR

WD 控制寄存器 WDCR 是 16 位寄存器，低 8 位有效，其余位为保留位，结构如下，位域描述如表 2.16 所示。

15		8	7	6	5		3	2		0
保留			WDFLAG	WDDIS	WDCHK			WDPS		
			R/W1C-0	R/W-0	R/W-0			R/W-0		

表 2.16 控制寄存器 WDCR 的位域描述

位	位域	说明
7	WDFLAG	复位状态标志位。0-引脚 XRS 或上电引发复位，写 1 可清零；1- $\overline{WDRST}$ 引发复位
6	WDDIS	WD 禁止位。0-使能 WD 模式；1-禁止 WD 模式
5-3	WDCHK	检测位。写入任何非 "101" 值，均引发复位或中断事件，可以产生软件复位
2-0	WDPS	前置预分频。000-直通；001～111-位域值为 n，对应分频系数 2^{n-1}，详见表 2.17

WDCR[WDPS]是 WDCNTR 前置预分频设置位域，000-不分频（默认值），001～111-若对

应十进制值为 n，则对应分频系数为 2^{n-1}，对应计算公式 WDCLK = OSCCLK$/512/2^{n-1}$。

表 2.17　前置预分频系数表

WDPS	分频系数	WDCLK	WDPS	分频系数	WDCLK
000	1	OSCCLK/512/1	100	8	OSCCLK/512/8
001	1	OSCCLK/512/1	101	16	OSCCLK/512/16
010	2	OSCCLK/512/2	110	32	OSCCLK/512/32
011	4	OSCCLK/512/4	111	64	OSCCLK/512/64

注：WDCR[WDPS]为前置预分频系数位，OSCCLK 时钟在进行 512 分频之后，进行第二次分频。

（4）WD 工作原理

如图 2.8 所示，外部时钟 OSCCLK 经过 512 分频后，1 路时钟信号送到复位/中断信号发生器；另一路时钟信号则送到前置预分频器，进行二次分频形成 WDCLK，具体分频系数由 WDCR[WDPS]位域决定，参见表 2.17。WD 的核心器件是 8 位计数器 WDCNTR，WDCLK 时钟由 WDCR[WDDIS]位域控制，若 WDCR[WDDIS]=0，则 WDCLK 输入 WDCNTR，WDCNTR 复位受两个信号控制，一是软件复位指令"0x55+0xAA"，二是外部引脚 $\overline{XRS}$ 产生的硬件低电平复位信号。

外部引脚 $\overline{XRS}$ 是硬件产生的低电平复位信号，如图 2.8 所示，单元电路④中 $\overline{WDRST}$ 信号也是低电平复位信号（512 个 OSCCLK 时钟周期的低电平信号），上述低电平信号可以同时引发 C28 内核复位。在单元电路④中，主要设备是复位/中断信号发生器，其触发信号有 2 路来源，1 路是 WD 计数器 WDCNTR 计数溢出产生的信号；另 1 路是 WDCR[WDCHK]非"101"赋值引发的软件中断信号。当上述 2 路信号之一有效时，会触发复位/中断信号发生器，该信号发生器的具体输出信号，则由系统控制与状态寄存器 SCSR[WDENINT]控制，SCSR[WDENINT]=0 时，$\overline{WDRST}$ 有效，SCSR[WDENINT]=1 时，$\overline{WDINT}$ 有效。注意，上述低电平信号的持续时间，要保持 512 个 OSCCLK 时钟的低电平时间。

另外，外部引脚 $\overline{XRS}$ 是双向的。当看门狗 WD 计数溢出时，可以引发复位信号 $\overline{WDRST}$，从而触发系统复位，同时，看门狗可以通过 $\overline{XRS}$ 管脚向外输出复位信号，以实现与外围设备的同步复位。

2.6.3　低功耗模式

为了降低能耗，在 DSP 系统空闲时可以令其部分或全部时钟停止工作，进入不同等级的低功耗模式。具体的低功耗模式选择和设置，由低功耗模式控制寄存器 LPMCR0 控制。

1. 控制寄存器 LPMCR0

LPMCR0 是 16 位寄存器，其结构如下，位域描述如表 2.18 所示。

15	14	8	7	2	1	0
WDINTE	保留		QUALSTDBY		LPM	
R/W-0	R-0		R/W-1		R/W-0	

表 2.18　低功耗控制寄存器 LPMCR0 的位域描述

位	位域	说明
15	WDINTE	WD 中断唤醒允许位。0-不允许从 STANDBY 模式唤醒（默认）；1-允许从 STANDBY 模式唤醒（SCSR[WDENINT]=1）
7-2	QUALSTDBY	STANDBY 模式唤醒所需要的 GPIO 信号有效电平保持时间。设 K 为该位域对应的十进制值，则保持时间为（K+2）个 OSCCLK 时钟周期，默认值为 2 个 OSCCLK
1-0	LPM	低功耗模式选择位。00-IDLE（默认）；01-STANDBY；1x-HALT

2. 低功耗模式及其特征

低功耗模式由 LPMCR0[LPM]位域决定，共有 3 种低功耗模式：00-IDLE（默认）；01-STANDBY；1x-HALT。具体描述如表 2.19 所示。

表 2.19　系统低功耗模式

LPM =	低功耗模式	时钟及其状态			退出条件	说明
		OSCCLK	CLKIN	SYSCLKOUT		
00	IDLE	ON	ON	ON	$\overline{XRS}$、$\overline{WDINT}$ 及任何允许中断	
01	STANDBY	ON	OFF	OFF	$\overline{XRS}$、$\overline{WDINT}$、GPIOA 端口信号、Debugger	WD 仍然运行
10	HALT	OFF	OFF	OFF	$\overline{XRS}$、GPIOA 端口信号、Debugger	OSCillator、PLL、WD 关闭
11						

（1）IDLE 低功耗模式

若 LPM=00，执行 IDLE 指令后，系统进入 IDLE 低功耗模式，此时 DSP 处于空转状态，包括 NMI 在内任何被允许的中断，均可以使之退出低功耗模式。

（2）STANDBY 低功耗模式

若 LPM=01，执行 IDLE 指令后，系统进入 STANDBY 低功耗模式。CLKIN 停止工作，与系统时钟 SYSCLKOUT 有关的所有时钟信号均停止工作，但是时钟振荡器 OSCillator 和看门狗 WD 仍在运行。在进入 STANDBY 低功耗模式之前，必须先进行如下操作。

① 使能 PIEIER1[WAKEINT]，开放 WD 中断 $\overline{WDINT}$ 和低功耗中断。

② 根据需要在 GPIOLPMSEL 寄存器中设置 GPIOA 端口唤醒信号，在 LPMCR0[LPM] 中设置低电平需要的保持时间。

被选中的 GPIO 信号、$\overline{XRS}$、$\overline{WDINT}$ 均可以使其退出低功耗模式。

（3）HALT 低功耗模式

若 LPM=10 或 11，执行 IDLE 指令后，系统进入 HALT 低功耗模式。在此低功耗模式下，包括 OSCillator 在内所有时钟信号均停止工作。但是在进入该模式之前，要使能 PIEIER1[WAKEINT]、选择并使能 GPIOLPMSEL，同时，使能 PIE[ENPIE] 和 ST1[INTM]。注意，还要求 PLLSTS[MCLKSTS]=0，因此要检测 PLLSTS[MCLKSTS]位域状态。

总之，在进入上述低功耗模式之前，要确保所规定的中断能够唤醒并退出低功耗状态。

2.7　电源与复位系统

2.7.1　电源系统

1. 概述

电源是 DSP 应用系统的重要功能单元，按照电压数值分类，有 3.3V、1.9V 和 1.8V 三类；从对负载电路供电性质分析，又分为模拟电压源和数字电压源两种。在实际应用中，一般将 DSP 的 1.9V、1.8V 两种电源的引脚采用 1.9V 电压统一供电，所以 DSP 电源至少需要提供模拟电压 3.3V、1.9V 和数字电压 3.3V、1.9V，共 4 种供电电源。

其中，CPU、时钟系统和大部分片内外设等逻辑电路，需要 1.8V/1.9V 供电；I/O 口采用 3.3V 供电，以增强驱动能力。

同时，为了确保 DSP 上电稳定可靠运行，要优先给 DSP 的 1.8/1.9V 内核电源引脚上电，然后再给 DSP 的 I/O 口部分的电源上电，或同时上电。

2. 电源设计

在实际应用中，DSP 应用系统需要外接+5V 或以上电源，通过 DC-DC 变换，产生所需要的各类直流电压。因此，DSP 电源系统设计，普遍采用两级电源变换模式，电源电路如图 2.9 所示。

第一级，AC-DC 电压变换，可以采用标准的手持端设备供电电源，注意功率及输出电流。电源参数（仅供参考）：①交流输入端：交流电压 100～240VAC，频率 50Hz，电流 0.5A；②直流输出端：直流电压 5VDC，直流电流 1.5～2A。

第二级，DC-DC 电压变换，采用 DC-DC 直流电压变换模块（芯片），即利用第一级电源提供的+5V 直流电压，通过专用电源芯片及辅助电路，获得 3.3V 和 1.8/1.9V 电压，再通过电源隔离滤波技术，形成 DVDD3.3、AVDD3.3、DVDD1.8/1.9、AVDD1.8/1.9 几种满足 DSP 供电需求的电压源。

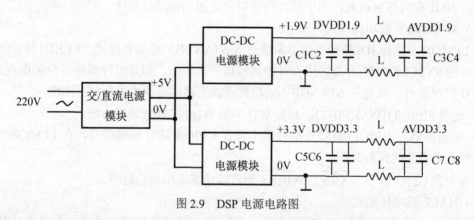

图 2.9　DSP 电源电路图

在 DSP 电源系统设计中，注意电源变换芯片的选型，并考虑负载功率、电流等，要满足 DSP 芯片以及外围电路的功率要求，同时要做好过压、过流保护设计。模拟负载电路要使用模拟电压源供电，数字负载电路使用数字电压源供电，做好模拟电压源与数字电压源之间的隔离设计，减小高频信号的干扰，提高电压源供电质量。对于 DSP 片内 ADC 模块，当使用片外参考电压模式时，要根据稳压要求使用高质量稳压芯片设计稳压电压源，为 ADC

模块提供高质量的片外稳压电源。

2.7.2　复位系统

复位功能是 DSP 控制器的一种工作机制，当系统上电、掉电或软件运行中出现异常时，采取的一种安全保护措施。

DSP 具体复位措施有：①系统上电自动复位，针对 DSP 系统开机启动情况；②开机后，通过专用复位按键进行手动复位；③软件运行过程中，看门狗 WD 计数溢出引发的系统复位。

DSP 复位信号有 2 个，其一，从外部复位引脚 $\overline{XRS}$ 输入的低电平复位信号；其二，看门狗 WD 计数溢出产生的低电平复位信号 $\overline{WDRST}$。如图 2.8 所示，$\overline{WDRST}$ 信号控制电子开关，当 $\overline{WDRST}$ 有效时，与复位引脚 $\overline{XRS}$ 连通的信号线在 DSP 内部接地，并保持 512 个 OSCCLK 时钟周期的低电平保持时间，从而触发系统复位。外部复位引脚 $\overline{XRS}$ 具有双向导通功能，看门狗 WD 的复位信号 $\overline{WDRST}$，可以通过该引脚向外部输出复位信号，从而使外围相关器件在 $\overline{WDRST}$ 信号的控制下，实现同步复位。

复位信号发生后，可以将 CPU 寄存器和各片上外设的寄存器，设置为默认值。并在系统复位中断的引导下，系统恢复至特定程序段或从头开始运行。

习题与思考题

2.1　概述 F28335 硬件结构及其组成，并对片上外设按照其功能进行简单分类。

2.2　简述 DSP 总线特征，详细列出 3 组地址总线和 3 组数据总线。

2.3　DSP 片内、片外地址总线宽度及对应最大可寻址范围分别是多少？

2.4　DSP 内存采用页寻址模式，可直接寻址的范围是多少？共分为多少页？每页的最大偏移量是多少？

2.5　详细分析 F28335 存储空间映射及其分布，分析 FLASH 存储空间范围，说明代码安全模块及 BOOT 向量（64W）存储区各自功能。

2.6　论述外部存储器接口的物理意义，以及片内片外统一编址基本原理。

2.7　DSP 时钟系统有多种设计方案，最常用的是哪种？若使用外部晶振模式，说明其基本参数值。

2.8　简述 PLL 频率配置原理。

2.9　DSP 时钟系统中，各功能单元的频率使能由控制寄存器设置，若启动 ADC 模块，简述外部频率设置与使能过程。

2.10　针对 F28335，并参阅其引脚分布资料，说明其电源系统电压分类？

2.11　概述看门狗模块的作用及工作原理。

课件

代码

第 3 章

软件编程基础

3.1　DSP 软件开发流程

DSP 应用系统软件开发，需要借助于 TI 公司或第三方提供的 JTAG 仿真器和集成开发环境（Code Composer Studio，CCS）。与所有高级微处理器应用系统设计开发一样，一个 DSP 应用系统的开发包括两大步骤：首先，基于目标任务设计硬件平台，该硬件平台包括 DSP 最小应用系统和外围应用电路；随后，基于硬件平台编写源代码程序，程序编写完毕，进行编译、下载、运行和调试。基于 CCS 集成开发环境的软件开发流程，如图 3.1 所示。软件开发包括以下四个步骤。

第一步，开发源程序。

DSP 常见的编程语言由汇编语言和 C/C++语言组成，其中汇编语言具有语言精练、运行速度快和代码效率高等显著优点，可直接驱动操作 DSP 硬件资源。但是，汇编语言指令比较复杂，熟练掌握比较困难，编程不灵活，对于复杂的应用程序编程效率反而降低，且开发周期长、通用性与可移植性差；而 C/C++语言属于高级语言，掌握相对容易，编程灵活，开发速度快，且通用性、可移植性好，极适合于复杂工程应用软件编程，但是 C/C++语言代码运行效率偏低，不能直接操作 DSP 硬件资源。总之，汇编与 C/C++语言各有优缺点。所以，目前流行的编程方式是，采用汇编语言与 C/C++语言混合编程，即主程序框架使用 C/C++语言编程，而面向硬件资源的底层驱动程序或与数值计算相关的程序段，则使用汇编语言编程，混合编程方式显著提高了软件编程速度和代码运行效率。

第二步，程序编译。

通过代码产生工具生成可执行代码。代码产生工具包括 C/C++语言工具和汇编语言工具，前者使用 C/C++优化编译器，将 C/C++源程序转换成汇编语言程序。汇编语言工具，主要包括汇编器、链接器、归档器，以及十六进制转换程序等，将汇编语言程序转换为公共目标文件格式（Common Object File Format，COFF）可执行代码。其中，汇编器（Assembler）将汇编语言源文件转化为机器语言，并重新定位目标文件（.obj）；链接器将目标文件连接起来，产生一个可执行文件（.out）；归档器将一组文件归入一个归档器，建立目标文件库；十六进制转换工具，将 COFF 目标文件转换成可被编程器接收的 TI-Tagged、Intel 等格式的目标文件。

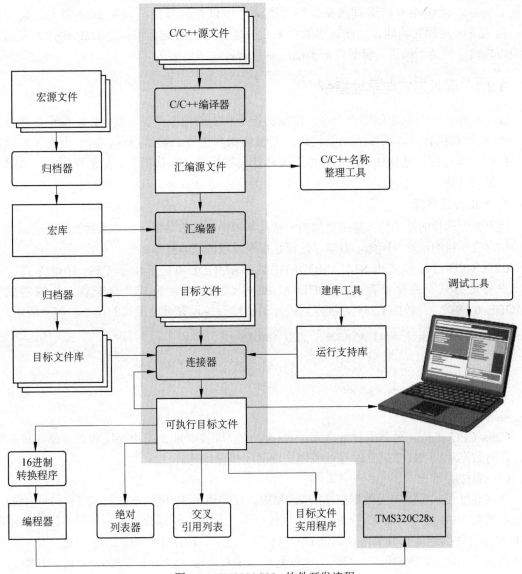

图 3.1　TMS320C28x 软件开发流程

第三步，程序调试。

通过各种调试工具和观察手段进行在线或离线调试，以检验、验证程序代码的格式、逻辑以及功能实现的正确性。一个应用程序只有经过反复调试（包括编译、下载、运行以及再修改、编译、下载、运行等），才能不断修正错误，完善功能，最终达到并满足设计要求。

第四步，代码固化。

将经过反复调试、达到设计功能要求和稳定性要求的程序代码，烧写入 DSP 片内 FLASH 或 ROM 之中，必要时加密予以保护，使下载后的代码脱离 CCS 开发平台独立、稳定运行。

3.2　汇编语言基础

DSP 拥有专用汇编指令体系，设计的程序具有代码简单、运行高效、占用内存小等诸多特征。同时，汇编指令能够直接操作硬件资源，可以充分发掘、利用 DSP 强大的硬件配置，最大限度发挥其功能。因此，尽管以 C/C++语言为主的混合编程是 DSP 软件开发的主流编程模式，但是汇编语言仍然是最基础的编程语言。

3.2.1　寻址方式与寻址指令

DSP 汇编指令包括汇编语言指令、汇编伪指令和宏伪指令三类。其中，汇编语言指令，是 DSP 控制器执行具体操作的功能代码；汇编伪指令也称汇编器指令，用于为程序提供数据并控制汇编过程，是软件汇编期间由汇编器处理的操作；宏伪指令，是源程序中一段具有独立功能的代码。

1. 寻址方式选择

所有微处理器的基本任务都是类似的，就是从源地址获取数据，经过系列运算，然后将运算结果存放于目的地址。因此，数据寻址便是指令系统的基本操作。

C28x CPU 寻址模式由 ST1[AMODE]控制：AMODE=0，工作于 C28x 寻址方式，与 C2xLP 寻址方式不完全兼容；AMODE=1，则与 C2xLP 寻址方式完全兼容。汇编器默认 AMODE=0 模式，并按照 C28x 寻址方式进行语法检查。设置寻址模式的指令，如下所示。

```
设置 AMODE=1 指令: SETC AMODE    ;设置 AMODE=1
                  .lp_amode
设置 AMODE=0 指令: CLRC AMODE    ;设置 AMODE=0
                  .c28_amode
```

2. 寻址方式

C28x CPU 支持 4 种基本寻址方式：直接寻址、堆栈寻址、间接寻址和寄存器寻址。另外，还有数据/程序/IO 空间立即寻址或程序空间间接寻址等。

（1）直接寻址方式

直接寻址模式可以访问数据空间的低 4MW，仅使用了 32 位地址的低 22 位（2^{22}=4M），地址中的高 10 位为零。低 22 位有效物理地址分为"16+6"两部分，分别进行寻址，其中高 16 位作为"页"地址存放于地址指针 DP（16 位）之中，应用于"页"地址寻址；低 6 位作为页内偏移地址（C28x 模式）或低 7 位作为页内偏移地址（C2xLP 模式），页内偏移量则由指令提供。直接寻址方式语法，如表 3.1 所示。具体内容参见第 2 章内存映射部分。

表 3.1　直接寻址方式语法

AMODE	语法	操作数地址说明
0	@6bit	（31：22）=0；（21：6）=DP；（5：0）=6bit
1	@@7bit	（31：22）=0；（21：7）=DP；（6：0）=7bit

C28x 寻址模式（AMODE=0）是最常用的直接寻址方式，例：

```
MOVW    DP, #VarA     ;将 VarA 所在页面装载到 DP
ADD     AL, @ VarA    ;将 VarA 的值加至 AL
MOV     @VarB,AL      ;将 AL 存储到内存位置 VarB 中
```

（2）堆栈寻址方式

该模式使用堆栈指针 SP 进行寻址，DSP 片内 4M 内存的低 64K（2^{16}=64K）数据空间可

以用作软件堆栈。32 位地址中高 16 位为 0，低 16 位物理地址使用堆栈指针 SP 进行寻址，软件堆栈由低地址向高地址方向增长，堆栈指针 SP 总是指向下一个可用的字地址。

堆栈寻址方式有以下 3 种：

① *-SP[6bit]；② *SP++；③ *SP--。例：

① *-SP[6bit] 寻址方式（AMODE=0）

```
ADD    AL,*-SP[10]    ;将(SP-10)堆栈单元的 16 位内容加到 AL 之中
MOV    *-SP[9],AL     ;将 16 位的 AL 寄存器中的内容，压栈到(SP-9)之中
ADDL   ACC,*-SP[12]   ;将(SP-12)堆栈地址的内容弹出，并加至 ACC 之中
```

② *SP++寻址方式（AMODE=0、1）

```
MOV    *SP++,AL    ;将 16 位的寄存器 AL 内容，压入 SP 堆栈栈顶，然后 SP=SP+1
MOVL   *SP++,P     ;将 32 位的寄存器 P 内容，压入 SP 堆栈栈顶，然后 SP=SP+2
```

③ *SP--寻址方式（AMODE=0、1）

```
ADD    AL,*SP--     ;将当前堆栈栈顶内容弹出，并加至 AL，然后 SP=SP-1
MOVL   ACC,*SP--    ;将当前堆栈栈顶内容弹出到 ACC 之中，然后 SP=SP-2
```

（3）间接寻址方式

该寻址方式适用于 C28x、2xLP 模式，以及环形间接寻址。最大可寻址 4G 数据空间（2^{32}=4G），32 位操作数地址存放于辅助寄存器 XAR0～XAR7 之中。

在 C28x 模式下，间接寻址共有以下 5 种方式：

① *XARn++；② *--XARn；③ *+XARn[AR0]；

④ *+XARn[AR1]；⑤ *+XARn[3bit]。例：

```
MOVL    ACC,*XAR3++      ;将 XAR3 所指向的存储单元的内容装入 ACC,XAR3=XAR3+2
MOVL    ACC,*--XAR1      ;将(XAR1-2)所指向的存储单元的内容装入 ACC
MOVL    ACC,*+XAR3[AR0]  ;将(XAR3+AR0)所指向存储单元的内容装入 ACC
MOVL    ACC,*+XAR3[AR1]  ;将(XAR3+AR1)所指向存储单元的内容装入 ACC
MOVL    ACC,*+XAR3[6]    ;将(XAR3+6)所指向存储单元的内容装入 ACC
```

（4）寄存器寻址方式

寄存器寻址，包括 32 位寄存器寻址和 16 位寄存器寻址，操作数直接存放于 CPU 寄存器之中。32 位寄存器包括 ACC、P、XT、XARn 等；16 位寄存器包括 AL、AH、PL、PH、TH、T 和 ARn 等。例：

```
MOVL   XAR6,@ACC     ;将 ACC 内容存储到 XAR6 之中
MOVL   @ACC,XT       ;将 XT 寄存器的内容存储到 ACC 之中
ADDL   ACC,@ACC      ;ACC=ACC+ACC
MOVL   XAR6,@XAR2    ;XAR6=XAR2
MOV    PH,@PL        ;PH=PL
ADD    AH,@AL        ;AH=AH+AL
ADDL   ACC,@XAR2     ;ACC = ACC + XAR2
```

注意：在 32 位寄存器地址模式下，@ACC 表示访问 32 位寄存器 ACC 的内容，当作为目的操作数时，会影响标志位。

（5）数据/程序/IO 空间立即寻址方式与程序空间间接寻址方式

数据/程序/IO 空间立即寻址方式，有 4 种形式，包括*（0：16bit）、*（PA）、0：PA、*（pma），语法如表 3.2 所示。

程序空间间接寻址方式有 3 种形式，包括*AL、*XAR7 和*XAR7++，语法如表 3.3 所示。

表 3.2　数据/程序/IO 空间立即寻址方式语法

语法	访问空间	操作数地址说明
*（0：16bit）	数据空间	32 位地址（31：16）=0，（15：0）=16bit，给出 16 位立即数
*（PA）	IO 空间	32 位地址（31：16）=0，（15：0）=PA，给出 16 位立即数
0：PA	程序空间	22 位地址（21：16）=0，（15：0）=PA，给出 16 位立即数
*（pma）	程序空间	22 位地址（21：16）=0，（15：0）=pma，给出 16 位立即数

表 3.3　程序空间间接寻址方式语法

语法	访问空间	操作数地址说明
*AL	程序空间	22 位地址（21：16）=0，（15：0）=AL
*XAR7	程序空间	22 位地址（21：0）=XAR7
*（pma）	程序空间	22 位地址（21：0）=XAR7，注意字长，不同字长采用不同的地址累加计算公式

例：

```
MOVL    XAR2, #Array1    ;将起始地址 Array1 装入 XAR2
MOVL    XAR3, #Array2    ;将起始地址 Array2 装入 XAR3
MOV     @AR0, #N-1       ;将循环次数 N 装入 AR0,
Loop:
MOVL    ACC, *XAR2++     ;将*XAR2 指针所指向地址的内容装入 ACC，XAR2=XAR2+2
MOVL    *XAR3++, ACC     ;将 ACC 内容装入*XAR3 指针所指向的地址，XAR3=XAR3+2
BANZ    Loop, AR0—       ;若 AR0 内容不等于 0，则跳转到 LOOP 处继续循环，AR0=AR0-1
```

3.2.2　汇编指令格式与编程

1. 汇编指令

C28x DSP 的汇编指令，按照功能分类，包括寄存器操作指令、乘法指令、直接存储器操作指令、I/O 空间操作指令、程序空间操作指令、转移/调用/返回指令等。DSP 汇编指令格式如下。

```
操作码 目的操作数, 源操作数;
```

操作码指示本指令所要执行的操作，操作数是指令执行过程中所要处理的数据。

2. 汇编语句与编程

TMS320C2000 系列 DSP 的汇编程序，由汇编语句组成，每行语句不得多于 200 个字符。标准汇编语句一般包含 4 个部分：标号域、指令（助记符）域、操作数域和注释域。格式如下：

```
[标号][:] 助记符[操作数列表][;注释]
```

其中，标号域是可选项，根据实际编程需求设置，以供循环语句或其他程序调用。注意：标号必须从第一列开始，区分大小写。

助记符指示处理器执行什么操作，是汇编语句的核心，DSP 汇编语言指令助记符非常繁杂，是汇编语言学习、编程的难点之一。汇编指令包括汇编语言指令、汇编伪指令和宏伪指令或宏调用指令。

操作数域指示指令执行过程中所需要的操作数。

注释域不参与指令执行，是由编程者撰写的说明或注释，对复杂程序添加注释是一种良好的编程习惯，可以增强程序的可读性。由于 DSP 汇编指令系统较复杂，记忆掌握比较困难，所以，多采用 C/C++语言与汇编语言混合编程模式进行程序设计，以提高编程效率和质量。

例：数据块搬移汇编程序

```
      MOVL    XAR2, #Array1      ;将 Array1 开始的地址，加载到 XAR2
      MOVL    XAR3, #Array2      ;将 Array2 开始的地址，加载到 XAR3
      NOV     @AR0, #N-1         ;将循环次数存入 AR0，设置循环次数
Loop: MOVL    ACC, *XAR2++       ;将 XAR2 指针指向的地址中的数据，加载到 ACC
      MOVL    *XAR3++, ACC       ;将 ACC 中的数据，存入指针 XAR3 指向的地址中
      BANZ    Loop, AR0--        ;若 AR0 不等于 0，继续循环，完成数据块搬移功能
```

3.2.3 公共目标文件格式

C/C++源程序文件，经过 C/C++编译器处理后形成汇编源文件，随后进入汇编器。汇编器和链接器生成目标文件，该类文件采用公共目标文件 COFF 格式。该文件格式的优点是：将指令和数据按照段的概念进行组织和存储，便于编程和移植，更有利于模块化程序设计，为管理代码段及目标存储器提供了灵活的方法和手段。

1. 段（sections）

段（sections）是 COFF 文件中的重要概念，也是目标文件的最小单位，在存储器映射中占据连续的存储单元，每个段相对独立。在 CCS 集成开发环境中，汇编器和连接器通过伪指令创建和管理段。COFF 目标文件包含以下三个默认段。

.text 段：一般包含可执行代码；

.data 段：一般包含已初始化数据；

.bss 段：为未初始化变量预留存储空间。

COFF 目标文件的段分为已初始化段和未初始化段两种基本类型。其中，已初始化段包括：.text 段、.data 段和 .sect 段（由汇编器伪指令建立的自定义段）；未初始化段是为未初始化变量预留的空间，一般建立在 RAM 中，仅作为临时存储空间使用，未初始化段又分为默认段和命名段两种，由汇编器伪指令.bss 和.usect 创建。

2. 程序编译、汇编与连接

（1）概述

在 CCS 开发环境中，从 C/C++源程序到形成可执行代码，需要经过编译器、汇编器和连接器三个环节，如图 3.1 所示。其中，编译器的主要功能是将由 C/C++语言编写的程序代码，经过编译环节，形成汇编源程序；汇编器的主要功能是将来自前端的汇编源文件和宏库

文件程序中的代码和数据，汇编到各个段内，形成 COFF 目标文件；连接器主要功能是在目标文件库和运行支持库基础上，将程序中各段进行重新组合，然后定位到目标存储器之中，提高硬件存储空间的利用效率，最终形成可执行 COFF 目标文件。在 CCS 开发环境中，按照软件开发操作流程，最后形成后缀为.out 的可执行文件，该文件代码通过仿真器和数据线下载、固化到目标板中。

（2）连接器及其段处理

连接器的主要功能有 2 个，一是建立可执行的 COFF 输出模块；二是为输出模块选择存储器地址，进行物理定位，使用 MEMORY 和 SECTIONS 伪指令完成上述功能。

MEMORY：用来定义目标存储器映射，描述了目标系统可以使用的物理存储器地址范围和类型，包括对存储器各部分命名，规定起始地址和长度。

SECTIONS：指示连接器如何组合输入段，以及如何将输出段定位到存储区，即将 COFF 目标文件中的各个段，定位于 MEMORY 伪指令定义的存储区。

① MEMORY 伪指令语法格式

```
MEMORY
{
    PAGE 0 : name [attr] : origin = const, length = const
    PAGE 1 : name[attr] : origin = const, length = const
}
```

相关参数，解释如下。

PAGE——标识存储空间。PAGE 0：程序存储器；PAGE 1：数据存储器。若无规定，按照 PAGE 0 处理。

name——存储区名称，1~8 个字符组成，在分页存储结构中，分布在不同页上的存储区名称可以相同，但是同一页内的存储区名称不能相同。

attr——该参数为任选项，规定了存储区属性：R-可读，W-可写，X-包含可执行代码，I-可初始化。

origin——存储区起始地址；length——存储区长度。

例：

```
MEMORY
{
PAGE 0:                  /* 定义程序空间
ZONE0   :origin = 0x004000, length = 0x001000      /* XINTF zone 0 存储起始地址及大小*/
RAML0   :origin = 0x008000, length = 0x001000      /* L0 SARAM   存储起始地址及大小*/
⋮
}
```

② SECTIONS 伪指令语法格式

```
SECTIONS
{
    name : [property, property, property, ...]
    name : [property, property, property, ...]
    name:[property, property, property, ...]
```

```
          ⋮
      }
```

name——需要定位的段的名称。

property——段的特性（列表），主要包括两种：装载位置和运行位置。

装载位置：定义了段在存储区中加载的位置，语法如下：

```
Load=allocation 或 load>allocation 或 allocation
```

运行置位：定义了段在存储器中运行的位置，语法如下：

```
run=allocation 或 run>allocation;
```

例：

```
SECTIONS
{
  .cinit   : > FLASHA     PAGE = 0
  .pinit   :> FLASHA      PAGE = 0
  .text    :> FLASHA      PAGE = 0
    ⋮
}
```

3.2.4　汇编语言程序设计

1. 汇编伪指令

伪指令不具备一般程序的实际功能，但是，在汇编过程中为程序提供数据并控制汇编过程，因此，伪指令在汇编语言编程中具有重要作用。按照功能进行分类，伪指令包括四大类：定义段的伪指令、初始化常数伪指令、引用其他文件伪指令和符号伪指令等。

（1）定义段的伪指令

定义段的伪指令包括.text、.data、.bss、.sec 和.usect，指令和语法等如表 3.4 所示。

表 3.4　定义段伪指令一览表

序号	伪指令	语法	功能描述
1	.text	.text	将其后的源程序语句汇编至.text 段
2	.data	.data	将其后的源程序语句汇编至.data 段
3	.bss	.bss 符号，字长	在.bss 段内为"符号"保留一定的字长
4	.sect	.sect "段名"	将其后的源程序语句汇编至"段名"规定的段内
5	.usect	符号.usect "段名"，字长	为未初始化自定义段"段名"保留一定的字长。

例：

```
st1:  .bss y, 10           ;在.bss 定义的段内，为符号 y 分配 10 个字的空间。
st1:  .usect "st2" 10      ;在自定义段 "st2" 中，为变量 st1 保留 10 个字的空间。
```

（2）初始化常数伪指令

初始化常数的伪指令：.bes/.space、.int/.word、.byte/string、.long/.blong、.float/.bfloat、

.field，指令和语法等，如表 3.5 所示。

表 3.5　初始化常数伪指令一览表

序号	伪指令	语法		功能描述
1	.bes/.space	.bes	位长	当前段内，保留位长，用 0 填充；.space 指向保留位第
		.space	位长	一个字，.bes 指向保留位最后一个字
2	.int/.word	.int	数值列表	将一个或多个 16 位初始化数值，存放在当前段内存储
		.word	数值列表	单元中，且连续存放
3	.byte/string	.byte	数值列表	将 8 位数值或字符存放入当前段
		.string	数值列表	
4	.long/.blong	.long	数值列表	将 1 个或多个 32 位数值，存放入当前段内连续字中，
		.blong	数值列表	按照先存低位后存高位的顺序存放，.blong 确保不跨界
5	.float/.bfloat	.float	数值列表	将一个单精度浮点常数存放入当前段内，.bfloat 不跨界
		.bfloat	数值列表	
6	.field	.field	数值[, 位长]	将数值放入位长规定的位中

例：

wordx：.word 'B'，1，2，1+ 'C'；将'B'，1，2，1+ 'C'，存储于标号 wordx 开始的 4 个连续单元中。

（3）引用其他文件的伪指令

引用其他文件的伪指令，包括.copy、.include、.def、.ref 和.glolal，共 5 条指令，指令格式及功能描述如下。

① .copy/.include 伪指令

语法格式：.copy　　"文件名"；复制源文件

　　　　　.include　"文件名"；包含源文件

功能：从"文件名"指示的文件中读取源程序，其中.copy 指令会复制源文件到当前工程文件中，.include 指令仅是包含源文件，并不移动源文件。

② .def/.ref/.glolal 伪指令

语法格式：.def/.ref/.glolal 符号名列表

功能：变量定义伪指令。其中.def 指令在当前程序中定义符号，可以在其他程序中引用；.ref 指令在其他程序中定义符号，在当前模块中引用；.glolal 指令定义全局性符号，同时具有上述两者的功能。

（4）汇编时的符号伪指令

常用的汇编符号伪指令有 2 个：.set、.equ。

语法格式：符号 .set　数值；

　　　　　符号 .equ　数值；

功能：将数值用具有某种意义的或便于记忆的名称代替，增强程序的可读性。

2. 汇编语言指令

（1）汇编语言指令分类

C28x 常用的汇编语言指令，包括以下几个大类：算术运算指令、数据传送指令、逻辑运算指令、程序控制指令和浮点运算指令。

① 算术运算指令

主要算术运算指令包括：

ADD、ADDB、ADDCU、ADDL、ADDCL、ADDUL、SUB、SUBB、SUBCU、SUBBU、SBRK、DEC、SUBBL、SUBCUL、SUBL、SUBUL、MPY、MPYA、MPYB、MPYS、MPYU、MPYXU、SQRA、SQRS、XMAC、XMACD、QMACL、QMPYAL、QMPYL、QMPYSL、QMPYUL、QMPYXUL、DMAC、MAC、ZALR、ZAP、ABSTC、CSB、MAXL、MINL、MAX、MIN、MAXCUL、MINCUL、NORM、NEG、NEGTC、NASP、NOT、SAT、SAT64、FLIP、NOP 等。

② 数据转移指令

主要转移指令包括：MOV、MOVB、MOVH、MOVU、MOVA、MOVP、MOVS、MOVL、MOVW、MOVZ、DMOV、MOVDL 等。

③ 逻辑运算指令

主要逻辑运算指令包括：AND、ANDB、OR、ORB、XOR、XORB、TBIT、TCLR、TSET、CMP、CMPB、CMPL、CMP6 等。另外，还有与累加器 ACC 有关的移位指令。

④ 程序控制与转移指令

B、BANZ、BAR、BF、LB、SB、SBF、LC、LCR、FFC、INTR、TRAP、IACK、EINT、LRET、LRETE、LRETR、IRET、LOOPZ、LOOPNZ、RPT、POP、PSHD、IN、OUT、UOUT、PREAD、PWRIT 等。

（2）汇编语言程序结构

汇编语言程序有 3 种基本结构：顺序结构、分支结构和循环结构。其中，分支结构程序通过条件测试与判断控制程序执行方向。C28x 指令系统的比较、测试条件，如表 3.6 所示。

表 3.6　测试条件

测试条件	说明	测试条件	说明
NEQ	!= 0	LO，NC	小于，清零进位位 C=0
EQ	== 0	LOS	小于或等于
GT	> 0	NOV	无溢出
GEQ	>= 0	OV	溢出
LT	< 0	NTC	TC=0
LEQ	<= 0	TC	TC=1
HI	大于	NBIO	测试 BIO 输入==0
HIS，C	大于或一样，进位 C=1	UNC	无条件

3.3　TMS320C28x C/C++编程基础

TMS320x28xx 的 C 优化编译器，功能全面，支持美国国家标准局（ANSI）颁布的标准 C 语言，以及 ISO/IET14882—1998 定义的 C++语言。

C/C++编译器为处理器提供了完整的运行支持库，该库包括字符串操作、动态存储器分配、数据转换、时间记录及三角、指数等数学函数等，可以将 C/C++源程序转换成汇编代码并输出，可以查看或编辑；具有灵活的汇编程序接口，遵守函数调用规范，编写可以相互调用的 C 和汇编函数；还可以利用分析器中的预处理器，进行快速编译，激活优化器，产生更高效率的汇编代码。

3.3.1　C 语言标识符与数据类型

1. 标识符

标识符的组成，具有严格规定，可以包括字母、数字和下划线，但是首字母不能为数字，标识符的长度不超过 100 个字符，字母区分大小写，标识符的符号集是 ASCII，不支持多字节符号，如汉字等。

2. 数据类型

C 语言是一种强类型的高级语言，各种数据类型如表 3.7 所示。数据单元以 16 位为基础，包括 16 位、22 位、32 位和 64 位共四种不同位长的数据类型。从数据性质角度进行分类，包括字符、整数、浮点和指针共四种不同性质的数据类型。编译器默认的 pointer 指针类型为 16 位，但是 far pointer 远指针类型为 22 位，可以遍历 4M（$2^{22}=4M$）片内存储空间。

表 3.7　TMS320C28x C/C++数据类型

序号	类型	位长	说明	取值范围	
				最小值	最大值
1	char，signed char	16 位	符号、有符号字符（ASCII 码）	−32768	32767
2	unsigned char	16 位	无符号字符 ASCII 码	0	65535
3	short	16 位	有符号短整数（2 补码）	−32768	32767
4	unsigned short	16 位	无符号短整数（二进制）	0	65535
6	int，signed int	16 位	有符号整数（2 补码）	−32768	32767
7	unsigned int	16 位	无符号整数（二进制）	0	65535
8	long，signed long	32 位	有符号长整数（2 补码）	−2147483648	2147483647
9	unsigned long	32 位	无符号长整数（二进制）	0	4294967295
10	long long，signed long long	64 位	有符号的 64 位整数（2 补码）	−9223372036854775808	9223372036854775807
11	unsigned long long	64 位	无符号的 64 位整数	0	18446744073709551615
12	enum	16 位	2 的补码	−32768	32767
13	float	32 位	浮点数	$1.19209290e^{-38}$	$3.4028235e^{+38}$
14	double	32 位	双精度浮点数	$1.19209290e^{-38}$	$3.4028235e^{+38}$
15	long double	64 位	长双精度浮点数	$2.22507385e^{-308}$	$1.79769313e^{+308}$
16	pointers[①]	32 位	指针型（二进制）	0	0xFFFFFFFF

注：尽管 pointers 是 32 位，但是编译器在处理时仍然照 22 位地址进行处理，与片内 22 位地址的存储空间相一致。

除了上述数据类型之外，还可以使用 typedef 指令，自定义新的数据类型，例：

typedef　unsigned int　x；将 x 定义为 unsigned int 数据类型，随后便可以用 x 声明无符号整型变量。

3.3.2　关键词与 pragma 指令

1. C 语言关键词

C/C++编译器支持 C89 标准的所有关键词，包括 const、volatile 和 register，以及 C99 标准的所有关键词，并支持 TI 扩展关键词 interrupt、cregister 和 asm 等。常用关键词介绍如下。

（1）interrupt 关键词

定义中断服务程序（中断函数）的关键词，中断处理遵循特定的寄存器保存规则和特定的返回机制，中断函数无返回值，无形式参数，但是可以在中断函数中定义局部变量，也可以使用堆栈和全局变量。例：

```
interrupt void int_handler()
{
 unsigned int flags; //定义局部变量
   ...
}
interrupt void cpu_timer0_isr(void);         //声明中断服务函数
void main(void)                              //主函数
{
}
interrupt void cpu_timer0_isr(void)          //定义中断服务函数
{
CpuTimer0.InterruptCount++;                  //中断次数计数器
PieCtrlRegs.PIEACK.all = PIEACK_GROUP1; //清除 PIE 中断组 1 的应答位，以便 CPU 再次响应
}
```

（2）const 关键词

const 是常量关键字，可以将 const 限定符应用于任何变量或数组的定义，以确保其值不会被改变，常应用于保护函数传递的参数或定义常量表，并存储到系统 ROM 中。例：

```
const int digits[] = {0, 1, 2, 3, 4, 5, 6, 7, 8, 9}   ;定义一个常量数组
int *const p = &x;   //定义了一个指向 x 首地址的常量指针 p。
```

注意 const 在定义表达式中的具体位置。

（3）volatile 关键词

volatile 关键词可以保护被定义的变量或表达式，使之避免被优化，对于特殊变量，可以使用 volatile 关键词进行声明，通知编译器每次访问变量时要从其地址读取，避免被优化。例：

```
volatile　int x; //声明一个 int 变量 x，编译器每次访问 x 时需要从其地址读取
```

（4）cregister 关键词

C/C++编译器，通过 cregister 关键词扩展了 C/C++语言，使高级语言可以访问 CPU 的中断控制寄存器。但是，必须先通过如下语法进行声明。

```
extern cregister volatile unsigned int register;
```

例 3.1　cregister 关键词使用

```
extern    cregister    volatile unsigned int IFR;
extern    cregister    volatile unsigned int IER;
extern int x;
main()
{
IER = x;
IER |= 0x100;
printf（"IER=%x\n"，IER）;
IFR & = 0x100;   //对寄存器位进行清零，使用与运算符"&"
IFR | = 0x100;   //对寄存器位进行置位，使用或运算符"|"
}
```

在 c28x.h 头文件中，已经对所有控制寄存器进行了声明，所以在 C/C++语言程序中可以直接使用。

（5）register 关键词

该关键词定义寄存器变量，使用寄存器可以加快访问速度，提高效率。

（6）asm 关键词

asm 扩展了 C/C++语言功能，提供了访问硬件的接口。利用 asm 关键词，C/C++ 编译器可以将汇编语言指令，直接嵌入到编译器输出的汇编语言之中。因此，这是一种重要的混合编程方法之一。例：

```
asm("汇编语句"); //常用混合编程语句
```

（7）inline 关键词

其功能是将一些常用的短小函数，用 inline 进行定义，调用 inline 函数时便可以直接将其源代码插入到调用位置，减少了函数频繁调用时的时间开销，提高代码执行效率。

例 3.2　inline 关键词使用

```
inline int volume_formul(float x)
{
return    4.1887*x*x*x      //球体体积计算公式 }
}
main()
{
float volume = 0;
…
volume = volume_formul(r);// inline 函数源代码被插入此处
…
}
```

2. #pragma 指令

#pragma 指令告诉编译器如何处理某个函数、对象或代码段。C28xC/C++ 编译器支持以下 #pragma 指令：CALLS、CHECK_MISRA、CLINK、CODE_ALIGN、CODE_SECTION、

DATA_ALIGN 、 DATA_SECTION 、 FAST_FUNC_CALL 、 FUNC_ALWAYS_INLINE 、
FUNC_CANNOT_INLINE、FUNC_EXT_CALLED、FUNCTION_OPTIONS、INTERRUPT、
MUST_ITERATE 、 NO_HOOKS 、 RESET_MISRA 、 RETAIN 、 SET_CODE_SECTION 、
SET_DATA_SECTION、UNROLL 等，常用指令如下。

（1）CODE_SECTOIN

该指令为某一段程序指定特定的代码存储段，并为之分配存储空间，语法如下。

```
#pragma CODE_SECTION(symbol, "section name ") ; // C 语言中的语法格式
#pragma CODE_SECTION(" section name ");        //C++语言中的语法格式
```

例 3.3 CODE_SECTION 指令使用

```
#pragma CODE_SECTION(funcA,"codeA")      //将函数 funcA 定义到 codeA 代码段
char funcA(int i);        //funcA 函数声明
void main()
{
char c;
c=funcA(1);
}
char funcA(int i)        // funcA 函数定义
{
return bufferA[i];
}
```

（2）DATA_SECTION

该指令为为某一段程序指定特定的数据存储段，并为之分配存储空间，语法如下。

```
#pragma DATA_SECTION (symbol,"section name ") ;// C 语言中的语法格式
#pragma DATA_SECTION (" section name ");        //C++语言中的语法格式
```

例 3.4 DATA_SECTION 指令使用

```
#pragma DATA_SECTION(bufferA,"my_sect")    ;// C 源程序
char bufferA[512];
char bufferB[512];
     .global    _bufferA ; 汇编语言源程序
     .ebss      _bufferA,512,4
     .global    _bufferB
_bufferB:.usect "my_sect",512,4
```

（3）CODE_ALIGN

其功能是沿指定的对齐方式对齐程序，为一段代码指定存储边界，对齐边界是符号默认
对齐值的最大值或以字节为单位的常量值。当存储从某个边界开始的程序时，CODE_
ALIGN 很有用。

语法：#pragma CODE_ALIGN(func,constant);   //C 语言中的语法格式

　　　　#pragma CODE_ALIGN(constant);   //C++语言中的语法格式

（4）DATA_ALIGN

DATA_ALIGN 编译指示将 C 中的符号或 C++中声明的下一个符号，与对齐边界对齐。

对齐边界是符号默认对齐值的最大值或以字节为单位的常量值，常量必须是 2 的幂，最大对齐是 32768。

  语法：#pragma DATA_ALIGN(func,constant)   //C

      #pragma DATA_ALIGN(constant)   //C++

（5）INTERRUPT

INTERRUPT 指令的功能是允许直接用 C 代码处理中断，在 C 程序中函数的参数便是函数本身。

  语法：#pragma INTERRUPT(func)   //C

      #pragma INTERRUPT void func(void)   //C++

在浮点处理器 FPU 中，中断优先级分为两类：高优先级中断 HPI 和低优先级中断 LPI。高优先级中断具有快速保护机制，但是不能嵌套；而低优先级中断则像一般 C28x 中断一样可以嵌套。

  语法：#pragma INTERRUPT(func,{HPI|LPI})   // C

      #pragma INTERRUPT({ HPI|LPI })   // C++

（6）FUNC_EXT_CALLED

当使用 program 编译选项时，编译器将使用程序级优化，从而优化掉那些在主函数 main 中没有直接或间接被调用的函数，可以使用 FUNC_EXT_CALLED 指令指定优化器应该保留的函数，保证其不会被编译器优化掉。但是，pragma 必须出现在对要保留的函数的任何声明或引用之前。

  语法：#pragma FUNC_EXT_CALLED(func)   // C 语法，func 是要被保护的函数名

      #pragmaFUNC_EXT_CALLED   // C++语法

（7）FAST_FUNC_CALL

FAST_FUNC_CALL 是一种快速调用机制，应用于函数时会生成 TMS320C28x FFC 指令来调用函数，而不是应用 CALL 指令调用。FAST_FUNC_CALL pragma 仅应用于调用以 LB*XAR7 指令返回的汇编函数。如果编译器在文件作用域内找到函数的定义，则会发出警告并忽略 pragma。

  语法：#pragmaFAST_FUNC_CALL(func) // C、C++语言语法

例 3.5 快速调用

```
_add_long:                              .       //汇编函数
ADD    ACC,*-SP[2]
LB    *XAR7
#pragma FAST_FUNC_CALL(add_long)        // #pragma 指令，快速调用
long    add_long(long,long);
void foo()                              //C 源函数
{
long x,y;
x = 0xffff;
y = 0xff;
y = add_long(x,y);
}
```

（8）MUST_ITERATE

指明循环必须执行的次数，以防止空循环被优化掉。

语法：#pragma MUST_ITERATE(min, max, multiple)

其中 min、max 分别是指定的最小、最大循环次数，并且可以被 multiple 整除，min 默认值为 0。

3.3.3　中断处理

中断是所有微控制器的基本功能之一，中断任务由相应的中断函数完成。中断函数可以访问全局变量、定义局部变量和调用其他函数。

初始化 C/C++环境时，不会自动使能或屏蔽中断，但是通过硬件方式进行系统复位后，中断被默认为禁止使用。因此，一个 F2833x 应用系统若使用中断功能，必须事先对相应中断进行使能等初始化设置。编写中断处理程序（中断函数）时，要遵循以下基本规则。

1. 中断处理要点

① 中断处理程序不能有参数，参数声明无效。

② 中断处理程序可以由普通的 C/C++代码调用，但是效率较低。

③ 中断处理程序可以处理单个或多个中断，编译器不会生成特定于某个中断的代码，但是系统复位中断 c_int00 例外。

④ 中断处理程序要与对应的中断相关联，要将中断处理程序的首地址放入中断向量表之中，与具体中断向量关联起来。可以通过.sect 汇编器指令创建中断向量表。

⑤ 使用汇编语言编写中断处理程序（中断函数）时，必须在中断函数名称前面加下划线。例如，_c_int00。

2. C/C++中断服务程序应用

① 如果 C/C++中断程序没有调用任何其他函数，则只保存和恢复中断处理程序所使用的寄存器。但是，如果调用了其他函数，编译器将保存所有调用时需要保存的寄存器。

② C/C++中断程序，可以定义局部变量，并可以使用局部和全局变量。

③ 中断程序（中断函数）一般不直接调用，DSP 中断系统有中断自动跳转机制，通过中断向量表寻址，实现对中断函数的调用。

④ 使用 INTERRUPT 预处理指令或__interrupt 关键词，通过 C/C++中断函数直接处理中断任务。例：

```
__interrupt void int_handler()    // 使用系统关键词定义中断函数，直接处理中断任务
{
unsigned int flags;               //定义局部变量
...
}
```

3.4　C/C++和汇编语言混合编程

C/C++作为高级编程语言，具有编程灵活、功能强大，可以进行复杂编程等优点，但是相对于汇编语言，也有代码不够精简、运行效率不高，实时性不强等弱点，特别是在一些

DSP 特殊应用场合，譬如 FFT 算法、实时中断处理、高频信号检测和高速电机控制等应用，单一的 C/C++编程很难满足实时性要求。同时，DSP 汇编语言本身也存在指令复杂、记忆掌握困难、编程不灵活，复杂程序编程难度较大等不足。

因此，采用 C/C++与汇编语言进行混合编程，成为一种主流编程模式。所谓混合编程，就是程序主体部分采用 C 或 C++编程，涉及底层驱动等环节则使用汇编语言进行编程，优势互补，最大限度提升软件编程效率，使程序达到最佳运行效果。

3.4.1　C/C++编译器运行环境

所有运行的程序代码都要维护编译器运行环境，在编写与 C/C++代码接口的汇编语言函数时，必须遵守 TMS320C28x C/C++运行环境的有关约定。

C28x 编译器将内存视为程序和数据两个线性块（Block），程序内存块包含可执行代码、初始化记录和切换表；数据内存块包含外部变量、静态变量和系统堆栈。由 C/C++程序生成的代码块或数据块，存放在内存空间中的连续块之中。以下介绍段、C/C++堆栈管理、寄存器使用规则、函数结构与调用等。

1. 段

编译器产生的可重新定位的代码块和数据块被称为段，段被分配到内存中，并符合系统配置，有以下两种基本段。

（1）初始化段

初始化段用于存放可执行代码和数据，编辑器产生的初始化段如下。

.text 段：包含所有可执行代码。

.cinit 段和.pinit 段：包含用于初始化变量和常量的表。

.econst：包含字符串常量、字符串文字、切换表、全局和静态变量声明及初始化，以及用 C/C++限定符 const 定义的数据。

.switch：包含用于 switch 语句的表格。

（2）未初始化段

在存储器（通常是 RAM）中保留空间，程序可以在运行时使用此空间来创建和存储变量。编译器产生的未初始化段如下。

.ebss：为定义的全局和静态变量保存空间。

.stack：为 C/C++软件堆栈保留内存，用于将参数传递给函数并为局部变量分配空间。

.esysmem：为动态内存分配保留空间。

汇编程序会创建默认段.text、.ebss 和.data，也可以使用 CODE_SECTION 和 DATA_SECTION #pragma 指令指示编译器创建其他段。

连接接器将同名段组合在一起，根据需要将各输出段在内存中进行分配。

C 编译器生成段及其在内存中的定位，如表 3.8 所示。

表 3.8　生成段及其内存定位

序号	段名	存储器类型	段类型	功能及用途	页
1	.text	ROM/RAM	初始化段	实型常量、可执行代码	0
2	.cinit	ROM/RAM	初始化段	全局变量、静态变量	0

续表

序号	段名	存储器类型	段类型	功能及用途	页
3	.switch	ROM/RAM	初始化段	switch 语句表格	0
4	.const/.econst	ROM/RAM	初始化段	字符串常量	1
5	.bss/.ebss	RAM	未初始化段	全局、静态变量空间	1
6	.sysmem/.esysmem	RAM	未初始化段	动态分配存储器空间	1
7	.stack	RAM	未初始化段	堆栈空间	1

2. C/C++系统堆栈

（1）堆栈的功能

C/C++编译器使用堆栈完成以下功能。

①分配局部变量存储空间；②传递函数参数；③保存处理器状态；

④保存函数返回地址；⑤保存中间结果；⑥保存寄存器的值。

（2）堆栈指针 SP 与堆栈寻址

运行时堆栈地址由低地址向高地址增长，默认情况下，堆栈被定位到.stack 段，编译器使用硬件指针 SP 管理堆栈。堆栈被映射到数据存储器的低 64K 空间，SP 指针宽度为 16 位，堆栈寻址范围最大为 64K。SP 采用-*SP[6 位偏移量]模式访问堆栈，其中 6 位偏移量范围为 0～63，称为帧内偏移地址，堆栈的基本存储单元长度为 16 位（字）。对于超过 63 个字的帧（SP 偏移寻址方式的最大范围），编译器使用 CPU 辅助寄存器 XAR2 作为帧指针 FP，FP 指向当前帧的起始地址，使用 FP 可以访问 SP 无法直接访问的存储空间。

每次函数调用，都会在堆栈顶部创建一个新帧，用来存储局部变量和临时变量。

堆栈大小由连接器设置，连接器还创建一个全局符号__STACK_SIZE_，并指定一个等于堆栈大小（以字节为单位）的值。C 系统堆栈默认大小为 1K 个字，可以使用连接器选项在连接时更改堆栈大小。编译器没有检查堆栈溢出的设置，使用堆栈系统时注意空间大小，谨防溢出。

3. 寄存器使用规则

C/C++开发环境对于寄存器及其操作有严格的规则，规定了编译器如何使用寄存器，以及如何在函数调用过程中保存数值。在 C/C++程序中调用汇编程序，必须遵守相关约定。

有两种类型的保护寄存器，分别为入口保护寄存器和调用保护寄存器，两者之间的区别在于函数调用时的保存方法不同。被调用函数（子函数）负责保存入口保护寄存器，调用函数（父函数）负责保存调用保护寄存器。

（1）TMS320C28x 寄存器使用与保护

寄存器使用和保护规则，如表 3.9 所示，该表列出了 C 编译器使用 TMS320C28x 寄存器的情况，并显示了函数调用期间需要保护的寄存器。另外，FPU 即使用表 3.9 中全部 C28x 寄存器，还使用表 3.10 中的浮点寄存器。

表 3.9 寄存器使用和保护规则

序号	寄存器	位长	功能及应用	入口保护	调用保护
1	AL	16	表达式、参数传递、从函数返回 16 位结果	×	√
2	AH	16	表达式、参数传递	×	√
3	PH	16	乘法表达式、临时变量	×	√
4	PL	16	乘法表达式、临时变量	×	√
5	T	16	乘法和移位表达式	×	√
6	TL	16	乘法和移位表达式	×	√
7	DP	22	数据页指针，访问全局变量	×	√
8	SP	16	堆栈指针	√	①
9	XAR0	32	指针和表达式	×	√
10	XAR1	32	指针和表达式	×	×
11	XAR2	32	指针、表达式、帧指针（根据需要）	√	×
12	XAR3	32	指针和表达式	√	×
13	XAR4	32	指针、表达式、参数传递、从函数返回 16 位和 22 位的指针值	×	√
14	XAR5	32	指针、表达式、参数	×	√
15	XAR6	32	指针、表达式	×	√
16	XAR7	32	指针、表达式、间接调用和分支（用于实现指向函数和 switch 声明的指针）	×	√

注：①SP 约定保留，所有压入堆栈的内容，返回之前要全部弹出。"×"—不需要保护；"√"—需要保护。

表 3.10 FPU 寄存器使用和保护规则

序号	寄存器	功能及应用	入口保护	调用保护
1	R0	表达式、参数传递、从函数返回 32 位浮点数	×	√
2	R1	表达式和参数传递	×	√
3	R2	表达式和参数传递	×	√
4	R3	表达式和参数传递	×	√
5	R4	表达式	√	×
6	R5	表达式	√	×
7	R6	表达式	√	×
8	R7	表达式	√	×

注："×"—不需要保护；"√"—需要保护。

（2）状态寄存器

编译器使用的所有状态字段，如表 3.11 所示。其中期望值是编译器在输入函数或从函数返回时在该字段中编译器指定的值；破折号表示编译器不期望特定值，修改与否表示编译器产生代码时，是否修改该状态位？

表 3.11　状态寄存器位域介绍

位域	名称	期望值	是否修改
ARP	辅助寄存器指针	-	√
C	进位	-	√
N	负标志	-	√
OVM	溢出模式	0	√
PAGE0	直接/堆栈地址模式	0	×
PM	乘积移位模式	0	√
SPA	堆栈指针对齐位	-	√
SXM	符号扩展模式	-	√
TC	测试/控制标志	-	√
V	溢出标志	-	√
Z	零标志	-	√

注：√—是；×—否；"-"—未作要求。

4. 函数与调用

C/C++编译器对函数调用有严格规范，任何调用 C 函数或被 C 函数调用的操作，都必须遵守规则，否则可能会破坏编译环境或者导致程序无法运行。

函数调用过程与堆栈使用情况，如图 3.2 所示。在函数调用过程中，不能通过寄存器传递的参数，可以存放于堆栈中，通过堆栈进行传递，并保存返回地址。同时，为被调用函数分配局部帧和参数块，若被调用函数没有局部变量和参数块，则不分配局部帧。"参数块"是指用于向其他函数传递参数的本地帧部分，向函数传递的参数是通过移入参数块而非通过将其压入堆栈实现的。局部帧和参数块同时被分配空间。

（1）函数调用

函数调用时，调用函数称为父函数，被调用函数，称为子函数。父函数调用子函数时，执行如下任务和流程。

① 子函数中无需调用函数中寄存器的值，但是函数调用返回后却需要使用的所有寄存器的值，要压栈进行保存。

② 若被调用函数返回一个结构体，调用函数会为这个结构体创建空间，并将此空间的地址作为第一个参数传递给被调用函数（子函数）。

③ 向被调用函数传递的参数，首先通过寄存器进行传递，必要时通过堆栈进行传递。通过寄存器传递参数要遵循以下约定和规则。

（a）若系统目标是 FPU，当传递 32 位浮点参数时，前 4 个参数的传递寄存器是固定的，依次使用 R0H～R3H 进行传输。（b）若传递 64 位整数（long long）参数，第一个 64 位参数传递的寄存器是固定的，其中高 32 位存放到 ACC，低 32 位存放到 P，其他的 64 位整数参数，则以相反的顺序放置在堆栈中（堆栈遵循先入后出的压栈、弹栈顺序）。（c）若传递 32 位参数（long 或 float），第一个参数存放于 ACC，其他参数以相反的顺序压入堆栈。（d）指针参数前 2 个通过 XAR4、XAR5 传递。（e）16 位参数传递所使用的寄存器是固定的，前 4 个参数分别通过 AL、AH、XAR4、XAR5 寄存器进行传递。

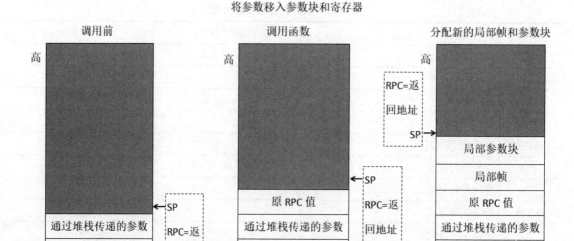

图 3.2　函数调用过程与堆栈使用情况图

④ 参数传递的路径包括寄存器和堆栈，未能通过寄存器传递的参数，都以相反的顺序压栈。其中，所有 32 位的参数，在堆栈存储时要与偶数地址对齐。结构体地址作为结构参数，可以进行传递，被调用的函数必须进行本地复制。

⑤ 在调用子函数之前，父函数将堆栈指针（SP）对齐偶地址。可以通过将堆栈指针增加 1 来实现。

⑥ 父函数使用 LCR 指令进行调用时，RPC 寄存器的数值要首先被压入堆栈保存，然后再将子函数返回地址存放入 RPC 之中。

⑦ 堆栈在函数边界处对齐。

（2）被调用函数

一个被调用的函数（子函数）执行以下任务和流程。

① 如果被调用函数修改了寄存器 XAR1、XAR2 或 XAR3，则必须进行保存，因为调用函数默认上述寄存器的值在返回时被保存。若操作目标系统为 FPU，除了 C28x 寄存器之外，寄存器 R4H、R5H、R6H 或 R7H，同样需要进行保存处理。

② 被调用的函数必须在堆栈中为局部变量、临时存储区，以及它所调用的函数，分配足够的存储空间。在函数调用开始时，可以通过移动 SP 指针完成上述空间分配。

③ 堆栈要与函数的边界对齐。

④ 如果被调用函数需要一个结构参数，会接收一个指向结构的指针。如果从被调用的函数中对结构进行写操作，则必须在堆栈上为该结构分配空间，可以通过传递指针将结构体内容进行复制。

⑤ 被调用函数执行函数代码。

⑥ 被调用函数通过寄存器传递返回值，并遵循如下约定。

AL 存放 16 位整型数值，XAR4 存放 32 位指针，ACC 存放 32 位整型数值，XAR6 存放结构体参数，ACC 和 P 存放 64 位整型数值。

若操作目标系统是 FPU，需要返回 32 位浮点值，则将返回值放入 R0H；若被调用函数需要返回一个结构体，则调用函数首先为该结构体分配空间，并通过 XAR6 将上述空间的地址传递给被调用函数。被调用函数将结构体内容复制到结构体指针指向的存储空间。

⑦ 被调用函数可以通过移动 SP 指针，来创建或撤销帧结构。

⑧ 被调用函数恢复保存的寄存器的值。

⑨ 被调用函数通过 LRETR 指令返回，PC 指向 RPC 寄存器存储的地址，原 RPC 被保存的值从堆栈中弹出并存储在 RPC 寄存器中。

（3）被调用函数特殊情况（大帧）

若堆栈上分配的帧空间大于 63 个字，即出现所谓大帧。需要使用帧指针 FP（XAR2）在局部帧内部访问局部变量。分配空间之前，FP 指向传递过来的的堆栈上的第一个参数。若无参数传递到堆栈，则 FP 指向调用函数的返回地址。函数调用过程中，尽量避免分配大量局部数据，例如，不要在被调用函数中声明大数组。

（4）访问参数与局部变量

被调用函数可以通过 SP 或 FP 间接访问局部变量和堆栈参数，SP 总是指向堆栈的栈顶，且总是由低地址向高地址增长。因此，一般使用*-SP[offset]寻址方式进行访问，其中 offset ≤ 63。但是当访问空间大于 63 时，编辑器使用 FP（XAR2）进行访问。

3.4.2 C/C++与汇编语言接口

使用 C/C++语言和汇编语言进行混合编程的方法有多种：独立编写汇编语言和 C/C++语言模块，结合使用；在 C/C++源代码中使用汇编语言变量和常量；在 C/C++源代码中直接嵌入汇编语言指令；在 C/C++源代码中直接调用汇编语言语句等。

1. C/C++语言与汇编语言结合使用

遵循函数调用和寄存器使用规范，C/C++程序与汇编语言函数的接口将非常简单。

在 C/C++程序中可以访问汇编语言定义的变量，并调用汇编函数，在汇编语言程序中也可以访问 C/C++变量和调用 C/C++函数。通常将汇编程序模块编写为子程序，在 C/C++程序中调用汇编子程序，调用时要遵循 C/C++语言与汇编语言的接口规范。有关接口规范如下。

被调用函数修改的专用寄存器，必须进行保存处理，包括 XAR1、XAR2、XAR3、SP，以及 FPU 目标下 R4H、R5H、R6H 和 R7H 等。非专用寄存器则可以自由使用不必保存。

C 编译器在所有 C 标识符前加一个下划线前缀"_"，在汇编语言模块中，对所有从 C/C++访问的对象前加下划线前缀"_"。例如，在汇编语言中，一个名为 x 的 C/C++调用对象被写为_x，仅在汇编语言模块中使用的标识符则无此要求。

用汇编语言声明的、从 C/C++访问或调用的任何对象或函数，都必须用汇编语言修饰符中的.def 或.global 指令加以声明，并允许连接器解析对它的引用。

要从汇编语言访问 C/C++函数或对象，需要在汇编语言模块中使用.ref 或.global 指令声明。

2. 从 C/C++调用汇编语言函数

在 C/C++中调用汇编函数时，应在 C/C++文件中将其定义为外部"C"。

例 3.6 展示了在 C 语言主函数 main 中，调用汇编子函数 asmfunc(int a)的过程。

例 3.6 混合编程

在 C/C++程序中直接调用汇编子函数。

```
extern "C" {                    // 定义为外部 C
extern int asmfunc(int a);      //声明外部汇编函数
int gvar = 0;                   //定义一个全局变量
}
void main()
{
int i = 10;
i = asmfunc(i);                 //C/C++中调用汇编函数
}
```

定义汇编子函数

```
        .global  _gvar          // 声明全局变量，注意前缀符号下划线"_"
        .global  _asmfunc       // 前缀符号下划线"_"
_asmfunc:                       // 汇编函数体
        MOVZ   DP,#_gvar
        ADDB   AL,#5
        MOV    @_gvar,AL
        LRETR
```

在示例 3.6 的 C 程序中，extern "C" 声明告诉 C 编译器使用 C 命名约定（即没有名称篡改）。在函数调用中，调用函数的第一个 16 位参数 i 的值，通过 AL 寄存器传递到被调用函数，并参与了汇编函数中的加法运算。

3. 在 C/C++中访问汇编语言变量与常量

混合编程时，可以从 C/C++访问汇编语言定义的变量或常量。

（1）访问汇编语言全局变量

从 .ebss 段、.usect 段访问汇编变量简单快捷，途径如下。

① 使用 .usect 指令直接定义变量；

② 使用 .def 或 .global 指令进一步定义变量属性；

③ 在汇编语言中使用适当的连接名称；

④ 在 C/C++中将变量声明为 extern 并正常访问。

例 3.7 在 C/C++中直接访问汇编变量

```
.ebss  _var,1           ;使用 .ebss 指令定义汇编语言变量,
.global  _var           ;定义全局变量属性
  …
extern int var;         // 在 C/C++中将汇编变量声明为外部变量，并正常访问
var=1;                  // 在 C/C++中正常访问并赋值
```

（2）访问汇编语言常量

可以将 .set 指令与 .def 或 .global 指令结合使用，在汇编语言中定义全局常量，也可以使用连接器赋值语句在连接器命令文件中进行定义，但是，只有使用特殊运算符才能从 C/C++访问这些常量。

例 3.8 在 C/C++中访问汇编常量

```
extern int table_size;                         // 使用 external 声明外部汇编常量
#define TABLE_SIZE((int)(&table_size))          // 使用强制转换和#defines 伪指令，简化符号使用
…
for(i=0;i<TABLE_SIZE;i++)                        // 被强制转换为 int 数据类型，作为普通常量符号使用
/*汇编程序，定义全局性汇编常量*/
_table_size    .set    10000      ;使用伪指令定义汇编常量
.global    _table_size            ;使用.global 指令定义全局性汇编常量，以便在 C/C++程序中使用
```

4. 使用内联汇编语言

可以使用 asm 结构，将一行汇编语言，插入到 C/C++程序中。混合编程语句编译之后，通过 asm 结构引入的汇编语句，便直接插入了编译器创建的汇编语言文件中。

asm 语句不仅支持对汇编语句的快捷调用，还可以为编译器快速插入注释，注释部分只需以分号 ";" 分开，其后的字符串便是需要添加的具体注释内容。asm 结构有如下两种格式。

语法格式一：asm（"汇编语句"）   ;插入汇编语句

语法格式二：asm（";汇编语言注释"）   ;插入注释内容

使用 asm 结构编程时，需要注意如下事项。

① 编译器不检查或分析插入的指令，所以要谨慎操作，避免破坏 C/C++ 环境。

② 避免在 C/C++代码中插入跳转或标签，以免产生不可预测的后果。

③ 使用 asm 语句时，不要更改 C/C++变量的值，因为编译器不分析 asm 指令内容。

④ 不要使用 asm 语句插入改变汇编环境的指令。

⑤ 避免在 C 代码中创建汇编宏并使用-symdebug：dwarf（或-g）选项进行编译，C 环境的调试信息和汇编宏扩展不兼容。

5. 使用内在运算符访问汇编语言语句

C28x 编译器可以识别内在运算符，运算符可以很好地表达汇编语句的含义。内在运算符，其本质是一种内部函数，用前导双下划线指定，可以像普通函数一样引用使用。TMS320C28x 汇编语言内部运算符，数量众多，具体参阅 TI 公司用户指导书。

3.5 CCS 开发环境

3.5.1 CCS 简介与安装

1. CCS 简介

CCS（Code Composer Studio）是目前应用最广泛的 DSP 软件集成开发环境。CCS 作为一款高效的软件开发工具，可以安装在 Windows 操作系统上运行。如图 3.1 所示，CCS 系统集成了 C/C++编译器、汇编器、连接器等代码生成工具，具有可视化的代码编辑与调试界面，提供了强大的程序调试、跟踪和分析等工具。通过环境配置、工程建立和工程文件导入等环节，可以快速建立一个完整的 DSP 工程项目框架，帮助用户方便地完成代码输入、编译、连接、下载与运行等过程。

CCS 有软件仿真运行（Simulator）和硬件仿真器运行（Emulator）两种工作模式，前者无需硬件平台支撑，在计算机上进行纯软件模拟仿真，多用于辅助开发与调试；后者则是依

托 DSP 硬件开发平台进行的软件编程开发模式。下面介绍 CCS6.0 版开发环境的安装注意事项及安装流程。

2. CCS 安装

（1）安装注意事项

CCS6.0 版开发环境，在下载与安装时注意事项如下。

① CCS 安装包在下载和安装之前，必须先关闭各种杀毒、安全防护软件以及计算机系统防火墙，以防止安装文件被误删除或破坏。

② 文件安装路径不能有中文符号，安装文件要放置在英文目录之下。

③ 按照 CCS 安装操作指南说明逐步安装，注意安装盘要预留充足空间。

（2）安装步骤

第一步，解压压缩文件。

第二步，打开解压之后的 CCS6.0 安装包文件夹，找到并双击 ccs_setup_6.0.0.00190.exe 文件，出现如图 3.3 所示安装窗口，选择"I accept the terms of the license agreement"选项。然后，单击 Next 按钮，出现如图 3.4 所示路径选择窗口，一般选择默认安装路径"C:\ti"，单击 Next 按钮。

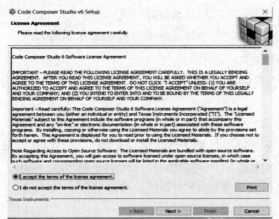

图 3.3　安装窗口　　　　　　　　图 3.4　路径选择

可以更改安装路径，注意安装路径不要有中文符号，此处选择默认路径，并单击 Next 按钮。弹出如图 3.5 所示处理器选择窗口，选择支持的处理器类型，此处全选，选择 Select All 选项，单击 Next 按钮。出现如图 3.6 所示软件工具选择窗口，此处全不选，单击 Finish 按钮。注意在安装过程中若出现弹窗，一律点击允许按钮，勿单击 Cancel 按钮。

连续单击 Next 按钮，直至进入图 3.7 所示的安装进度界面，耐心等待安装完毕。安装结束后，弹出如图 3.8 所示的安装完成界面，此处全部勾选，单击 Finish 按钮，完成安装，桌面出现 CCS6.0 图标，随后进入 CCS 工程创建阶段。

3.5.2　工程创建

1. 定义工作区

鼠标右击桌面的 CCS 图标，在弹出的菜单中选择并点击"以管理员身份运行"选项。

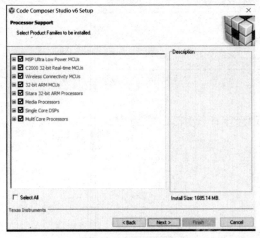

图 3.5 处理器选择

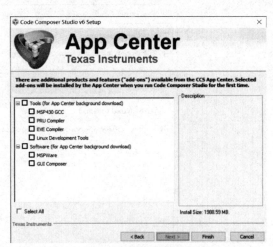

图 3.6 软件工具选择

图 3.7 安装进度界面

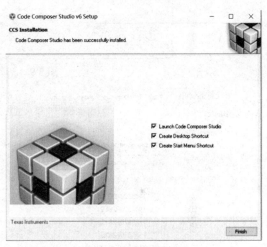

图 3.8 软件安装完成

系统自动进入工作区设置。首先，定义一个工作区（workspace_v6.0），此处选择默认设置，系统在 C 盘创建 workspace_v6.0 工作区（也可以选择其他盘），若选中 Use this as the default and do not ask again 选项，则设置为上述工作区且不再询问。

2. 目标环境配置

开始目标环境配置，在 CCS6.0 窗口界面工具栏中，依次选择 File→New→Target Configuration File 命令，弹出目标初始化界面，如图 3.9 所示，其中，文件名称可以根据需要更改，此处选择默认，注意其后缀为.ccxml。

单击 Finish 按钮，进入基本设置界面，如图 3.10 所示。对连接时使用的仿真器类别和 DSP 芯片型号进行配置，此处仿真器型号选择 XDS100V3 USB Emulator，DSP 芯片型号选择 TMS320F28335，单击 Save 按钮，完成目标环境配置并保存。

3. 目标板连接

在 Emulator 工作模式下，首先，要完成目标板配置。

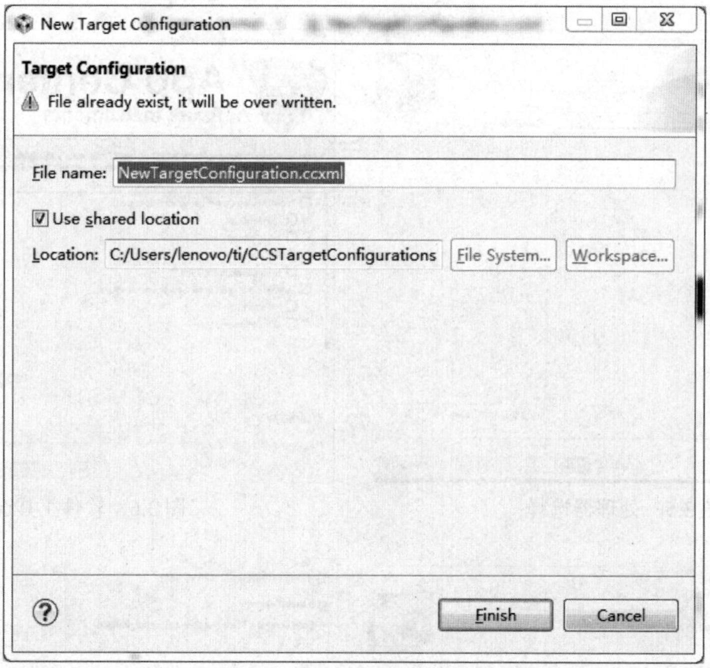

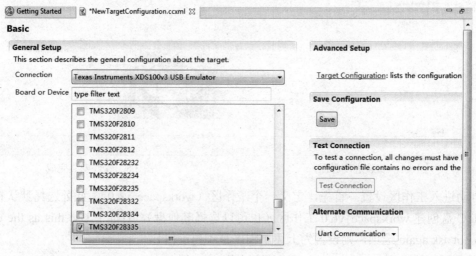

图 3.9　初始化设置界面

图 3.10　基本设置界面

（1）目标配置

在界面工具栏中，依次选择 View→Target configurations 命令，进入目标配置界面，如图 3.11 所示。

图 3.11　目标配置界面

单击界面右上方选项卡，进入 CCS Edit 模式，选中 NewTargetConfiguration.ccxml 文件，单击鼠标右键，在弹出的菜单中选择 Set As Default 选项；继续选择 NewTargetConfiguration.ccxml 文件，继续单击鼠标右键，在弹出的菜单中选择 Launch Selected Configuration 选项，当显示目标配置成功后，进入目标板连接环节。

（2）连接

连接环节包括目标板的"硬连接"与"软连接"两部分。

首先，使用 XDS100V3 EMULATOR USB2.0 仿真器和配套数据线，将目标板与安装了 CCS6.0 开发环境的计算机进行连接，注意数据线与目标板 JTAG 端口之间的正确连接，完成"硬连接"。随后，开始"软连接"过程。切换为 CCS Debug 模式，在界面工具栏依次选择 Run→Connect Target 命令，稍等片刻，若出现如图 3.12 所示界面，表示连接成功。

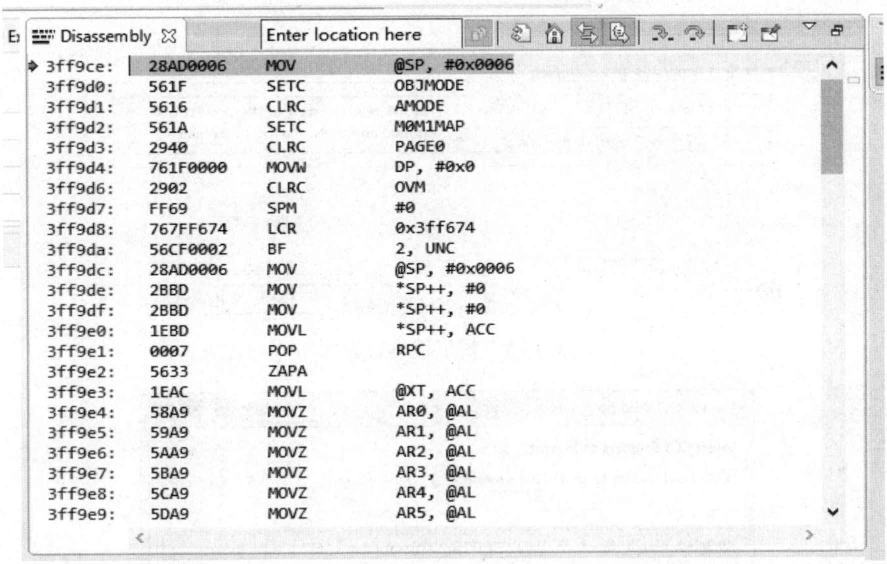

图 3.12　连接成功页面

4. 创建新 CCS 工程

完成连接环节之后，进入创建工程阶段。创建新 CCS 工程是极为关键的一个环节，在界面工具栏依次选择 File→New→CCS Project，最后单击 Next 按钮，进入新 CCS 工程创建界面，如图 3.13 所示，主要完成五步设置。

第一步，在 Project Name 选项，键入新工程项目名称 Sinewave1；第二步，在 Target 选项，依次选择 2833x Delfino 和 TMS320F28335；第三步，在 Connetion 选项，选择仿真器型号为 XDS100V3 USB Emulator；第四步，在编译器版本选项，选择 TI v6.2.5。第五步，选择 Empty Project（with main.c）。最后，单击 Finish 按钮，完成新的工程项目创建。

3.5.3　工程导入

以 CCS5.0 及以上高版本工程为例，介绍导入过程。切换并进入 CCS Edit 模式，在界面工具栏依次选择 Project→Import CCS Project 命令。分三步完成工程例程导入。第一步，选择导入工程所在文件夹（独立的工程文件夹，不能有中文路径）；第二步和第三步操作，如图 3.14 所示，依次进行选择即可。

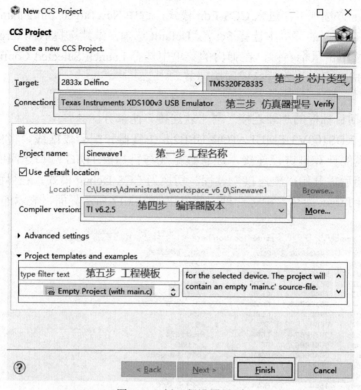

图 3.13　新工程设置界面

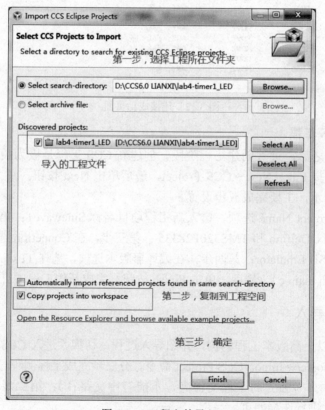

图 3.14　工程文件导入

若出现如图 3.15 所示告警信息，单击"OK"忽略即可。

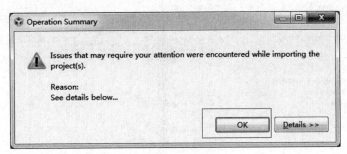

图 3.15　告警信息

3.5.4　工程编译与下载

（1）工程编译

单击并忽略告警信息后，进入编译界面。选中拟编译的工程项目，单击鼠标右键，在弹出的菜单中选择 Build Project 选项，进入编译等待过程，若编译无误，则直接进入代码下载过程。但是，在下载（烧写）代码前，要屏蔽 28335RAM 文件，具体操作如下。

在工程目录中找到 CMD 文件，单击其下拉按钮，选中 28335-RAM-lnk.cmd 文件，单击鼠标右键，在弹出的菜单项 Exclude from Build 前面打钩，完成屏蔽，如图 3.16 所示。

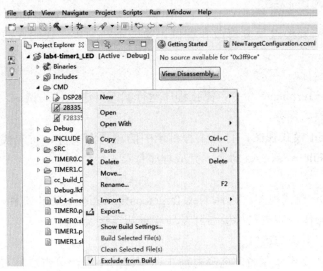

图 3.16　屏蔽操作

（2）下载与运行

最后，进行程序下载（烧写）。切换到 CCS Debug 模式视图，依次选择 Run→load→load program 命令，选择 C 盘工作区（workspace-6.0）中 Debug 文件夹中的.out 文件（若编译正确，在 Debug 文件夹中产生一个后缀为.out 的文件），单击 OK 按钮，进入下载（烧写）过程，如图 3.17 所示。

下载完毕后，可以启动并运行程序。依次选择 Run→Resume 命令，系统开始运行，可以在开发板上观察运行结果。若源程序编程正确、上述流程操作正确，则可以观察到正确的运行显示；否则，需要进行反复调试，直到出现正确的运行或显示结果为止。

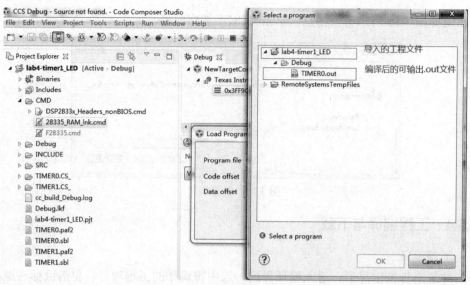

图 3.17　下载操作界面

注意：在上述各环节的操作过程中，及时在 CCS Edit 模式与 CCS Debug 模式之间进行切换。

3.5.5　在线调试总结

一个应用程序需要经过反复修改和调试，才能不断完善。代码在线调试流程及关键步骤，归纳总结如下。

（1）停止程序运行

依次选择 Run→Terminate 命令，停止程序运行状态，进入代码调试。

（2）源代码修改与保存

切换到 CCS Edit 模式视图，打开工程目录中的相关源文件，对源代码进行修改，依次选择 File→Save 或 File→Save As 命令，完成程序保存。

（3）重新连接

切换到 CCS Edit 模式视图，选择 NewTargetconfiguration.ccxml 文件，参照 "3.5.2　3. 目标板连接" 部分的操作，完成目标板与开发环境重新连接。

（4）重新编译、下载与运行

对源文件进行修改和保存后，选择目前正在调试的工程，单击鼠标右键，在弹出菜单上选择 Build Project 或 Rebuild Project 选项进行编译或重新编译，生成新的可执行.out 文件；参照上述流程完成重新下载和运行操作。

习题与思考题

3.1　根据图 3.1 简述一下 DSP 软件开发主要流程，及其关键环节。

3.2　简述汇编指令的组成？

3.3　汇编语言的主要寻址方式？

3.4　说明汇编语言的格式以及公共目标文件格式中 "段" 的种类及定义？

3.5　什么是 COFF 目标文件格式，解释其优点。

3.6　如何使用 MEMORY、SECTIONS 伪指令实现段的定位和目标存储器分配？

3.7　汇编伪指令中，段定义伪指令有哪些？

3.8　常用汇编指令共分为几类？各自有哪些常用指令？

3.9　说明 C/C++与汇编语言编程各自的优缺点，阐述混合编程的意义。

3.10　#pragma 指令的功能是什么？C28x 所支持的常用#pragma 指令有哪些？

3.11　何谓堆栈？在函数调用中有何作用？

3.12　简述函数调用中寄存器在参数传递中的具体作用。

3.13　阐述函数调用中父函数的主要任务有哪些？

3.14　阐述函数调用中子函数的响应有哪些？

3.15　简述 C/C++调用汇编函数的主要方式。

课件

代码

第 4 章

基本外设及其应用

4.1 通用输入输出（GPIO）模块

4.1.1 概述

GPIO（General Purpose Input/Output）指基本输入输出，F2833x 系列 DSP 芯片虽然拥有众多引脚（多达 176 个引脚），但是在实际应用中引脚资源仍然十分紧张，于是设计中采用了"复用"概念，将部分引脚设计为具有复用功能的引脚，由 GPIO 模块进行功能选择、设置和管理。GPIO 模块的引脚是 DSP 与外部进行信息交互的重要通道，可实现数据输入/输出、控制与通信等重要功能。

GPIO 模块引脚除了具有基本的输入/输出（I/O）功能外，通过复用控制寄存器 GPxMUX1/2（x=A、B、C，本节下同）进行复用功能选择，复用功能最多可达 4 个，包括基本输入输出（GPIO）、外设 1、外设 2 和外设 3。若选择为基本输入输出（I/O）模式，则通过方向控制寄存器 GPxDIR 可进一步配置数据传输方向（输入或输出），还可以通过 GPxQSELn、GPxPUD 和 GPxCTRL 等寄存器对外部输入信号进行量化，对上拉电阻进行设置，对外部中断信号输入通道进行配置。GPIO 模块寄存器较多，分为三大类：控制寄存器、数据操作寄存器、外部中断源选择与低功耗唤醒选择寄存器。

4.1.2 GPIO 模块结构

F2833x 系列微控制器的 GPIO 模块，共有 88 个复用引脚 GPIO0～GPIO87，分为 A、B、C 三个端口进行管理。其中，A 口对应 GPIO0～GPIO31，共 32 个引脚；B 口对应 GPIO32～GPIO63，共 32 个引脚；C 口对应 GPIO64～GPIO87，共 24 个引脚。可以对 GPIO 引脚进行编程设置，GPIO 引脚内部结构如图 4.1 所示，其中 GPIOn 为 GPIO 模块第 n 个引脚，首先进行输入信号量化与上拉电阻设置，随后进行引脚复用功能选择，若将引脚设置为普通 I/O 功能，则需要进一步进行端口数据传输方向、置位、清零或翻转设置。

DSP 微控制器 C/C++编程采用了面向对象的编程风格，在系统程序文件中，对芯片内部所有功能单元以"结构体"形式进行了定义和安装。并以指针形式对相应寄存器进行设置和访问。GPIOn（n=0～87）表示 GPIO 模块的第 n 个引脚，n 是 GPIO 模块内部引脚序号；F28335 芯片引脚和 GPIO 模块复用功能引脚分布，如图 1.1 所示。

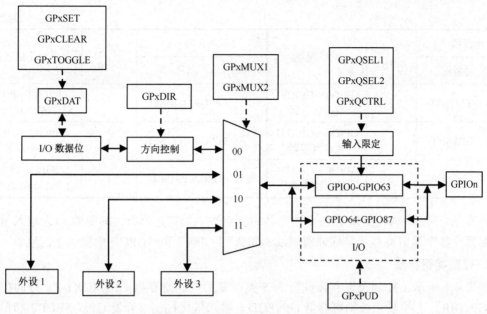

图 4.1　GPIO 模块引脚内部结构图

4.1.3　GPIO 模块寄存器

1. 寄存器分类

GPIOn 为多功能复用引脚，其功能选择、设置与应用涉及众多寄存器，由于 A、B、C 三个端口本身的结构与原理一致，每个端口拥有的寄存器的种类与数量也基本一致，所以，仅以 A 口为例进行说明。A 口寄存器的种类、名称、字长及功能描述，如表 4.1 所示。

表 4.1　A 口寄存器一览表

寄存器		字长（×16）	功能描述	寄存器		字长（×16）	功能描述
类别	名称			类别	名称		
控制类寄存器	GPAMUX1	2	GPIO0～GPIO15 MUX 复用	数据类	GPATOGGLE	2	GPIO0～GPIO31 翻转寄存器
	GPAMUX2	2	GPIO16～PIO31 MUX 复用控制	中断源与低功耗类寄存器	GPIOXINT1SEL	1	GPIO0～PIO31 XINT1 中断源选择
	GPADIR	2	GPIO0～GPIO31 方向控制		GPIOXINT2SEL	1	GPIO0～PIO31 XINT2 中断源选择
	GPAPUD	2	GPIO0～GPIO31 上拉禁止控制		GPIOXNMISEL	1	GPIO0～PIO31 XNMI 中断源选择
	GPACTRL	2	GPIO0～GPIO31 控制		GPIOXINT3SEL	1	GPIO32～GPIO63 XINT3 中断源选择
	GPAQSEL1	2	GPIO0～GPIO15 输入量化选择		GPIOXINT4SEL	1	GPIO32～PIO63 XINT4 中断源选择
	GPAQSEL2	2	GPIO16～GPIO31 输入量化选择		GPIOXINT5SEL	1	GPIO32～GPIO63 XINT5 中断源选择

续表

类别	名称	字长（×16）	功能描述	类别	名称	字长（×16）	功能描述
寄存器				寄存器			
数据类寄存器	GAPDAT	2	GPIO0～GPIO31 数据寄存器	中断源与低功耗类寄存器	GPIOXINT6SEL	1	GPIO32～PIO63 XINT6 中断源选择
	GPASET	2	GPIO0～GPIO31 置位寄存器		GPIOXINT7SEL	1	GPIO32～PIO63 XINT7 中断源选择
	GPACLEAR	2	GPIO0～GPIO31 清零寄存器		GPIOLPMSEL	1	GPIO0～PIO31 LPM 唤醒源选择

如表 4.1 所示，A、B 和 C 三个端口各自拥有独立的寄存器组，其中 C 口无输入量化选择寄存器。各个端口寄存器名称分别冠以"GPA""GPB"和"GPC"前缀以示区别。

2. 控制类寄存器

如表 4.1 所示，控制类寄存器共分为 5 类：复用控制寄存器 GPxMUX1/2、方向控制寄存器 GPxDIR、上拉禁止控制寄存器 GPxPUD、输入量化控制寄存器 GPxQSEL1/2 和模块控制寄存器 GPxCTRL。

（1）复用控制寄存器 GPxMUX1/2

GPIO 模块使用之前，首先通过复用控制寄存器 GPxMUX1/2（x=A、B、C，本节下同）的设置，对引脚的复用功能进行选择。GPxMUX1/GPxMUX2 均为 32 位的复用控制寄存器，其中每 2 个二进制位组成一个功能选择位域：00-GPIO；01-外设 1；10-外设 2；11-外设 3。功能位域最多可进行"四选一"，每个复用控制寄存器可以管理 16 个引脚的功能选择与设置。GPxMUX1/2 的位域描述与复用功能选择，如表 4.2 所示。

表 4.2　复用控制寄存器 GPxMUX1/2 位域描述与复用功能选择

复用寄存器	位域	00 GPIO	01 外设1	10 外设2	11 外设3	复用寄存器	位域	00 GPIO	01 外设1	10/11 外设2
		位域描述与复用功能选择						位域描述与复用功能选择		
GPA MUX1	1,0	GPIO0	EPWM1A	保留	保留	GPB MUX1	25,24	GPIO44		XA4
	3,2	GPIO1	EPWM1B	ECAP6	MFSRB		27,26	GPIO45	保留	XA5
	5,4	GPIO2	EPWM2A	保留	保留		29,28	GPIO46		XA6
	7,6	GPIO3	EPWM2B	ECAP5	MCLKRB		31,30	GPIO47		XA7
	9,8	GPIO4	EPWM3A	保留	保留	GPB MUX2	1,0	GPIO48	ECAP5	XD31
	11,10	GPIO5	EPWM3B	MFSRA	ECAP1		3,2	GPIO49	ECAP6	XD30
	13,12	GPIO6	EPWM4A	EPWMSYNCI	EPWMSYNCO		5,4	GPIO50	EQEP1A	XD29
	15,14	GPIO7	EPWM4B	MCLKRA	ECAP2		7,6	GPIO51	EQEP1B	XD28
	17,16	GPIO8	EPWM5A	CANTXB	ADCSOCAO		9,8	GPIO52	EQEP1S	XD27
	19,18	GPIO9	EPWM5B	SCITXDB	ECAP3		11,10	GPIO53	EQEP1I	XD26

续表

左半表：

复用寄存器	位域	00 GPIO	01 外设1	10 外设2	11 外设3
GPA MUX1	21,20	GPIO10	EPWM6A	CANRXB	ADCSOCBO
	23,22	GPIO11	EPWM6B	SCIRXDB	ECAP4
	25,24	GPIO12	$\overline{TZ1}$	CANTXB	MDXB
	27,26	GPIO13	$\overline{TZ2}$	CANRXB	MDRB
	29,28	GPIO14	$\overline{TZ3}$ / $\overline{XHOLD}$	SCITXDB	MCLKXB
	31,30	GPIO15	$\overline{TZ4}$ / $\overline{XHOLDA}$	SCIRXDB	MFSXB
GPA MUX2	1,0	GPIO16	SPISIMOA	CANTXB	$\overline{TZ5}$
	3,2	GPIO17	SPISOMIA	CANRXB	$\overline{TZ6}$
	5,4	GPIO18	SPICLKA	SCITXDB	CANRXA
	7,6	GPIO19	$\overline{SPISTEA}$	SCIRXDB	CANTXA
	9,8	GPIO20	EQEP1A	MDXA	CANTXB
	11,10	GPIO21	EQEP1B	MDRA	CANRXB
	13,12	GPIO22	EQEP1S	MCLKXA	SCITXDB
	15,14	GPIO23	EQEP1I	MFSXA	SCIRXDB
	17,16	GPIO24	ECAP1	EQEP2A	MDXB
	19,18	GPIO25	ECAP2	EQEP2B	MDRB
	21,20	GPIO26	ECAP3	EQEP2I	MCLKXB
	23,22	GPIO27	ECAP4	EQEP2S	MFSXB
	25,24	GPIO28	SCIRXDA	$\overline{XZCS6}$	
	27,26	GPIO29	SCITXDA	XA19	
	29,28	GPIO30	CANRXA	XA18	
	31,30	GPIO31	CANTXA	XA17	
GPB MUX1	1,0	GPIO32	SDAA	EPWMSYNCI	$\overline{ADCSOCAO}$
	3,2	GPIO33	SCLA	EPWMSYNCO	$\overline{ADCSOCBO}$
	5,4	GPIO34	ECAP1	XREADY	
	7,6	GPIO35	SCITXDA	XR/$\overline{W}$	
	9,8	GPIO36	SCIRXDA	$\overline{XZCS0}$	
	11,10	GPIO37	ECAP2	$\overline{XZCS7}$	

右半表：

复用寄存器	位域	00 GPIO	01 外设1	10/11 外设2
GPB MUX2	13,12	GPIO54	SPISIMOA	XD25
	15,14	GPIO55	SPISOMIA	XD24
	17,16	GPIO56	SPICLKA	XD23
	19,18	GPIO57	$\overline{SPISTEA}$	XD22
	21,20	GPIO58	MCLKRA	XD21
	23,22	GPIO59	MFSRA	XD20
	25,24	GPIO60	MCLKRB	XD19
	27,26	GPIO61	MFSRB	XD18
	29,28	GPIO62	SCIRXDC	XD17
	31,30	GPIO63	SCITXDC	XD16
GPC MUX1	1,0	GPIO64		XD15
	3,2	GPIO65		XD14
	5,4	GPIO66		XD13
	7,6	GPIO67		XD12
	9,8	GPIO68		XD11
	11,10	GPIO69		XD10
	13,12	GPIO70		XD9
	15,14	GPIO71		XD8
	17,16	GPIO72		XD7
	19,18	GPIO73		XD6
	21,20	GPIO74		XD5
	23,22	GPIO75		XD4
	25,24	GPIO76		XD3
	27,26	GPIO77		XD2
	29,28	GPIO78		XD1
	31,30	GPIO79		XD0
GPC MUX2	1,0	GPIO80		XA8
	3,2	GPIO81		XA9

续表

复用寄存器	位域	位域描述与复用功能选择				复用寄存器	位域	位域描述与复用功能选择		
		00	01	10	11			00	01	10/11
		GPIO	外设1	外设2	外设3			GPIO	外设1	外设2
GPB MUX1	13,12	GPIO38		$\overline{XWE0}$		GPC MUX2	5,4	GPIO82		XA10
	15,14	GPIO39		XA16			7,6	GPIO83		XA11
	17,16	GPIO40	保留	XA0/$\overline{XWE1}$			9,8	GPIO84		XA12
	19,18	GPIO41		XA1			11,10	GPIO85		XA13
	21,20	GPIO42		XA2			13,12	GPIO86		XA14
	23,22	GPIO43		XA3			15,14	GPIO87		XA15

注：引脚的基本输入输出功能 GPIO，也是系统复位后的默认状态。

以 GPAMUX1 为例，复用控制寄存器结构如下。

31	30　29	28　27	26　25	24　23	22　21	20　19	18　17	16
GPIO15	GPIO14	GPIO13	GPIO12	GPIO11	GPIO10	GPIO9	GPIO8	
R/W-0	R/W-0	R/W-0	R/W-0	R/W-0	R/W-0	R/W-0	R/W-0	

15	14　13	12　11	10　9	8　7	6　5	4　3	2　1	0
GPIO7	GPIO6	GPIO5	GPIO4	GPIO3	GPIO2	GPIO1	GPIO0	
R/W-0	R/W-0	R/W-0	R/W-0	R/W-0	R/W-0	R/W-0	R/W-0	

注：R/W=读/写；R=只读；-n=复位后的值，本文下同。

GPIO 模块共有六个复用控制寄存器：GPAMUX1/2、GPBMUX1/2、GPCMUX1/2，完成对 88 个复用引脚的功能选择。其中 GPCMUX2 仅使用了低 16 位。例：

```
GpioCtrlRegs.GPAMUX1.bit.GPIO0 = 0; // GPIO0 设置为 GPIO 功能；
GpioCtrlRegs.GPAMUX1.bit.GPIO1 = 2; // GPIO1 设置为外设 2 功能，即 ECAP6；
```

（2）方向控制寄存器 GPxDIR

若 GPIO 模块引脚选择基本输入/输出（GPIO）模式，则需要进一步设置引脚的数据传输方向。A 口、B 口和 C 口均拥有 32 位的方向控制寄存器 GPxDIR，其中每个二进制位控制一个引脚的数据传输方向：0-输入；1-输出。例：

```
GpioCtrlRegs.GPAMUX1.bit.GPIO0  = 0; ; //功能设置，GPIO0 设置为基本输入输出功能；
GpioCtrlRegs.GPADIR.bit.GPIO0  = 1; // 方向设置，GPIO0 设置为输出方向；
GpioCtrlRegs.GPAMUX1.bit.GPIO1  = 2; // GPIO1 设置为 ECAP6，外设引脚方向不允许重新设置；
```

（3）控制寄存器 GPxCTRL

控制寄存器 GPxCTRL 用于设定引脚的采样周期值大小。GPACTRL 和 GPBCTRL 分别对应 A 口和 B 口，均为 32 位寄存器，每个控制寄存器又划分为 4 个 8 位宽度的功能位域。控制寄存器结构如下。

31　　　　24	23　　　　16	15　　　　8	7　　　　0
QUALPRD3	QUALPRD2	QUALPRD1	QUALPRD0
R/W-0	R/W-0	R/W-0	R/W-0

控制寄存器功能位域与控制引脚之间的对应关系，如表 4.3 所示。

表 4.3 控制寄存器与 GPIO 引脚之间对应关系

GPxCTRL[31:0]	31 ⋯⋯ 24	23 ⋯⋯ 16	15 ⋯⋯ 8	7 ⋯⋯ 0
QUALPRDn	QUALPRD3	QUALPRD2	QUALPRD1	QUALPRD0
GPACTRL	GPIO31-GPIO24	GPIO23-GPIO16	GPIO15-GPIO8	GPIO7-GPIO0
GPBCTRL	GPIO63-GPIO56	GPIO55-GPIO48	GPIO47-GPIO40	GPIO39-GPIO32

QUALPRD0～QUALPRD3 为 4 个 8 位宽度的控制位域，各自控制 8 个引脚的采样周期：0-与 SYSCLKOUT 时钟同步，无限定；非零值-$2 \times N \times T_{SYSCLKOUT}$，N 为对应位域的数值。

（4）输入量化控制寄存器 GPxQSEL1/2

GPIO 模块包含 4 个输入量化控制寄存器 GPAQSEL1、GPAQSEL2、GPBQSEL1 和 GPBQSEL2，均为 32 位寄存器。其功能是决定引脚是否设置输入信号量化功能，以及量化值设置，通过设置 A、B 口引脚脉冲信号持续时间的有效脉冲宽度，以滤除引脚上外部噪声的干扰，提升 DSP 抗干扰能力。每 2 个二进制位组成一个控制位域，一个输入量化控制寄存器可以控制 16 个 GPIO 引脚，与 GPxCTRL 类似，GPIO 模块前 64 个引脚具有输入量化控制功能。以 GPAQSEL1 为例，寄存器结构、位域描述如下。

31	30 29	28 27 26 25	⋯⋯	4 3	2 1	0
GPIO15	GPIO14	GPIO13	⋯⋯	GPIO1	GPIO0	
R/W-0	R/W-0	R/W-0	R/W-0	R/W-0	R/W-0	

每个控制位域对应 4 个选项：00-与 SYSCLKOUT 时钟同步；01-3 个采样周期；10-6 个采样周期；11-若选择片上外设功能则无限定，若选择 GPIO 功能则与 SYSCLKOUT 时钟同步。

GPxQSEL1/2 与 GPIO 引脚之间对应关系，如表 4.4 所示。

表 4.4 量化选择寄存器与 GPIO 引脚之间对应关系

GPxQSEL1/2	31	30	29	28	⋯⋯	3	2	1	0
GPAQSEL1	GPIO15		GPIO14		⋯⋯	GPIO1		GPIO0	
GPAQSEL2	GPIO31		GPIO30		⋯⋯	GPIO17		GPIO16	
GPBQSEL1	GPIO47		GPIO46		⋯⋯	GPIO33		GPIO32	
GPBQSEL2	GPIO63		GPIO62		⋯⋯	GPIO49		GPIO48	

注意：GPIO 引脚输入量化分为两步进行设置。第一步，通过 GPxCTRL 完成采样周期值大小设置；第二步，通过 GPxQSEL1/2 完成采样周期数量设置。

（5）上拉禁止控制寄存器 GPxPUD

GPIO 模块有 3 个 32 位的上拉禁止控制寄存器 GPxPUD，可以对上拉电阻进行编程设置，其中 GPCPUD 只用了低 24 位。在 GPIO 模块内部设计有上拉电阻，可以根据实际需求对 GPxPUD 进行设置：0-允许接入上拉电阻；1-禁止接入上拉电阻。复位时，系统默认设置：GPIO0～GPIO11 禁止上拉电阻，GPIO12～GPIO87 允许上拉电阻。

3. 数据类寄存器

GPxDAT、GPxSET、GPxCLEAR 和 GPxTOGGLE（x=A、B、C，本文下同）均是 32 位

数据类寄存器，上述寄存器中每个位都是一个可独立设置的功能位域，且与 GPIO 模块的外部引脚一一对应。

（1）数据寄存器 GPxDAT

GPxDAT 中位的状态与对应引脚上的电平始终保持一致，因此，可以通过判断 GPxDAT 中的位域状态（0 或 1），来获知或读取对应引脚上的高低电平信息或数据；当引脚设置为输出方向时，可以通过对 GPxDAT 的赋值操作控制引脚电平，进而控制与引脚关联的外部设备的动作。

（2）置位/清零/翻转寄存器 GPxSET/GPxCLEAR/GPxTOGGLE

GPxSET、GPxCLEAR 和 GPxTOGGLE 均为 32 位寄存器，其结构与数据寄存器 GPxDAT 类似，每个位域均可编程设置。其中，GPxSET 是置位寄存器，对位域置 0 无动作，置 1 输出高电平。GPxCLEAR 是清零寄存器，对位域置 1，输出 0 电平，置 0 无动作。GPxTOGGLE 是翻转寄存器，对位域置 1，使输出电平翻转，置 0 则无动作。例：

```
GpioDataRegs.GPADAT.bit.GPIO16 = 1;      // GPIO16 引脚输出高电平
GpioDataRegs.GPADAT.bit.all= 0x0000;     // GPIO0～GPIO31 引脚全部输出低电平
GpioDataRegs.GPASET.bit.GPIO16 = 1;      // GPIO16 引脚输出高电平
GpioDataRegs.GPACLEAR.bit.GPIO17 = 1;    // GPIO17 引脚输出低电平
```

注意：只有当 GPIO 模块的引脚选择了基本输入输出（GPIO）功能，并且设置了方向寄存器 GPxDIR 时，数据寄存器 GPxDAT 才可以进一步设置和使用；更进一步，只有当 GPxDIR 设置为输出方向，才能对 GPxSET、GPxCLEAR 和 GPxTOGGLE 寄存器进行操作。

上述数据类寄存器的结构和位域分布，如表 4.5 所示。

表 4.5　数据类寄存器的结构和位域

A/B/C 口数据类寄存器名称	A/B/C 口数据类寄存器位域						
	31	30	···	23	···	1	0
GPADAT/GPASET/GPACLEAR/GPATOGGLE	GPIO31	GPIO30	···	GPIO23	···	GPIO1	GPIO0
GPBDAT/GPBSET/GPBCLEAR/GPBTOGGLE	GPIO63	GPIO62	···	GPIO55	···	GPIO33	GPIO32
GPCDAT/GPCSET/GPCCLEAR/GPCTOGGLE	—	—	···	GPIO87	···	GPIO65	GPIO64

注：C 口对应的 GPIO 模块有效引脚共 24 个。

4. 中断源选择与低功耗唤醒选择寄存器

F28335 有 7 个外部可屏蔽中断 XINT1～XINT7 和 1 个非屏蔽中断 XNMI，由于没有固定的外部输入引脚，因而需要通过外部可屏蔽中断源选择寄存器 GPIOXINTnSEL（n=1～7，文本下同）和外部非可屏蔽中断源选择寄存器 GPIOXNMISEL，选择外部引脚作为其中断信号输入通道；同时，当 DSP 处于低功耗模式时，需要通过低功耗模式唤醒选择寄存器 GPIOLPMSEL 指定的事件将其唤醒。

（1）外部中断源选择寄存器

GPIOXINTnSEL 与 GPIOXNMISEL 均为 16 位寄存器，低 5 位有效，寄存器结构和位域描述如下所示。

15		5	4	0
	保留		GPIOXINTnSEL/GPIOXNMISEL	
	R-0		R/W-0	

由于每个 GPIOXINTnSEL 或 GPIOXNMISEL 寄存器只能为一个外部中断源选择引脚，所以，外部可屏蔽中断 XINT1～XINT7，分别对应外部中断源选择寄存器 GPIOXINT1SEL～GPIOXINT7SEL；非可屏蔽中断 XNMI 对应 GPIOXNMISEL。同时规定，XINT1、XINT2 和 XNMI 可选择的引脚范围为：GPIO0～GPIO31；XINT3～XINT7 可选择的引脚范围为：GPIO32～GPIO63。

中断源选择寄存器低 5 位有效，有效位域二进制取值范围 00000～11111，若有效位域所对应的十进制数值为 n，则在规定范围内对应第 n 个引脚。注意不同的外部中断对应不同的引脚范围。例：

若 GPIOXINT1SEL[4:0]=0，则表示外部可屏蔽中断 XINT1 与 GPIO0 引脚关联；

若 GPIOXINT2SEL[4:0]=21，则表示外部可屏蔽中断 XINT2 与 GPIO21 引脚关联；

若 GPIOXNMISEL[4:0]=31，则表示外部非屏蔽中断 XNMI 与 GPIO31 引脚关联；

若 GPIOXINT3SEL[4:0]=0，则表示外部可屏蔽中断 XINT3 与 GPIO32 引脚关联；

若 GPIOXINT7SEL[4:0]=31，则表示外部可屏蔽中断 XINT7 与 GPIO63 引脚关联；

外部中断与 DSP 具体引脚完成关联之后，XINT1～XINT7 和 XNMI 便通过对应关联引脚进入 DSP 内部，遵循中断机制触发中断。外部中断源选择寄存器、与引脚选择范围之间对应关系，如表 4.6 所示。

GPIOXINTn（n=1～2）和 GPIOXNMISEL，配置引脚的可选择范围，对应 GPIO 模块的 A 口引脚 GPIO0～GPIO31；GPIOXINTnSEL（n=3～7），配置引脚的可选择范围，对应 GPIO 模块 B 口引脚 GPIO32～GPIO63。总之，中断源选择寄存器设置，仅涉及 GPIO 模块的前 64 个引脚。

表 4.6 中断源选择寄存器、外部中断与 GPIO 端口之间对应关系表

序号	中断性质	中断源选择寄存器	外部中断	位域范围	引脚选择范围		
1	可屏蔽中断	GPIOXINT1SEL[4:0]	XINT1	11111～00000	GPIO31	……	GPIO1、GPIO0
2		GPIOXINT2SEL[4:0]	XINT2	11111～00000	GPIO31	……	GPIO1、GPIO0
3		GPIOXINT3SEL[4:0]	XINT3	11111～00000	GPIO63	……	GPIO33、GPIO32
4		GPIOXINT4SEL[4:0]	XINT4	11111～00000	GPIO63	……	GPIO33、GPIO32
5		GPIOXINT5SEL[4:0]	XINT5	11111～00000	GPIO63	……	GPIO33、GPIO32
6		GPIOXINT6SEL[4:0]	XINT6	11111～00000	GPIO63	……	GPIO33、GPIO32
7		GPIOXINT7SEL[4:0]	XINT7	11111～00000	GPIO63	……	GPIO33、GPIO32
8	非可屏蔽中断	GPIOXNMISEL[4:0]	XNMI	11111～00000	GPIO31	……	GPIO1、GPIO0

（2）低功耗唤醒选择寄存器

低功耗唤醒选择寄存器 GPIOLPMSEL 是 32 位寄存器，每个二进制位都是一个可以编程设置的功能位域，GPIOLPMSEL[31:0]依次对应 GPIO31～GPIO0 引脚：0-引脚信号无影响，不改变低功耗模式；1-引脚信号可以唤醒，退出低功耗模式。

4.1.4 GPIO 模块端口应用示例

发光二极管 LED1～LED7 采用共阳极接法，上述发光二极管的负端，分别连接在

GPIO68、GPIO67、GPIO66、GPIO65、GPIO64、GPIO10 和 GPIO11 端口，上述端口均设置为通用 IO 功能、输出方向，通过编程使上述发光二极管按照 LED1→LED2→LED3→LED4→LED5→LED6→LED7→LED1 顺序，循环点亮和熄灭，实现流水灯功能，其中相邻两个 LED 灯之间的时间间隔由延时函数 delay() 决定。主要程序代码如下所示。

例 4.1 流水灯

```c
#include "DSP2833x_Device.h"        // DSP2833x Headerfile Include File
#include "DSP2833x_Examples.h"      // DSP2833x Examples Include File
#include "leds.h"
void main()
{
     InitSysCtrl();//系统初始化
     LED_Init();//GPIO 模块端口初始化
     while(1)
     {
GpioDataRegs.GPCTOGGLE.bit.GPIO68=1;
delay();
GpioDataRegs.GPCTOGGLE.bit.GPIO68=1;
GpioDataRegs.GPCTOGGLE.bit.GPIO67=1;
delay();
GpioDataRegs.GPCTOGGLE.bit.GPIO67=1;
GpioDataRegs.GPCTOGGLE.bit.GPIO66=1;
delay();
GpioDataRegs.GPCTOGGLE.bit.GPIO66=1;
GpioDataRegs.GPCTOGGLE.bit.GPIO65=1;
delay();
GpioDataRegs.GPCTOGGLE.bit.GPIO65=1;
GpioDataRegs.GPCTOGGLE.bit.GPIO64=1;
delay();
GpioDataRegs.GPCTOGGLE.bit.GPIO64=1;
GpioDataRegs.GPCTOGGLE.bit.GPIO10=1;
delay();
GpioDataRegs.GPCTOGGLE.bit.GPIO10=1;
GpioDataRegs.GPCTOGGLE.bit.GPIO11=1;
delay();
GpioDataRegs.GPCTOGGLE.bit.GPIO11=1;
     }
}
/*-----------------相关函数----------------------*/
//延时函数定义
void delay(void)
{
Uint16 i;
Uint32 j;
for(i=0;i<32;i++)
```

```
for(j = 0;j < 100000;j++);
}
//系统初始化函数定义
void InitSysCtrl(void)
{
    DisableDog();// 关闭看门狗
    InitPll(DSP28_PLLCR,DSP28_DIVSEL);//外部时钟频率为 30MHz
    //PLL 设置:SP28_PLLCR=10,DSP28_DIVSEL=2，最终系统时钟频率为 30M*10/2=150M。
    InitPeripheralClocks();//片上外设时钟设备配置
}
//片上外设时钟设备配置函数，可以根据需要设置
void InitPeripheralClocks(void)
{
    EALLOW;
    SysCtrlRegs.HISPCP.all = 0x0001;//高速时钟定标 HSPCLK=SYSCLKOUT/2=75MHz;
    SysCtrlRegs.LOSPCP.all =0x0002;//低速时钟定标 LSPCLK=SYSCLKOUT/2=37.5MHz;
    XintfRegs.XINTCNF2.bit.XTIMCLK = 1;      // XCLKOUT = XTIMCLK/2
    XintfRegs.XINTCNF2.bit.CLKMODE = 1;//  使能 XCLKOUT
    XintfRegs.XINTCNF2.bit.CLKOFF = 0;
    SysCtrlRegs.PCLKCR0.bit.ADCENCLK = 1; // ADC
    ADC_cal();
    SysCtrlRegs.PCLKCR0.bit.I2CAENCLK = 1;   // I²C
    SysCtrlRegs.PCLKCR0.bit.SCIAENCLK = 1;   // SCI-A
    SysCtrlRegs.PCLKCR0.bit.SCIBENCLK = 1;   // SCI-B
    SysCtrlRegs.PCLKCR0.bit.SCICENCLK = 1;   // SCI-C
    SysCtrlRegs.PCLKCR0.bit.SPIAENCLK = 1;   // SPI-A
    SysCtrlRegs.PCLKCR0.bit.MCBSPAENCLK = 1;// McBSP-A
    SysCtrlRegs.PCLKCR0.bit.MCBSPBENCLK = 1;// McBSP-B
    SysCtrlRegs.PCLKCR0.bit.ECANAENCLK=1;    // eCAN-A
    SysCtrlRegs.PCLKCR0.bit.ECANBENCLK=1;    // eCAN-B
    SysCtrlRegs.PCLKCR0.bit.TBCLKSYNC = 0;      // Disable TBCLK within the ePWM

    SysCtrlRegs.PCLKCR1.bit.EPWM1ENCLK = 1;    // ePWM1
    SysCtrlRegs.PCLKCR1.bit.EPWM2ENCLK = 1;    // ePWM2
    SysCtrlRegs.PCLKCR1.bit.EPWM3ENCLK = 1;    // ePWM3
    SysCtrlRegs.PCLKCR1.bit.EPWM4ENCLK = 1;    // ePWM4
    SysCtrlRegs.PCLKCR1.bit.EPWM5ENCLK = 1;    // ePWM5
    SysCtrlRegs.PCLKCR1.bit.EPWM6ENCLK = 1;    // ePWM6
    SysCtrlRegs.PCLKCR0.bit.TBCLKSYNC = 1;      // Enable TBCLK within the ePWM
    SysCtrlRegs.PCLKCR1.bit.ECAP3ENCLK = 1;    // eCAP3
    SysCtrlRegs.PCLKCR1.bit.ECAP4ENCLK = 1;    // eCAP4
    SysCtrlRegs.PCLKCR1.bit.ECAP5ENCLK = 1;    // eCAP5
    SysCtrlRegs.PCLKCR1.bit.ECAP6ENCLK = 1;    // eCAP6
    SysCtrlRegs.PCLKCR1.bit.ECAP1ENCLK = 1;    // eCAP1
    SysCtrlRegs.PCLKCR1.bit.ECAP2ENCLK = 1;    // eCAP2
```

```
    SysCtrlRegs.PCLKCR1.bit.EQEP1ENCLK = 1;    // eQEP1
    SysCtrlRegs.PCLKCR1.bit.EQEP2ENCLK = 1;    // eQEP2

    SysCtrlRegs.PCLKCR3.bit.CPUTIMER0ENCLK = 1; // CPU Timer 0
    SysCtrlRegs.PCLKCR3.bit.CPUTIMER1ENCLK = 1; // CPU Timer 1
    SysCtrlRegs.PCLKCR3.bit.CPUTIMER2ENCLK = 1; // CPU Timer 2

    SysCtrlRegs.PCLKCR3.bit.DMAENCLK = 1;      // DMA Clock
    SysCtrlRegs.PCLKCR3.bit.XINTFENCLK = 1;    // XTIMCLK
    SysCtrlRegs.PCLKCR3.bit.GPIOINENCLK = 1;    // GPIO，流水灯需要 GPIO 模块，因此使能其时钟系统
    EDIS;
}
// 对常用 GPIO 端口初始化设置
void LED_Init(void)
{
    EALLOW;
    SysCtrlRegs.PCLKCR3.bit.GPIOINENCLK = 1;// 开启 GPIO 时钟
    //LED1 端口配置
    GpioCtrlRegs.GPCMUX1.bit.GPIO68=0;//设置为通用 GPIO 功能
    GpioCtrlRegs.GPCDIR.bit.GPIO68=1;//设置 GPIO 方向为输出
    GpioCtrlRegs.GPCPUD.bit.GPIO68=0;//使能 GPIO 上拉电阻
    //LED2 端口配置
    GpioCtrlRegs.GPCMUX1.bit.GPIO67=0;
    GpioCtrlRegs.GPCDIR.bit.GPIO67=1;
    GpioCtrlRegs.GPCPUD.bit.GPIO67=0;
    //LED3 端口配置
    GpioCtrlRegs.GPCMUX1.bit.GPIO66=0;
    GpioCtrlRegs.GPCDIR.bit.GPIO66=1;
    GpioCtrlRegs.GPCPUD.bit.GPIO66=0;
    //LED4 端口配置
    GpioCtrlRegs.GPCMUX1.bit.GPIO65=0;
    GpioCtrlRegs.GPCDIR.bit.GPIO65=1;
    GpioCtrlRegs.GPCPUD.bit.GPIO65=0;
    //LED5 端口配置
    GpioCtrlRegs.GPCMUX1.bit.GPIO64=0;
    GpioCtrlRegs.GPCDIR.bit.GPIO64=1;
    GpioCtrlRegs.GPCPUD.bit.GPIO64=0;
    //LED6 端口配置
    GpioCtrlRegs.GPAMUX1.bit.GPIO10=0;
    GpioCtrlRegs.GPADIR.bit.GPIO10=1;
    GpioCtrlRegs.GPAPUD.bit.GPIO10=0;
    //LED7 端口配置
    GpioCtrlRegs.GPAMUX1.bit.GPIO11=0;
    GpioCtrlRegs.GPADIR.bit.GPIO11=1;
    GpioCtrlRegs.GPAPUD.bit.GPIO11=0;
```

```
        GpioDataRegs.GPCSET.bit.GPIO68=1;
        GpioDataRegs.GPCSET.bit.GPIO67=1;
        GpioDataRegs.GPCSET.bit.GPIO66=0;
        GpioDataRegs.GPCSET.bit.GPIO65=1;
        GpioDataRegs.GPCSET.bit.GPIO64=1;
        GpioDataRegs.GPASET.bit.GPIO10=1;
        GpioDataRegs.GPASET.bit.GPIO11=1;
        EDIS;
    }
```

4.2　中断管理系统

4.2.1　概述

1. 基本概念

所谓中断（Interrupt），就是目前正在运行的进程被打断（暂停），转而去执行当前被赋予更高优先级的突发任务。在实际的工程应用中，几乎所有微处理器的工作任务，都是依靠中断模式来完成的。中断也是 DSP 微控制器的重要工作机制之一。

2. DSP 中断分类

DSP 中断源众多，可以从不同的角度进行分类。

（1）软件中断与硬件中断

按照中断源不同进行分类，DSP 中断可以分为软件中断和硬件中断两大类。前者主要是由 INTR、TRAP 等软件指令触发的中断，后者则是指由片内外硬件电路触发的中断。更进一步地，硬件中断又可细分为片上外设引发的中断，包括 GPIO、ADC、SCI、SPI、ePWM、eCAP 等模块产生的中断，还有复位中断 $\overline{\text{XRS}}$、非可屏蔽中断 XNMI 和其他 7 个外部可屏蔽中断 XINT1～XINT7 等。

（2）可屏蔽中断与非可屏蔽中断

按照中断信号是否可屏蔽进行分类，DSP 中断可以分为可屏蔽中断和非可屏蔽中断两大类。其中可以用软件的方法禁止或允许中断产生的中断，称为可屏蔽中断，DSP 中断绝大部分都是可屏蔽中断，中断系统按照中断优先级的高低进行响应。CPU 必须无条件响应的特殊中断，称为非屏蔽中断，在 F2833x 中断系统中，只有复位中断 $\overline{\text{XRS}}$ 和 XNMI 两个非可屏蔽中断。

4.2.2　三级中断管理体系

1. 三级中断结构

TMS320F2833x 中断系统原理框图，如图 4.2 所示。

由于片上外设资源众多，且每种片上外设均可以产生 1 至多个中断请求，同时，DSP 内核可直接响应的中断请求数量有限，所以，F2833x 设计了快速响应机制和外设中断扩展管理模块 PIE（Peripheral Interrupt Expansion，PIE），用于对外设中断源进行集中统一管理，使

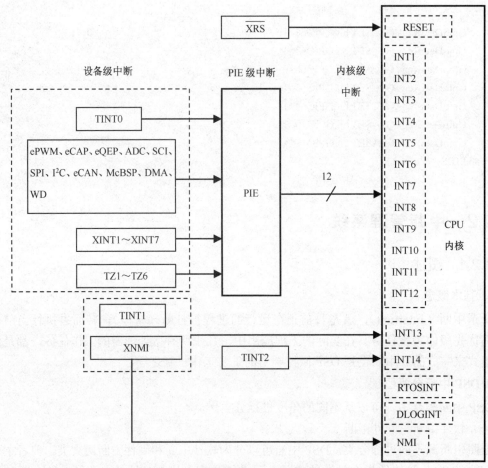

图 4.2　DSP 中断系统原理框图

CPU 内核及时响应和处理中断请求，显著提升了 CPU 内核对于中断响应的执行效率。

中断管理采用了三级响应机制，包括内核级（CPU 级）中断、PIE 级中断和设备级中断管理。其中，CPU 内核级中断管理，直接管理 1 个非可屏蔽中断和 16 个可屏蔽中断；PIE 中断管理属于中间层级，最多可以管理 96 个外设中断，目前实际应用了 56 个；设备级中断属于最基层的中断。

2. CPU 内核级中断及其管理

（1）内核级中断概述

CPU 内核直接管理 17 个中断，包括 1 个非可屏蔽中断和 16 个可屏蔽中断。其中 16 个可屏蔽中断，包括来自 PIE 管理层的 12 个复用中断 INT1～INT12，以及 INT13、INT14、RTOSINT、DLOGINT。其中，INT13 是 CPU 定时器 T1 产生的中断 TINT1 和外部非可屏蔽中断 XNMI 的共用中断线；INT14 是定时器 T2 产生的中断 TINT2 的专属中断；RTOSINT 和 DLOGINT 分别是实时操作系统中断和数据日志中断，使用较少。如图 4.2 所示。

（2）内核级中断允许与中断标志寄存器

中断允许寄存器 IER 和中断标志寄存器 IFR，是 F28335 内核 2 个重要的中断管理寄存器，均为 16 位寄存器，2 个寄存器的结构、位域标志完全一样，16 个位域分别对应 16 个可屏蔽中断，IER/IFR 寄存器结构和位域描述如下。

15	14	13	12	11	10	9	8
RTOSINT	DLOGINT	INT14	NT13	INT12	INT11	INT10	INT9
R/W-0	R/W-0	R/W-0	R/W-0	R/W-0	R/W-0	R/W-0	R/W-0

7	6	5	4	3	2	1	0
INT8	INT7	INT6	INT5	INT4	INT3	INT2	INT1
R/W-0	R/W-0	R/W-0	R/W-0	R/W-0	R/W-0	R/W-0	R/W-0

注：阴影部分对应来自 PIE 模块的 12 个中断 INT1～INT12。

IFR 是内核中断标志寄存器，16 个二进制位是可屏蔽中断的中断标志位，若对应的可屏蔽中断请求已经送至 CPU 内核，则 IF.x=1，说明此刻中断已经挂起或正在等待响应。CPU 内核对其响应后，则自动清零标志位；向 IFR 中的中断标志位写 1，会产生中断，写 0 则清除对应中断标志。系统复位后，中断标志寄存器自动清零。例：

```
IFR  |=  0x2000;   // 设置 IF 中 INT14 中断标志位为 1；
IFR  &=  0xDFFF;   // 清除 IF 中 INT14 中断标志位；
```

IER 是内核中断允许寄存器，16 个二进制位是可屏蔽中断的中断允许位，允许置 1 或置 0 操作。若 IER 中的对应位置 1，则表示允许该可屏蔽中断源的内核级响应；若上述功能位域置 0，则表示禁止该内核级中断。复位后，IER 中所有位均清零，即自动禁止所有可屏蔽的内核级中断。例：

```
IER |= 0x2000;    // 允许 INT14 内核级中断，即允许 CPU 定时器 T2 内核级中断；
IER |= 0x0001;    // 允许 INT1 内核级中断，即允许 PIE 模块 INT1 所对应的内核级中断；
IER &= 0xDFFF;    // 禁止 INT14 内核级中断，即禁止 CPU 定时器 T2 内核级中断；
IER &= 0xFFFE;    //禁止 INT1 内核级中断
```

注意：对单独的位进行置 1 操作，使用 "|="，对单独的位进行置 0（清零）操作，使用 "&="。

（3）全局可屏蔽中断控制

在 C28x 内核中断逻辑部分，有一个全局可屏蔽中断总控制位 ST1[INTM]，位于 DSP 状态寄存器 ST1.0。若该位置 1，表示屏蔽所有可屏蔽中断；若该位置 0 表示允许所有可屏蔽中断。所有可屏蔽中断请求，只有在 IER 和 ST1[INTM]均允许的情况下，才能得到 CPU 内核的最终响应。对 ST1[INTM]位域置 1 或清零，有以下 2 种办法。

方法一：在 C/C++程序中直接嵌入汇编指令，例：

```
Asm("SETC INTM"); // 置位 ST1[INTM]，禁止所有可屏蔽中断；
Asm("CLRC INTM"); //清零 ST1[INTM]，允许所有可屏蔽中断；
```

方法二：在 C/C++程序中直接调用宏指令，例：

允许可屏蔽中断宏指令：EINT；

禁止可屏蔽中断宏指令：DINT；

系统状态寄存器 ST1，参阅 2.3.2。

3. PIE 级中断及其管理

（1）PIE 模块中断原理

中断扩展管理单元 PIE，其中断复用原理如图 4.3 所示。

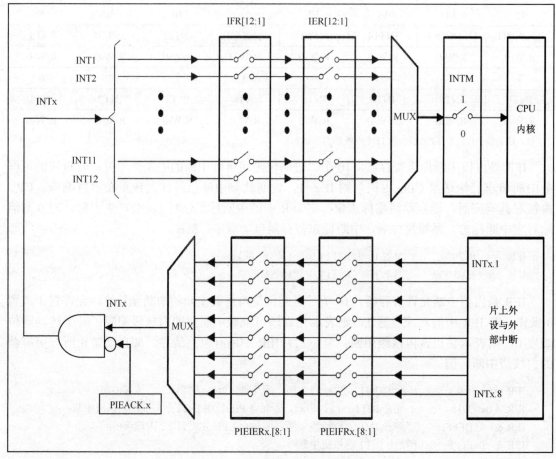

图 4.3 PIE 模块中断复用原理图

PIE 模块中断管理采用"复用"方法，将多达 96 个外设中断源分成 12 组进行管理。12 组中断分别对应于 INT1～INT12，上述 12 组中断类似于 12 条"中继"线路，连接在 PIE 模块与 CPU 内核之间。每一组中断 INTx（x=1～12，本节下同），最大可容纳 8 个外设中断源 INTx.1～INTx.8。于是 PIE 管理的中断源数量最大可达：12×8=96 个，目前，F28335 实际使用了其中 56 个外部中断，其余为保留项，外设中断源及其中断请求，如表 4.7 所示。

表 4.7 PIE 外设中断源及其中断请求信号

PIE 输出 中断	PIE 外设中断源							
	INTx.8	INTx.7	INTx.6	INTx.5	INTx.4	INTx.3	INTx.2	INTx.1
INT1	WAKEINT	TINT0	ADCINT	XINT2	XINT1	保留	SEQ2INT	SEQ1INT
INT2	保留	保留	EPWM6_TZINT	EPWM5_TZINT	EPWM4_TZINT	EPWM3_TZINT	EPWM2_TZINT	EPWM1_TZINT
INT3	保留	保留	EPWM6_INT	EPWM5_INT	EPWM4_INT	EPWM3_INT	EPWM2_INT	EPWM1_INT
INT4	保留	保留	ECAP6_INT	ECAP5_INT	ECAP4_INT	ECAP3_INT	ECAP2_INT	ECAP1_INT
INT5	保留	保留	保留	保留	保留	保留	EQEP2_INT	EQEP1_INT
INT6	保留	保留	MXINTA	MRINTA	MXINTB	MRINTB	SPITXINTA	SPIRXINTA

续表

PIE 输出 中断	PIE 外设中断源							
	INTx.8	INTx.7	INTx.6	INTx.5	INTx.4	INTx.3	INTx.2	INTx.1
INT7	保留	保留	DINTCH6	DINTCH5	DINTCH4	DINTCH3	DINTCH2	DINTCH1
INT8	保留	保留	SCITXINTC	SCIRXINTC	保留	保留	I2CINT2A	I2CINT1A
INT9	ECAN1 _INTB	ECAN0 _INTB	ECAN1 _INTA	ECAN0 _INTA	SCITXINTB	SCIRXINTB	SCITXINTA	SCIRXINTA
INT10	保留	保留	保留	保留	保留	保留	保留	保留
INT11	保留	保留	保留	保留	保留	保留	保留	保留
INT12	LUF	LVF	保留	XINT7	XINT6	XINT5	XINT4	XINT3

PIE 实际管理的 56 个中断源，每个中断源均有中断优先级。在表 4.7 之中，中断优先级的排序规则为：对某一组中断 INTx 而言，右侧优先级最高，从右向左中断级别依次降低。即 INTx.1 中断级别最高，INTx.8 中断级别最低。例如，在中断 INT9 之中，该组最高优先级的中断是 SCIRXINTA，最低优先级的中断是 ECAN1_INTB。

12 组中断 INT1～INT12，其中 INT1 中断级别最高，中断优先级随着下标序号的增大而依次降低，INT12 中断级别最低。在表 4.7 之中，SEQ1INT 中断级别最高，LUF 中断级别最低。

（2）PIE 中断扩展模块寄存器

PIE 模块的寄存器共有 4 类，包括中断标志寄存器 PIEIFRx（x=1～12，本节下同）、中断允许寄存器 PIEIERx（x=1～12，本节下同）、中断应答寄存器 PIEACK 和中断控制寄存器 PIECTRL，上述均为 16 位寄存器。

① 中断标志与中断允许寄存器

与内核级中断允许寄存器 IER 和中断标志寄存器 IFR 类似，位于 PIE 级的 12 组中断 INT1～INT12，各自拥有自己的中断允许寄存器 PIEIERx 和中断标志寄存器 PIEIFRx。

PIEIFRx 和 PIEIERx 结构相同、位域类似，均为 16 位寄存器，其中，高 8 位保留，仅低 8 位使用。寄存器结构和位域描述如下。

15　　8	7	6	5	4	3	2	1	0
保留	INTx.8	INTx.7	INTx.6	INTx.5	INTx.4	INTx.3	INTx.2	INTx.1
R-0	R/W-0	R/W-0	R/W-0	R/W-0	R/W-0	R/W-0	R/W-0	R/W-0

PIEIFRx.y 为 PIE 中断标志寄存器的通用位域表示，具有双下标，其中 x 表示所在的第 x 组中断；y 表示第 x 组的第 y 个外设中断源。

PIEIEFx.y 为 PIE 中断允许寄存器的通用位域表示，具有双下标，其中 x 表示所在的第 x 组中断；y 表示第 x 组的第 y 个外设中断源。

上述寄存器的置位和清零操作及意义，与 IFR、IER 寄存器的置位和清零操作及意义，基本一致。例：

若 PIEIERx.y=1，则允许第 x 组中第 y 个中断源向 CPU 申请中断；若 PIEIERx.y=0，则禁止第 x 组中第 y 个中断源向 CPU 申请中断。例：

```
PieCtrlRegs.PIEIFR1.bit.INTx6 = 1; // 设置中断组 INT1 中 ADCINT 中断标志;
PieCtrlRegs.PIEIER1.bit.INTx6 = 1; // 使能中断组 INT1 中 ADCINT 中断源;
```

② 中断应答寄存器 PIEACK

PIEACK 是 16 位的中断应答寄存器，高 4 位保留，低 12 位分别对应 PIE 模块 12 组中断 INT1～INT12，即第 0 位对应 INT1，第 11 位对应 INT12。PIEACK 寄存器结构、位域描述如下。

15		12	11		0
	保留			PIEACK	
	R-0			R/W1C-0	

　　注: R/W1C-1=可读/写，置位后写 1 清零，复位后为 1，本书下同。

若 PIEACK 对应位域显示为 0，表示 PIE 模块中断向量组向 CPU 发送中断请求信号，CPU 还未处理该中断申请，向该位域写 0 无效；若 PIEACK 对应位域显示为 1，表示 CPU 已经处理完毕来自 PIE 模块的中断请求，向该位写 1 可以清零，以便 CPU 重新响应新的中断请求。注意：复位后 PIEACK 位域均显示为 0，在中断服务程序的最后部分，要及时对其位域进行清零，以便 CPU 再次响应新的中断请求。例：

```
PieCtrlRegs.PIEACK.all = 0x0001; // 清零 PIEACK[0]，以便 CPU 再次响应 INT1 组中断
PieCtrlRegs.PIEACK.all = 0x0800; // 清零 PIEACK[11]，以便 CPU 再次响应 INT12 组中断
```

③ 控制寄存器 PIECTRL

PIECTRL 是 16 位的寄存器，寄存器结构、位域描述如下。

15		1	0
	PIEVECT		ENPIE
	R-0		R/W-0

高 15 位是中断向量在 PIE 向量表中的地址，最低位 ENPIE 是 PIE 向量表允许位。PIECTRL[ENPIE]=0，禁止从 PIE 向量表获取向量地址；PIECTRL[ENPIE]=1，允许从 PIE 向量表中获取除复位以外的所有向量地址。复位向量地址总是从引导 ROM 中获取。例：

```
PieCtrlRegs.PIECTRL.ENPIE = 1; // 允许从 PIE 向量表读取中断向量
```

4. 外设级中断及其管理

（1）片上外设产生的中断

在 DSP 三级中断管理体系中，外设级中断绝大部分都是由 PIE 管理的外设产生的，包括 ePWM、eCAP、eQEP、ADC、SCI、SPI、I²C、eCAN、McBSP、DMA、WD、T0 等片上外设。当上述外设产生中断事件时，其对应的外设级中断标志位置位，同时若对应的中断允许寄存器允许（中断使能），则可以向 PIE 模块发出中断请求。外设级中断标志产生后，不能自动清除，向对应标志位写 1 清除。

来自 DSP 外部的可屏蔽中断 XINT1～XINT7，分别由中断控制寄存器 XINT1CR～XINT7CR 进行设置和管理。

CPU 定时器 T1 产生的中断 TINT1 和外部非屏蔽中断 XNMI，均由外部非屏蔽中断控制寄存器 XNMICR 进行设置与管理，采用分时复用方式，直接送至 C28x 内核中断 INT13。

CPU 定时器 T2 产生的中断 TINT2，则直接送至 C28x 内核中断 INT14。

（2）外设控制寄存器

① 外部可屏蔽中断控制寄存器

XINTnCR（n=1～7，本节下文同）是外部中断 XINT1～XINT7 的控制寄存器，两者有一一对应关系。外部中断源中断允许、中断触发的边沿选择（上升沿触发、下降沿触发或上升沿/下降沿均触发），均在对应的控制寄存器 XINTnCR 中进行设置。寄存器通用结构如下，位域描述如表 4.8 所示。

15		4	3		2	1	0
保留			Polarity		保留		Enable
R-0			R/W-0		R-0		R/W-0

表 4.8　XINTnCR 的位域描述

位	位域	说明
3-2	Polarity	中断触发沿设置。00/10-下降沿触发；01-上升沿触发；11-上升沿/下降沿均触发
0	Enable	XINT1～XINT7 中断允许位。0-不允许；1-允许

② 外部非屏蔽中断控制寄存器 XNMICR

如图 4.2 所示，CPU 定时器 T1 的中断 TINT1 与外部非屏蔽中断 XNMI 共用一条内核中断线，根据分时复用原理，选择 TINT1 或 XNMI 与 CPU 内核级中断 INT13 连接。具体设置通过中断控制寄存器 XNMICR 完成。该寄存器为 16 位，仅低 4 位有效，包括 Polarity、Select、Enable 3 个有效位域。寄存器结构如下，位域描述如表 4.9 所示。

15		4	3		2	1	0
保留			Polarity		Select		Enable
R-0			R/W-0		R-0		R/W-0

表 4.9　XNMICR 的位域描述

位	位域	说明
3-2	Polarity	中断触发沿设置位。00/10-下降沿触发；01-上升沿触发；11-上升沿/下降沿均触发
1	Select	中断源选择位。0-定时器 T1；1-XNMI
0	Enable	中断源中断允许位。0-不允许；1-允许

如表 4.9 所示，XNMICR 寄存器的位域 Polarity 和 Enanle，与 XINTnCR 寄存器中对应位域功能完全一致。位域 Select 为中断源选择位，Select=0，选择定时器 T1 作为中断源，将中断信号 TINT1 连接到 INT13；Select=1：选择外部非屏蔽中断 XNMI 作为中断源，并将其连接到 INT13。

4.2.3　中断向量寻址

1. 中断向量表与复位映射

（1）中断向量表

中断任务成功执行的关键，是寻找中断程序的入口地址，简称中断地址。由于中断地址具有鲜明的指向性，又称为中断向量。存放中断程序入口地址的数据表格或区域，称为中断向量表。

　　DSP 片内基本存储单元长度为 16 位，中断服务程序入口地址（中断向量）长度为 32 位，因此，每个中断向量存放需占用 2 个内存单元。在 C28x 设备上，中断向量表可以映射到内存中四个不同位置：M0、M1、BROM 向量和 PIE 向量表，如图 2.3 所示。具体映射由 ST1[VMAP]、ST1[M0M1MAP] 和 PIECTRL[ENPIE] 位域共同控制。其中 ST1[VMAP]:0-中断向量映射到最低地址；1-中断向量映射到最高地址。ST1[M0M1MAP]:0-C27x 兼容模式，供 TI 测试；1-C28x 模式。PIECTRL[ENPIE]:0-不允许从 PIE 向量表读取中断向量；1-允许从 PIE 向量表读取中断向量。基于上述控制位的向量映射如表 4.10 所示。

表 4.10　中断向量表映射

选项	向量映射	向量获取位置	内存地址范围	大小	VMAP	M0M1MAP	ENPIE
1	M1 向量	M1 SARAM 块	0x000400～0x0007FF	1KW	0	0	×
2	M0 向量	M0 SARAM 块	0x000000～0x0003FF	1KW	0	1	×
3	BROM 向量	BROM	0x3FFFC0～0x3FFFFF	64W	1	×	0
4	PIE 向量	PIE	0x000D00～0x000DFF	256W	1	×	1

　　M1 和 M0 向量表一般用于 TI 测试使用，因此可以作为普通 SARAM 使用。系统复位后，复位中断向量映射到 BROM 向量区，如表 4.11 所示。

　　（2）系统复位与中断向量映射

表 4.11　设备复位操作后的向量表

中断名称	复位后向量获取位置	内存地址范围	控制位域		
			VMAP	M0M1MAP	ENPIE
复位中断	BROM 向量表	0x3FFFC0～0x3FFFFF	1	1	0

　　注：①对于 28X 系列产品，系统复位后 VMAP 和 M0M1MAP 均被置 1，ENPIE 置 0；
　　　　②复位向量总是从引导 BROM 向量表获取。

　　BROM 向量表共 64W 存储空间，可以存放 32 个中断向量地址（每个中断向量占用 2 个基本存储空间），由于 DSP 中断数量众多，所以仅存放 CPU 级的中断向量地址。

　　BROM 向量空间存储的 32 个中断向量，包括 RESET、INT1～INT14，DATALOG、RTOSINT、EMUINT、NMI、ILLEGAL、USER1～USER12。其中，中断复位向量 RESET 优先级最高；从 PIE 级中断 INT1～INT12，到复合中断 INT13、INT14，中断优先级依次降低，DATALOG 中断优先级最低。

2. PIE 中断向量及其映射

　　复位功能触发后，首先，系统从 BROM 向量表读取对应中断程序的入口地址，执行复位操作。复位完成后，PIE 中断向量表被屏蔽保护，无法直接访问。若继续访问 PIE 中断向量表，需执行下述操作。

　　第一步，调用 PIE 向量表初始化函数 InitPieVectTable()。

　　在 DSP 工程主函数 main() 初始化阶段，调用 PIE 向量表初始化函数 InitPieVectTable()，初始化 PIE 向量表，使其指向默认中断服务程序。例：

```
    void main()
{
    InitSysCtrl();        InitPieCtrl();
    IER = 0x0000;        IFR = 0x0000;
    InitPieVectTable();        //初始化 PIE 向量表，使其指向默认中断服务程序
        …
}
```

第二步，通过重新映射当前使用的中断向量，使其指向实际中断服务程序的入口地址。例：

```
EALLOW;
PieVectTable.TINT0 = &TIM0_IRQn;    //重新映射中断向量，指向中断服务程序 TIM0_IRQn 入口地址
EDIS;
```

通过初始化函数 InitPieVectTable()，重新赋值中断向量入口地址（中断服务程序入口地址），于是当某中断发生时，CPU 便自动跳转到 PIE 中断向量表读取对应的中断服务程序入口地址，执行中断服务程序（函数）。PIE 向量表映射关系，如表 4.12 所示。

表 4.12　PIE 向量映射表

向量名称	PIE 向量		BROM 向量表映射地址	向量描述	中断优先级
	向量 ID	PIE 向量表映射地址			
RESET	0	0x000D00	0x3FFFC0	复位中断	1
INT1	1	0x000D02	0x3FFFC2	可屏蔽中断 1	5
INT2	2	0x000D04	0x3FFFC4	可屏蔽中断 2	6
INT3	3	0x000D06	0x3FFFC6	可屏蔽中断 3	7
INT4	4	0x000D08	0x3FFFC8	可屏蔽中断 4	8
INT5	5	0x000D0A	0x3FFFCA	可屏蔽中断 5	9
INT6	6	0x000D0C	0x3FFFCC	可屏蔽中断 6	10
INT7	7	0x000D0E	0x3FFFCE	可屏蔽中断 7	11
INT8	8	0x000D10	0x3FFFD0	可屏蔽中断 8	12
INT9	9	0x000D12	0x3FFFD2	可屏蔽中断 9	13
INT10	10	0x000D14	0x3FFFD4	可屏蔽中断 10	14
INT11	11	0x000D16	0x3FFFD6	可屏蔽中断 11	15
INT12	12	0x000D18	0x3FFFD8	可屏蔽中断 12	16
INT13	13	0x000D1A	0x3FFFDA	XNMI/Timer1	17
INT14	14	0x000D1C	0x3FFFDC	Timer2	18
DATALOG	15	0x000D1E	0x3FFFDE	数据标志中断	19
RTOSINT	16	0x000D20	0x3FFFE0	实时操作中断	4
EMUINT	17	0x000D22	0x3FFFE2	CPU 仿真中断	2
NMI	18	0x000D24	0x3FFFE4	外部非屏蔽中断	3
ILLEGAL	19	0x000D26	0x3FFFE6	非法指令捕获	-

续表

向量名称	PIE 向量		BROM 向量表映射地址	向量描述	中断优先级
	向量 ID	PIE 向量表映射地址			
USER1	20	0x000D28	0x3FFFE8	TRAP	-
USER2	21	0x000D2A	0x3FFFEA	TRAP	-
USER3	22	0x000D2C	0x3FFFEC	TRAP	-
USER4	23	0x000D2E	0x3FFFEE	TRAP	-
USER5	24	0x000D30	0x3FFFF0	TRAP	-
USER6	25	0x000D32	0x3FFFF2	TRAP	-
USER7	26	0x000D34	0x3FFFF4	TRAP	-
USER8	27	0x000D36	0x3FFFF6	TRAP	-
USER9	28	0x000D38	0x3FFFF8	TRAP	-
USER10	29	0x000D3A	0x3FFFFA	TRAP	-
USER11	30	0x000D3C	0x3FFFFC	TRAP	-
USER12	31	0x000D3E	0x3FFFFE	TRAP	-
以上为 32 个 CPU 级向量，可映射于 BROM 向量空间					
INT1.1	32	0x000D40	—	SEQ1INT	5
……	……	……	—	……	……
INT1.8	39	0x000D4E	—	WAKEINT	5
INT12.1	120	0x000DF0	—	XINT3	16
……	……	……	—	……	……
INT12.8	127	0x000DDE	—	LUF	16

4.2.4 中断响应

1. 中断响应流程

以某片上外设中断 INTx.y 为例，其中断响应流程图，如图 4.4 所示。

包括如下五个步骤。

第一步，判断设备级中断是否产生？若设备级中断使能，当设备中断标志置位时，外设向 PIE 模块发送中断申请。

第二步，判断 PIE 级中断是否产生？外设中断信号 INTx.y 进入 PIE 模块中断系统后，置位 PIE 级中断标志寄存器 PIEIFRx.y，随后查询中断允许位 PIEIERx.y 是否使能？若 PIE 级中断使能，则继续判断中断应答寄存器 PIEACK.x 对应位域是否为 0，若 PIEACK.x=0，则该中断信号通过 PIE 中断输出通道，传输至 CPU 核心级中断输入端口 INTx。

第三步，CPU 核心级中断响应。判断是否有核心级中断申请？若 CPU 核心级中断标志 IFR.x 置位，同时，若对应中断允许位 IER.x 使能，且 ST1[INTM]=0，则 INTx 被送入 CPU，等待中断响应与处理。

第四步，保护现场，获取中断向量地址，进入核心级中断响应处理阶段。

第五步，执行中断程序。从 PIE 中断向量表读取中断服务程序（中断函数）入口地址，跳转并执行中断服务程序。在当前中断执行过程中，可被高优先级中断请求打断，转而响应

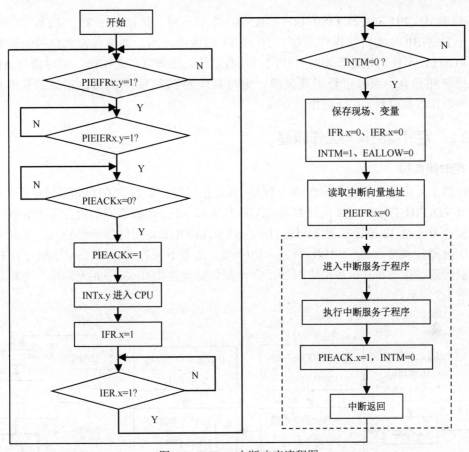

图 4.4　INTx.y 中断响应流程图

并执行更高级中断任务。若嵌套中断执行完毕，返回继续执行被暂停的中断进程。若中断任务执行完毕，在返回主程序前，清零 PIEACKx 和 ST1[INTM]，以便 CPU 再次响应新的中断请求。

2. 定周期中断设计方案

在 DSP 复杂工程设计和软件编程中，往往需要进行定周期高速采样与实时数据处理，一般采用如下设计方案：

第一，利用 CPU 定时器 0 或定时器 1 作为定周期采样的定时器，根据需求设置定时器定时中断周期值，完成 ADC 模块初始化设置。

第二，在 CPU 定时器的中断函数中，启动 ADC 模/数转换器进行定周期采样与模/数转换，及时读取采样数据并进行转存，尽量减小中断程序处理（中断函数）运行时间。

第三，在主函数的 while（1）循环中，进行采样数据处理、通信或显示等操作。

4.3　CPU 定时器

4.3.1　概述

CPU 定时器是重要的片上外设，主要完成定时、计时和计数三种基本功能。F28335 拥有 3 个 32 位的 CPU 定时器 TIMERx（x=0～2，本节下同，简称 T0、T1、T2），其中 T2 一般应用于 DSP/BIOS 实时性操作系统，T0 和 T1 归用户使用。其前端输入信号是系统时钟 SYSCLKOUT，不仅可以进行定时、计时、计数工作，还可以产生中断。定时器与 ADC 模/数转换模块相结合，可以进行周期采样。定时器作为 F2833x 系列微控制器的基本片上外设，在各个领域都得到了广泛应用。

4.3.2 定时器结构与工作原理

1. 定时器结构

定时器主要由 4 个功能单元组成，包括 16 位预定标计数器 PSCH:PSC、16 位预定标周期寄存器 TDDRH:TDDR、32 位计数器 TIMH:TIM 和 32 位计数器周期寄存器 PRDH:PRD，其中，核心单元是 32 位计数器 TIMH:TIM。SYSCLKOUT 是定时器外部输入的系统标准时钟，由定时器控制寄存器 TIMERxTCR（x=0～2，本节下同）的位域 TSS 控制，TCR[TSS] 是定时器的启动控制位：0-启动定时器工作，复位后该位为 0；1-停止定时器。定时器系统结构如图 4.5 所示。

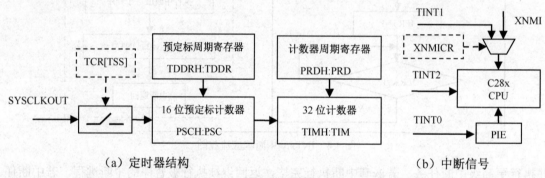

（a）定时器结构　　　　　　　　　　　　　（b）中断信号

图 4.5　CPU 定时器结构与中断响应

2. 定时器工作原理

预定标计数器 PSCH:PSC 实际是一个减计数分频器，分频系数为（TDDRH:TDDR+1），预定标计数器 PSCH:PSC 从设定值开始，随着系统时钟 SYSCLKOUT 脉冲进行减法计数，当减计数到 0 时输出一个脉冲信号。同时，根据控制寄存器 TIMERxTCR 设置，重新加载预定标周期寄存器 TDDRH：TDDR 设定值，开始新的减计数周期。通过减计数的方式达到分频目的，使分频之后的时钟脉冲频率适合后续 32 位计数器计数。

32 位计数器 TIMH:TIM 是减法计数器，也是定时器的核心，对分频后相对低速的时钟脉冲进行减法计数，每计数（PRDH:PRD+1）个脉冲，便产生中断一次。定时器中断周期计算公式如下：

$$T = (PRDH:PRD + 1) \times (TDDRH:TDDR + 1) \times T_{SYSCLKOUT} \tag{4-1}$$

其中，$T_{SYSCLKOUT}$ 是标准系统时钟周期。

定时器 T0、T1、和 T2 产生的中断分别为 TINT0、TINT1 和 TINT2，中断信号传输路径如图 4.5（b）所示。定时器 T0 作为普通外设中断源使用，TINT0 由 PIE 模块管理；定时器 T2 的中断 TINT2 直接连接内核级中断 INT14；定时器 T1 与外部非屏蔽中断 XNMI 一起，采用分时复用方式共享内核级中断 INT13，受非屏蔽外设中断控制寄存器 XNMICR 控制，

XNMICR[Select]:0-T1 连接 INT13；1-XNMI 连接 INT13。

4.3.3　定时器寄存器

1. TIMERx 寄存器简介

每个 CPU 定时器均拥有 7 个 16 位的控制类和数据类寄存器，包括 1 个控制寄存器 TIMERxTCR 和 6 个数据类寄存器 TIMERxTIMH、TIMERxTIM、TIMERxPRDH、TIMERxPRD、 TIMERxTPRH 和 TIMERxTPR，其中 x=0～2，本节下同。

数据类寄存器的应用与众不同，不能作为功能寄存器单独使用，而是通过组合、形成新的具有特殊结构的配置寄存器使用。其中数据寄存器 TIMERxTIMH、TIMERxTIM、TIMERxPRDH 和 TIMERxPRD，采取两两组合模式，形成 2 个 32 位配置寄存器，分别是 32 位计数器（TIMH:TIM）和 32 位计数器周期寄存器（PRDH:PRD）。数据寄存器 TIMERxTPRH 与 TIMERxTPR，首先按照高低字节（8 位）进行拆分，然后再以字节（8 位）为基本单位进行组合，形成了 16 位预定标计数器（PSCH:PSC）和 16 位预定标周期寄存器（TDDRH:TDDR），如表 4.13 和图 4.5 所示。

表 4.13　TIMERx 寄存器一览表

序号	TIMERx 功能单元（配置寄存器）		TIMERx 数据与控制寄存器		说明（功能单元←数据寄存器）
	功能单元	位域	寄存器	字或字节	
1	32 位计数器（TIMH:TIM）	[31：16]	TIMERxTIMH	字（×16）	TIMH 用作 32 位计数器的高 16 位
		[15：0]	TIMERxTIM	字（×16）	TIM 用作 32 位计数器的低 16 位
2	计数器周期寄存器（PRDH:PRD）	[31：16]	TIMERxPRDH	字（×16）	PRDH 用作计数器周期寄存器的高 16 位
		[15：0]	TIMERxPRD	字（×16）	PRD 用作计数器周期寄存器的低 16 位
3	16 位预定标计数器（PSCH:PSC）	[15：8]	TIMERxTPRH	字节（×8）	高 8 位用作预定标计数器的高 8 位 PSCH
		[7：0]	TIMERxTPR	字节（×8）	高 8 位用作预定标计数器的低 8 位 PSC
4	预定标周期寄存器（TDDRH:TDDR）	[15：8]	TIMERxTPRH	字节（×8）	低 8 位用作预定标预定标周期寄存器的高 8 位 TDDRH
		[7：0]	TIMERxTPR	字节（×8）	低 8 位用作预定标周期寄存器的低 8 位 TDDR
5	——	——	TIMERxTCR	字（×16）	TIMERx 控制寄存器

注：①x：0～2。②阴影部分对应的数据寄存器，按高低字节拆分、组合使用。

2. 寄存器及其应用

（1）计数器及其周期寄存器

32 位计数器 TIMH:TIM，分别由 16 位数据寄存器 TIMERxTIMH 与 16 位数据寄存器 TIMERxTIM 组成，计数器的高 16 位位域为 TIMH，低 16 位位域为 TIM，寄存器结构及配置示意图，如图 4.6（a）所示。

计数器周期寄存器 PRDH:PRD，分别由 16 位数据寄存器 TIMERxPRDH 与 16 位数据寄存器 TIMERxPRD 组成，周期寄存器的高 16 位位域为 PRDH，低 16 位位域为 PRD，寄存器结构及配置示意图，如图 4.6（b）所示。

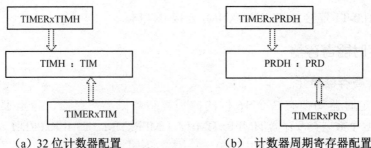

（a）32 位计数器配置 　　　　　　（b）计数器周期寄存器配置

图 4.6　32 位计数器及其周期寄存器结构配置示意图

（2）预定标计数器及其周期寄存器

16 位预定标计数器 PSCH：PSC，分别由 16 位数据寄存器 TIMERxTPRH 的高 8 位和 TIMERxTPR 的高 8 位组成，预定标计数器的高 8 位位域为 PSCH，低 8 位位域为 PSC，寄存器结构及配置示意图，如图 4.7（a）所示。

16 位预定标周期寄存器 TDDRH:TDDR 分别由 16 位数据寄存器 TIMERxTPRH 的低 8 位和 TIMERxTPR 的低 8 位组成，预定标周期寄存器的高 8 位位域为 TDDRH，低 8 位位域为 TDDR，寄存器结构及配置示意图，如图 4.7（b）所示。

说明：在 32 位计数器及其周期寄存器和 16 位预定标计数器及其周期寄存器中，位域部分均出现了 "：" 符号，表示该寄存器的位域是由前后两个不同的寄存器或两个不同的数据寄存器的高低字节组合而成。

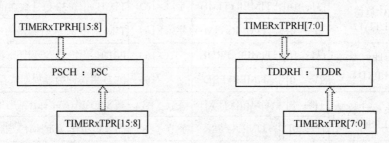

（a）16 位预定标计数器　　　　　　（b）16 位预定标计数器周期寄存器

图 4.7　预定标计数器及其周期寄存器结构示意图

（3）控制寄存器

TIMERxTCR 是 CPU 定时器唯一的控制寄存器，其结构如下，位域描述如表 4.14 所示。

15	14	13 12	11	10	9 6	5	4	3 0
TIF	TIE	保留	FREE	SOFT	保留	TRB	TSS	保留
R/W-0	R/W-0	R-0	R/W-0	R/W-0	R-0	R/W-0	R/W-0	R-0

表 4.14　TIMERxTCR 位域描述

位	位域	说明
15	TIF	计数器中断标志位。计数器减计数到 0 时置位，0-无中断事件；1-发生中断事件
14	TIE	定时器中断允许位。0-禁止中断；1-允许中断
11～10	FREE：SOFT	仿真模式位。00-计数器完成下一次递减后停止；01-减计数到 0 停止；1x-自由运行，不受断点影响

续表

位	位域	说明
5	TRB	定时器重装载控制位。0-无影响；1-预定标计数器、32 位计数器同时装载各自周期寄存器值
4	TSS	定时器停止位。0-启动定时器工作，复位时为 0；1-停止定时器

4.3.4　定时器综合应用示例

使用 CPU 定时器 T0 进行定时设置，每 1 秒中断一次，在定时器 T0 的中断函数中编写驱动程序，使 GPIO68 端口输出电平每秒钟翻转一次，在该端口接一个 LED 发光二极管，实现闪烁发光指示。

例 4.2　秒信号发生器

```c
#include "DSP2833x_Device.h"      // DSP2833x Headerfile Include File
#include "DSP2833x_Examples.h"    // DSP2833x Examples Include File
#include "leds.h"
#include "time.h"
void main()
{
    int i=0;
    InitSysCtrl();
    InitPieCtrl();
    IER = 0x0000;
    IFR = 0x0000;
    InitPieVectTable();//初始化 PIE 向量表
    LED_Init();
    TIM0_Init(150,1000000);//CPU 定时器 0 定时设置，150MHz、1000ms 定时设置
    while(1){    }
}
//CPU 定时器 0 初始化函数
void TIM0_Init(float Freq, float Period)
{
    EALLOW;
    SysCtrlRegs.PCLKCR3.bit.CPUTIMER0ENCLK = 1; // 使能 CPU Timer 0 时钟
    EDIS;
    //设置定时器 0 的中断入口地址为中断向量表的 INT0
    EALLOW;
    PieVectTable.TINT0 = &TIM0_IRQn; //重新映射中断向量,指向中断服务程序
    EDIS;
    CpuTimer0.RegsAddr = &CpuTimer0Regs; //指向定时器 0 的寄存器地址
    CpuTimer0Regs.PRD.all   = 0xFFFFFFFF; //设置定时器 0 的周期寄存器值
    //设置定时器预定标计数器值为 0
    CpuTimer0Regs.TPR.all    = 0;
    CpuTimer0Regs.TPRH.all = 0;
    CpuTimer0Regs.TCR.bit.TSS = 1 ;//确保定时器 0 为停止状态
```

```
        CpuTimer0Regs.TCR.bit.TRB = 1; //重载使能
        CpuTimer0.InterruptCount = 0;      // Reset interrupt counters:
        ConfigCpuTimer(&CpuTimer0, Freq, Period);
        CpuTimer0Regs.TCR.bit.TSS=0; //开始定时器功能
        //开启 CPU 第一组中断并使能第一组中断的第 7 个小中断，即定时器 0 中断
        IER |= M_INT1;//打开核心层中断
        PieCtrlRegs.PIEIER1.bit.INTx7 = 1;//打开 PIE 级中断
        EINT;//使能总中断
        ERTM;
}
//CPU 定时器 T0 中断函数
interrupt void TIM0_IRQn(void)
{
        GpioDataRegs.GPCTOGGLE.bit.GPIO68=1//LED1 定时闪烁
        PieCtrlRegs.PIEACK.bit.ACK1=1;//清除 PIE 中断组 1 的应答位，以便 CPU 再次响应中断
}
```

4.4　模/数转换（ADC）模块

工业现场有大量的非电量物理信号，包括温度、湿度、压力、流量、转速、流速等需要实时采集和传输，但是，上述物理信号不能直接被电子设备采集和使用，只有先通过各类传感器件将非电量信号转换成电压或电流量信号，再经过滤波、放大等环节，转换成符合采样要求的模拟电压信号，由专用的模/数转换器（ADC）进行采样处理，最终转换成数字量，才能被现代电子仪器设备采集和传输。所以，模/数转换器（ADC）是一个极为重要的功能器件。

在 F2833x 微控制器中，集成了 1 个 12 位宽的片上 ADC 模块，可以对 16 路 0～3V 的直流模拟电压信号进行高速采样和存储。

4.4.1　ADC 模块结构与排序器

1. ADC 模块结构

F2833x 微控制器内部的 ADC 模块，是一个最基本且最重要的片上外设之一，因为几乎所有的 DSP 应用系统，都需要用 ADC 模块对模拟信号进行采样和处理。ADC 模块的前端是16 路模拟信号输入通道 ADCINA/B x（x=0～7，本节下同），分别由 2 个独立的多路选择开关单元 MUX A 和 MUX B 进行管理，MUX A/B 能够完成八选一功能，即可以从前端 8 路模拟输入信号中选择 1 路信号，分别送入后面对应的采样/保持单元 S/H A 和 S/H B，S/H A 和S/H B 完成抽样信号电平保持，排队等候 12 位模/数转换器依次进行转换。

12 位模/数转换功能单元是整个 ADC 模块的核心，其功能是对经过 S/H A 和 S/H B 后的抽样离散信号进行数字化转换，具有 12 位的模/数转换精度，转换数据满量程输出范围 0～4095。

F28335 微控制器的模拟输入端口，要求输入信号的模拟电压幅值范围为 0～3V，即最大模拟电压值不允许超过+3V。ADC 模块拥有 16 个转换结果缓冲寄存器 ADCRESULTx（x=0～15，本节下同），存放模/数转换结果。ADCRESULTx 在内存空间具有双映射，在不同

的映射空间，数据存储对齐方式不一样，若左对齐存放，读取数据后注意及时进行移位处理。

排序器是 ADC 模块的重要组成单元之一，有 SEQ、SEQ1 和 SEQ2 三个排序器，排序器有级联排序和双排序两种模式，不同排序器模式对应不同的系统结构。其中，级联排序器下系统结构，如图 4.8 所示，双排序寄存器下系统结构，如图 4.9 所示。

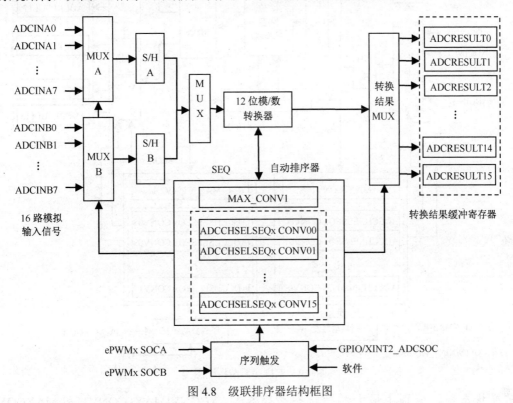

图 4.8　级联排序器结构框图

2. 级联排序与双排序模式

（1）级联排序

在级联排序器模式下，所有模拟信号输入通道（信号）排列成 1 个队列，使用排序器 SEQ 进行统一管理。排序器 SEQ 是一个模输入通道排列空间，其中的"位"便是输入通道选择排序寄存器 ADCCHSELSEQ1～ADCCHSELSEQ4 中的 16 个位域 CONV00～CONV15。

每次转换的最大状态数，由最大转换信道寄存器 MAXCONV[MAX_CONV1]位域确定，实际的转换状态数为（MAXCONV[MAX_CONV1]+1）。若 MAXCONV[MAX_CONV1]=2，则实际的转换状态数是 3。

在级联排序模式下，最多可以将 16 个模拟输入通道全部放入 CONV00～CONV15 之中。当然 1 个模拟输入通道可以重复参与排序，1 个模拟输入信号可以同时接入多个模拟输入通道。

（2）双排序

在双排序器模式下，模拟输入通道排列成 2 个并排队列，一般使用排序器 SEQ1 和 SEQ2 进行排序，每个队列最多放置 8 个状态（通道）。其中，排序器 SEQ1 管理 CONV00～CONV07，排序器 SEQ2 管理 CONV08～CONV15。输入通道选择排序寄存器 CHSELSEQ1～CHSELSEQ4 中的位域设置，与级联排序设置原理一样。排序器 SEQ1 和 SEQ2 所允许的最

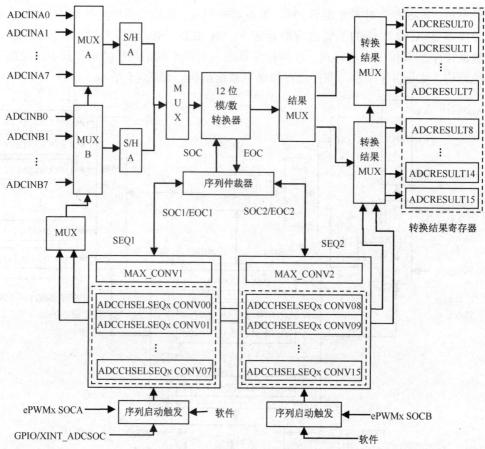

图 4.9　双排序器结构框图

大转换状态数，分别由最大转换状态寄存器 MAXCONV[MAX_CONV1]和 MAXCONV
[MAX_CONV2]位域设置。排序器 SEQ1 根据 CONV00～CONV07 设置的状态，进行模/数转
换，转换结果被依次存储到转换结果缓冲寄存器 ADCRESULT0～ADCRESULT07 之中；排
序器 SEQ2 根据 CONV08～CONV15 设置的状态，进行模/数转换，转换结果被依次存储到
转换结果缓冲寄存器 ADCRESULT8～ADCRESULT15 之中。

（3）排序器模式选择

具体排序器工作模式，由控制寄存器 ADCTRL1[AEQ_CASC]位域设置：0-双排序器模
式；1-级联排序器模式。级联排序器与双排序器模式特征对比，如表 4.15 所示。

表 4.15　排序器模式及其特征

序号	特征	双排序器模式		级联排序器模式
		排序器 SEQ1	排序器 SEQ2	排序器 SEQ
1	启动转换 触发信号	软件、ePWMx_SOCA、 GPIO/XINT2_ADCSOC	软件、 ePWMx_SOCB	软件、 ePWMx_SOCA、 ePWMx_SOCB、 GPIO/XINT2_ADCSOC
2	自动转换 最大通道数	8	8	16

续表

序号	特征	双排序器模式		级联排序器模式
		排序器 SEQ1	排序器 SEQ2	排序器 SEQ
3	序列结束 自动停止	是	是	是
4	仲裁优先级	高	低	无
5	转换结果 缓冲寄存器	ADCRESULT0～ ADCRESULT7	ADCRESULT8～ ADCRESULT15	ADCRESULT0～ ADCRESULT15
6	ADCCHSELSEQn 位域分配	CONV00～CONV07	CONV08～CONV15	CONV00～CONV15

ADC 模块可以由多种信号触发，包括软件、ePWMx_SOCA、ePWMx_SOCB，以及通过引脚输入的外部中断 GPIO 等，不同排序器的中断触发信号也有所不同。

4.4.2 ADC 模块采样

ADC 模块的采样有顺序采样和同步采样两种方式，ADC 模块的模/数转换有连续自动转换和启动/停止转换两种转换模式。在 DSP 工程应用中，最常见的模拟信号采样方式是，设置 ADC 模块工作于"启动/停止"转换模式，同时设置 CPU 定时器使之产生定时中断，在定时中断程序中定时启动 ADC 模块，从而对外部输入模拟信号进行定周期同步或顺序采样。

1. 顺序采样与同步采样

（1）采样方式

ADC 模块采样方式，由控制寄存器 ADCTRL3[SMODE_SEL]位域控制：0-顺序采样；1-同步采样。顺序采样是对已经按照级联排序器模式或双排序器模式排列好的序列，按照前后排列次序、依次进行采样的过程，该采样方式的特点：①前后状态的顺序性，一个通道采样完毕，再采样另一个通道，依次执行；②各个被采样的状态（通道）之间保持相对的独立性。

同步采样，其中"同步"指"同时"的意思，是指每次对一对输入信号进行同时采样，该采样方式的特点：①同时性，被安排同步的状态量（模拟信号）必须同一时刻进行采样；②关联性，被安排同步采样的两个状态量（模拟信号），一般具有一定的关联性，譬如电能计量中某一计量线路的电压和电流两个参数，必须同步采样。

（2）最大转换状态及其设置

一个排序器所能转换的最大状态数，由最大转换信道寄存器 MAXCONV 设置。寄存器结构和域描述如下。

15	7	6	4	3	0
保留		MAX_CONV2		MAX_CONV1	
R-0		R/W-0		R/W-0	

MAX_CONV2 和 MAX_CONV1，分别是 SEQ2 和 SEQ1/SEQ 的最大转换状态设置位域。对于 SEQ1，MAX_CONV1 低三位有效；对于 SEQ，位域 MAX_CONV1 四位均有效。在不同的采样方式下，上述功能位域对应最大转换状态的计算方法不一样。

顺序采样时，上述位域的数值，表示的是可以转换的最大状态数。例：

设 MAX_CONV1=n，则表示 SEQ/SEQ1 最大转换状态数是（n+1）个。

同步采样时，上述位域数值表示的是可以转换的最大状态对，例：

设 MAX_CONV1=n，则表示 SEQ1 最大转换状态数是（n+1）对，共 2×（n+1）个状态。

（3）输入通道选择排序寄存器

输入通道选择排序寄存器包括 ADCCHSELSEQ1～ADCCHSELSEQ4，共 4 个，结构及位域分布，如表 4.16 所示。

表 4.16　输入通道选择排序寄存器及功能位域分布

ADCCHSELSEQn	[15:12]	[11:8]	[7:4]	[3:0]
ADCCHSELSEQ1	CONV03	CONV02	CONV01	CONV00
ADCCHSELSEQ2	CONV07	CONV06	CONV05	CONV04
ADCCHSELSEQ3	CONV11	CONV10	CONV09	CONV08
ADCCHSELSEQ4	CONV15	CONV14	CONV13	CONV12
R/W-n	RW-0	RW-0	RW-0	RW-0

注：R/W=读/写；-n=复位后默认值。

输入通道选择排序寄存器 ADCCHSELSEQx（x=1～4，本节下同），都是 16 位长度的寄存器，每个寄存器均划分为 4 个不同位域，共有 4×4=16 个：CONV00～CONV15。每个位域的可设置范围 0000～1111，即可以在 16 个模拟输入通道之间进行选择。

在顺序采样方式下，位域 CONVn 为四位二进制位，每个位均有实际意义。

若最高位是 0，则代表 A 组通道，使用采样/保持器 S/H A。例：

若 CONVn=0x0000，表示该位域设置 A0；CONVn=0x0111，表示该位域设置 A7。

若最高位是 1，则代表 B 组通道，使用采样/保持器 S/H B。例：

若 CONVn=0x1000，表示该位域设置 B0；CONVn=0x1111，表示该位域设置 B7。

在同步采样模式下，位域 CONVn 的最高位不起作用，仅低三位有效。

（4）模数转换结果缓冲寄存器

在顺序采样模式下，CONV00～CONV15 对应序列的模/数转换结果，依次存储于 ADCRESULT0～ADCRESULT15 之中。

在同步采样模式下，模拟输入信号成对进行同步采样，模/数转换结果成对进行存储。例如，CONV00 设置的一对模拟输入通道的转换结果，依次存储于 ADCRESULT0 和 ADCRESULT1；CONV01 设置的一对模拟输入通道的转换结果，依次存储于 ADCRESULT2 和 ADCRESULT3，……；且按照 A 组通道在前，B 组通道在后的顺序进行存储。

2. ADC 模块排序器与采样方式设置示例

例 4.3　级联排序顺序采样

要求使用级联排序器 SEQ，顺序采样方式，按照 ADCINA0、ADCINA1、ADCINA2、ADCINB0、ADCINB1 顺序转换 5 个状态，初始化代码如下。

```
AdcRegs.ADCTRL1.bit. SEQ_CASC = 1;          // 级联排序器模式
AdcRegs.ADCTRL3.bit. SMODE_SEL = 0;         // 顺序采样
AdcRegs.ADCMAXCONV.all = 0x0004;            // 使用 SEQ，转换 5 个状态
AdcRegs.ADCCHSELSEQ1.bit.CONV00 = 0x0;      // 设置 ADCINA0
AdcRegs.ADCCHSELSEQ1.bit.CONV01 = 0x1;      // 设置 ADCINA1
```

```
AdcRegs.ADCCHSELSEQ1.bit.CONV02 = 0x2;      // 设置 ADCINA2
AdcRegs.ADCCHSELSEQ1.bit.CONV03 = 0x8;      // 设置 ADCINB0，注意赋值
AdcRegs.ADCCHSELSEQ2.bit.CONV04 = 0x9;      // 设置 ADCINB1，注意赋值
```

注意：A 口 8 个通道：A0～A7；B 口 8 个通道：B0～B7。统一进行排序，且 A 口在前，B 口在后。

例 4.4　双排序器同步采样

要求使用双排序器 SEQ1，同步采样，按照 ADCINA0、ADCINB0，ADCINA1、ADCINB1，ADCINA2、ADCINB2 的顺序，转换上述 3 对状态，初始化代码如下。

```
AdcRegs.ADCTRL1.bit. SEQ_CASC = 0;          //双排序器模式,使用 SEQ1
AdcRegs.ADCTRL3.bit. SMODE_SEL =1;          // 同步采样
AdcRegs.ADCMAXCONV.all = 0x0002;            // 设置 3 对共 6 个状态
AdcRegs.ADCCHSELSEQ1.bit.CONV00 = 0x0;      // 设置 ADCINA0 和 ADCINB0
AdcRegs.ADCCHSELSEQ1.bit.CONV01 = 0x1;      // 设置 ADCINA1 和 ADCINB1
AdcRegs.ADCCHSELSEQ1.bit.CONV02 = 0x2;      // 设置 ADCINA2 和 ADCINB2
```

使用双排序、同步采样，对 ADCINA0、ADCINB0……ADCINA7、ADCINB7 通道采样，初始化代码如下。

```
AdcRegs.ADCTRL1.bit. SEQ_CASC = 0;          //双排序器模式
AdcRegs.ADCTRL3.bit.SMODE_SEL = 0x1;        // 同步采样
AdcRegs.ADCMAXCONV.all = 0x77;
AdcRegs.ADCCHSELSEQ1.bit.CONV00 = 0x0;      // ADCINA0 和 ADCINB0
……
AdcRegs.ADCCHSELSEQ1.bit.CONV03 = 0x3;      // ADCINA3 和 ADCINB3
AdcRegs.ADCCHSELSEQ2.bit.CONV04=0x4;        // ADCINA4 和 ADCINB4
……
AdcRegs.ADCCHSELSEQ2.bit.CONV07=0x7;        / ADCINA7 和 ADCINB7
```

例 4.5　双排序顺序采样

要求使用双排序器 SEQ1，顺序采样方式，按照 ADCINA0、ADCINB0、ADCINA1、ADCINB1、ADCINA2、ADCINB2、ADCINA3、ADCINB3 的顺序，转换上述 8 个状态，初始化代码如下。

```
AdcRegs.ADCTRL1.bit. SEQ_CASC = 0;          //双排序器模式
AdcRegs.ADCTRL3.bit. SMODE_SEL =0;          // 顺序采样
AdcRegs.ADCMAXCONV.all = 0x0007;            // SEQ1 转换 8 个状态
AdcRegs.ADCCHSELSEQ1.bit.CONV00 = 0x0; //  设置 ADCINA0
AdcRegs.ADCCHSELSEQ1.bit.CONV01 = 0x8; //  设置 ADCINB0
AdcRegs.ADCCHSELSEQ1.bit.CONV02 = 0x1; //  设置 ADCINA1
AdcRegs.ADCCHSELSEQ1.bit.CONV03 = 0x9; //  设置 ADCINB1
AdcRegs.ADCCHSELSEQ2.bit.CONV04 = 0x2; //  设置 ADCINA2
AdcRegs.ADCCHSELSEQ2.bit.CONV05 = 0xA; //  设置 ADCINB2
AdcRegs.ADCCHSELSEQ2.bit.CONV06 = 0x3; //  设置 ADCINA3
AdcRegs.ADCCHSELSEQ2.bit.CONV07 = 0xB; //  设置 ADCINB3
```

4.4.3 ADC 模块转换模式

1. 连续自动与启动/停止转换模式

ADC 模块的转换模式，有连续自动转换和启动/停止转换两种模式，通过控制寄存器 ADCTRL1[CONT_RUN]位域进行设置。

（1）连续自动转换模式

当 CONT_RUN=1 时，ADC 模块工作于连续自动转换模式。ADC 模块的触发信号到来后，最大转换信道寄存器 MAXCONV 设置的转换状态数值，被自动加载到自动排序状态寄存器 ADCASEQSR[SEQ_CNTR]之中，每转换完毕一个状态，SEQ_CNTR 值减 1，当 SEQ_CNTR=0 时，所有状态已经转换完毕，系统重新向 SEQ_CNTR 加载最大转换状态数，并自动复位排序器，排序器 SEQ 和 SEQ1 自动复位后的起始位置均为 CONV00，SEQ2 自动复位后的起始位置为 CONV08。在连续自动转换模式下，排序器自动复位后，ADC 模块再次启动新一轮转换。如此周而复始，循环采样。该模式适用于高速信号连续采样，要及时读取转换数据，以防止由于数据覆盖而导致采样数据丢失。

（2）启动/停止转换模式

当 CONT_RUN=0 时，ADC 模块工作于启动/停止转换模式。在该模式下，当 SEQ_CNT 为 0 时，上一轮模/数转换结束，排序器 SEQ/SEQ1、SEQ2 均停留在最后一次转换结束状态，不执行自动复位功能。若启动新一轮的模/数转换，必须在新的触发信号到来之前，用软件方式复位 ADCTRL2 的 RST_SEQ1 或 RST_SEQ2 位域。该转换模式适用于定时中断触发的周期采样。

2. 排序器覆盖功能

在 ADC 模块采样中，若转换序列中状态较少，使用排序器覆盖功能可以大幅提高 ADC 模块的转换效率。排序器覆盖功能由 ADCTRL1[SEQ_OVRD]控制：0-禁止覆盖功能；1-允许覆盖功能。

若启动了排序器覆盖功能，当一个序列转换完毕后排序器复位，但是，转换结果缓冲寄存器不复位。在新一轮转换中，转换结果会从上一轮转换结束时停止的存储位置开始继续存储，直至存储区存满。于是，当启动新一轮采样转换时，排序器和转换结果缓冲寄存器均复位，新的转换结果从转换结果缓冲寄存器的起始位置开始存放。

例如，在级联排序器模式下，若要求使用排序器 SEQ1 进行顺序采样，同时，设 MAX_CONV1=3，则最大的转换状态是 4。分析过程如下。

若 ADCTRL1[SEQ_OVRD]=0，即禁止排序器覆盖功能，在连续自动转换模式下，第一次采样转换的结果，将依次存储于 ADCRESULT0～ADCRESULT3；第一轮采样转换完毕，排序器 SEQ1 将复位至 CONV00，结果缓冲寄存器复位到起始位 ADCRESULT0。所以，若禁止排序器覆盖功能，每一轮新的采样转换结果，总是从 ADCRESULT0 开始存放。

若 ADCTRL1[SEQ_OVRD]=1，使能排序器覆盖功能，在连续自动转换模式下，第一轮采样转换结果，将依次存储于 ADCRESULT0～ADCRESULT3，第一轮采样转换完毕，排序器 SEQ1 复位至 CONV00，但是，转换结果缓冲寄存器仍然保持目前状态，不产生复位，于是第二轮采样转换的结果数据，将从上次的结果缓冲寄存器结束状态开始，依次存储于 ADCRESULT4～ADCRESULT7 之中；在排序器覆盖模式下，第三轮采样转换的结果，将依次存储于 ADCRESULT8～ADCRESULT11 之中；第四轮采样转换结果，将依次存储于

ADCRESULT12～ADCRESULT15 之中。因此，当第四轮采样转换结束，排序寄存器复位至 CONV00，转换结果缓冲寄存器复位至 ADCRESULT0。

总之，使能排序器覆盖功能将 ADCRESULT0～ADCRESULT15 用作采样数据存储的堆栈，既避免了对转换结果缓冲寄存器的频繁复位，也可以一次性获取高达 16 个采样存储数据，提高 ADC 模块运行效率，具有很大的工程应用价值。

4.4.4 ADC 模块中断与 DMA 访问

1. 中断模式

ADC 模块有中断模式 0 和中断模式 1 两种中断模式。

若设置为中断模式 0，每当排序器中所有状态全部转换完毕时，都会产生中断请求；若设置为中断模式 1，排序器中所有状态第一次全部转换完毕后，不产生中断，只有排序器中所有状态第二次全部转换完时，才产生一次中断请求。即在中断模式 1 下，排序器中的全部状态转换完毕，每间隔一次，才触发一次中断。

排序器 SEQ2 和 SEQ1/SEQ 的中断模式，分别由控制寄存器 ADCTRL2 的 INT_MOD_SEQ2 和 INT_MOD_SEQ1 位域控制：0-中断模式 0，1-中断模式 1。

排序器 SEQ2 和 SEQ1/SEQ 的中断使能，分别由控制寄存器 ADCTRL2 的 INT_ENA_SEQ2 和 INT_ENA_SEQ1 控制：0-中断禁止，1-中断允许。

ADC 状态与标志寄存器 ADCST 的 EOS_BUF2 和 EOS_BUF1，分别是排序器 SEQ2 和 SEQ1/SEQ 状态转换结束标志位：0-未结束，1-转换结束；ADCST 的 INT_SEQ2 和 INT_SEQ1，分别是 SEQ2 和 SEQ1/SEQ 的中断标志位：0-无中断发生，1-有中断事件发生。

中断标志 INT_SEQ2 和 INT_SEQ1，分别由 ADCST 的 INT_SEQ2_CLR 和 INT_SEQ1_CLR 位域控制，对上述位域写 1，清零相应中断标志。

ADC 模块的中断 SEQ2INT、SEQ1INT 和 ADCINT，作为外设级中断受 PIE 中断管理模块管理，具体参阅表 4.7。

2. DMA 访问

ADD 模块的模/数转换数据的读取，有常规模式和 DMA 模式两种。

常规模式下，直接从 ADCRESULT0～ADCRESULT15 读取采样数据，常规方式占用一定的 CPU 时钟开销。DMA 模式是直接寄存器访问，不需要 CPU 干涉，也不占用 CPU 时钟，可显著提高读取速度，ADC 模块具有 DMA 访问功能。

ADCRESULTn 在内存空间存在双映射。

① 外围帧 PF0 映射：ADCRESULT0～ADCRESULT15 映射于外围帧 PF0 的 0x000B00～0x000B0F 空间，可以被 DMA 控制器访问。在没有总线竞争的情况下，可以同时被 DMA 和 CPU 访问。

② 外围帧 PF2 映射：ADCRESULT0～ADCRESULT15 映射于外围帧 PF2 的 0x007108～0x007117 空间。注意：DMA 无法访问 0x7108～0x710F 空间的转换数据。

当覆盖允许位 SEQ_OVRD 置 1，转换模式位 CONT_RUN 置 1 时，ADC 模块会自动向 DMA 控制器发送 SEQ1 转换的同步信号。即当排序器中的序列全部转换完毕后，ADC 模块自动向 DMA 控制器发送同步脉冲信号，从而启动 DMA 数据传输。

注意：在级联排序器模式下，当从外围帧 PF2 映射空间读取时，ADCRESULTn 寄存器左对齐；当从外设帧 PF0 映射空间读取时，ADCRESULTn 寄存器右对齐。

4.4.5 参考电压与低功耗模式

1. 参考电压

ADC 模块所需要的基准参考电压，包括内部参考电压和外部参考电压。内部参考电压是 DSP 默认的内部带隙参考电压，外部参考电压则分为 2.048V、1.5V 和 1.024V 三种标准电压。具体参考电压源选择，可通过 ADCREFSEL[REF_SEL]位域进行配置：00-内部带隙参考电压；01-外部电压 2.048V；10-外部电压 1.5V；11-外部电压 1.024V。

使用内部参考电压源，简单方便，但是电压的稳定性和精度稍低；使用外部参考电压源，需要设计专门的稳压电路，电压的稳定性和精度较高，后者适用于对采样精度要求较高的场合。

2. 低功耗模式

ADC 模块电源具有加电、掉电、关闭三种工作模式。通过控制寄存器 ADCTRL3 的位域 ADCBGRFDN1、ADCBGRFDN0 和 ADCPWDN 进行设置，如表 4.17 所示。

表 4.17　ADC 模块电源操作

ADC 模块 电源级别	电源模式设置			说明
	ADCBGRFDN1	ADCBGRFDN0	ADCPWDN	
ADC 加电	1	1	1	ADC 所有电路供电
ADC 掉电	1	1	0	仅模拟电路掉电
ADC 关闭	0	0	0	ADC 所有电路掉电
保留	1	0	×	—
保留	0	1	×	—

ADC 模块复位后处于关闭状态，若使用 ADC 模块必须上电，正确的加电流程如下。

（1）如果需要外部参考电源，通过设置 ADCREFSEL[15:14]启用此模式。但是必须在带隙通电之前启用。

（2）置位 ADCTRL3[7:5]位域：ADCBGRFDN[1:0]和 ADCPWDN，将参考电路、带隙电路和 ADC 模拟电路一起通电。

（3）延时 5ms 以上，启动 ADC 模块进行模/数转换。

当 ADC 模块进入掉电状态时，ADCTRL3 的三个控制位被同时清零。ADC 模块电源的三种工作模式由软件控制。

ADCPWDN 是重要的控制位，当 ADC 处于加电状态时，通过清零 ADCPWDN 位可以达到即保留带隙和参考供电，又降低功耗的目的；通过置位 ADCPWDN，ADC 模块由掉电状态可重新进入加电状态。

4.4.6 ADC 模块时钟系统

ADC 模块的时钟信号来自高速外设时钟 HSPCLK，在模块内部经过分频调整，最终获得符合要求的时钟 ADCCLK 和采样窗口宽度。ADC 时钟系统原理框图，如图 4.10 所示，其中虚线框内为 ADC 模块内部时钟部分。

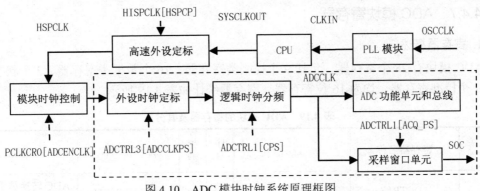

图 4.10 ADC 模块时钟系统原理框图

SYSCLKOUT 是 DSP 系统时钟，默认频率为 150MHZ，该时钟经过高速外设定标器 HISPCLK[HSPCP] 分频，形成高速外设时钟信号 HSPCLK。系统时钟模块控制寄存器 PCLKCR0 控制着 DSP 部分片上外设的时钟信号分配，ADC 模块时钟由 PCLKCR0[ADCENCLK] 位域控制，置位 ADCENCLK，则使能 ADC 模块时钟，获得高速外设时钟信号 HSPCLK。

在 ADC 模块内部，来自高速外设定标器的 HSPCLK，需要经过两级分频处理，才能形成 ADC 工作时钟 ADCCLK。首先，对高速外设时钟进行预定标处理，预定标系数由控制寄存器 ADCTRL3 的 ADCCLKPS 设置：0-不分频；非零-分频系数是 ADCCLKPS 设定值的 2 倍。经过外设时钟定标处理后，时钟进入逻辑时钟分频单元，通过 ADCTRL1[CPS] 位域设置，对 ADC 模块内部时钟信号进行分频设置：0-不分频；1-二分频。经过上述两次分频，形成工作时钟 ADCCLK。

ADCCLK 时钟信号分为两部分，一是直接送至 ADC 模块各功能单元，作为驱动时钟使用；二是受控制寄存器 ADCTRL1[ACQ_PS] 控制，设置采样窗口预定标系数，以输出符合采样要求的 SOC 时钟信号。计算公式如下：

采样窗口宽度计算公式： $T = (ACQ\_PS+1) \times T_{ADCCLK}$ (4-2)

即采样时间窗口是（ACQ_PS+1）个 ADCCLK 时钟周期大小。ADC 模块时钟链，如表 4.18 所示。

表 4.18 ADC 模块时钟链

时钟	OSCCLK	SYSCLKOUT	HSPCLK	—	—	ADCCLK	—	SH Width
位域	—	—	HSPCP	ADCTRL3 [ADCCLKPS]	ADCTRL1 [CPS]	—	ADCTRL1 [ACQ_PS]	—
f	30 MHz	150 MHz	25 MHz	25MHz	25MHz	25MHz	25MHz	40ns

外部时钟 OSCCLK 设为 30MHz，系统时钟 SYSCLKOUT 采取默认值 150MHz。HSPCLK、ADCCLK 和采样时间窗口 T 等主要参数设置和计算如下。

高速外设时钟计算： $f_{HSPCLK} = f_{SYSCLKOUT}/(2 \times K_{HSPCP}) = 150/(2 \times 3) = 25$ （MHz）   (4-3)

其中，HISPCLK[HSPCP]=011，对应数值 $K_{HSPCP}=3$，高速外设时钟 HSPCLK 为 25HMz。ADCTRL3[ADCCLKPS] 位域设置为 0000，不分频。设置 ADCTRL1[CPS] 位域为 0，不分频。所以，ADCCLK 时钟为 25MHz。设置 ADCTRL1[ACQ_PS] 位域为 0，代入公式（4-2），所以，采样窗口宽度为 1 个 ADCCLK 时钟周期，即 T = 40ns。

4.4.7　ADC 模块寄存器

1. 寄存器概述

ADC 模块有 28 个寄存器，包括 9 个控制类寄存器、16 个数据类寄存器、2 个状态寄存器和 1 个校准寄存器，均为 16 位寄存器。寄存器统计如表 4.19 所示。

表 4.19　ADC 模块的寄存器及其分类

序号	类型	寄存器名称	说明	序号	类型	寄存器名称	说明
1	控制类寄存器	ADCTRL1	ADC 控制寄存器 1	10	数据寄存器	ADCRESULT0	ADC 转换结果缓冲寄存器 0
2		ADCTRL2	ADC 控制寄存器 2	11		ADCRESULT1	ADC 转换结果缓冲寄存器 1
3		ADCTRL3	ADC 控制寄存器 3	⋮		⋮	⋮
4		ADCMAXCONV	ADC 最大转换信道寄存器				
5		ADCCHSELSEQ1	ADC 输入通道选择排序寄存器 1	24		ADCRESULT14	ADC 转换结果缓冲寄存器 14
6		ADCCHSELSEQ2	ADC 输入通道选择排序寄存器 2	25		ADCRESULT15	ADC 转换结果缓冲寄存器 15
7		ADCCHSELSEQ3	ADC 输入通道选择排序寄存器 3	26	状态寄存器	ADCST	ADC 状态与标志寄存器
8		ADCCHSELSEQ4	ADC 输入通道选择排序寄存器 4	27		ADCASEQSR	ADC 自动排序状态寄存器
9		ADCREFSEL	ADC 基准选择寄存器	28	校准	ADCOFFTRIM	ADC 偏移调整寄存器

2. ADC 控制类寄存器

ADC 模块控制类寄存器种类较多，包括控制寄存器 ADCTRL1～ADCTRL3、最大转换信道控制寄存器 ADCMAXCONV、输入通道选择排序寄存器 ADCCHSELSEQ1～ADCCHSELSEQ4 和基准选择寄存器 ADCREFSEL。

（1）控制寄存器 ADCTRLn

ADCTRL1 主要用于 ADC 总体控制设置，包括复位、仿真处理、采样窗口、时钟预定标、排序器模式、排序器覆盖等。其结构如下，位域描述如表 4.20 所示。

15	14	13		12	11	10		9	8
保留	RESET	SUSMOD				ACQ_PS			
R-0	R/W-0	R/W-0				R/W-0			

7	6	5	4	3			0
CPS	CONT_RUN	SEQ_OVRD	SEQ_CASC	保留			
R/W-0	R/W-0	R/W-0	R/W-0	R-0			

表 4.20　ADCTRL1 位域描述

位	名称	说明
14	RESET	ADC 模块复位。0-无影响；1-复位 ADC 模块
13-12	SUSMOD	仿真悬挂处理。00-忽略；01 和 10-完成当前转换后停止；11-立即停止
11-8	ACQ_PS	采样窗口预定标。采样窗口时间等于（ACQ_PS+1）乘以 ADCCLK 时钟周期
7	CPS	ADC 模块逻辑时钟预定标。0-不分频；1-二分频
6	CONT_RUN	ADC 转换模式选择。0-启动/停止转换模式；1-连续自动转换模式
5	SEQ_OVRD	排序器覆盖功能选择。0-禁止；1-允许
4	SEQ_CASC	排序器模式选择。0-双排序器模式；1-级联排序器模式

ADCTRL2 主要用于排序器工作设置，包括复位、中断允许、中断模式选择，以及启动信号等。其结构如下，位域描述如表 4.21 所示。

15	14	13	12	11	10	9	8
ePWM_SOCB_SEQ	RST_SEQ1	SOC_SEQ1	保留	INT_ENA_SEQ1	INT_MOD_SEQ1	保留	ePWM_SOCA_SEQ1
R/W-0	R/W-0	R/W-0	R-0	R/W-0	R/W-0	R-0	R/W-0

7	6	5	4	3	2	1	0
EXT_SOC_SEQ1	RST_SEQ2	SOC_SEQ2	保留	INT_ENA_SEQ2	INT_MOD_SEQ2	保留	ePWM_SOCB_SEQ2
R/W-0	R/W-0	R/W-0	R-0	R/W-0	R/W-0	R-0	R/W-0

表 4.21　ADCTRL2 位域描述

位	名称	说明
15	ePWM_SOCB_SEQ	ePWM_SOCB 信号启动排序器 SEQ。0-无动作；1-允许启动
14	RST_SEQ1	复位排序器 SEQ1。0-无动作；1-复位 SEQ1/SEQ 至 CONV00
13	SOC_SEQ1	启动排序器 SEQ1 转换位。0-清除挂起的触发信号；1-软件从当前停止位置启动 SEQ/SEQ1
11	INT_ENA_SEQ1	排序器 SEQ1 中断允许位。0-禁止；1-允许
10	INT_MOD_SEQ1	排序器 SEQ1 中断模式选择位。0-中断模式 0；1-中断模式 1
8	ePWM_SOCA_SEQ1	ePWM_SOCA 信号启动排序器 SEQ1/SEQ。0- 无动作；1- 允许启动 SEQ1/SEQ
7	EXT_SOC_SEQ1	外部信号启动排序器 SEQ1/SEQ 允许位。0-无动作；1-允许启动 SEQ1/SEQ
6	RET_SEQ2	复位排序器 SEQ2。0-无动作；1-复位 SEQ2 至 CONV08
5	SOC_SEQ2	启动排序器 SEQ2 转换位。0-清除挂起的触发信号；1-软件从当前停止位置启动 SEQ2
3	INT_ENA_SEQ2	排序器 SEQ2 中断允许位。0-禁止；1-允许中断
2	INT_MOD_SEQ2	排序器 SEQ2 中断模式选择位。0-中断模式 0；1-中断模式 1
0	ePWM_SOCB_SEQ2	ePWM _SOCB 信号启动排序器 SEQ2。0-无动作；1-允许启动 SEQ2

ADCTRL3 主要用于 ADC 模块的低功耗、时钟定标、采样模式设置等，其结构如下，位域描述如表 4.22 所示。

15	8	7	6	5	4	1	0
保留		ADCBGRFDN		ADCPWDN	ADCCLKPS		SMODE_SEL
R-0		R/W-0		R/W-0	R/W-0		R/W-0

表 4.22　ADCTRL3 位域描述

位	位域	说明
7-6	ADCBGRFDN	ADCBGRFDN[7：6]和 ADCPWDN[5] 3 个位配合使用，配置 ADC 模块电源工作模式：111-ADC 加电；110-ADC 掉电；000-ADC 关闭；其余状态保留
5	ADCPWDN	
4-1	ADCCLKPS	ADC 高速外设时钟定标系数。0000-直通；0001～1111-2×（$N_{ADCCLKPS}$）分频
0	SMODE_SEL	ADC 采样模式选择位。0-顺序采样；1-同步采样

（2）参考电压基准选择寄存器

寄存器 ADCREFSEL 应用于 ADC 模块采样基准电压选择与设置。结构和位域描述如下。

15	14	13	0
REF_SEL		保留	
R/W-0		R/W-0	

有效位域 REF_SEL，共有 4 种设置。其中，00-选择 ADC 内部基准电压做参考电压（默认）；01～11-分别选择外部 2.048V、1.5V、1.024V 作为模/数转换基准电压。

3. 数据类寄存器

ADC 模块拥有 16 个转换结果缓冲寄存器 ADCRESULT0～ADCRESULT15，均为 16 位。ADCRESULTn 在内存空间的 PF2 和 PF0 帧，具有双重映射。

① 外围帧 PF2，映射空间 0x007108～0x007117，左对齐，读取需要 2 个状态延时。结构和位域分布如下。

15	14	13	12	11	10	9	8
D11	D10	D9	D8	D7	D6	D5	D4
R-0	R-0	R-0	R-0	R-0	R-0	R-0	R-0

7	6	5	4	3	2	1	0
D3	D2	D1	D0	保留			
R-0	R-0	R-0	R-0	R-0			

② 外围帧 PF0，映射空间 0x000B00～0x000B0F，右对齐，读取 0 延时。结构、位域分布如下。

15	14	13	12	11	10	9	8
保留				D11	D10	D9	D8
R-0				R-0	R-0	R-0	R-0

7	6	5	4	3	2	1	0
D7	D6	D5	D4	D3	D2	D1	D0
R-0	R-0	R-0	R-0	R-0	R-0	R-0	R-0

在 ADC 模块工作于高速采样、连续转换模式时，一般使用 DMA 直接访问和 0 延时方

式，从映射空间 0x000B00～0x000BOF 读取数据。

4. 状态寄存器

ADC 模块的状态寄存器，包括自动排序状态寄存器和状态与标志寄存器。

（1）自动排序状态寄存器

ADCASEQSR 指示当前排序器内剩余状态数和当前排序器的指针，其结构与位域描述如下。

15		12	11		8	7	6		4	3		0
保留			SEQ_CNTR			保留	SEQ2_STATE			SEQ1_STATE		
R-0			R-0			R-0	R-0			R-0		

SEQ_CNTR 是计数状态位域，反映排序器 SEQ1 和 SEQ2 中尚未转换的状态数：
（SEQ_CNTR+1）；SEQ2_STATE 和 SEQ1_STATE 分别是 SEQ2 和 SEQ1 指针。

（2）状态与标志寄存器

ADCST 是状态与标志寄存器，指示排序器的运行状态和中断标志，其结构如下，位域描述如表 4.23 所示。

15			8	7	6
保留				EOS_BUF2	EOS_BUF1
R-0	R-0	R-0	R-0	R-0	R-0

5	4	3	2	1	0
INT_SEQ2_CLR	INT_SEQ1_CLR	SEQ2_BSY	SEQ1_BSY	INT_SEQ2	INT_SEQ1
R/W-0	R/W-0	R-0	R-0	R-0	R-0

表 4.23　ADCST 位域描述

位	位域	说明
7	EOS_BUF2	排序器 SEQ2 序列结束标志位。中断模式 0 不用，中断模式 1 下，每次序列转换完毕发生反转
6	EOS_BUF1	排序器 SEQ1 序列结束标志位。动作原理同上
5	INT_SEQ2_CLR	SEQ2 中断标志清除位。置 0 无动作，置 1 可清除 ADCST[1]中断标志
4	INT_SEQ1_CLR	SEQ1/SEQ 中断标志清除位。置 0 无动作，置 1 可清除 ADCST[0]中断标志
3	SEQ2_BSY	SEQ2 转换状态标志位。0-转换结束；1-转换中
2	SEQ1_BSY	SEQ1/SEQ 转换状态标志位。0-转换结束；1-转换中
1	INT_SEQ2	SEQ2 中断标志位。0-无中断事件；1-中断事件发生
0	INT_SEQ1	SEQ1/SEQ 中断标志位。0-无中断事件；1-中断事件发生

EOS_BUF2 和 EOS_BUF1 分别是 SEQ2 和 SEQ1 序列结束标志位。在中断模式 0 中，不使用并且保持为零。在中断模式 1 中，每次序列转换结束时发生翻转，在设备复位时被清除，不受定序器复位或相应中断标志清除的影响。INT_SEQ2 和 INT_SEQ1 分别是排序器 SEQ1/SEQ 和 SEQ2 的中断标志位。

INT_SEQ2_CLR 和 INT_SEQ1_CLR 分别是 SEQ2 和 SEQ1 的中断标志清除位，对上述位域写 1 可清除中断标志，写 0 无影响。SEQ2_BSY 和 SEQ1_BSY 分别是 SEQ2 和 SEQ1 忙标志位：1-表示转换过程中，0-表示转换结束，可以通过位查询模式，判断模/数转换是否结束。

5. 校准寄存器

ADCOFFTRIM 是 16 位的偏移量校准寄存器，高 7 位保留，低 9 位为有效位域，OFFSET_TRIM 是二进制补码形式表示的标准偏移量，偏移量数值范围：−256～255。寄存器结构如下。

15	9	8	0
保留		OFFSET_TRIM	
R-0		R/W-0	

4.4.8　ADC 模块应用

1. ADC 基本应用技术

（1）模拟信号采样与计算

F2833x 微控制器的 ADC 模块，其模拟信号输入通道 A 口（ADCINA0～A7）和 B 口（ADCINB0～B7）的电压取值范围 $0 \leqslant V_x \leqslant 3\text{V}$，系统默认使用片内带隙参考电压。

F2833x 片内 ADC 模块转换精度为 12 位，可以认为：若输入的直流模拟电压 TTL 电平为 3V（满量程），则对应的模/数转换输出量为 4095（满量程）。设 V_x 表示当前任意时刻的模拟输入信号，D_x 代表对应的模/数转换值，则输入/输出之间的数学关系表达式如下：

数学计算公式：
$$D_x = 4095 \times (V_x/3) \tag{4-4}$$

公式（4-4）是 ADC 模块模/数转换的理论计算公式，也是根据实时采样值 D_x 计算求解对应模拟输入量 V_x 的基本计算公式。对 V_x 值进行系列变换与处理后，可以送数码管或 LCD 进行显示。

注意，当 ADC 的参考电压变化时，需要修改公式（4-4）右侧的表达式。若采用更高精度的位宽为 n 位的 ADC 器件采样时，将公式中 4095 修改为 2^n，将数值 3 修改为实际的满量程电压值。同时，要对输入的模拟电压信号进行调理，包括放大、分压、滤波和限压处理等。

（2）提高采样精度的措施

在实际的模拟信号采样系统中，硬件电路设计及其布线技术非常重要。首先，要提高抗电磁干扰设计，通往 ADCINAx 或 ADCINBx 引脚的模拟信号输入线路，要尽可能远离数字信号传输电路，特别是高频电路，以降低数字线路中开关噪声的耦合影响。

ADC 模块的参考电压源对于提高采样精度也很重要，必要时考虑使用外部基准电压源，设计片外高精度稳压电压源作为参考电压；同时，做好系统数字电源与模拟电源之间的隔离设计。

针对高精度采样要求，可以考虑使用高精度专用 ADC 集成芯片，譬如 ADS8364，该芯片是 16 位的高速并行模/数转换器件，其理论采样精度是片内 ADC（12 位精度）模块采样精度的 16 倍。

2. ADC 应用示例

例 4.6　多通道采样

使用 F28335 的 T0 作为定时器，每间隔 1ms 产生一次定时中断，在中断函数中对三个模拟通道 ADCINA0、ADCINA1 和 ADCINA2 依次进行顺序采样，并将采样结果分别存放于

Data0、Data1、Data2 三个无符号整型变量之中。该例程实现代码如下。

```c
#include "DSP2833x_Device.h"
#include "DSP2833x_Examples.h"
#define ADC_MODCLK 0x3
interrupt void ISRTimer0(void); //声明定时器 0 的中断函数
Uint16 Data0,Data1,Data2;
void main(void)
{
// Step1. 系统初始化
   InitSysCtrl(); //调用系统初始化函数
// Step2. 清除所有中断，初始化 PIE 向量表
   DINT;
   InitPieCtrl();
   IER = 0x0000;     // 禁止 CPU 中断
   IFR = 0x0000;     // 清除 CPU 中断标志
   InitPieVectTable();     //初始化 PIE 向量表
   EALLOW;     // 开锁，允许对受保护的寄存器进行写操作
   PieVectTable.TINT0 = &ISRTimer0;     //重新映射，将中断向量 TINT0 指向中断服务程序
   EDIS;     // 上锁，不允许对受保护的寄存器进行写操作
// Step3 对 ADC 模块进行设置
InitAdc(); //ADC 模块初始化
AdcRegs.ADCMAXCONV.all=0x0002;//转换 3 个通道
AdcRegs.ADCCHSELSEQ1.bit.CONV00 = 0x0; //设置 A0 通道
AdcRegs.ADCCHSELSEQ1.bit.CONV01 = 0x1; //设置 A1 通道
AdcRegs.ADCCHSELSEQ1.bit.CONV02 = 0x2; //设置 A2 通道
AdcRegs.ADCTRL2.bit.INT_ENA_SEQ1 = 0; //禁止 SEQ1 中断
//Step4.对 CPU 定时器 0 进行设置,并启动 T0
InitCpuTimers();     // 初始化 CPU 定时器
ConfigCpuTimer(&CpuTimer0,150,1000); //使用 CPU 定时器 0，主频 150MHz，定时周期 1ms
CpuTimer0Regs.TCR.all = 0x4001; //设置 TCR，允许 T0 中断，启动 T0
//step5.开中断设置
IER |= M_INT1; //允许 CPU 级 INT1 中断
GpioDataRegs.GPBSET.bit.GPIO60=1;
PieCtrlRegs.PIEIER1.bit.INTx7 = 1; //允许 PIE 级的 TINT0 中断
EINT;     // 总中断 INTM 使能
ERTM;     // 使能全局实时中断 DBGM
//step6.主循环
While(1);//进入主循环
{
NOP;
NOP; //主程序需要处理的输出显示等有关工作
}
}
// step7.定义定时器 0 的中断函数，包括有关的中断操作
interrupt void ISRTimer0(void)
```

```
{
AdcRegs.ADCTRL2.bit.SOC_SEQ1 = 0x1; //软件触发 ADC 模块，启动 SEQ1 转换
NOP;NOP;NOP;NOP;
While(AdcRegs.ADCST.bit.SEQ1_BSY == 1){ NOP;NOP;} //若 ADC 没有转换完毕，则等待
Data0 = AdcRegs.ADCRESULT0>>4; //依次读取模拟通道采样值，并存储
Data1 = AdcRegs.ADCRESULT1>>4;
Data2 = AdcRegs.ADCRESULT2>>4;
AdcRegs.ADCTRL2.bit.RST_SEQ1 = 1; //复位 ADC 模块的 SQE1 排序器
AdcRegs.ADCST.bit.INT_SEQ1_CLR = 1; //清除 ADCST 状态寄存器中的 SEQ1 中断标志
PieCtrlRegs.PIEACK.all = PIEACK_GROUP1; //清除 PIE 中断组 1 的应答位，以便 CPU 再次响应
}
```

4.5 直接存储访问（DMA）模块

4.5.1 DMA 简介

DMA（Direct Memory Access，DMA）直接存储访问，是一种硬件之间的高效传输模式。在无需 CPU 干预的情况下，提供了内存之间、片上外设之间，以及内存与外设之间进行数据传输的快捷方式。

1. DMA 通信

DMA 是基于事件驱动的功能单元，在 DMA 内部没有周期性启动传输机制，因此，需要外部中断触发源来启动 DMA 传输。DMA 模块共拥有 6 个通道，每个通道都有独立的 PIE 中断，并且可单独初始化，CPU 通过中断源获知每个通道数据传输开始与结束信息。其中，CH1 通道增加了高优先级功能，比其他通道具有更高的中断优先级。

DMA 的核心是状态机和紧密耦合的地址控制逻辑，该地址逻辑允许在"乒乓"数据传输中进行数据块重组。总之，DMA 模块不仅释放 CPU 带宽，通过数据块重组可以更加精简高效地方式进行数据处理与传输。

2. DMA 特征

① 有 6 个通道，拥有独立的 PIE 中断；

② 外设中断触发源：

ePWM1～ePWM6 通道的 ADCSOCA 和 ADCSOCB 信号；

ADC 模块序列发生器 1 和序列发生器 2；

McBSP-A 和 McBSP-B 发送和接收；

XINT1～XINT7 和 XINT13（外部中断）；

CPU 定时器组和软件中断；

③ 数据源/目的：

L4～L7 大小 16K×16 位 SARAM；

XINTF 区域；

ADC 内存总线映射结果寄存器；

McBSP-A 和 McBSP-B 发送和接收缓冲区；

ePWM1～ePWM6/HRPWM1～HRPWM 6 外设帧 PF3 映射寄存器；

④ 字长大小：16 位或 32 位（McBSP 限制为 16 位）。

4.5.2 DMA 结构与中断机制

1. 模块结构

DMA 模块结构框图，如图 4.11 所示。

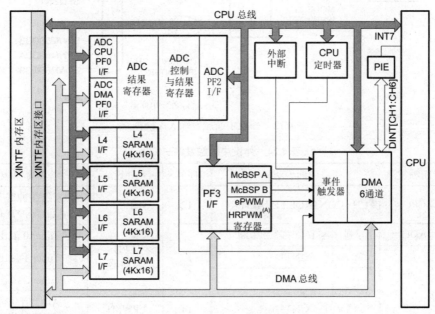

图 4.11 DMA 结构框图

2. 中断机制

DMA 模块的每个通道，都拥有多达 18 种的中断触发源，每个中断触发源都可以独立配置。其中，包括 8 个外部中断信号，这些外部中断信号可以与指定范围的 GPIO 引脚关联（参见 GPIO 部分）。每个 DMA 通道均有 MODE 模式寄存器，通过 PERINTSEL 位域可以为每个通道选择中断触发源。1 个处于激活状态的外部中断触发器与通道控制寄存器 CONTROL 中的 PERINTFLG 标志位密切关联，若相应的外部中断触发器和通道均被使能，即 MODE.CHx[PERINTE]和 CONTROL.CHx[RUNSTS]被置位，便可以得到 DMA 通道的服务。当接收到一个外部中断事件信号后，DMA 自动向外部中断信号源发送一个清零信号，及时清除中断标志，以便继续接收后续外部中断信号。

可以通过设置 CONTROL.CHx[PERINTFRC]位，可以强制产生新的中断触发；同样，通过设置 CONTROL.CHx[PERINTCLR]位域，可以清除悬挂的 DMA 中断触发。

一旦某个特定的中断触发器设置了 PERINTFLG 位域标志，则该标志将保持悬挂，直到状态机的优先逻辑针对该通道启动一次突发传输。一旦突发传输开始，PERINTFLG 状态标志便被清除。假如在突发传输过程中发生新的中断触发事件时，突发传输结束后，才去响应新的中断触发事件。若一个中断尚处于悬挂状态时，又发生了第三个中断触发事件，则设置 CONTROL.CHx[OVRFLG]（中断溢出错误标志）。如果在清除锁存标志的同时发生外围中断触发，则外部中断触发器具有优先权，PERINTFLG 标志将继续保持。外设中断触发器输入原理图，如图 4.12 所示；外设中断触发源，如表 4.24 所示。

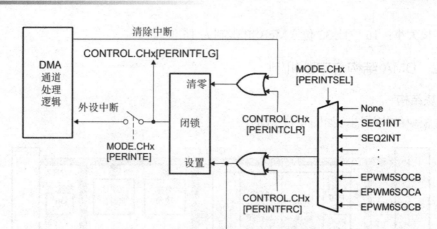

图 4.12　外设中断触发输入原理图

表 4.24　外设中断触发源一览表

序号	中断触发源	中断说明	序号	外设	中断触发源
1	CPU	CHx.CONTROL.FERINTFRC	12	McBSP-B	发送缓冲寄存器空 接收缓冲寄存器满
2	ADC	排序器 1/排序器 2 中断			Timer 0 溢出中断
3		XINT1	13	CPU 定时器	Timer 1 溢出中断
4		XINT2			Timer 2 溢出中断
5		XINT3	14	ePWM1	ADC 启动转换 A ADC 启动转换 B
6		XINT4	15	ePWM2	ADC 启动转换 A ADC 启动转换 B
7	外部 中断	XINT5	16	ePWM3	ADC 启动转换 A ADC 启动转换 B
8		XINT6	17	ePWM4	ADC 启动转换 A ADC 启动转换 B
9		XINT7	18	ePWM5	ADC 启动转换 A ADC 启动转换 B
10		XINT13	19	ePWM6	ADC 启动转换 A ADC 启动转换 B
11	McBSP-A	发送缓冲寄存器空 接收缓冲寄存器满	20	——	——

注：ePWM 通道数量，因不同的硬件型号，数量有所不同。

3. DMA 总线

DMA 总线由 22 位地址总线、32 位数据读总线和 32 位数据写总线组成。存储器和寄存器地址通过接口与 DMA 总线连接，接口单元有时与 CPU 内存和外设总线共享某些资源，并遵循仲裁规则。挂接在 DMA 总线上的资源如下。

① XINTF Zones n，n=0 或 6 或 7；

② Ln SARAM，n=4～7；

③ ADC 内存映射结果寄存器；

④ McBSP-A 和 McBSP-B 的数据接收寄存器 DRR2/DRR1，数据发送寄存器 DXR2/DXR1；

⑤ ePWM1～ePWM6/HRPWM1～HRPWM 6 映射到外设帧 PF3 的寄存器。

4.5.3　管道吞吐、CPU 仲裁与通道优先级

1. 吞吐量与 CPU 仲裁

（1）管道定时与吞吐量

DMA 包括 4 级管道传输，其中，当选择 McBSP 模块通道（McBSP-A 或 McBSP-B）之一作为数据源时，读取 DRR 寄存器，需要占用 DMA 总线 1 个周期。影响吞吐量的因素如下。

① 在每次突发传输开始时增加了 1 个周期的延迟；

② 从 CH1 高优先级中断回传数据时增加了 1 个周期延迟；

③ 32 位字长传输速率是 16 位字长传输速率的 2 倍；

④ 与 CPU 的冲突可能会增加延迟槽

（2）CPU 仲裁

一般情况下，DMA 活动独立于 CPU 活动。但是，当 DMA 和 CPU 试图访问同一接口内的存储器或外围寄存器时，将执行仲裁程序。针对内存映射（PF0）ADC 寄存器的访问除外，当 CPU 和 DMA 同时读取时，不会产生冲突。不同接口之间的任何组合访问，也不会产生冲突。

内部包含冲突的接口，如下所示。

① XINTF Zones n，n=0、6、7；

② Ln SARAM，n=4～7；

③ McBSP-A 和 McBSP-B 的数据接收寄存器 DRR2/DRR1，数据发送寄存器 DXR2/DXR1；

④ 外设帧 PF3（McBSP-A、McBSP-B 和 ePWM1～ePWM6/HRPWM1～HRPWM 6。

2. 通道优先级

DMA 通道优先级确定有 2 种方案：循环模式和 CH1 高优先级模式。

（1）循环模式

该模式下所有通道具有相同的优先级，每个被使能的通道，均按照图 4.13 所示的循环队列被依次响应。

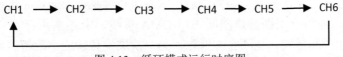

图 4.13　循环模式运行时序图

在循环模式中，当一个通道完成一次突发数据后，下一个通道便会依次被响应。可以为每个通道设置一次突发传输的数据大小，当 CH6 或最后一个通道被响应后，假如没有其他通道传输请求悬挂，则循环模式状态机便进入空闲状态。从空闲状态返回后，假如 CH1 已经使能则优先响应 CH1；若当前 DMA 正在处理 CHx 通道，则所有位于 CHx 与循环模式下

末尾通道之间的通道，均优先于 CH1 被响应。

例如，在 1 个只有 CH1、CH4、CH5 通道的循环模式队列中，若当前 DMA 模块正在处理 CH4，在 CH4 处理完之前，CH1 和 CH5 通道均接收到了对应的外设中断触发信号，并进入了悬挂状态。DMA 模块在处理完 CH4 之后，将首先处理 CH5，最后处理 CH1，处理完毕 CH1 之后，若没有其他通道请求悬挂，则进入空闲状态。

（2）CH1 高优先级模式

在该模式下 CH1 具有最高优先级，当 CH1 触发发生时，若其他通道正在执行数据传输，当目前正在传输的数据传输完毕后（注意：并非指整个突发传输），目前通道的数据传输被暂停，转而去执行 CH1 的突发传输。只有当 CH1 突发传输执行完毕之后，再次跳回到发生 CH1 触发时正在执行的通道，继续执行被暂停的突发传输任务。除了 CH1 之外，CH2～CH6 具有相同的优先级，并按照类似图 4.13 所示循环模式运行。CH1 高优先级模式运行时序，如图 4.14 所示。

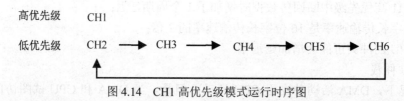

图 4.14　CH1 高优先级模式运行时序图

CH1 高优先级模式的典型应用是 ADC 模块高速采样数据处理，该模式也广泛应用于与其他外设之间的数据传输连接。

4.5.4　地址指针和传输控制

1. 地址指针

DMA 模块在基本功能层面，有 2 个嵌套循环。接收到一个外设中断触发时，内嵌套循环会产生一次突发传输。一次突发传输，是指在一个单位时间段内可以传输的最小数据量，大小由 BURST_SIZE 寄存器为每个通道设定。在一次突发传输中，BURST_SIZE 寄存器可以设置高达 32 个 16 位字长的字。

在外层嵌套循环中，TRANSFER_SIZE 是一个 16 位寄存器，因此，设置的突发传输的次数大小远超出任何实际要求。如果中断使能允许，则每个突发传输都生成一个 CPU 中断请求。通过 MODE.CHx[CHINTMODE]位域可以为突发传输中断进行初始化设置，可以将中断设置为在突发传输开始或结束时产生。

MODE.CHx[ONESHOT]位域默认设置，允许 DMA 在每次接收到一个外设中断触发时进行一次突发传输。当某次突发传输完成后，状态机继续执行中断优先级系统中下一个处于悬挂状态的通道，为防止个别通道垄断占用 DMA 总线，上述刚执行完突发传输任务的通道，即使再次发生中断触发，也不会被执行。当一次突发传输的字数超过最大设定值时，可以通过设置 MODE.CHx[ONESHOT]完成整个传输，但是要慎重使用该模式，以免占用过多的 DMA 带宽。

每个 DMA 通道都为源和目的地址提供了对应的映射地址指针，源地址指针 SRC_ADDR 和目的地址指针 DST_ADDR，均可以在状态机运行时单独控制。在每次传输开始时，将每个映射地址指针的内容复制到各自的活动寄存器中。

在突发传输循环期间，在每个字被传输之后，包含在适当的源或目标 BURST_STEP 寄存器中的有符号值被添加到活动 SRC/DST_ADDR 寄存器中。在每个突发事件完成之后，有两种方法可用于更新活动地址指针。第一种方法（默认），是将 SRC/DST_TRANSFER_STEP 寄存器存放的有符号值，加到对应的指针；第二种方法，是通过一个称为包装的过程，将包装地址加载到活动地址指针中。发生包装过程时，相关的 SRC/DST_TRANSFER_STEP 寄存器无效。

当 SRC/DST_WRAP_SIZE 寄存器设定的若干个突发事件完成时，将发生地址包装。

每个 DMA 通道包含两个映射包装地址指针，分别是 SRC_BEG_ADDR 和 DST_BEG_ADDR，并允许源包装和目的包装相互独立。与 SRC_ADDR 和 DST_ADDR 寄存器应用类似，在每次突发传输开始时，活动寄存器 SRC/DST_BEG_ADDR，分别从各自的映射寄存器完成加载。当指定的突发传输发生后，便启动两个包装进程：

① 活动寄存器 SRC/DST_BEG_ADDR 与 SRC/DST_WRAP_STEP 中的有符号值进行累加。

② 将新的活动寄存器 SRC/DST_BEG_ADDR 加载到活动寄存器 SRC/DST_ADDR 之中。

另外，还有换行计数器寄存器（SRC/DST_WRAP_COUNT）被重新加载 SRC/DST_WRAP_SIZE 值，以设置下一个回绕周期。这样通道在一次传输中可以包装多次，使单个通道可以在单次传输中寻址多个缓冲区。

DMA 包含以下地址指针的活动和映射设置，当一个 DMA 传输开始时，映射寄存器的设置内容被复制到活动寄存器之中。这样，当允许 DMA 使用活动寄存器时，可以通过映射寄存器为下一次的发射完成相应设置。还允许在不打断 DMA 通道执行的情况下，实施"乒乓"缓冲方案。

① 源/目的地址指针（SRC/DST_ADDR）

映射寄存器中存储的地址，就是数据读/写的起始地址，传输开始时映射寄存器中的内容被复制到活动寄存器之中，活动寄存器就是当前地址指针。

② 源/目的开始地址指针（SRC/DST_BEG_ADDR）：这是包装指针，传输开始时写入映射寄存器的值被加载到活动寄存器。在包装条件下，在加载到活动 SRC/DST_ADDR 之前，活动寄存器将按相应 SRC/DST_WRAP_STEP 寄存器中的带符号值获得递增。

2. 传输控制

DMA 模块的每个通道在传输过程中受下述参数数值控制。

（1）传输流量控制

① 源和目的突发数（BURST_SIZE）：指定了在一次突发传输中所传输的字的个数。

在每次突发传输之前，该数值被下载到 BURST_COUNT 寄存器之中，传输中该值不断递减，当减到 0 时传输停止，可以开始下一个通道传输服务。当前通道的操作由 MODE 寄存器的 ONE_SHOT 位控制。一次突发所设置的最大字个数，由具体的外设类型决定。譬如 ADC 模块，假如所有的转换结果寄存器（16 个）均使用，BURST_SIZE 对应的设定值便是 16。

② 源和目的传输量（TRANSFER_SIZE）：指定了在每次 CPU 中断触发时（设中断使能），所要进行的突发传输的次数。在每次传输之前，寄存器 TRANSFER_SIZE 的值被下载到寄存器 TRANSFER_COUNT，TRANSFER_COUNT 值反映着突发传输的次数。

③ 源和目的包装数（SRC/DST_WRAP_SIZE）：在当前地址指针环绕到起始位置之前，指定突发传输的次数。

对于每个源/目标指针，可以使用以下步长值控制地址更改。

（2）步长控制

① 源和目的突发步长（SRC/DST_BURST_STEP）：在相邻的突发传输之间，源和目的地址变化步长由该寄存器设定。

② 源和目的传输步长（SRC/DST_TRANSFER_STEP）：指定了在完成当前突发传输后，开始下一个突发传输的地址偏移量，适用于寄存器或数据存储器位置以恒定间隔隔开的情况。

③ 源和目的 WRAP 步长（SRC/DST_WRAP_STEP）：当 WRAP 计数器减至 0 时，该数值指定了从 BEG_ADDR 指针加/减的字数，从而设置新的起始地址，这实现了一种循环类型的寻址模式，具有广泛应用。

注意：无论 DATASIZE 位的状态如何，STEP 寄存器中指定的值都适用于 16 位地址。因此，要增加一个 32 位地址，应该在这些寄存器中放置数值为 2。

（3）传输模式

提供了以下三种模式来控制状态机在突发循环和传输循环期间的运行方式。

① 一次性发射模式（ONESHOT）：若设置该模式，当中断触发事件发生后，DMA 模块在突发传输中将持续传输数据，直到 TRANSFER_COUNT 计数器为 0；若禁止一次性发射模式，则每一次突发传输都需要一个中断触发事件，直到 TRANSFER_COUNT 计数器为 0。

② 连续模式（CONTINUOUS）：若禁止连续模式，在传输结束时控制寄存器中的 RUNSTS 状态位将被清零，DMA 通道被禁用；在启动新的传输，需要重新使能控制寄存器的 RUN 位；若启用连续模式，在传输结束不清零 RUNSTS 位。

③ 通道中断模式（CHINTMODE）：该模式选择中断产生的具体条件：在一次新的数据传输开始时产生，还是在传输结束时产生。若执行连续模式下的"乒乓"缓冲方案，则中断在传输开始且工作寄存器内容被复制到映射寄存器之后产生；若 DMA 不工作于连续模式，则中断在传输结束时产生。

4.5.5　ADC 模块同步与溢出检测

1.ADC 模块同步

当 ADC 模块工作于连续转换和排序器覆盖模式时，DMA 提供了一种硬件方法同步 ADC 排序器 1 中断（SEQ1INT）。在上述模式下，ADC 模块可以持续地转换完一个 ADC 通道序列，而不必在每个序列末尾时复位序列指针。DMA 在接收到中断时，由于不清楚 ADC 序列指针具体指向的 ADC 结果寄存器，因而容易导致 DMA 与 ADC 失步。为防止此类事件发生，当从 RESULT0 寄存器开始的序列生成触发事件时，ADC 便向 DMA 提供一个同步信号。DMA 可以通过此信号与 WRAP 过程或数据传输起始保持一致。假如没有实现同步，则会发生如下再同步过程。

① 用 WRAP_SIZE 重新加载 WRAP_COUNT 寄存器；

② 用 BEG_ADDR.active 寄存器加载 ADDR.active 寄存器；

③ 置位 CONTROL[SYNCERR]。

同步机制，允许使用多个缓冲区来存储数据，并允许 DMA 和 ADC 在必要时重新同步。

2. 溢出检测

DMA 模块包含溢出检测逻辑，当 DMA 检测到一个外设触发事件时，通道控制寄存器 CONTROL[PERINTFLG]标志位置位，对应通道在状态机中进入悬挂状态。当对应通道突发传输开始后（中断被响应），PERINTFLG 状态位被清零。若 PERINTFLG 标志置位后，在被突发传输启动清零之前，又发生了新的触发事件，则第二个触发事件将被丢弃，同时，置位CONTROL[OVRFLG]。若溢出中断允许，则上述通道向 PIE 模块发出溢出中断。

4.5.6　DMA 寄存器

1. 概述

DMA 模块的寄存器分为两大类，一是 DMA 控制寄存器和模式与状态寄存器；二是通道寄存器。其中，前者包括 DMA 控制寄存器 DMACTRL、调试控制寄存器 DEBUGCTRL、外设修订信息寄存器 REVISION、优先级控制寄存器 PRIORITYCTRL1 和优先级状态寄存器 PRIORITYSTAT。DMA 模块共有 6 个通道，每个通道都拥有独立的寄存器组。通道 CH1 所属寄存器，如表 4.25 所示。

表 4.25　CH1 通道寄存器

序号	寄存器	说明	序号	寄存器	说明
1	MODE	模式寄存器	13	SRC_WRAP_STEP	源 WRAP 步长寄存器
2	CONTROL	控制寄存器	14	DST_WRAP_SIZE	目的 WRAP 大小寄存器
3	BURST_SIZE	突发长度寄存器	15	DST_WRAP_COUNT	目的 WRAP 计数寄存器
4	BURST_COUNT	突发计数寄存器	16	DST_WRAP_STEP	目的 WRAP 步长寄存器
5	SRC_BURST_STEP	源突发步长寄存器	17	SRC_BEG_ADDR_SHADOW	映射源开始地址指针寄存器
6	DST_BURST_STEP	目的突发步长寄存器	18	SRC_ADDR_SHADOW	映射源当前地址指针寄存器
7	TRANSFER_SIZE	传输大小寄存器	19	SRC_BEG_ADDR	活动源开始地址指针寄存器
8	TRANSFER_COUNT	传输计数寄存器	20	SRC_ADDR	活动源当前地址指针寄存器
9	SRC_TRANSFER_STEP	源传输步长寄存器	21	DST_BEG_ADDR_SHADOW	映射目标开始地址指针寄存器
10	DST_TRANSFER_STEP	目的传输步长寄存器	22	DST_ADDR_SHADOW	映射目标当前地址指针寄存器
11	SRC_WRAP_SIZE	源 WRAP 大小寄存器	23	DST_BEG_ADDR	活动目标起始地址指针寄存器
12	SRC_WRAP_COUNT	源 WRAP 计数寄存器	24	DST_ADDR	活动目标当前地址指针寄存器

2. 寄存器及其功能

以下为 CH1 通道所属寄存器。

（1）DMA 控制寄存器（DMACTRL）

DMACTRL 是 16 位寄存器，仅位域 0～1 有效，其余均为保留位。其结构和位域描述如下。

15	2	1	0
保留		PRIORITYRESET	HARDRESET
R-0		R0/S-0	R0/S-0

PRIORITYRESET 是优先级复位位，写 1 时重置环形状态机，从第一个使能通道开始传输，读取返回 0 值；写 0 无效。向该位写 1，在重置信道优先级设备之前，任何挂起的突发传输都要传输完毕。假设 CH1 被设置为高优先级通道，当对 PRIORITYRESET 位写 1 时，若 CH1 正在进行突发传输，则只有当 CH1 和其他低优先级通道都传输完毕后，状态机才能复位。在 CH1 被设置为高优先级模式下，状态机从 CH2 或其他高优先级的且已经允许的通道，重新开始。

HARDRESET 是硬复位位，写入 1 将复位整个 DMA 模块，并终止当前所有访问（类似于硬件复位功能）；写 0 被忽略，读出是 0 值。假设 DMA 执行对 XINTF 的访问，且 DMA 访问已经停止（XREADY 没有响应），则 HARDRESET 将终止本次访问，只有 XREADY 信号释放时，XINTF 访问才会完成。写入该位时需要 1 个周期的延时，因此，在访问任何其他 DMA 寄存器之前，在写入该位之后至少引入 1 个周期延时（或插入 1 个 NOP 指令）。

（2）调试控制寄存器（DEBUGCTRL）

DEBUGCTRL 是 16 位寄存器，仅最高位 FREE 位域有效。该位是仿真控制位，决定了仿真停止时 DMA 的动作：0-DMA 继续运行，直到 DMA 完成当前读/写操作，并且当前状态被冻结；1-DMA 自由运行。

（3）外设修订寄存器（REVISION）

REVISION 是 16 位，包括高 8 位的 TYPE 位域和低 8 位的 REV 位域。其中，TYPE 是 DMA 类型位域，类型更改代表外设模块中的主要功能特性差异；REV 是 DMA 硅材料修改信息位，反映着 DMA 修订信息，当有错误被修改时，REV 位域会发生变化。

（4）优先级控制寄存器（PRIORITYCTRL1）

PRIORITYCTRL1 是 16 位的 CH1 通道中断优先级控制寄存器，仅最低位 CH1PRIORITY 为有效位域，其余均为保留位。0-CH1 与其他通道具有同等优先级；1-CH1 通道具有最高优先级。

注意：通道优先级只能在禁用所有通道时更改，优先级重置应在更改优先级后、重新启动通道之前执行。

（5）优先级状态寄存器（PRIORITYSTAT）

PRIORITYSTAT 是 16 位的优先级状态寄存器，其结构和位域如下所示。

15	7	6	4	3	2	0
保留		ACTIVESTS_SHADOW		保留	ACTIVESTS	
R-0		R-0		R-0	R-0	

ACTIVESTS_SHADOW 是活动通道状态映射位，在 CH1 通道处于高优先级模式下有效。CH1 运行时，ACTIVESTS 内容被复制到 ACTIVESTS_SHADOW 中，并指示哪个通道被 CH1 打断：000-无通道悬挂；001～110h 分别对应 CH1～CH6 通道。在非 CH1 高优先级模式时，该位被忽略。

ACTIVESTS 是活动通道状态位，指示目前处于活动状态或执行传输任务的通道，该位域为 3 位二进制宽度：000-无通道激活；001～110h 分别对应 CH1～CH6 通道。

（6）模式寄存器（MODE）

MODE 是 16 位寄存器，其结构如下，位域描述如表 4.26 所示。

15	14	13	12	11	10
CHINTE	DATASIZE	SYNCSEL	SYNCE	CONTINUOUS	ONESHOT
R/W-0	R/W-0	R/W-0	R/W-0	R/W-0	R/W-0

9	8	7	6　5　4	0
CHINTMODE	PERINTE	OVRINTE	保留	PERINTSEL
R/W-0	R/W-0	R/W-0	R-0	R/W-0

表 4.26　MODE 寄存器位域描述

位	位域	说明
15	CHINTE	通道中断允许位，是否允许相应 DMA 通道中断。0-禁止；1-允许
14	DATASIZE	数据大小模式位。0-16 位数据传输；1-32 位数据传输
13	SYNCSEL	同步模式选择位。0-源 WRAP 计数器控制；1-目的 WRAP 计数器控制
12	SYNCE	同步允许位。1-若 PERINTSEL 选择了 ADCSYNC 信号，则此同步信号将 ADC 中断事件触发器同步到 DMA 的 WRAP 计数器；0-ADCSYNC 事件被忽略
11	CONTINUOUS	连续模式位。1-DMA 在 TRANSFER_COUNT 为 0 时重新初始化，并等待下一个中断事件触发；0-DMA 将停止，并清除 RUNSTS 位为 0
10	ONESHOT	单次触发模式位。1-在第一个事件触发之后，后续的突发传输不需要附加事件触发；0-每次触发只执行一次突发传输
9	CHINTMODE	通道中断产生模式位。0-在新的传输开始时产生；1-传输结束时产生
8	PERINTE	外设中断触发使能位，该位允许或禁止所选择的外设中断触发器向 DMA 发送触发信号。0-禁止；1-允许
7	OVRINTE	溢出中断使能位。0-禁止；1- 检测到溢出事件时，允许 DMA 产生中断
4-0	PERINTSEL	外设中断源选择位。对于一个给定的 DMA 通道，选择触发 DMA 突发传输的中断源，且仅能选择 1 个中断源；也可以通过置位 PERINTFRC，产生 DMA 突发；通过该位域也可以设定 ADCSYNC 是否与通道连接。外设中断源选择，参见表 4.27。注意：作为同步触发信号的只有 ADCSYNC。

其中，SYNCE 是同步使能位，决定是否使能 ADCSYNC 信号作为同步触发信号，使 ADC 中断事件触发器同步到 DMA 的 WRAP 计数器：1- 使能 ADCSYNC，0- 忽略 ADCSYNC。SYNCE 与 PERINTSEL 密切关联，具体应用时，要先通过 PERINTSEL 选择 ADCSYNC 信号作为通道外设中断源，再通过使能 SYNCE 位，使 ADCSYNC 同步到 DMA 的 WRAP 计数器，从而实现同步。MODE[PERINTSEL]位域设置外设中断源，位域值与外设中断源的关系，如表 4.27 所示。

（7）控制寄存器（CONTROL）

CONTROL 是 16 位寄存器，寄存器结构如下，位域描述如表 4.28 所示。

表 4.27　MODE[PERINTSEL]位域设置与中断源

MODE[4:0]	外设中断源	是否同步	外设名称	MODE[4:0]	外设中断源	是否同步	外设名称
0	无	否	无外设连接	19	ePWM1SOCB	否	ePWM1
1	SEQ1INT	是	ADC	20	ePWM2SOCA	否	ePWM2
2	SEQ2INT	否		21	ePWM2SOCB	否	
3~10	XINT1~XINT7/XINT13	否	外部中断	22	ePWM3SOCA	否	ePWM3
11	TINT0	否	CPU 定时器组	23	ePWM3SOCB	否	
12	TINT1	否		24	ePWM4SOCA	否	ePWM4
13	TINT2	否		25	ePWM4SOCB	否	
14	MXEVTA	否	McBSP-A	26	ePWM5SOCA	否	ePWM5
15	MREVTA	否		27	ePWM5SOCB	否	
16	MXEVTB	否	McBSP-B	28	ePWM6SOCA	否	ePWM6
17	MREVTB	否		29	ePWM6SOCB	否	
18	ePWM1SOCA	否	ePWM1	30~31	保留	否	无外设连接

注：在表 4.27 中，只有 ADC 模块排序器 1 对应的中断 SEQ1INT，形成同步信号 ADCSYNC，该信号可以触发 DMA 突发传输，但是需要经过 MODE[PERINTSEL]位域选择设置。

15	14	13	12	11	10	9	8
保留	OVRFLG	RUNSTS	BURSTSTS	TRANSFERSTS	SYNCERR	SYNCFLG	PERINTFLG
R-0	R-0	R-0	R-0	R-0	R-0	R-0	R-0

7	6	5	4	3	2	1	0
ERRCLR	SYNCCLR	SYNCFRC	PERINTCLR	PERINTFRC	SOFTRESET	HALT	RUN
R0/S-0	R0/S-0	R0/S-0	R0/S-0	R0/S-0	R0/S-0	R0/S-0	R0/S-0

注：R0/S-0：R0=读 0 值/置位；R=只读；-n=复位后的值

表 4.28　CONTROL 位域描述

位	位域	说明
14	OVRFLG	溢出标志位。0-无溢出事件；1-溢出事件[①]
13	RUNSTS	运行状态位。0-通道禁止；1-通道使能[②]
12	BURSTSTS	突发状态位。0-没有突发活动；1-DMA 正在进行传输或有一个来本通道的突发传输悬挂
11	TRANSFERSTS	传输状态位。0-无传输活动；1-通道在传输之中，无论突发数据传输是否传输完毕
10	SYNCERR	同步错误位。指示是否有 ADCSYNC 事件错误发生过，当 ADCSYNC 错误事件发生或 SRC/DST_WRAP_COUNT 非零时，置 0：0-无同步错误事件；1-有同步错误事件
9	SYNCFLG	同步标志位。指示是否有 ADCSYNC 事件发生，当第一次突发传输开始时自动清零。0-无同步事件发生；1-有同步事件发生。SYNCFRC 置位该位为 1，SYNCCLR 可以清除该位为 0
8	PERINTFLG	外设中断触发标志位。0-无中断事件触发；1-有中断事件触发。PERINTFRC 可置位该位，并触发 DMA 软件事件；PERINTCLR 可以清零该位

续表

位	位域	说明
7	ERRCLR	错误清零位。置 1 可以清除锁存的同步错误，以及 SYNCERR
6	SYNCCLR	同步清除位。置 1 可以清除锁存的同步事件，以及 SYNCFLG
5	SYNCFRC	同步强制位。置 1 可以锁存 1 个同步事件，并可以置位 SYNCFLG
4	PERINTCLR	外设中断清除位。置 1 清除所有锁存的外设中断以及 PERINTFLG 标志，多用于 DMA 初始化
3	PERINTFRC	外设中断强制位。置 1 锁存 1 个外设中断事件触发器，并置位 PERINTFLG，若 PERINTE 允许，则类似于软件强制功能，强制 DMA 产生一次突发传输
2	SOFTRESET	通道软件复位位。置 1 时使通道完成目前的读或写操作访问，进入通道默认复位状态
1	HALT	通道停止位。置 1 使 DMA 停止在当前状态，并完成当前的任何读/写操作，激活 RUN 可跳出 HALT 状态
0	RUN	通道运行位，该位置 1 可以启动 DMA 通道，也可以用于跳出 HALT 状态

（8）突发传输大小寄存器（BURST_SIZE）

BURST_SIZE 是 16 位寄存器，仅低 5 位有效，其余位均为保留位。有效位域 BURSTSIZE，位域取值范围：0～31，分别对应 1～32 个字，指定了 1 次突发传输的数据大小（字个数）。

（9）突发传输计数寄存器（BURST_COUNT）

BURST_COUNT 寄存器是 16 位寄存器，仅低 5 位有效，有效位域 BURSTCOUNT，位域取值范围：0～31，分别对应 0～31 个字，指示当前突发传输计数器的值。

（10）源突发传输步长寄存器（SRC_BURST_STEP）

SRC_BURST_STEP 是 16 位寄存器，有效位域 SRCBURSTSTEP 为 16 位，指定了在处理突发传输数据时，源地址后递增或递减的步长大小。SRCBURSTSTEP 值变化范围：0xF000～0xFFFF，0x0000～0x0FFF。其中，0x0001～0x0FFF 区间为地址逐步递增过程，若 0x0000，则地址不变，0xFFFF～0xF000 区间为地址逐步递减过程。有效步长变化范围：−4096～4095。地址递增、递减步长变化，如表 4.29 所示。

表 4.29　地址步长递增/递减关系表

地址值	0x0FFF	……	0x0002	0x0001	0x0000	0xFFFF	0xFFFE	……	0xF000
步长增/减	+4095	……	+2	+1	变化 0	−1	−2	……	−4096

（11）目的突发传输步长寄存器（DST_BURST_STEP）

DST_BURST_STEP 是 16 位寄存器，有效位域 DSTBURSTSTEP（16 位），在处理突发传输数据时，指定目的地址递增或递减步长大小。参阅表 4.29。

（12）传输大小寄存器（TRANSFER_SIZE）

TRANSFER_SIZE 是 16 位寄存器，有效位域 TRANSFERSIZE（16 位），该位域指出了需要传输的突发数。位域取值范围：0x0000～0xFFFF，对应的需要传输的突发次数范围：1 次～65536 次。

（13）传输计算寄存器（TRANSFER_COUNT）

TRANSFER_COUNT 是 16 位寄存器，有效位域 TRANSFERCOUNT（16 位），该位域指出了当前传输计数器值。位域取值范围：0x0000～0xFFFF，对应的数值 n：0～65535。

（14）源传输步长寄存器（SRC_TRANSFER_STEP）/目的传输步长寄存器（DST_TRANSFER_STEP）

两个寄存器均是 16 位寄存器，有效位域分别是 SRCTRANSFERSTEP 和 DSTTRANSFERSTEP，且位域均为 16 位。分别表示在处理完一次突发数据传输后，源地址指针或目的地址指针的跳转步长（递增或递减）。参阅表 4.29。

习题与思考题

4.1　F28335 芯片的 88 位 GPIO 引脚是如何分组管理的？

4.2　根据表 4.2，举例说明如何通过复用控制寄存器进行引脚功能选择？

4.3　根据图 4.1，说明设置 1 个复用功能引脚作为普通 I/O 口使用时，主要操作步骤以及需要设置的寄存器类型。

4.4　若设置 GPIO1 作为输出端口、GPIO86 作为输入端口，并设置 GPIO1 输出反转，试写出对应程序代码。

4.5　可屏蔽的外部中断信号有哪些？说明其工作原理以及有何实际应用价值？

4.6　F28335 中断系统的最显著特征是什么？如何通过分级进行管理的？

4.7　F28335 CPU 级中断具体有哪些？"每 1 个 CPU 级中断均对应一个固定的中断源"，该种说法对吗？为什么？

4.8　若使用 TIME0 作为定时功能单元，进行等周期采样，简述其工作原理。

4.9　根据图 4.5，阐述 CPU 的 3 个定时器中断信号传输路径。

4.10　应用定时器 T0，设计 1 个定时 1S 的中断信号发生器，试写出定时时间设置的主要程序代码。

4.11　若对非电量物理信号进行 模/数转换和信息采集，需要对外部模拟信号进行哪些处理？为什么？

4.12　对比分析级联排序器和双排序器的结构和特点。

4.13　若使用 F28335 的 ADC 模块，进行实时电功率的计算，试阐述其工作原理。

4.14　ADC 模块若使用外部 2.048V 稳压源作为基准参考电压，试写出输入输出数学表达式。

4.15　若片内 ADC 模块使用 DMA 访问，有何优点？

4.16　若应用定时器 T0 和片内 ADC 模块，设计 1 个 T=20ms 的定周期采样系统，其中，ADC 工作于启动/停止转换模式。模拟信号从 ADCINA0 引脚输入，试写出主要程序代码。

4.17　简述 DMA 通信的优点？

4.18　概述 DMA 外设中断机制。

4.19　根据图 4.13 和图 4.14，比较说明两种优先级模式的特点。

4.20　简述 DMA 与 ADC 模块同步的意义。

课件

代码

第 5 章

CHAPTER 5

控制类外设及其应用

5.1 增强脉宽调制（ePWM）模块

5.1.1 概述

PWM（Pulse Width Modulator，PWM）波，是一种周期不变、脉冲宽度可调制的波形，PWM 控制也是一种极为重要的控制方式。ePWM 是增强型的脉宽调制功能模块，是 F2833x 系列控制器的重要特色片上外设之一，是进行电机控制、设计开关电源和 UPS 电源、进行功率与频率变换等重要工程应用的关键功能单元。

近年来，随着全控型大功率半导体开关器件技术的日益成熟，以 PWM 模块为支撑的变频调速技术，正获得越来越广泛的应用。

同时，ePWM 模块还具有数/模转换功能，对输出的脉动直流进行滤波处理，可形成幅值可调的直流电压，该电压幅值与 PWM 信号脉宽、以及产生 PWM 信号的前端控制量之间，具有良好的线性关系。

F2833x 系列 ePWM 模块，共拥有 6 个并列的 PWM 通道。每个通道可以独立设置、输出，通过同步机制，多个 PWM 通道可以实现同步工作，以满足某些特殊用户需求。由于每个 ePWM 通道可以同时输出 2 路 PWM 波，即 PWMxA 和 PWMxB（x=1～6，本节下同），因此，6 个 ePWM 通道共可以输出多达 12 路的 PWM 调制波。

另外，为了适应精密控制的需求，还增加了高精度脉宽调制子模块（HRPWM），可以输出 6 路高精度 PWM 波。因此，增强型 ePWM 模块可以输出 18 路 PWM 波，具有强大的控制功能。

5.1.2 ePWM 模块结构

ePWM 模块拥有并列的 6 个 PWM 通道，通道结构完全一样。以 PWM1 通道为例，其结构框图如图 5.1 所示，简化结构框图如图 5.2 所示。

PWM 通道由若干功能子模块组成，包括时间基准子模块 TB、计数比较子模块 CC、动作限定子模块 AQ、死区子模块 DB、斩波子模块 PC、错误控制子模块 TZ 和事件触发子模块 ET，共 7 个功能单元。

其中，TB 子模块是以一个 16 位的周期计数器，包括时钟预定标、时基计数器 TBCTR

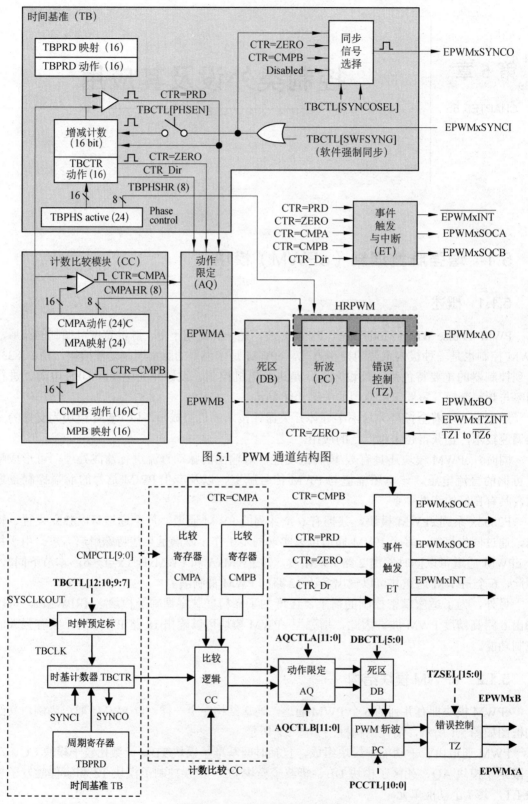

图 5.1　PWM 通道结构图

图 5.2　PWM 通道简化结构框图

和双缓冲的周期寄存器 TBPRD 等功能单元。TBCTR 根据设定的计数模式和计数周期，对预标定后的时钟 TBCLK 进行循环计数。

CC 子模块是计数比较单元，拥有 2 个比较寄存器 CMPA 和 CMPB，在 TBCTR 周期计数过程中，时基计数器 TBCTR 中的计数值，实时与 CMPA 和 CMPB 的设定值进行比较，当 CTR=CMPA 和 CTR=CMPB 等式成立时，会触发 2 个比较匹配事件。同时，在 TBCTR 周期计数过程中，还会产生 CTR=PRD（周期匹配）和 CTR=ZERO（下溢）2 个比较匹配事件。

AQ 子模块是动作限定功能单元，其功能是根据上述多个比较匹配事件，设定在上述匹配事件发生时，对应通道输出的 2 路 PWM 波应该执行的动作，一般包括四种动作：无动作、置 1、置 0 或翻转。

DB 子模块是死区设定功能单元，用于设定 2 个互补输出的 PWM 信号之间的时间延迟，使互补输出的 2 个 PWM 信号能够安全可靠地控制串行连接的两只开关功率管，避免由于上下功率管同时导通而导致电源短路现象发生。

PC 和 TZ 子模块是分别是斩波和错误控制单元，ET 子模块则是根据上述比较匹配事件，设置对应的中断触发事件等。

5.1.3　ePWM 功能单元

1. TB 子模块

TB 功能单元位于 ePWM 模块的前端，由时钟预定标、时基计数器 TBCTR 和双缓冲周期寄存器 TBPRD 等功能单元组成，是一个以 TBCTR 计数器为核心的周期计数装置。来自 DSP 的系统时钟 SYSCLKOUT，首先要进行预定标分频，分频系数则由控制寄存器 TBCTL[HSPCLKDIV] 和 TBCTL[CLKDIV] 位域共同决定。SYSCLKOUT 经过预定标功能单元分频以后，成为 ePWM 模块的直接计数脉冲时钟 TBCLK，计数器 TBCTR 以周期寄存器 TBPRD 设定数值为周期，对 TBCLK 时钟进行周期性循环计数。TBPRD 是双缓冲的周期寄存器，可以实时改变或更新周期寄存器 TBPRD 中的周期值，双缓冲设计使之运行更加安全可靠。

（1）时基计数器计数模式

TB 子模块有 2 种基本应用模式，即时基计数器计数模式和同步计数模式。其中，时基计数器计数模式是定周期计数，设置时钟预定标系数、计数周期以及计数模式，各个 PWM 通道独立进行循环周期计数，根据模块设置产生需要的 PWM 波和相应的中断输出信号。同步计数模式，是在外部输入的同步信号干预下，使 PWM 通道的动作与外部同步信号同步。

时基计数器计数模式下，TBCTR 计数器有 4 种计数模式：停止计数、连续增计数、连续减计数和连续增/减计数。其中，停止计数是系统复位时的默认计数模式，TBCTR 计数器停止计数，保持目前的计数值不变。

连续增计数模式原理图，如图 5.3（a）所示。从 0 开始，TBCTR 对 TBCLK 时钟脉冲进行累加计数，当 CTR=PRD，即计数值与设定周期值匹配时，计数器复位至 0。然后，重新进行累加计数，如此周而复始，进行循环增计数。在连续增计数模式下，计数器在增计数过程中，会发生 2 次匹配事件：当 CTR=PRD 时，产生计数周期匹配事件；当计数器计数到满量程时产生复位，CTR=0 时，产生下溢事件。在一个计数周期内，TBCLK 计数的脉冲个数为（TBPRD+1）。计数器计数周期如下：

计数器计数周期计算公式：$T_{\text{PWM}} = (\text{TBPRD} + 1) \times T_{\text{TBCLK}}$ 　　　　　　　　（5-1）

其中，TBCLK 是计数器 TBCTR 的计数脉冲。

连续减计数模式，如图 5.3（b）所示。与连续增计数模式正好相反，该计数模式每次计数都是从周期设定值开始，对 TBCLK 时钟脉冲进行减计数，当 CTR=0 时，发生下溢事件，同时，计数器 TBCTR 加载 TBPRD 中的计数周期值，开始新的减法计数周期，如此周而复始。周期计算公式，如公式（5-1）所示。

连续增/减计数模式，如图 5.3（c）所示。1 个连续增/减计数周期，包括增计数和减计数两个过程。首先，计数器先按照如上所述连续增计数模式，从 0 开始进行增计数，当 CTR=PRD 时，发生比较匹配事件；随后，开始进入连续减计数过程，当 CTR=0 时，又发生下溢事件。因此，每个周期内共计数 2×TBPRD 个 TBCLK 时钟脉冲。

连续增/减计数模式下计数周期公式：$T_{PWM} = 2 \times TBPRD \times T_{TBCLK}$ （5-2）

TBCLK 时钟来自 SYSCLKOUT，由时钟预定标单元完成分频，分频系数受 TBCTL 的 CLKDIV 和 HSPCLKDIV 位域控制，计算过程如下。

16 位时基计数器计数时钟周期计算公式：$T_{TBCLK}=2\times HSPCLKDIV \times 2^{CLKDIV}$ （5-3）

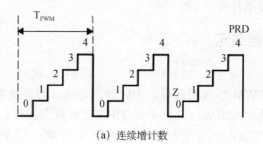

(a) 连续增计数

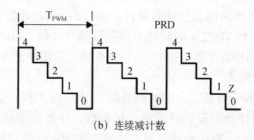

(b) 连续减计数

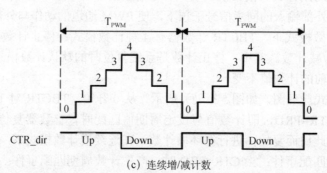

(c) 连续增/减计数

图 5.3 时基计数器计数模式

（2）同步模式

在 TB 子模块中，每个 PWM 通道有 2 个同步信号，分别是同步输入信号 EPWMxSYNCI

和同步输出信号 EPWMxSYNCO，同步工作机制可以使多个 PWM 通道同步工作，以满足特殊工况需求。TBCTL 中同步控制位域包括：同步允许位 PHSEN，是否允许时基计数器 TBCTR 从相位位域 TBPHS 加载相位：0-不允许加载，1-允许加载；同步输出选择位域 SYNCOSEL，为同步输出信号 EPWMxSYNCO 选择位域，从 EPWMxSYNCI、CTR=ZERO 和 STR=CMPB 中选择 1 个信号作为同步输出信号或者禁止同步信号输出；软件强制同步信号产生位域 SWFSYNC：0-无影响，1-产生一次软件同步脉冲，该位对应于强制软件同步模式；相位方向位域 PHSDIR：0-减计数，1-增计数，该位仅在连续增/减计数模式下有效，指示同步后增计数或减计数的方向。同步相位寄存器 TBPHS，是 1 个 16 位宽的数据寄存器，存储着同步相位（在数字信号中，数值大小即代表相位大小）。

同步实现方式，有硬件同步和强制软件同步两种。若 TBCTL[PHSEN]=1 允许同步，可以向控制寄存器 TBCTL[SWFSYNC] 写 1（软件同步），或者检测到同步输入信号 EPWMxSYNCI（硬件同步），则在下一个 TBCLK 时钟的有效边沿，TBCTR 自动加载相位寄存器 TBPHS 内容。计数器同步有如下几种情况。

① 如图 5.4（a）、图 5.4（b）所示，在连续增或连续减计数模式下，外部同步信号到来或强制软件同步启动，时基计数器按照原来的计数模式、在新的相位值处继续进行计数。

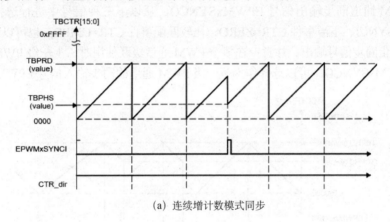

(a) 连续增计数模式同步

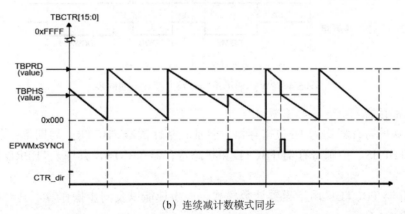

(b) 连续减计数模式同步

② 如图 5.4（c）、图 5.4（d）所示，在连续增/减计数模式下，外部同步信号到来或强制软件同步启动，不论原来处于增计数或减计数过程，一律加载新的相位值，按照当前计数方向指示，继续计数。同步后的计数方向，必须与 PHSDIR 保持一致，TBCTL[PHSDIR]：0-

减计数；1-增计数。

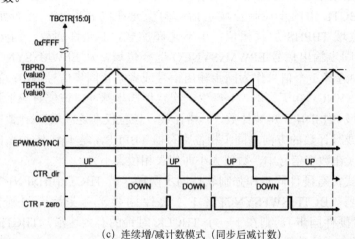

(c) 连续增/减计数模式（同步后减计数）

在 PWM 通道同步中，相位寄存器 TBPHS 及其设定值是关键。所谓相位，就是同步时需要加载的计数初始值，在数字系统中以数字形式体现。

各个 PWM 通道同步输出信号 EPWMxSYNCO，从以下三种信号中进行选择：同步输入信号 EPWMxSYNCI、下溢事件 CTR=ZERO、比较匹配事件 CTR=CMPB；也可以通过控制寄存器的设置，禁止同步信号输出。注意：在多个 PWM 通道级联使用时，上一级 PWM 通道的同步输出信号 EPWMxSYNCO，可以选择作为下一级 PWM 通道的同步输入信号 EPWMxSYNCI。

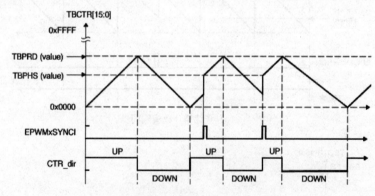

(d) 连续增/减计数模式（同步后增计数）

图 5.4 PWM 通道不同计数方模式下的同步

（3）TB 寄存器

TB 子模块的寄存器均为 16 位寄存器，包括时基计数器 TBCTR、周期寄存器 TBPRD、相位寄存器 TBPHS、控制寄存器 TBCTL 和状态寄存器 TBSTS，其中，TBPRD 是双缓冲寄存器。

控制寄存器 TBCTL：用于设置计数模式、同步使能以及同步操作等，其结构如下，各位域描述如表 5.1 所示。

15 14	13	12 10	9 7	6	5 4	3	2 1	0
FREE_SOFT	PHSDIR	CLKDIV	HSPCLKDIV	SWFSYNC	SYNCOSEL	PRDLD	PHSEN	CTRMODE
R/W-0	R/W-0	R/W-0	R/W-0	R/W-0	R/W-0	R/W-0	R/W-0	R/W-0

表 5.1 TBCTL 位域描述

位	名称	说明
15-14	FREE_SOFT	仿真模式位，规定仿真挂起时时基计数器的动作。00-下一次递增或递减后停止；01-完成整个周期后停止；1x-自由运行
13	PHSDIR	相位方向位，规定同步后计数方向，仅连续增/减模式有效。0-减计数；1-增计数
12-10	CLKDIV	时间基准时钟预分频位。000-不分频（复位后默认值）；其他值 x-2x 分频。与 HSPCLKDIV 共同决定 TBCLK 频率；具体参考有关章节内容
9-7	HSPCLKDIV	高速时间基准时钟预分频位。000-不分频；001-2 分频（复位后默认值）；其他值 x-2x 分频。与 CLKDIV 位域共同决定 TBCLK 频率，具体参考有关章节内容
6	SWFSYNC	软件强制产生同步脉冲位。0-无影响；1-软件强制产生一次同步脉冲
5-4	SYNCOSEL	同步输出选择位，为 EPWMxSYNCO 选择同步信号。00-选择 EPWMxSYNCI；01-选择 CTR=ZERO；10-选择 CTR=CMPB；11-禁止 EPWMxSYNCO 信号，不输出同步信号
3	PRDLD	动作寄存器从映射寄存器装载位。0-映射模式，TBCTR=0 时，TBPRD 从其映射寄存器加载；1-直接模式，直接加载 TBPRD 的动作寄存器
2	PHSEN	同步使能位，是否允许 TBCTR 从 TBPHS 加载相位值。0-不允许加载；1-允许加载
1-0	CTRMODE	计数器计数模式位。00-连续增；01-连续减；10-连续增/减；11-停止/保持（复位默认值）

状态寄存器 TBSTS：主要反映计数器 TBCTR 运行状态，16 位寄存器，低三位有效。其中，CTRDIR 指示 TBCTR 计数方向：0-减计数；1-增计数。SYNCI 是同步输入信号标志位：0-无；1-有，向该位写 1 可清除标志。CTRMAX 是 TBCTR 到达最大计数值标志位：0-没有达到；1-已经达到。向该位写 1 可清除标志。寄存器结构如下。

15			3	2	1	0
	保留			CTRMAX	SYNCI	CTRDIR
	R-0			R/W1C-0	R/W1C-0	R-0

2. CC 比较子模块

（1）结构及工作原理

CC 子模块系统结构如图 5.5 所示，该模块拥有 2 个比较寄存器 CMPA 和 CMPB，存储着 2 个比较数据，使用 CC 子模块之前，需要预先对 CMPA 和 CMPB 进行规划和设置。在 TBCTR 计数过程中，实时地将计数值 CTR 分别与上述比较寄存器中的值进行比较，当 CTR 与其中任何一个寄存器的设定值相等时，便会引发相应的比较匹配事件。

在连续增或连续减计数模式下，TBCTR 在每个计数周期内，与比较寄存器 CMPA 或 CMPB 最多发生 1 次比较匹配事件；在连续增/减计数模式下，TBCTR 在每个计数周期内，与比较寄存器 CMPA 或 CMPB 最多发生 2 次比较匹配事件。上述匹配事件信号，送到动作限定模块 AQ 或事件触发模块 ET，便触发相应的动作控制信号。比较匹配事件、溢出事件和复位清零事件，如表 5.2 所示。

CMPA 和 CMPB 是双缓冲的比较寄存器，每一个又包括映射寄存器和动作寄存器，其中映射寄存器用于保存更新或修改后的比较数据，动作寄存器则执行比较功能。比较数据要预先写入对应的映射寄存器之中，通过设置 CMPCTL 的功能位域 CMPCTL[LOADBMODE]

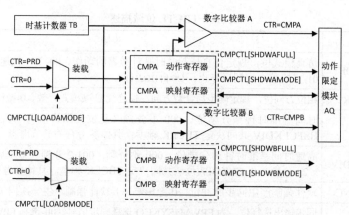

图 5.5　CC 子模块结构图

表 5.2　CC 子模块典型事件及描述

典型事件	事件描述	产生事件的条件
CTR=CMPA	时基计数器的值等于比较寄存器 CMPA 设定值	TBCTR=CMPA
CTR=CMPB	时基计数器的值等于比较寄存器 CMPB 设定值	TBCTR=CMPB
CTR=PRD	时基计数器的值等于周期寄存器 TBPRD 值，用于将数据从 CMPA 或 CMPB 的映射寄存器下载到动作寄存器	TBCTR=TBPRD
CTR=ZERO	时基计数器的值等于零，用于将数据从 CMPA 或 CMPB 的映射寄存器下载到动作寄存器	TBCTR=0x0000

和 CMPCTL[LOADAMODE]，分别为 CMPA 和 CMPB 选择从映射寄存器加载比较数据的时刻，共有 4 种加载可选项。

在实际应用中，通过实时规划和计算得到两个比较值，将其分别写入 CMPA 和 CMPB 对应的映射寄存器中，在上述选择的加载时刻，映射寄存器中的数据被加载到动作寄存器，在时基计数器的周期计数中，改变 PWM 通道输出的 EPWMxA 和 EPWMxB 的脉冲宽度，脉宽代表着控制量大小，从而达到定周期脉宽控制。

注意：映射寄存器设置与使用，在映射模式下有效。

（2）CC 子模块寄存器

CC 子模块共有 3 个寄存器，包括 2 个数据类寄存器 CMPA 和 CMPB，以及 1 个控制寄存器 CMPCTL，均为 16 位宽度的寄存器。其中，CMPCTL 结构如下，其位域描述如表 5.3 所示。

15				10	9	8
保留					SHDWBFULL	SHDWAFULL
R-0					R/W-0	R/W-0

7	6	5	4	3	2	1	0
保留	SHDWBMODE	保留	SHDWAMODE	LOADBMODE		LOADAMODE	
R-0	R/W-0	R-0	R/W-0	R/W-0		R/W-0	

表 5.3　CMPCTL 位域描述

位	位域	说明
9	SHDWBFULL	CMPB 双缓冲寄存器中映射寄存器满标志。0-未满；1-满
8	SHDWAFULL	CMPA 双缓冲寄存器中映射寄存器满标志。0-未满；1-满

续表

位	位域	说明
6	SHDWBMODE	CMPB 操作模式。0-映射模式；1-直接模式
4	SHDWAMODE	CMPA 操作模式。0-映射模式；1-直接模式
3-2	LOADBMODE	CMPB 从映射寄存器加载时刻（映射模式下有效）。00-CTR=0 时刻；01-CTR=PRD；10-CTR=0 或 CTR=PRD；11-冻结（不加载）。
1-0	LOADAMODE	CMPA 从映射寄存器加载时刻。同上

其中，CMPCTL[SHDWBMODE]和 CMPCTL[SHDWBMODE]是两个重要位域，决定 CC 子模块中比较寄存器数据加载方式，并影响后续子模块的工作模式。映射模式是指比较寄存器加载数据时，通过映射寄存器；直接模式则不通过映射寄存器。CC 子模块的两个比较器触发的比较事件如下。

① CTR=CMPA：当时基计数器 TBCTR 的计数值等于比较寄存器 CMPA 的设定值。

② CTR=CMPB：当时基计数器 TBCTR 的计数值等于比较寄存器 CMPB 的设定值。

3. AQ 子模块

（1）AQ 子模块结构及工作原理

AQ 子模块结构如图 5.6 所示，该模块在 PWM 波形设置和产生过程中起着关键作用，是 ePWM 模块的核心功能单元之一。AQ 对来自 CC 单元的比较事件 CTR=CMPA 和 CTR=CMPB，以及来自 TB 单元的 CTR=PRD 和 CTR=ZERO 等事件进行响应，针对上述每一种事件，并根据控制需求进行电平设置，包括高电平、低电平、翻转、无反应共 4 种电平状态。也可以通过软件设置，对输出电平状态进行强制变换。可以对上述系列事件设定优先级，并对连续增计数过程和连续减计数过程中发生的事件进行独立管理，使输出端口的 ePWMxA 和 ePWMxB 电压状态根据需求进行变化，从而得到符合要求的 PWM 波形。

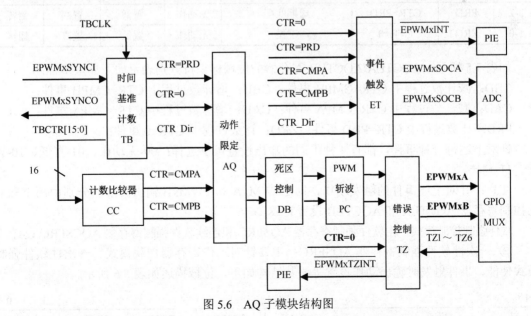

图 5.6　AQ 子模块结构图

（2）AQ 寄存器

AQ 子模块寄存器有动作限定控制寄存器 AQCTLA 和 AQCTLB，软件强制寄存器 AQSFRC

和 AQCSFRC。其中，AQCTLA 和 AQCTLB 分别针对输出信号 EPWMxA 和 EPWMxB 进行控制，设置各种事件发生时输出的动作；AQSFRC 和 AQCSFRC 则是使用软件手段为 EPWMxA 和 EPWMxB 的输出规定一次和连续性强制事件及相应动作。AQ 子模块寄存器及功能说明，如表 5.4 所示。

表 5.4　AQ 子模块寄存器及功能描述

序号	寄存器名称	映射寄存器	地址偏移量	功能说明
1	AQCTLA	无	0x000B	EPWMxA 输出信号动作限定控制寄存器
2	AQCTLB	无	0x000C	EPWMxB 输出信号动作限定控制寄存器
3	AQSFRC	无	0x000D	一次性软件强制动作限定控制寄存器
4	AQCSFRC	有	0x000E	连续性软件强制动作限定控制寄存器

① AQ 控制寄存器 AQCTLA/AQCTLB：寄存器结构如下，位域描述如表 5.5 所示。

15　　　　　　　　12	11　　10	9　　8	7　　6	5　　4	3　　2	1　　0
保留	CBD	CBU	CAD	CAU	PRD	ZRO
R-0	R/W-0	R/W-0	R/W-0	R/W-0	R/W-0	R/W-0

表 5.5　AQCTLA/AQCTLB 位域、事件及动作设置

位	位域	事件	计数过程或触发点	（位域）输出动作限定设置			
				00	01	10	11
11-10	CBD	CTR=CMPB	减计数过程	无动作	置低	置高	翻转
9-8	CBU	CTR=CMPB	增计数过程	无动作	置低	置高	翻转
7-6	CAD	CTR=CMPA	减计数过程	无动作	置低	置高	翻转
5-4	CAU	CTR=CMPA	增计数过程	无动作	置低	置高	翻转
3-2	PRD	CTR=PRD	周期匹配	无动作	置低	置高	翻转
1-0	ZRO	CTR=0	下溢	无动作	置低	置高	翻转

如表 5.5 所示，AQCTLA/AQCTLB 寄存器的位域标识符分别表示如下典型事件：
CBD：减计数过程中 CTR=CMPB 事件；CBU：增计数过程中 CTR=CMPB 事件；
CAD：减计数过程中 CTR=CMPA 事件；CAU：增计数过程中 CTR=CMPA 事件；
PRD：计数过程中 CTR=PRD 事件；ZRO：计数过程中 CTR=0 事件；
针对上述每一种事件，都有 4 种不同的输出设置可供选择：00-无动作、01-置低、10-置高、11-翻转。
注意：针对上述事件的触发动作，即 EPWMxA 和 PWMxB 输出波形，分别由两个独立的控制寄存器 AQCTLA 和 AQCTLB 设置完成。
软件强制控制模式，由软件强制寄存器 AQSFRC 和连续软件强制寄存器 AQCSFRC 设置。
② 一次性软件强制寄存器 AQSFRC：主要针对动作寄存器加载模式、一次性软件强制模式使能、事件触发时输出动作设置等。其结构如下，位域描述如表 5.6 所示。

15　　　　　　　　　　　　　　8	7	6	5	4　　3	2	1　　0
保留	RLDCSF	OTSFB	ACTSFB	OTSFA	ACTSFA
R-0	R/W-0	R/W-0	R/W-0	R/W-0	R/W-0

表 5.6 AQSFRC 位域描述

位	位域	说明
7-6	RLDCSF	AQCSFRC 动作寄存器从映射寄存器加载方式。00-CTR=0 加载；01-CTR= PRD 加载；10-CTR=0 或 CTR=PRD 时加载；11-直接加载（非映射寄存器模式）
5	OTSFB	对 EPWMxB 进行一次性软件强制事件。0-无动作；1-触发动作
4-3	ACTSFB	对 EPWMxB 一次性软件强制设置。00-无动作；01-置低；10-置高；11-翻转
2	OTSFA	对 EPWMxA 进行一次性软件强制事件。0-无动作；1-触发动作
1-0	ACTSFA	对 EPWMxA 一次性软件强制设置。00-无动作；01-置低；10-置高；11-翻转

③ 连续软件强制寄存器 AQCSFRC：寄存器低 4 位有效，发生连续软件强制事件时，两个位域 AQCSFRC[CSFB]和 AQCSFRC[CSFA]，分别对 EPWMxB 和 EPWMxA 输出动作进行设置。00-无动作；01-强制连续低电平；10-强制连续高电平、11-禁止软件强制功能。

注意：在不同的 CC 子模块比较寄存器数据加载模式下，工作机制不同。在直接加载模式下，强制信号在下一个 TBCLK 边沿发生作用；在映射模式下，强制信号在映射寄存器加载到动作寄存器后的下一个 TBCLK 边沿发生作用。

软件强制模式及其输出设置，如表 5.7 所示。

表 5.7 软件强制模式与输出设置

寄存器名称	位域	输出信号	软件强制类型	输出动作设置			
				00	01	10	11
AQSFRC	ACTSFB	EPWMxB	一次性	无动作	置低	置高	翻转
AQSFRC	ACTSFA	EPWMxA	一次性	无动作	置低	置高	翻转
AQCSFRC	CSFB	EPWMxB	连续	无动作	置连续低	置连续高	禁止
AQCSFRC	CSFA	EPWMxA	连续	无动作	置连续低	置连续高	禁止

AQ 子模块可以同时接收多个事件，并为之分配优先级。连续增计数、连续减计数和连续增/减计数三种基本计数模式下，所有事件优先级排列，如表 5.8 所示。

注意：在连续增/减计数模式下，一个完整的计数周期，可以细分为增计数和减计数两个子进程，并可以进行独立设置。

表 5.8 中各个标识符的含义，参见表 5.5。

表 5.8 AQ 子模块触发事件中断优先级一览表

序号	计数模式（过程）		事件优先级（高—低）					
			①	②	③	④	⑤	⑥
1	连续增计数模式		软件强制	PRD	CBU	CAU	ZRO	—
2	连续减计数模式		软件强制	ZRO	CBD	CAD	PRD	—
3	连续增/减计数模式	增计数过程	软件强制	CBU	CAU	ZRO	CBD	CAD
		减计数过程	软件强制	CBD	CAD	PRD	CBU	CAU

注：①～⑥代表中断优先级的高低，序号越小中断级别越高

4. DB 子模块

（1）PWM 驱动原理

如图 5.7 所示，H 型开关电路是一种常见的 PWM 输出驱动电路，常用于无刷直流电

机、永磁同步电机控制或交流变频控制。一般需要有 3 对共 6 路 PWMx 波输出，每对互补的 PWMx 波（PWMxA 和 PWMxB）驱动一对上下串联的功率开关管。要求运行中达到如下效果：一个开关管导通时，另一个开关管确保可靠截止，不能出现上下同时导通的现象。但是，由于半导体开关器件的导通速度比截止速度快，所以一对互补 PWMx 信号在电平转换时刻（PWMx 信号边沿）有可能存在上下开关管导通现象，从而造成重大安全隐患。

因此，设计中常采用在一对 PWMx 输出驱动信号之间，插入一段长度可以编程调节的死区 DB（Dead Band，DB），以确保一对功率开关管可靠导通与截止。避免上下功率管之间出现"贯通"性错误烧坏功率管。

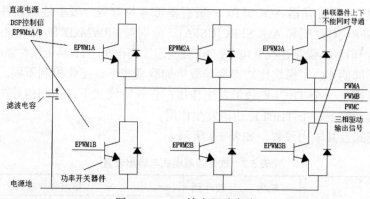

图 5.7　PWM 输出驱动电路

（2）系统结构与死区设置

DB 子模块结构框图，如图 5.8 所示。包括上升沿延时计数器 DBRED 和下降沿延时计数器 DBFED，均为 10 位计数器；两路可选择的输入信号 PWMxA、PWMxB；S0～S5 共 6 个电子开关，包括输入信号选择开关 S5 和 S4，输出反相器选择开关 S3 和 S2，以及输出信号选择开关 S1 和 S0。其中，DBRED 和 DBFED 是核心功能单元，分别用来设置上升沿和下降沿的延时时间，以形成死区。TBCLK 是该单元计数时钟。上升沿和下降沿延时时间计算如下。

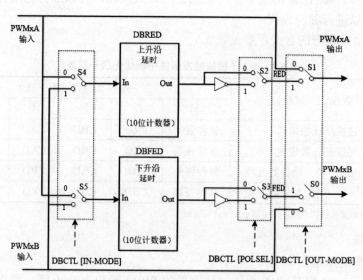

图 5.8　DB 子模块结构框图

上升沿延时计算公式：RED=DBRED×T_{TBCLK}；

下降沿延时计算公式：FED=DBFED×T_{TBCLK}；　　　　　　　　　　（5-3）

其中，DBRED 和 DBFED 分别是上升沿延时计数器和下降沿延时计数器的计数值，T_{TBCLK} 是计数时钟周期。

（3）DB 寄存器

DB 子模块的寄存器包括 DBRED、DBFED 和控制寄存器 DBCTL，其中，DBRED 和 DBFED 是 10 位计数器，DBCTL 是 16 位寄存器，仅低 6 位有效，DBCTL 寄存器结构及位域描述如下。

15　　　　　　　　　　　　　　　6	5　　　4	3　　　2	1　　　0
保留	IN_MODE	POLSEL	OUT_MODE
R-0	R/W-0	R/W-0	R/W-0

IN_MODE 是输入信号源选择位域，通过控制电子开关 S5 和 S4 实现输入信号选择，位域与电子开关之间对应关系为 IN_MODE=S5:S4。IN_MODE：00-PWMxA 同时作为上升沿/下降沿延时的输入信号；01-PWMxB 作为上升沿延时输入信号，PWMxA 作为下降沿延时输入信号；10-PWMxA 和 PWMxB 分别作为上升沿延时和下降沿延时的输入信号；11-PWMxB 同时作为上升沿/下降沿延时的输入信号。

经过延时单元输出的信号是否反相由 DBCTL[POLSEL]位域设置。若 DBRED 和 DBFED 输出信号分别是 PWMxA 和 PWMxB 时，位域与电子开关之间的对应关系为 POLSEL=S3:S2，POLSEL：00-延时计数器输出信号均不反相，直接输出；01-仅上升沿延时计数器输出信号反相；10-仅下降沿延时计数器输出信号反相；11-上升沿和下降沿延时计数器输出信号，均反相输出。输入到极性选择环节的具体信号，由 IN_MODE 位域设置。

DB 子模块输出模式，由控制器 DBCTL[OUT_MODE]位域控制。位域与电子开关之间的对应关系为 OUT_MODE=S1:S0，OUT_MODE：00-输入信号 PWMxA 和 PWMxB 旁路直接输出；01-输入信号 PWMxA 旁路输出，FED 信号输出；10-RED 信号输出，输入信号 PWMxB 旁路直接输出；11-RED 和 FED 信号输出。

（4）死区设置模式

下面用表、图结合的方法，说明 DB 子模块死区设置及其工作原理。

若计数器 DBRED 和 DBFED 选择默认设置：S5:S4=00，此时 DBRED 和 DBFED 的输入信号均为 AQ 子模块输出的信号 EPWMxA。DB 子模块的两路输出分别为 PWMxA 和 PWMxB，如图 5.8 所示。同时，设 DBRED 和 DBFED 延时时间相等，则 DB 子模块标准死区模式设置操作，如表 5.9 所示，相应的输入输出波形示意图，如图 5.9 所示。

其中，RED 表示通过 DBRED 延时后输出的 PWMxA 波形；FED 表示通过 DBFED 延时后输出的 PWMxB 波形；AHC 表示延时后输出的 PWMxA 波形和延时+反相后输出的 PWMxB 波形；ALC 表示延时+反相后输出的 PWMxA 波形，延时后输出的 PWMxB 波形；AH 表示延时后输出的 PWMxA 和 PWMxB 波形；AC 表示延时+反相后输出的 PWMxA 和 PWMxB 波形。

表 5.9　DB 子模块标准死区设置模式

序号	模式	模式描述	DBCTL[POLSEL]		DBCTL[OUT-MODE]	
			S3	S2	S1	S0
1	直通	直通，DB 旁路	×	×	0	0

续表

序号	模式	模式描述	DBCTL[POLSEL]		DBCTL[OUT-MODE]	
			S3	S2	S1	S0
2	AHC	DBFED 延时和反相、DBRED 延时	1	0	1	1
3	ALC	DBRED 延时和反相、DBFED 延时	0	1	1	1
4	AH	DBRED、DBFED 均延时、不反相	0	0	1	1
5	AL	DBRED、DBFED 均延时和反相	1	1	1	1

注：如上述表格说明，通过 DB 子模块的功能位域设置，可以改变输出 PWMx 波形。

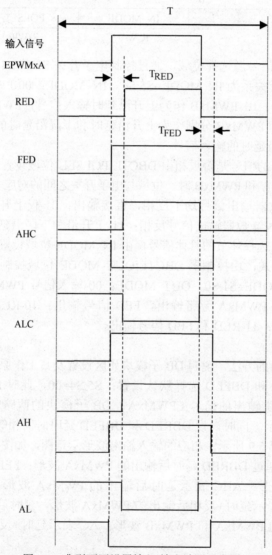

图 5.9 典型死区设置输入/输出波形示意图

其中，T 是输入信号 EPWMxA 信号周期，一般为定值；占空比变化区间 0%～100%，脉宽可调；T_{RED} 和 T_{FED} 分别是上升沿和下降沿死区设定值，一般数值大小相等。由图 5.9 可见，由于死区的插入，避免了功率开关管可能出现的上下直通短路现象，并且可以根据实际工程需求，设置不同的输出驱动模式。

5. PC 子模块

斩波子模块 PC 是可选的功能模块，主要应用于需要高频 PWM 功率控制领域，当 DB 输出的 PWM 信号周期较大时，允许使用高频可编程信号去调制，适合于脉冲变压器驱动的功率转换场合，譬如功率开关控制等。

（1）PC 寄存器

PC 子模块的重要特征，包括可编程的高频载波频率，可编程的首脉冲脉宽，可编程的维持脉冲占空比，可旁路功能（忽略 PC 斩波功能）等，均可以在控制寄存器 PCCTL 中进行设置。PCCTL 结构如下，位域描述如表 5.10 所示。

15		11	10		8	7		5	4		1	0
	保留			CHPDUTY			CHPFREQ			OSHTWTH		CHPEN
	R-0			R/W-0			R/W-0			R/W-0		R/W-0

表 5.10 PCCTL 位域描述

位	位域	说明
10-8	CHPDUTY	斩波脉冲占空比。000～110，对应 1/8～7/8 占空比，111 保留不用
7-5	CHPFREQ	斩波时钟频率控制位
4-1	OSHTWTH	斩波首脉冲脉宽控制位。0～15，共 16 种选择
0	CHPEN	PC 模块使能位。0-禁止；1-允许

CHPEN 是 PC 子模块使能位域：0-禁止，1-允许；OSHTWTH 是控制首脉冲宽度位域，取值范围 0000～1111，共 16 种可编程脉宽配置；CHPFREQ 是斩波时钟频率控制位域；CHPDUTY 是斩波时钟占空比控制位域，000～110 分别对应 1/8-7/8 占空比，111 保留。

PC 子模块的时钟频率为 SYSCLKOUT/8，首脉冲共有 16 种可编程宽度，计算公式如下。

$$T_{1stpulse} = T_{SYSCLKOUT} \times 8 \times OSHTWTH \tag{5-4}$$

（2）PWM 斩波调制原理

PWM 斩波调制原理，如图 5.10 所示。

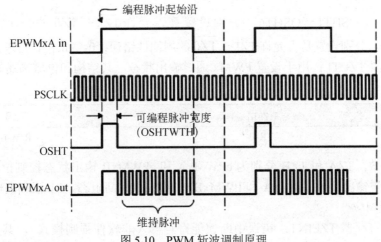

图 5.10 PWM 斩波调制原理

EPWMxA in 是 DB 子模块的输出 PWM 信号，同时也是 PC 子模块的输入信号，称为调制信号，高电平有效。PSCLK 是高频载波信号，OSHT 是脉宽可调的首脉冲信号。首先，EPWMxA in 信号和 PSCLK 信号进行"与"运算，运算结果再与 OSHT 信号进行"或"运算，于是，最后形成高频斩波信号 EPWMxA out。合成后的高频信号 EPWMxA out 由首脉冲和后续系列维持脉冲组成，其中，首脉冲具有较大的脉宽，可以增强开关电路的驱动能力，以确保功率开关电路在开始启动时可靠闭合，而后续脉冲，则用来维持功率开关持续闭合。

6. TZ 子模块

（1）TZ 子模块工作原理

错误控制子模块 TZ 是可选功能模块，应用于当系统出现错误或发出制动信号时设置 PWMxA、PWMxB 的输出状态（强制状态），强制状态包括高电平、低电平、高阻态或无响应。DSP 外部输入信号共有 6 个：$\overline{TZ1}$ ～ $\overline{TZ6}$，均为低电平有效，均从 GPIO 复合功能引脚输入，可以连接到任何 PWMx 通道，这些信号指示外部故障或跳闸条件。

针对上述信号，PWMxA、PWMxB 通道产生相应的输出动作，可以实现应对短路或过流保护等单次错误的一次性支持或应对周期性错误的周期性支持。同时，任意管脚的错误信号可以直接引发中断，或通过软件设置强制产生中断。

（2）TZ 子模块寄存器

TZ 子模块的寄存器数量较多，包括选择寄存器 TZSEL、控制寄存器 TZCTL、中断允许寄存器 TZEINT、软件强制寄存器 TZFRC、错误标志寄存器 TZFLG 和清零寄存器 TZCLR。其功能、结构和位域描述等如下所示。

选择寄存器 TZSEL：主要对外部信号的一次性错误或周期性错误进行允许设置，其结构和位域描述如下。

15	14	13	12	11	10	9	8
保留		OSHT6	OSHT5	OSHT4	OSHT3	OSHT2	OSHT1
R-0		R/W-0	R/W-0	R/W-0	R/W-0	R/W-0	R/W-0

7	6	5	4	3	2	1	0
保留		CBC6	CBC5	CBC4	CBC3	CBC2	CBC1
R-0		R/W-0	R/W-0	R/W-0	R/W-0	R/W-0	R/W-0

其中，位域 OSHT1～OSHT6，分别设置是否允许 $\overline{TZ1}$ ～ $\overline{TZ6}$ 的一次性错误；位域 OBC1～OBC6，分别设置是否允许 $\overline{TZ1}$ ～ $\overline{TZ6}$ 的周期性错误：0-禁止；1-允许。

控制寄存器 TZCTL：用于设置 PWMx 通道输出状态，其结构和位域描述如下。

15	4	3	2	1	0
保留		TZB		TZA	
R-0		R/W-0		R/W-0	

低 6 位有效，TZA 和 TZB 分别为 ePWMxA 和 ePWMxB 输出状态控制位域，当错误事件发生时，设置输出信号 PWMxA 和 PWMxB 的状态：00-高阻态，01-强制高电平，10-强制低电平，11-无响应。

中断允许寄存器 TZEINT：错误中断使能寄存器（非软件强制模式），其结构和位域描述如下。

15			3	2	1	0
		保留		OST	CBC	保留
		R-0		R/W-0	R/W-0	R/W-0

位域 OST 是一次性错误中断控制位，CBC 是周期性错误中断控制位：0-禁止，1-允许。

软件强制寄存器 TZFRC：软件强制产生一次性或周期性错误事件寄存器，结构和位域描述如下。

15			3	2	1	0
		保留		OST	CBC	保留
		R-0		R/W-0	R/W-0	R/W-0

仅 2 个位有效，OSC 是软件强制产生一次性错误事件控制位，CBC 是软件强制产生周期性错误事件控制位，OSC/CBC：0-无影响，1-软件强制产生一次性或周期性错误事件。

TZFLG/TZCLR：分别是事件标志和事件清零寄存器，二者的寄存器结构和位域分布完全一致，寄存器结构及位域描述如下。

15			3	2	1	0
		保留		OST	CBC	INT
		R-0		R/W-0	R/W-0	R/W-0

在中断标志寄存器 TZFLG 中，OST、CBC 和 INT 分别表示发生一次性错误事件、周期性错误事件和 PWMx_TZINT 中断标志位，OST/CBC：0-无事件发生，1-有事件发生。INT：0-无中断，1-发生中断。CBC 或 OSC 任何一个置位，均可以引起 INT 置位。

在清零寄存器 TZCLR 中，OST、CBC 和 INT 位，分别是针对上述事件标志的清零位，对相应位置 1，可以清零对应事件或中断标志。但是，CBC 和 INT 位有所不同，CBC 对应周期性错误事件，只要对应管脚上的周期性事件未消失，CBC 标志清零后仍然会置位，只有时基计数器 TBCTR=0 时，才会自动清除 CBC 中断标志。同时，由于 TZFLG 中 CBC 或 OSC 置位，均会引起中断标志 INT 置位。所以，TZCLR 中 INT 标志位不能单独清零。

7. ET 子模块

事件触发子模块 ET 是事件功能设置模块。如图 5.2 所示，来自 TB 和 CC 子模块的典型事件共四种：CTR=PRD、CTR=ZERO、CTR=CMPA 和 CTR=CMPB，该子模块用于规划和设置下述动作：如何产生事件中断 EPWMxINT（x=1～6，本节下同）、如何产生 ADC 模块转换启动信号 EPWMxSOCA 和 EPWMxSOCB（x=1～6，本节下同），以及如何确定产生中断或启动 ADC 转换的事件次数 x（x=1～3，本节下同）。

ET 子模块的寄存器包括选择寄存器 ETSEL、预定标寄存器 ETPS、标志寄存器 ETFLG、标志清除寄存器 ETCLR 和软件强制寄存器 ETFRC。各寄存器的功能、结构和位域描述如下。

选择寄存器 ETSEL：主要完成 ADC 启动转换信号和 PWM 中断允许设置，以及触发事件选择。其结构如下，位域描述如表 5.11 所示。

15	14	12	11	10	8	7	4	3	2	0
SOCBEN	SOCBSEL		SOCAEN	SOCASEL		保留		INTEN	INTSEL	
R/W-0	R/W-0		R/W-0	R/W-0		R-0		R/W-0	R/W-0	

表 5.11   ETSEL 位域描述

位	位域	说明
15	SOCBEN	EPWMxSOCB 允许位。0-禁止；1-允许
14-12	SOCBSEL	EPWMxSOCB 信号触发事件选择位。从 6 种触发事件中进行选择①
11	SOCAEN	EPWMxSOCA 允许位。0-禁止；1-允许
10-8	SOCASEL	EPWMxSOCA 信号触发事件选择位。从 6 种触发事件中进行选择②
3	INTEN	EPWMxINT 允许位。0-禁止；1-允许
2-0	INTSEL	EPWMxINT 中断触发事件选择位。从 6 种触发事件中进行选择③

注：①～③ 6 种触发事件分别指：001-CTR=ZERO，010-CTR=PRD，100-CTR=CAU，101-CTR=CAD，110-CTR=CBU，111-CTR=CBD，其余状态位 000 和 011 保留。

SOCBEN、SOCAEN 和 INTEN 位域，分别是 ADC 启动转换信号 EPWMxSOCB、EPWMxSOCA 和中断 EPWMxINT 使能位域，0-禁止，1-允许；SOCBSEL、SOCASEL 和 INTSEL 位域，分别是 ADC 启动转换信号 EPWMxSOCB、EPWMxSOCA 和中断 EPWMxINT 的典型触发事件选择位域，6 种典型触发事件包括：001-CTR=ZERO、010-CTR=PRD、100-CTR=CAU、101-CTR=CAD、110-CTR=CBU 和 111-CTR=CBD，其余状态位 000 和 011 保留。

预定标寄存器 ETPS：其结构如下，位域描述如表 5.12 所示。

15	14	13	12	11	10	9	8	7	4	3	2	1	0
SOCBCNT		SOCBPRD		SOCACNT		SOCAPRD		保留		INTCNT		INTPRD	
R-0		R/W-0		R-0		R/W-0		R-0		R-0		R/W-0	

表 5.12   ETPS 位域描述

位	位域	描述	预定标设置（事件次数）			
			00	01	10	11
15-14	SOCBCNT	事件计数器，已经发生的事件个数	0	1	2	3
13-12	SOCBPRD	设置触发或中断周期	禁用	1	2	3
11-10	SOCACNT	事件计数器，已经发生的事件个数	0	1	2	3
9-8	SOCAPRD	设置触发或中断周期	禁用	1	2	3
3-2	INTCNT	事件计数器，已经发生的事件个数	0	1	2	3
1-0	INTPRD	设置触发或中断周期	禁用	1	2	3

SOCBPRD、SOCAPRD 和 INTPRD，分别是 EWMxSOCB、EPWMxSOCA 和 EPWMxINT 的触发事件个数或中断周期的设置位域，即选择几个事件才触发一次上述信号或中断，位域：00-禁用；01-1 个；10-2 个；11-3 个。若 INTPRD=11，则选定了 PRD 事件，指每发生 3 次 CTR=PRD 事件，才触发一次中断 EPWMxINT。SOCBCNT、SOCACNT 和 INTCNT 是事件计数位域，分别指示当前已经发生的选定事件的个数。

ETFLG/ETCLR/ETFRC：分别是 ET 子模块的事件标志寄存器、清零寄存器和软件强制寄存器，3 个寄存器的结构和位域分布一致，寄存器结构及位域描述如下。

15			4	3	2	1	0
	保留			SOCB	SOCA	保留	INT
	R-0			R-0	R-0	R-0	R-0

每个寄存器仅有 3 个位有效，分别是 SOCB、SOCA、INT，其余位保留。

在事件标志寄存器 ETFLG 中，SOCB、SOCA 和 INT 位域，分别是 EPWMxSOCB、EPWMxSOCA 和 EPWMxINT 的标志位；在清零寄存器 ETCLR 中，分别对 SOCB、SOCA 或 INT 位域置 1，则可对标志寄存器中相应标志位清零；在软件强制寄存器 ETFRC 中，对 SOCB、SOCA 或 INT 位域置 1，则软件强制对应事件或中断发生。

5.1.4　PWM 波产生示例

1. 概述

TB、CC 和 AQ 三个子模块配合，便可以输出一个完整的 PWM 波。要产生 PWM 波需要完成三个基本设置：设置周期寄存器 TBPRD，该寄存器中的数值，决定了 PWM 波的周期大小；设置脉宽，脉宽的设置需要使用比较寄存器 CMPA 和 CMPB，通过设置上述 1 个或 2 个比较寄存器的数值，便可以实时改变 PWM 波脉宽的大小。每个 PWM 通道，均对应有 EPWMxA 和 EPWMxB 2 路 PWM 输出信号；设置输出动作，动作设置决定了 PWM 波的输出波形。

2. PWM 波产生

若输出 1 路 PWMxA 波，分四种情况分析基本设置及工作原理。

（1）连续增计数模式下单边非对称 PWM 波

设置时基计数器 TBCTR 工作于"连续增计数"模式，设置控制寄存器 AQCTLA，令 ZRO=10，CAU=01，其他位域均为 0。同时，根据需要赋值 CMPA 一定数值。则系统运行以后，在 AQ 子模块输出端口输出如图 5.11（a）所示的 PWM 波。

具体工作过程为：在连续增计数模式下，计数器 TBCTR 从 0 开始计数，当 CTR=ZERO，输出高电平信号；在增计数过程中，当 CTR=CMPA 时，输出信号由高电平转换为低电平信号，并一直维持低电平至本周期结束。PWM 波的周期和脉宽计数如下。

PWM 周期计算：$T_{PWM} = (TBPRD+1) \times T_{TBCLK}$

PWM 脉宽计算：$T_{WIDE} = (CMPA+1) \times T_{TBCLK}$　　　　　　　　　　　　（5-5）

有效脉宽与比较寄存器 CMPA 值大小成正比关系。因此，当周期固定时，只需改变比较寄存器 CMPA 的设定值数，便可以实时改变 PWM 波的占空比，从而形成周期固定、脉宽可调的标准 PWM 波。在连续增计数模式下单边非对称 PWM 波，如图 5.11（a）所示，注意：高电平有效。

（2）连续增计数模式下脉冲位置非对称 PWM 波

TBCTR 工作于"连续增计数"模式，与上述单边非对称 PWM 波的产生原理类似。不同之处在于：第一，使用了 CMPA 和 CMPB 2 个比较寄存器，在同一个计数周期内设置有 2 个比较值，需要对 AQCTLA 的 ZRO、CAU、CBU、PRD 位域进行设置；第二，若正脉冲为有效值，有效脉冲信号起始时刻 CTR=CMPA，终止时刻 CTR=CMPB。在 AQCTLA 中，令

CAU=10，CBU=01，其余一律赋值 00。则系统运行后，在 AQ 子模块输出端口，产生如图 5.11（b）所示的 PWM 波。

具体工作过程：在连续增计数模式下，计数器开始计数，当 CTR=ZERO，输出不变；当 CTR=CMPA 时，输出高电平信号；当 CTR=CMPB，输出由高电平转换为低电平，并一直维持该低电平信号至本计数周期结束。PWM 波的周期和脉宽计数如下。

PWM 周期计算：$T_{PWM} = (TBPRD+1) \times T_{TBCLK}$

PWM 脉宽计算：$T_{WIDE} = (CMPB - CMPA) \times T_{TBCLK}$　　　　　　　　　(5-6)

有效脉冲（高电平）宽度与（CMPB-CMPA）差值大小成正比例关系，改变 2 个比较寄存器的差值大小，可以实时改变 PWM 波形的占空比，当周期固定时，可以输出标准的 PWM 波。在连续增计数模式下，使用 CMPA 和 CMPB 两个比较器，便可以产生脉冲位置非对称 PWM 波，如图 5.11（b）所示。

（3）连续增/减计数模式下双边对称 PWM 波

TBCTR 工作于"连续增/减计数"模式，对控制寄存器 AQCTLA 进行设置，令 CAU=10，CAD=01，其他位域均置 0。系统运行以后，在 AQ 输出端口，产生如图 5.11（c）所示的 PWM 波。

具体工作过程：在连续增/减计数模式的增计数过程中，当 CTR=ZERO，输出无变化，当 CTR=CMPA 时，输出高电平信号；在减计数过程中，当 CTR=CMPA 时，输出信号由高电平转换成低电平，并一直保持低电平到本周期结束。当高电平有效时，有关计算如下。

PWM 波周期计算：$T_{PWM} = 2 \times TBPRD \times T_{TBCLK}$

PWM 波脉宽计算：$T_{WIDE} = 2 \times (TBPRD - CMPA) \times T_{TBCLK}$　　　　　　(5-7)

当高电平有效时，PWM 脉宽与（TBPRD-CMPA）成正比例关系，改变（TBPRD-CMPA）值便可以实时改变输出脉宽大小。

（4）连续增/减计数模式下双边非对称 PWM 波

在连续增/减计数模式下，设置控制寄存器 AQCTLA，令 CAU=10，CBD=01，其他位域均设置为 0；当系统运行以后，在输出端口产生如图 5.11（d）所示的 PWM 波。工作原理与图 5.11（c）类似，当 CMPA=CMPB 时，所输出波形与图 5.11（c）完全一致。

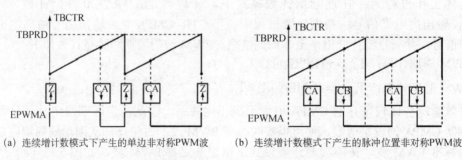

(a) 连续增计数模式下产生的单边非对称PWM波　　(b) 连续增计数模式下产生的脉冲位置非对称PWM波

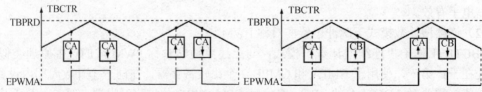

(c) 连续增/减计数模式下产生的双边对称 PWM 波　　(d) 连续增/减计数模式下产生的双边非对称 PWM 波

图 5.11　PWMxA 波产生原理

注意：设上述均为高电平有效。

3. 实例

（1）连续增计数模式单边非对称 PWM 波

设置 ePWM1 模块（通道），通过 EPWM1A 引脚，输出如图 5.12 所示的 1 路 PWM 波。

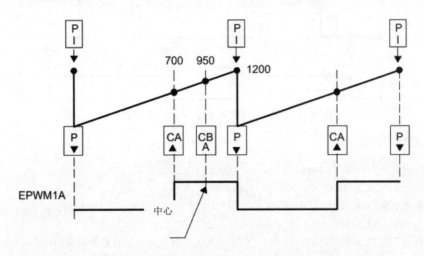

图 5.12　连续增计数模式单边非对称 PWM 波

注：P：事件触发中断。

软件实现代码如下。

```
EPwm1Regs.TBPRD=1200; //设置计数周期
EPwm1Regs.TBPHS.half.TBPHS=0; //设置相位寄存器为 0
EPwm1Regs.TBCTL.bit.CTRMODE=TB_COUNT_UP; //连续增计数模式
EPwm1Regs.TBCTL.bit.PHSEN=TB_DISABLE; //禁止同步加载
EPwm1Regs.TBCTL.bit.PRDLD=TB_SHADOW; //通过映射模式下载计数周期数值
EPwm1Regs.TBCTL.bit.SYNCOSEL=TB_SYNC_DISABLE; //禁止同步输出模式
EPwm1Regs.CMPCTL.bit.SHDWAMODE=CC_SHADOW; //通过映射模式更新比较寄存器
EPwm1Regs.CMPCTL.bit.SHDWBMODE=CC_SHADOW; //同上
EPwm1Regs.CMPCTL.bit.LOADAMODE=CC_CTR_ZERO; //在 CTR=0 时更新 CMPA
EPwm1Regs.CMPCTL.bit.LOADBMODE=CC_CTR_ZERO; // 在 CTR=0 时更新 CMPB
EPwm1Regs.AQCTLA.bit.PRD=AQ_CLEAR; //清零 PRD，初始化周期匹配事件为无动作
EPwm1Regs.AQCTLA.bit.CAU=AQ_SET; //增计数过程中，计数值与 CMPA 匹配时置高电平
EPwm1Regs.CMPA.half.CMPA=700; //增计数过程中，设置 CMPA=700
```

（2）连续增减计数模式下双边对称 PWM 波

设置 ePWM1 模块（通道），通过 EPWM1A 和 EPWM1B 引脚，分别输出如图 5.13 所示的两路 PWM 波。

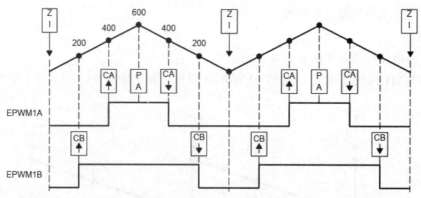

图 5.13　连续增计数模式下双边对称 PWM 波

软件实现代码如下。

```
EPwm1Regs.TBPRD=600; // PWM 波周期为 1200 个 TBCLK 时钟
EPwm1Regs.TBPHS.half.TBPHS=0; //相位寄存器置 0
EPwm1Regs.TBCTL.bit.CTRMODE=TB_COUNT_UPDOWN; //连续增减计数模式
EPwm1Regs.TBCTL.bit.PHSEN=TB_DISABLE; // 禁止同步
EPwm1Regs.TBCTL.bit.PRDLD=TB_SHADOW; //通过映射模式下载计数周期数值
EPwm1Regs.TBCTL.bit.SYNCOSEL=TB_CTR_ZERO; //CTR=ZERO 同步输出
EPwm1Regs.CMPCTL.bit.SHDWAMODE=CC_SHADOW; // 通过映射模式更新比较寄存器
EPwm1Regs.CMPCTL.bit.SHDWBMODE=CC_SHADOW; //同上
EPwm1Regs.CMPCTL.bit.LOADAMODE=CC_CTR_ZERO; // 在 CTR=Zero 时更新 CMPA
EPwm1Regs.CMPCTL.bit.LOADBMODE=CC_CTR_ZERO; // 在 CTR=Zero 时更新 CMPB
EPwm1Regs.AQCTLA.bit.CAU=AQ_SET; // 增计数过程中，计数值与 CMPA 匹配时置高电平
EPwm1Regs.AQCTLA.bit.CAD=AQ_CLEAR; //减计数过程中，计数值与 CMPA 匹配时置低电平
EPwm1Regs.AQCTLB.bit.CBU=AQ_SET; // 增计数过程中，计数值与 CMPA 匹配时置高电平
EPwm1Regs.AQCTLB.bit.CBD=AQ_CLEAR; //减计数过程，计数值与 CMPB 匹配时置低电平
EPwm1Regs.CMPA.half.CMPA=400; //设置 CMPA=400
EPwm1Regs.CMPB =200; //设置 CMPB=200
```

（3）变频控制与死区设置

目前，永磁同步电机得到了广泛应用，基于"直流—交流"变频控制的驱动系统原理图，如图 5.14 所示。其中，EPWM1A 与 EPWM1B；EPWM2A 与 EPWM2B；EPWM3A 与 EPWM3B，构成了三对 PWM 控制信号。

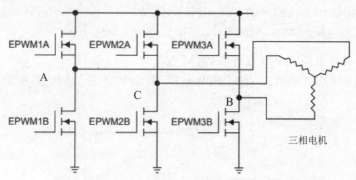

图 5.14　永磁同步电机变频控制驱动系统原理图

要求：对 ePWM1 通道进行设置，通过 EPWM1A、EPWM1B 引脚，输出如图 5.15 所示的插入死区的 PWM 控制信号。

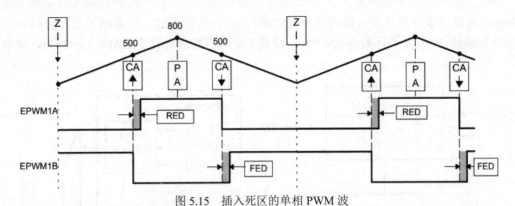

图 5.15 插入死区的单相 PWM 波

注：①下述代码仅针对 ePWM1 通道进行设置和编程。②DB 输出采用 AHC 模式，为常用模式之一。

软件实现代码如下。

```
EPwm1Regs.TBPRD=800; // 设置 PWM 波周期为 1600 个 TBCLK 时钟
EPwm1Regs.TBPHS.half.TBPHS=0; //相位寄存器置 0
EPwm1Regs.TBCTL.bit.CTRMODE=TB_COUNT_UPDOWN; // 设置连续增减计数模式
EPwm1Regs.TBCTL.bit.PHSEN=TB_DISABLE; //禁止同步
EPwm1Regs.TBCTL.bit.PRDLD=TB_SHADOW; // 通过映射模式下载计数周期数值
EPwm1Regs.TBCTL.bit.SYNCOSEL=TB_CTR_ZERO; // CTR=ZERO 同步输出
EPwm1Regs.CMPCTL.bit.SHDWAMODE=CC_SHADOW; // 通过映射模式更新 CMPA
EPwm1Regs.CMPCTL.bit.SHDWBMODE=CC_SHADOW; // 通过映射模式更新 CMPB
EPwm1Regs.CMPCTL.bit.LOADAMODE=CC_CTR_ZERO; // 在 CTR=Zero 时更新 CMPA
EPwm1Regs.CMPCTL.bit.LOADBMODE=CC_CTR_ZERO; // 在 CTR=Zero 时更新 CMPB
EPwm1Regs.AQCTLA.bit.CAU=AQ_SET; //增计数过程中，计数值与 CMPA 匹配时置高电平
EPwm1Regs.AQCTLA.bit.CAD=AQ_CLEAR; //减计数过程中，计数值与 CMPA 匹配时置低电平
EPwm1Regs.DBCTL.bit.OUT_MODE=DB_FULL_ENABLE; //启用死区模块，均经过死区模块延时输出
EPwm1Regs.DBCTL.bit.POLSEL=DB_ACTV_HIC; //极性设置，采用 AHC 模式
EPwm1Regs.DBFED=50; //FED=50TBCLKs,下降沿延时 50 个 TBCLK 时钟
EPwm1Regs.DBRED=50; //RED=50TBCLKs,上升沿延时 50 个 TBCLK 时钟
EPwm1Regs.CMPA.half.CMPA = 500; //CMPA=500
```

5.2 增强捕获（eCAP）模块

F2833x 的 eCAP 模块，共有 6 个通道，每个通道均有捕获和 APWM 两种功能，其中，捕获是 eCAP 模块的主要功能。在捕获模式下，当连接到引脚 eCAPx（x=1～6，本节下文同）上的信号电平发生跳变时，会引发相应的触发事件。通过锁存信号电平跳变时刻计数器 TSCTR 的计数值，可以对电机转速、脉冲信号间隔和周期信号频率等进行精密测量。利用 eCAP 模块进行信号跳变边沿的自动检测，完全摆脱了 CPU 干预，提高了系统运行效率。在 APWM 模式下，每个通道都可以设置成 PWM 波发生器，其工作原理与 ePWM 模块在连续增计数模式基本一致。

5.2.1 捕获模式

如图 5.16 所示,实线部分是 eCAPx 通道在捕获模式下的系统结构。基本功能单元包括工作模式选择、事件预分频、极性选择(边沿检测)、事件限定、中断触发与标志控制、连续/单次捕获模式和 32 位计数器 TSCTR,以及 4 个时戳捕获寄存器 CAPx(x=1~4,本节下文同)等功能单元组成。

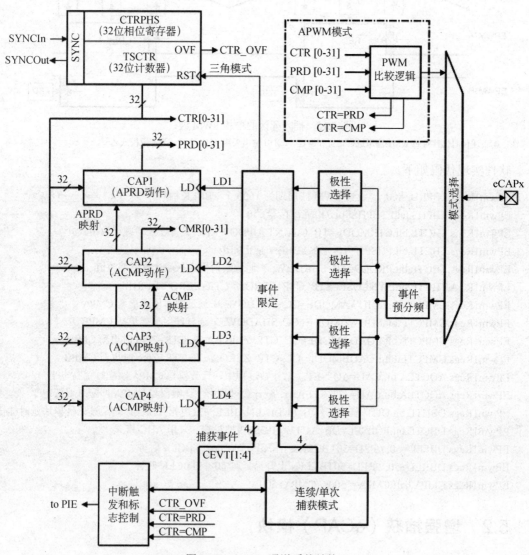

图 5.16 eCAPx 通道系统结构

具体工作过程:首先,设置 ECCTL2[CAP/APWM]=0,令通道工作于捕获模式。eCAPx 端口是外部信号输入端口,来自 eCAPx 引脚的周期性或非周期性信号,经过事件预分频单元,若外部信号频率过高,可通过控制寄存器 ECCTL1[PRESCAL]位域,进行预分频处理,PRESCAL 位域为 5 位二进制宽度,设置范围 00000~11111,N 为预处理单元对应的十进制值,当 N=0 时,直通不分频,外部信号直接进入极性选择单元,当 N≠0 时,预分频计算公式 $f_{OUT} = f_{IN}/(2×N)$,其中 f_{IN} 为外部输入信号频率。

经过预分频后的输入信号，在信号边沿检测部分，根据预先设置的有效触发边沿（上升沿或下降沿）引发相应的触发事件 CEVT1～CEVT4，边沿设置由 ECCTL1[CAPxPOL]（x=1～4，本节下文同）位域控制，每个通道最多可以检测 eCAPx 引脚上连续发生的 4 次跳变。事件 CEVT1～CEVT4 又作为事件限定单元的计数时钟，事件限定单元在连续捕获/单次捕获模式功能单元控制下工作，ECCTL2[CONT/ONESHT]位域决定事件限定单元的工作模式：0-连续捕获模式，1-单次捕获模式。

在连续捕获模式下，事件限定单元以外部信号触发的事件为时钟，按照 0-1-2-3-0 的状态顺序进行循环。因为事件限定单元最大仅有四个状态，所以，事件限定单元又称为模 4 计数器。其状态经过 2/4 线译码器译码后，作为锁存控制信号 LD1～LD4，分别控制锁存捕获寄存器 CP1～CP4，使之锁存发生上述 CEVT1～CEVT4 事件时所对应时刻的 TSCTR 计数值。因此，CP1～CP4 中存储的计数值，又被形象地称为时钟戳，记录了事件发生时刻计数器的实时计数值。如上所述：依据 0-1-2-3-0 的状态顺序，依次循环存储 TSCTR 的计数值，实现了对引脚 eCAPx 上连续跳变信号的依次捕获。

在单次捕获模式下，事件限定单元工作模式发生了重大变化，在连续/单次捕获逻辑控制下，将事件限定单元的实际状态与控制寄存器 ECCT2[STOP_WARP]位域设定的状态值相比较，当两者一致时，便停止事件限定单元计数，同时冻结 CAP1～CAP4 的数值，即禁止计数器继续计数和锁存寄存器继续锁存数值。当事件限定单元停止计数后，事件限定单元和 CAP1～CAP4 中的数值一直保持不变，直到通过软件向 ECCTL2[RE_ARM]置 1，重新启动单次捕获功能。

CAP1～CAP4 存储捕获时刻计数器计数值的方式，有绝对时基模式和差分时基模式。前者仅捕获 TSCTR 计数数据，但是并不清零和干预 TSCTR 计数；后者则是每捕获一次计数数据，便复位 TSCTR 一次，使之从 0 重新开始计数。

5.2.2 APWM 模式

1. 系统结构

ECCTL2[CAP/APWM]=1，通道工作于 APWM 模式，该模式下每个 eCAPx 通道可以输出 1 路 PWM 波。与 ePWM 模块比较，eCAPx 通道硬件结构大为简化，功能也相对单一，32 位的计数器 TSCTR 仅工作于连续增计数模式。所以，APWM 模式仅用于产生简单的 PWM 波。

在 APWM 模式下，所有 eCAPx 通道的结构完全一致，如图 5.17 所示。32 位时基计数器 TSCTR 仍然是系统核心功能单元，其工作于连续增计数模式；系统时钟 SYSCLKOUT 作为 TSCTR 输入计数脉冲信号。4 个 CAPx 寄存器，被分为 2 组使用。其中，CAP1 和 CAP3 为一组，CAP1 作为计数器周期寄存器的动作寄存器，设置 PWM 波的工作周期，CAP3 作为周期寄存器的映射寄存器。CAP2 和 CAP4 为一组，其中，CAP2 作为比较寄存器的动作寄存器，CAP4 作为比较寄存器 CAP2 的映射寄存器。

2. 工作原理

如图 5.17 和 5.18 所示，32 位时基计数器 TSCTR 工作于连续增计数模式，以 SYSCLKOUT 为计数时钟进行周期计数。在连续增计数过程中，当 TSCTR=0 时开始输出有效信号；当 TSCTR=CAP2 时，发生比较匹配事件 CTR=CMP，输出信号 APWMx 波形随动作设置而发生跳变；当 TSCTR=PRD 时，发生周期匹配事件 CTR=PRD，同时，令计数器 TSCTR 复位到 0。于是开始新一轮的连续增计数周期。

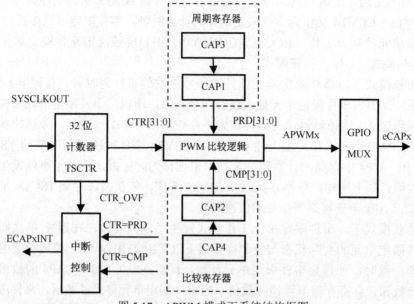

图 5.17 APWM 模式下系统结构框图

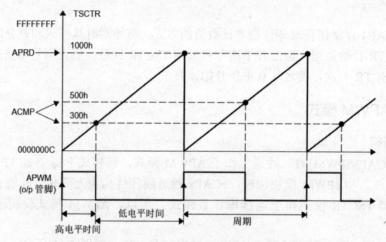

图 5.18 APWM 模式下单通道 PWM 波

如图 5.18 所示，PWM 波的周期大小与 CAP1 的设定值呈正比例关系，调节映射寄存器 CAP3 的值，便可以改变 PWM 波的周期大小；输出有效电平（高电平）的宽度则与比较寄存器 CAP2 的设定值呈正比例关系。因此，通过动态修改映射寄存器 CAP4 的值，便可以实时调整 PWM 波的脉宽，即占空比，实现了与 ePWM 模块类似的 PWM 控制功能。

3. APWM 模式特征

（1）事件与中断

在 APWM 模式下，每个通道均可以产生 2 种事件：周期匹配事件（CTR=PRD）、比较匹配事件（CTR=CMP），若相应中断控制位使能，可通过中断控制单元向 PIE 模块发出中断申请 ECAPxINT（x=1～6，本节下文同）。

（2）周期寄存器与比较寄存器

CAP1：周期寄存器动作寄存器；CAP3：周期寄存器映射寄存器；

CAP2：比较寄存器动作寄存器；CAP4：比较寄存器映射寄存器；

（3）数据装载

数据装载模式包括直接模式和映射模式。

直接模式：直接向寄存器 CAP1 写入周期值，直接向 CAP2 中写入比较值，同时，自动将数据分别复制传递到对应的映射寄存器 CAP3 和 CAP4 之中。

映射模式：直接将周期值和比较值分别写入 CAP3 和 CAP4 之中，在每个计数周期的周期匹配事件发生时 CTR=PRD，上述数据分别自动装载到 CP1 和 CAP2 之中。

系统初始化时，必须首先采用直接模式装载周期寄存器和比较寄存器，在随后的运行中，可以采用映射模式进行周期或比较值的更新。

（4）通道同步

在 eCAP 模块中，每个通道 eCAPx 功能结构完全一致，拥有 1 个同步输入信号 SYNCIn 和 1 个同步输出信号 SYNCOut，1 个相位偏移寄存器 CTRPHS。通过同步输入信号 SYNCIn 或软件强制位域 ECCTL2[SWSYNC]的控制，可以实现各通道之间保持同步或保持一定相位偏差。各通道也可以选择将输入信号 SYNCIn 或 CTR=PRD 事件等信号，作为同步输出信号 SYNCOut 进行输出，达到控制其他通道保持同步工作的目的。

5.2.3 寄存器及其应用

eCAP 模块的寄存器，包括数据寄存器、控制寄存器和中断控制寄存器。其中，数据寄存器共 6 个，包括时基计数器 TSCTR、相位寄存器 CTRPHS 和寄存器 CAP1～CAP4。控制寄存器包括 ECCTL1 和 ECCTL2；中断控制寄存器包括中断允许寄存器 ECEINT、中断标志寄存器 ECFLG、中断清除寄存器 ECCLR 和软件强制寄存器 ECFRC。其中，数据寄存器均为 32 位。

（1）控制类寄存器

控制类寄存器 ECCTL1 和 ECCTL2。

ECCTL1：主要完成仿真挂起时的系列动作设置、预分频系数设置、触发极性、捕获模式下绝对时基模式和差分时基模式等设置，以及是否允许 TSCTR 实时计数值锁存等，寄存器结构如下，位域描述如表 5.13 所示。

15	14	13					9	8
FREE/SOFT		PRESCALE						CAPLDEN
R/W-0		R/W-0						R/W-0

7	6	5	4	3	2	1	0
CTRRST4	CAP4POL	CTRRST3	CAP3POL	CTRRST2	CAP2POL	CTRRST1	CAP1POL
R/W-0	R/W-0	R/W-0	R/W-0	R/W-0	R/W-0	R/W-0	R/W-0

表 5.13 ECCTL1 位域描述

位	位域	说明
15-14	FREE/SOFT	仿真挂起动作位。00-立即停止；01-计数到 0 后停止；1x-自由运行
13-9	PRESCALE	预分频系数位：00000-1；00001～11111-2×PRESCALE

续表

位	位域	说明
8	CAPLDEN	事件对应的 TSCTR 计数值锁存允许位。0-禁止；1-允许
7	CTRRST4	CAP4 捕获模式位：0-绝对时基模式；1-差分时基模式
6	CAP4POL	CEVT4 事件触发边沿设置位：0-上升沿；1-下降沿
5	CTRRST3	CAP3 捕获模式位：0-绝对时基模式；1-差分时基模式
4	CAP3POL	CEVT3 事件触发边沿设置位：0-上升沿；1-下降沿
3	CTRRST2	CAP2 捕获模式位：0-绝对时基模式；1-差分时基模式
2	CAP2POL	CEVT2 事件触发边沿设置位：0-上升沿；1-下降沿
1	CTRRST1	CAP1 捕获模式位：0-绝对时基模式；1-差分时基模式
0	CAP1POL	CEVT1 事件触发边沿设置位：0-上升沿；1-下降沿

FREE/SOFT 用于设置仿真挂起时的 TSCTR 操作：00-立即停止；01-计数到 0 后停止；1x-自由运行。PRESCALE 用于设置外部输入信号频率的预定标系数，即分频系数，当输入信号频率较高时，可以通过该位域设置分频系数，5 位二进制位宽，除了 00000-直通外，00001～11111-2×PRESCALE。CAPLDEN 是 CAP1～CAP4 锁存 TSCTR 计数值允许位：0-禁止；1-允许。在捕获模式下，CTRRST1～CTRRST4 分别是 CAP1～CAP4 的捕获模式位：0-绝对时基模式；1-差分时基模式。CAP1POL～CAP4POL 分别为 CEVT1～CEVT4 事件极性位：0-上升沿；1-下降沿。

ECCTL2：主要功能包括 APWM 模式下输出波形极性选择、捕获/APWM 模式选择、同步设置、连续/单次捕获控制选择等，其结构如下，位域描述如表 5.14 所示。

15				11	10	9	8
保留					APWMPOL	CAP/APWM	SWSYNC
R-0					R/W-0	R/W-0	R-0/W1S-0

7	6	5	4	3	2	1	0
SYNCO_SEL	SYNCI_EN	TSCTRSTOP	REARM	STOP_WRAP			CONT/ONESHT
R/W-0	R/W-0	R/W-0	R-0/W1S-0	R/W-0			R/W-0

表 5.14　ECCTL2 位域描述

位	位域	说明
10	APWMPOL	PWM 输出有效电平位。0-高电平有效；1-低电平有效
9	CAP/APWM	捕获与 APWM 模式选择位。0-捕获模式；1-APWM 模式
8	SWSYNC	软件强制计数器同部位。0-无效；1-强制 TSCTR 装载 CTRPHS 值
7-6	SYNCO_SEL	同步输出信号源选择位。00-同步输入信号；01-CTR=PRD；1x-禁止同步输出
5	SYNCI_EN	同步选择模式位。0-禁止同步；1-使能同步，允许 SYNCI 或 S/W 强制信号时装载 CTRPHS
4	TSCTRSTOP	时基计数器 TSCTR 启动控制位。0-停止；1-启动
3	REARM	重新启动控制位。0-无效；1-启动一个序列。在单次和连续模式下均有效
2-1	STOP_WRAP	捕获停止设置位。00-1 个事件；01-2 个事件；10-3 个事件；11-4 个事件
0	CONT/ONESHT	捕获模式下连续或单次捕获模式选择位。0-连续模式；1-单次模式

（2）中断控制寄存器

包括中断允许寄存器 ECEINT、强制中断寄存器 ECFRC、中断标志寄存器 ECFLG 和中断清除寄存器 ECCLR。

ECEINT/ECFRC：ECEINT 与 ECFRC 的结构和位域分布基本一致，其结构和位域描述如下。

15 8	7	6	5	4	3	2	1	0
保留	TR=CMP	CTR=PRD	CTROVF	CEVT4	CEVT3	CEVT2	CEVT1	保留
R-0	R/W-0	R/W-0	R/W-0	R/W-0	R/W-0	R/W-0	R/W-0	R-0

ECEINT[7:1]位分别是 CTR=CMP、CTR=PRD、CTR=CTROVF，以及 CEVT4～CEVT1 事件的中断允许位：0-禁止中断；1-允许中断。ECFRC [7:1]位分别是 CTR=CMP、CTR=PRD、CTR=CTROVF，以及 CEVT4～CEVT1 事件的强制中断位：0-无效；1-写 1，相应中断标志置位。

ECFLG/ECCLR：中断标志寄存器 ECFLG 与中断标志清除寄存器 ECCLR，两者的结构和位域分布基本一致，其结构和位域描述如下。

15 8	7	6	5	4	3	2	1	0
保留	TR=CMP	CTR=PRD	CTROVF	CEVT4	CEVT3	CEVT2	CEVT1	INT
R-0	R/W-0	R/W-0	R/W-0	R/W-0	R/W-0	R/W-0	R/W-0	R/W-0

在 ECFLG 寄存器中，INT 是全局中断标志位，eCAP 通道发生 PIE 中断，该位置位。ECFLG[7:1]位分别是 CTR=CMP、CTR=PRD、CTR=CTROVF，以及 CEVT4～CEVT1 事件的中断标志位：0-无中断事件发生；1-有中断产生。

向 ECCLR 对应位写 1，可以清除中断标志寄存器中对应位的中断标志，每次中断响应以后，需要在中断程序中要及时置位 ECCLR 的相应位域和 INT 位，以便 PIE 模块及时响应新的 ECAPx_INT（x=1～6，本节下文同）中断，否则，该中断标志会一直保持。

5.2.4　eCAP 应用示例

1. APWM 模式下产生一路 PWM 波

要求：通过对 eCAP 模块进行设置，利用 eCAP1 通道产生如图 5.18 所示的 PWM 波。

```
ECap1Regs.CAP1=0x1000; //周期设置 1000h,
ECap1Regs.CTRPHS=0x0; //相位设置 0
ECap1Regs.ECCTL2.bit.CAP_APWM=EC_APWM_MODE; //APWM 模式
ECap1Regs.ECCTL2.bit.APWMPOL=EC_ACTV_HI; //高电平有效
ECap1Regs.ECCTL2.bit.SYNCI_EN=EC_DISABLE; //禁止输入同步
ECap1Regs.ECCTL2.bit.SYNCO_SEL=EC_SYNCO_DIS; //禁止输出同步
ECap1Regs.ECCTL2.bit.TSCTRSTOP=EC_RUN; //启动 TSCTR 计数器运行
// 在中断程序或调用程序中，设置比较值
ECap1Regs.CAP2=0x300; //设置一个周期的比较值
……  ……
// 在中断程序或调用程序中，更改比较值
ECap1Regs.CAP2=0x500; // 设置第二个周期的比较值，改变占空比
```

2. 捕获模式模 4 计数器应用

（1）基本原理

图 5.19 展示了一个连续捕获操作的示例（Mod4 循环计数）。其中，eCAP 模块设置为连续捕获模式，计数器 TSCTR 工作于连续增计数，事件限定器设置为模 4 计数，记录捕获为差分时基模式，事件触发极性为上升沿有效。根据上述设置便可以提取外部事件序列的周期信息。

当第一个事件到来时，首先捕获并记录 TSCTR 内容（即时间戳），然后 Mod4 计数器继续递增到下一个状态。当 TSCTR 达到 FFFFFFFF（即满量程最大值）时复位到 00000000（图中未显示），发生溢出事件。若发生了溢出事件则设置 CTROVF（计数器溢出）标志，并触发中断（若使能中断）。该捕获模式的优点是 CAPx 内容直接提供周期数据，周期 1=T1，周期 2=T2，…等，不需要 CPU 计算。可在 CEVT1 事件对应的触发点读取数据，此时 T1～T4 对应数据均有效。

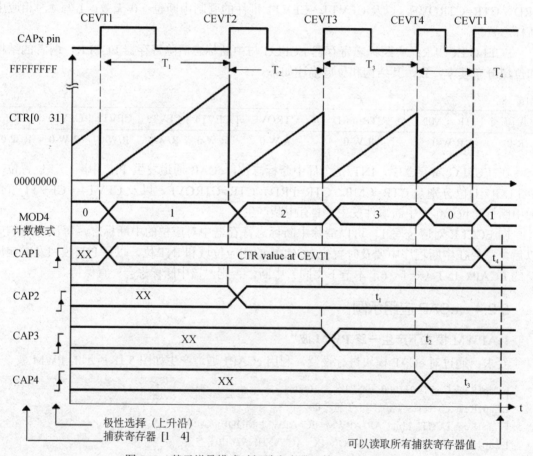

图 5.19　基于增量模式时间戳和上升沿检测的捕获序列

（2）软件实现代码

```
//对 eCAP1 通道进行设置
ECap1Regs.ECCTL1.bit.CAP1POL=EC_RISING; // 设置极性为上升沿
ECap1Regs.ECCTL1.bit.CAP2POL=EC_RISING; //同上
ECap1Regs.ECCTL1.bit.CAP3POL=EC_RISING; //同上
ECap1Regs.ECCTL1.bit.CAP4POL=EC_RISING; //同上
```

```
ECap1Regs.ECCTL1.bit.CTRRST1=EC_DELTA_MODE; //差分时基模式
ECap1Regs.ECCTL1.bit.CTRRST2=EC_DELTA_MODE; //差分时基模式
ECap1Regs.ECCTL1.bit.CTRRST3=EC_DELTA_MODE; //差分时基模式
ECap1Regs.ECCTL1.bit.CTRRST4=EC_DELTA_MODE; //差分时基模式
ECap1Regs.ECCTL1.bit.CAPLDEN=EC_ENABLE; //允许 CAP1~CAP4 锁存 TSCTR 数据
ECap1Regs.ECCTL1.bit.PRESCALE=EC_DIV1; //不分频    # define   EC_DIV1   0x0
ECap1Regs.ECCTL2.bit.CAP_APWM=EC_CAP_MODE; //设置为捕获模式
ECap1Regs.ECCTL2.bit.CONT_ONESHT=EC_CONTINUOUS; //设置连续捕获模式，计数至最大值 0xffffffff
ECap1Regs.ECCTL2.bit.SYNCO_SEL=EC_SYNCO_DIS; //禁止同步输入
ECap1Regs.ECCTL2.bit.SYNCI_EN=EC_DISABLE; //禁止同步输出
ECap1Regs.ECCTL2.bit.TSCTRSTOP=EC_RUN; //启动 TSCTR 计数器
…………
// 中断调用程序
…………
T1=ECap1Regs.CAP1; //读取 CAP1 的数据，存入变量 T1
T2=ECap1Regs.CAP2; //读取 CAP2 的数据，存入变量 T2
T3=ECap1Regs.CAP3; //读取 CAP3 的数据，存入变量 T3
T4=ECap1Regs.CAP4; //读取 CAP4 的数据，存入变量 T4
…………
```

5.3 增强正交编码（eQEP）模块

5.3.1 光电编码器及其工作原理

1. 光电编码器结构

F2833x 增强正交编码（eQEP）模块，拥有 2 个子模块 eQEPx（x=1～2，本节下文同），eQEP 能够对光电编码器的输出信号进行测量和解码，从而获得旋转机械的位置、方向和速度等重要信息。

光电编码器是一种数字型光电传感器，主要用于测量旋转机械的位移、速度和角度等参变量，并可以将上述非电量信息转换为数字或脉冲信号输出，广泛应用于各类电机或旋转机构的转速、转向或位移测量。

光电编码器主要由光栅盘、光源和光敏器件组成，在光栅盘的同心圆周上，均匀分布有一定数量的透光缝隙，这些缝隙一般采用精密激光雕刻技术制作，透光与不透光部分交错向心排列。在光栅盘的靠近边缘部分，还刻有一道独立的缝隙，称为索引缝隙，光栅盘每旋转一周，索引缝隙便输出 1 个独立的脉冲信号，作为光栅盘旋转一周的起始/终止位置标识。光栅盘的结构，如图 5.20（a）所示。

在使用时，光栅盘一般固定在运动机械或电机的转轴上，并随着转轴共轴运转。在光栅盘的一侧，安装有 2 个并排放置的光敏器件 QEPA 和 QEPB，在另一侧的正对面放置着 1 个激光光源。当光栅盘逆时针方向旋转时，光敏器件 QEPA 和 QEPB，便接收到通断相间的光脉冲，经过信号处理后，从光电编码器的 2 个输出端，便会分别输出两串电脉冲信号。光栅盘连同整个光电编码器均经过精密设计，2 个并排固定的光敏器件的间距等于 2 个光栅缝隙间距的 1/4，其中，2 个光栅缝隙的间距正好是一个完整的光栅周期。若 T 表示一个光栅周期，那么，并排固定的光敏器件的间距便是 T/4。不论光栅圆盘旋转方向如何变动，光栅盘所形成的 2 路光脉冲之间的相差，恰好等于脉冲信号周期的 1/4，即相差 90°，所以，光电编码器输出的上述 2 路脉冲信号又被称为正交编码脉冲。光栅盘每旋转一周，索引缝隙便输出 1 个独立的脉冲信号，作为光栅盘旋转一周的起始/终止位置标识。光栅圆盘、激光光源、光敏器件及其信号调理电路等，组成了光电编码器。

2. 光电编码原理

设光栅盘顺时针旋转为正向运动，且光敏器件 A 排列在光敏器件 B 之前，则光电编码器正向旋转所输出的输出脉冲序列（光敏器件 A 输出的脉冲序列为 QEPA，光敏器件 B 输出的脉冲序列为 QEPB），如图 5.20（b）所示，其中，脉冲 QEPA 超前脉冲 QEPB 1/4 周期，即 90°。

光栅盘正、反向旋转时连续输出的编码脉冲波形如图 5.21 所示，通过判断 QEPA 与 QEPB 之间的相位关系，可以获得电机或其他旋转机械的运动方向等关键信息。

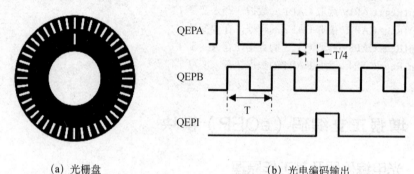

(a) 光栅盘　　　　　　　　　　　　(b) 光电编码输出

图 5.20　光栅盘与光电编码输出波形

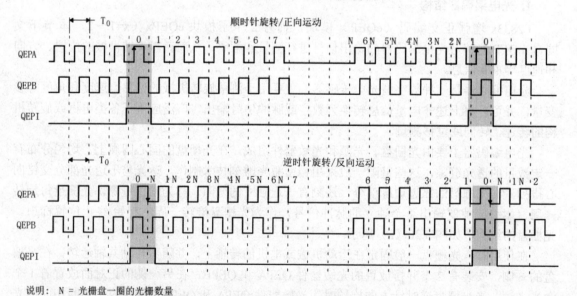

说明：N = 光栅盘一圈的光栅数量

图 5.21　正/反向运行光栅编码器输出脉冲波形

由于光电编码器的光栅盘与旋转机械或电机的转轴共轴，所以光电编码器输出的脉冲速率与电机或其他旋转机械的转速成正比例关系，具体计算如下。

光脉冲频率计算公式： $f = (N \times M_{\text{线}}) / 60$ (5-8)

其中，N 指光栅盘一圈的光栅数量；M 指电机每分钟的转速值。例：

若一个 3000 线的光电编码器，安装在一个转速 6000r/min 的电机转轴上，则输出的光脉冲信号频率： $f = (N \times M_{\text{线}}) / 60 = (3000 \times 6000) / 60 = 300(\text{kHz})$

5.3.2 eQEP 模块结构及工作原理

1. eQEPx 子模块结构

eQEP 的两个子模块 eQEP1 和 eQEP2 功能结构完全一致，原理图如图 5.22 所示，简化原理图如图 5.23 所示。在实际应用中，光电编码器的输出与 eQEPx 子模块的输入连接，即 eQEP 模块通过 4 个引脚：EQEPxA/XCLK、EQEPxB/XDIR、EQEPxI 和 EQEPxS，分别接收来自光电编码器的对应信号：A 通道、B 通道、索引和选通信号；eQEPx 通过 32 位数据总线与 CPU 相连，接收系统时钟 SYSCLKOUT，可以向 PIE 模块发送中断申请 EQEPxINT（x=1~2，本节下文同）。eQEPx 子模块内部结构，包括正交解码单元 QDU、位置计数与控制单元 PCCU、看门狗定时器 QWDOG、正交边沿捕获单元 QCAP 和时基计数单元 UTIME 等。

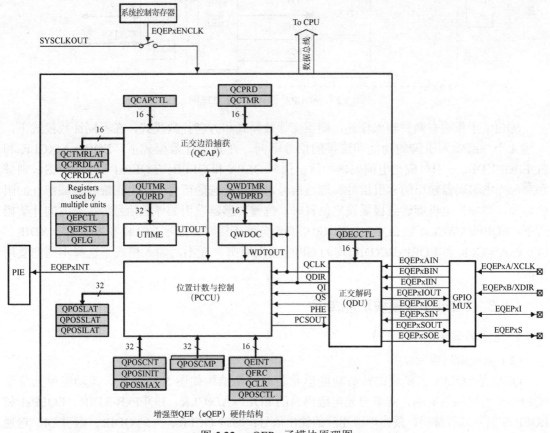

图 5.22 eQEPx 子模块原理图

2. eQEPx 工作原理

正交解码器 QDU 对外部输入的 4 路信号进行解码，得到 QCLK、QDIR、QI、QS 和 PHE 等重要信息；PCCU 是位置计数与控制功能单元，完成 4 种测量工作模式下计数值存储、相关事件和中断设置，同时也是功能和寄存器设置最复杂的功能单元；QCAP 用于正交边沿捕获，在 QCLK 时钟信号驱动下进行周期计数，主要用于低速条件下的速度测量；UTIME 是以 SYSCLKOUT 为计数时钟的时基计数器，核心是 32 位的周期计数器 QUTMR，为 PCCU 和 QCAP 功能单元提供单位时间时钟脉冲；EWDOG 是看门狗，用于监控运行中的正交时钟 QCLK。

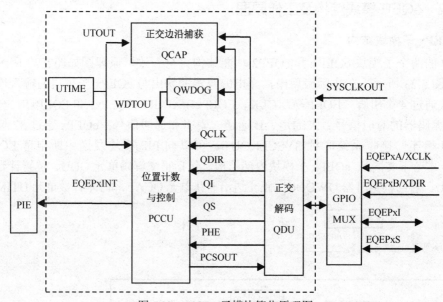

图 5.23　 eQEPx 子模块简化原理图

　　eQEPx 子模块有两种输入模式，即正交计数模式和方向计数模式，在不同计数模式下，上述 4 个外部输入引脚的功能和连接的信号不同。在正交计数模式下，EQEPxA/XCLK 和 EQEPxB/XDIR 分别对应光电编码器的输出信号 QEPA 和 QEPB；EQEPxI 和 EQEPxS，则分别对应光电编码器输出的索引信号和选通信号，其中，选通信号一般是指旋转机械部件的限位信号，譬如当电机旋转到极限设定位置时，位置传感器发出的停止信号等；在方向计数模式下，EQEPxA/XCLK 和 EQEPxB/XDIR 引脚则分别连接时钟信号 XCLK 和方向信号 XDIR。EQEPxA/XCLK 和 EQEPxB/XDIR 均为 GPIO 复用引脚，在不同输入模式下选择不同的复用功能。

5.3.3　 eQEPx 子模块功能单元

1. 正交解码单元（QDU）

（1）正交解码单元结构

　　QDU 是 eQEPx 子模块的核心功能单元之一，其结构如图 5.24 所示。该功能单元位于 eQEPx 子模块的最前端，对来自光电编码器的 EQEPxA/XCLK、EQEPxB/XDIR、EQEPxI 和 EQEPxS 信号进行解码，最终形成相应的输出信号：时钟 QCLK、方向 QDIR、索引 QI、选通 QS 和 PHE。其中，QDECCTL[QAP]、QDECCTL[QBP]、QDECCTL[QIP] 和 QDECCTL[QSP] 位分别决定外部输入信号的相位变化，包括直接输入/输出或反相输出：0-直接输入，1-反相输入。经过相位调整后，EQEPxA/XCLK 和 EQEPxB/XDIR 分别转换为 EQEPA 和 EQEPB。QDECCTL[SWAP] 位域决定 EQEPA 和 EQEPB 信号是否交换输入：0-不交换，1-交换。经过 2 级选择配置后，EQEPxA/XCLK 和 EQEPxB/XDIR 分别转换为 QA 和 QB，输入正交解码器。

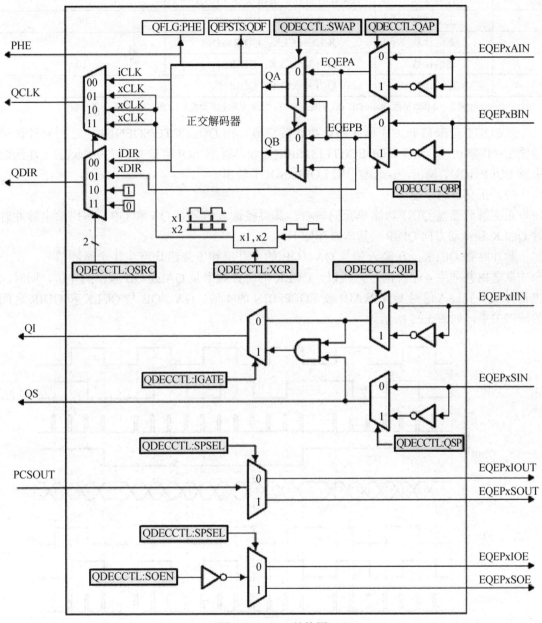

图 5.24　QDU 结构图

PCCU 子模块的位置计数器，有四种计数模式：正交计数、方向计数、递增计数和递减计数。位置计数器的外部输入信号 QCLK 和 QDIR 分别作为计数时钟和方向控制信号，在不同计数模式下，QCLK 和 QDIR 的具体配置由 QDECCTL[QSRC]设置，如表 5.15 所示。

QS 信号由 QDECCTL[QSP]控制：0-EQEPxS 信号直接输出，1-EQEPxS 信号反相后输出；QI 信号由 EQEPxI 和 EQEPxS 联合控制，首先，由 QDECCTL[QIP]位域决定输入信号 EQEPxI 是否反相，由 QDECCTL[IGATE]位域决定是否受 QS 信号控制输出。

表 5.15　正交解码单元输出信号 QCLK/QDIR 配置

序号	PCCU 位置计数器 计数模式	QDU 输出 QCLK/QDIR PCCU 位置计数器输入 QCLK/QDIR	QDECCTL[QSRC]
1	正交计数	QCLK=iCLK；QDIR=iDIR	00
2	方向计数	QCLK=xCLK；QDIR=xDIR	01
3	递增计数	QCLK=xCLK；QDIR=1；	10
4	递减计数	QCLK=xCLK；QDIR=0；	11

注：表中 x=1 或 2，具体取值与 QDECCTL[XCR]配置有关；XCR 是倍频系数控制位域：0-2 倍频；1-1 倍频。

PCSOUT 是来自 PCCU 单元的计数比较信号，由 QDECCTL[SOEN]决定是否允许该信号输出：0-禁止，1-允许。QDECCTL[SPSEL]位域设置 PCSOUT 信号输出引脚选择：0-选通引脚 EQEPxIOUT 输出，1-选通引脚 EQEPxSOUT 输出。

（2）正交解码原理

正交解码器是 QDU 功能单元的核心，其直接输入信号是 QA 和 QB，解码输出脉冲时钟 QCLK 和运动方向 QDIR，基本原理如下。

脉冲时钟 QCLK：在输入信号 QA、QB 的上升沿和下降沿均产生 1 个脉冲信号，在一个周期之内共产生 4 个冲信号，所以，QCLK 的时钟频率是 QA 或 QB 频率的 4 倍，同时，也是外部引脚输入信号 EQEPxAIN 或 EQEPxBIN 的 4 倍。QA、QB 与 QCLK 和 QDIR 之间的波形关系，如图 5.25 所示。

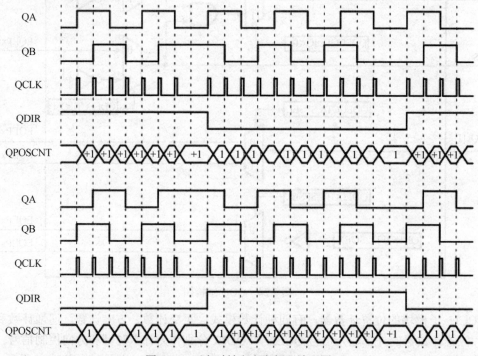

图 5.25　正交时钟和方向解码波形图

运动方向 QDIR：QDIR 依据 QA 和 QB 两路正交信号波形之间的相位关系确定。在光源探测器 AB 排列时（即 A 超前 B 1/4 周期），若旋转方向为 A→B，且设为正向运动，则输出波形 QA 超前 QB 1/4 周期，上述信号波形在纵向便形成了高低电平组合，呈现有规律的二进制编码输出：00-10-11-01-00-10-11-01……，如图 5.26（a）所示。若光源探测器 AB 排列时，旋转方向为 B→A，反向运动，则输出波形 QB 亦超前 QA 1/4 周期，上述信号波形在纵向便形成了高低电平组合，呈现有规律的二进制编码输出：01-11-10-00-01-11-10-00……，如图 5.25 反向运动所示。于是 QA:QB 形成了标准的 2 位域 4 状态机，如图 5.26（b）所示。

根据二进制编码序列状态变化，可以判断运动方向。若出现其他状态，如图 5.26（b）中所示的内部虚线箭头所连接的状态，则视为非法转换状态，可置位对应中断标志位 QFLG [PHE]。

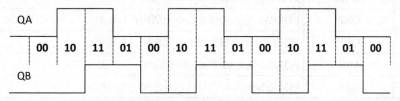

（a） QA 和 QB 波形及其方向 QDIR 解码输出

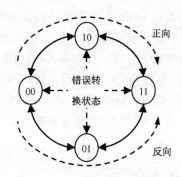

（b） QDIR 解码状态机

图 5.26　正交解码器状态机

通过检测 QA、QB 和 QCLK 三项输出信息，不仅可以判断运动方向，还可以判断转向时刻。如图 5.25 所示，当检测到 QA:QB 二进制状态出现重复时，第二个重复状态所对应的时刻，即运动方向转向时刻。

（3）控制寄存器

QDECCTL 是正交解码单元的控制寄存器，其结构如下，位域描述如表 5.16 所示。

15	14	13	12	11	10	9	8
QSRC		SOEN	SPSEL	XCR	SWAP	IGATE	QAP
R/W-0		R/W-0	R/W-0	R/W-0	R/W-0	R/W-0	R/W-0

7	6	5	4	3	2	1	0
QBP	QIP	QSP	保留				
R/W-0	R/W-0	R/W-0	R-0				

表 5.16　QDECCTL 位域描述

位	位域	说明
15-14	QSRC	PCCU 子模块 QCLK/QDIR 信号源选择位。具体见表 5.15
13	SOEN	PCSOUT 输出允许位。0-禁止；1-允许

续表

位	位域	说明
12	SPSEL	PCSOUT 输出引脚选择位。0-eQEPxI；1-eQEPxS
11	XCR	外部时钟倍频位。0-2 倍频；1-1 倍频
10	SWAP	EQEPA、EQEPB 交换输入控制位。0-不交换；1-交换
9	IGATE	索引脉冲操作允许位。0-禁止；1-允许
8	QAP	EQEPAx 输入极性位。0-无影响；1-反相
7	QBP	EQEPBx 输入极性位。0-无影响；1-反相
6	QIP	EQEPxI 输入极性位。0-无影响；1-反相
5	QSP	EQEPxS 输入极性位。0-无影响；1-反相

2. 单位时基功能单元（UTIME）

单位时基模块 UTIME 为 PCCU 和 QCP 功能单元提供单位时间基准，从而使上述功能单元能够根据单位时间基准进行中高速转速测量。其结构如图 5.27 所示，包括 32 位计数器 QUTMR 和 32 位周期寄存器 QUPRD 组成。计数器 QUTMR 以 SYSCLKOUT 为计数时钟进行连续增计数，当计数达到周期寄存器 QUPRD 设定值时（注：QUPRD 设定值为基准"单位时间"），产生单位时间到达事件 QUTMR=QUPRD，向 PCCU 和 QCAP 功能单元输出单位时间到达信号 UTOUT。同时，置位单位时间到达中断标志 QFLG[UTO]，若中断允许则向 PIE 发送中断申请。

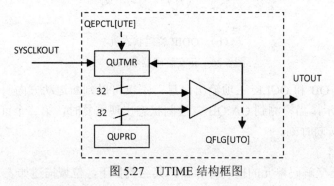

图 5.27 UTIME 结构框图

3. 看门狗功能单元（QWDOG）

QWDOG 是一个循环计数的周期型计数器，其任务是实时监控正交解码器输出的 QCLK 时钟。结构框图如图 5.28 所示，包括 1 个 16 位的计数器 QWDTMR、1 个 16 位的周期寄存器 QWDPRD 和一个固定 64 分频的预分频单元组成。

SYSCLKOUT 经过 64 分频形成 QWDCLK 时钟，QWDTMR 以 QWDCLK 为计数时钟进行增计数，在增计数过程中若收到来自 QDU 单元的正交脉冲信号 QCLK，QWDTMR 立即复位。在系统正常运行期间，由于 QCLK 信号周期性复位（喂狗），导致 QWDTMR 不会计数到设定值或满量程，QWDOG 便不会因此而产生中断标志和中断信号。当由于某种故障或错误致使 QWDTMR 接收不到 QCLK 时钟信号时，由于不能及时复位便会导致计数器产生周期性匹配事件 QWDTMR=QWDPRD，产生输出信号 WDTOUT，并置位中断标志 QFLG[WTO]，向 PIE 模块发出中断申请。因此，QWDOG 功能单元对于确保 QCLK 时钟脉冲正常运行具有重要意义。

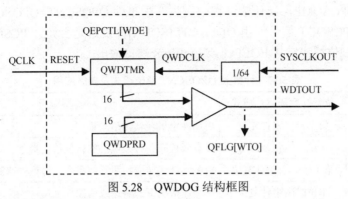

图 5.28　QWDOG 结构框图

4. 位置计数与控制单元（PCCU）

（1）单元结构及其工作原理

PCCU 的结构原理如图 5.29 所示，包括两大部分组成，下部虚线框部分是位置计数逻辑单元，上部虚线框部分是比较逻辑单元。

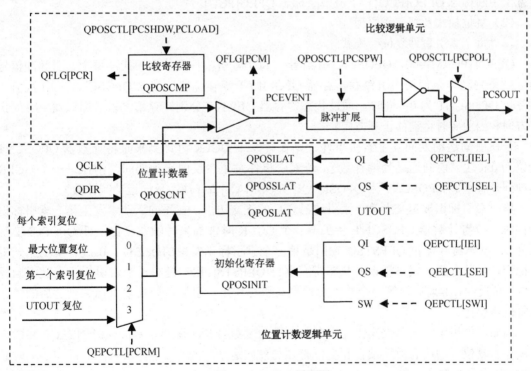

图 5.29　PCCU 原理图

其中，32 位的位置计数器 QPOSCNT 是位置计数逻辑单元的核心，其接收两路输入信号。一路是正交脉冲信号 QCLK，作为输入计数脉冲使用；另一路是方向控制信号 QDIR，控制 QPOSCNT 的计数方向：0-减计数，1-增计数。同时，QPOSCNT 共有四种复位模式，具体由 QEPCTL[PCRM]位域决定，如表 5.17 所示。QPOSCNT 对来自 QDU 单元的 QCLK 脉冲进行计数，在不同的计数模式下，通过锁存寄存器、状态寄存器和中断标识寄存器，对 QPOSCNT 计数值进行锁存、复位和初始化，并对相关事件状态信息进行标识与存储。

QPOSCMP 是 32 位的位置比较寄存器，用于设置计数过程中的比较值。置位 QPOSCTL [PCE]，便使能 QPOSCMP，当计数过程中发生匹配事件 QPOSCNT=QPOSCMP 时，位置比较逻辑单元输出 PCSOUT 信号。由 QDECCTL[SOEN]位决定是否允许 PCSOUT 信号输出，QDECCTL[SPSEL]位域决定从 EQEPxI 或 EQEPxS 端口输出。

表 5.17　计数器 QPOSCNT 复位模式及典型应用

序号	PCRM	位置计数器复位模式	典型应用
1	00	每个索引事件复位	周期性电机转轴转角测量
2	01	最大位置复位	具有限位开关时，电机旋转位移测量
3	10	第 1 个索引事件复位	电机连续运转或按照外部命令，进行位移测量
4	11	单位时间事件复位	中高速情况下的测速或测频

在上述四种复位模式下，当位置计数器 QPOSCNT 在增计数过程中发生上溢事件（QPOSCNT=QPOSMAX），QPOSCNT 复位为 0；当位置计数器 QPOSCNT 在减计数过程中发生下溢事件（QPOSCNT=0），QPOSCNT 重置为 QPOSMAX（最大位置计数值）。依次置位上溢中断标志 QFLG[PCO]和下溢中断标志 QFLG[PCU]。

（2）复位模式及其工作原理

① "每个索引事件复位" 模式

QEPCT[PCRM]=00，QPOSCNT 工作于 "每个索引事件复位" 模式，每个索引脉冲信号均触发系列动作。使用索引锁存寄存器 QPOSILAT 锁存位置计数器 QPOSCNT 的计数值，并复位 QPOSCNT 为 0；同时，通过状态寄存器 QEPSTS 分别锁存第一索引标识发生时的正交方向和当前实时运动的正交方向。

若在前向运动期间发生索引事件，则在下一个 QCLK 时钟到来时将计数器 QPOSCNT 复位为 0（注：前向运动为增计数）。若索引事件发生在反向运动期间，则在下一个 QCLK 时钟到来时重置 QPOSCNT 为 QPOSMAX[QPOSMAX]值（注：反向运动减计数）。

第一索引标识被定义为第一索引边沿之后的正交边沿，在正向运动中发生第一索引标识事件时，位置计数器 QPOSCNT 会在下一个 QCLK 时钟到来时触发复位，即 QPOSCNT 复位为 0；状态寄存器位 QEPSTS[FIMF]是第一个索引标识发生的标志位：0-没有发生第一索引标识，1-发生第一索引标识；状态寄存器位 QEPSTS[FIDF]是第一个索引标识正交方向标志位：0-反向，1-前向。第一个索引脉冲具有引导作用，引导着后续索引标识到达后的锁存和复位等操作。

例如，如果第一次复位操作发生在前向运动时 QCLK 下降沿，对应该时刻的 QPOSCNT 被锁存和复位，则所有后续锁存和复位必须与前向运动时的 QB 下降沿对齐，反向运动时必须与 QB 上升沿对齐。

QEPSTS[QDLF]是 eQEP 方向锁存标志位：0-索引反向移动事件标记；1-索引前向移动标记。该标志位是记录索引移动方向的标志位，该标志的状态会一直保存到下一个索引事件到来，才能进行更新。如图 5.30 所示，QEPSTS[QDLF]=1 状态，一直保存到第 15 个 QCLK 脉冲，即下一个索引事件发生，才进行转换。

QEPSTS[QDF]是当前实时运动的正交方向标志位：0-反向，1-正向。该位仅是指示实时运动的正交方向，只要运动方向转向，该标志位便随之改变。如图 5.30 所示，在第 10 个 QCLK

脉冲处，由于探测到运动发生转向，于是 QEPSTS[QDF]同步由高电平转换为低电平。

　　QPOSMAX 是 32 位的最大位置设置寄存器，QPOSMAX[QPOSMAX]位域值是最大位置计数器值，对该寄存器写入时要保持完整的 32 位写入。因此，位置计数器 QPOSCNT 计数值的取值范围为 0～QPOSMAX[QPOSMAX]。每次索引标识事件发生后，不仅使用锁存 QPOSILAT 锁存 QPOSCNT 的计数值，还要使用状态寄存器 QEPSTS 锁存相关的状态信息，而且要核查 QPOSILAT 锁存值是否等于 0 或 QPOSMAX[QPOSMAX]。因为，索引标识代表着旋转运动的一周，即上一个索引标识的终点，也是下一个索引标识的起始点，所以不论计数器 QPOSCNT 是正向运动，还是反向运动，也不论运动中间是否进行过转向或转向若干次，QPOSILAT 锁存 QPOSCNT 的计数值，只能是 0 或 QPOSMAX[QPOSMAX]。因此，若 QPOSILAT 锁存值不等于 0 或 QPOSMAX[QPOSMAX]，则置位错误标志位 QEPSTS[PCEF] 和错误中断标志位 QFLG[PCE]。由图 5.30 所示，位置寄存器被复位后，其被锁存的数值只有 0xF9F 和 0 两个数值。

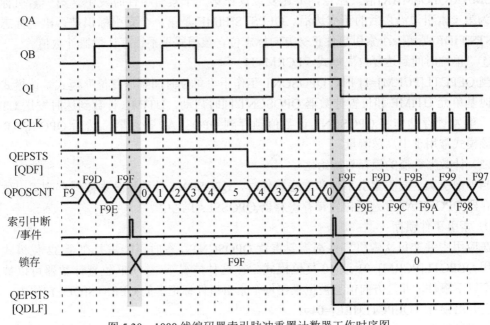

图 5.30　1000 线编码器索引脉冲重置计数器工作时序图

　　注：①PCRM=00；②1000 线编码器，QPOSMAX= 0xF9F 或 3999。

　　②"最大位置复位"模式（PCRM=01）

　　QEPCTL[PCRM]=01 时，位置计数器 QPOSCNT 工作于"最大位置复位"模式。在前向运动过程中，当位置计数器发生 QPOSCNT=QPOSMAX 事件时，在下一个 QCLK 时钟到来时，QPOSCNT 复位到 0，置上溢标志；在反向运动过程中，当发生 QPOSCNT=0 时，在下一个 QCLK 时钟，QPOSCNT 复位到 QPOSMAX，置下溢标志。该模式下不锁存计数器计数值。设 QPOSMAX[QPOSMAX]=4，位置计数器上溢/下溢时序图，如图 5.31 所示。

　　③"第一个索引事件复位"模式（PCRM=10）

　　QEPCTL[PCRM]=10 时，QPOSCNT 工作于"第一个索引事件复位"模式。

　　若在前向运动过程中发生索引事件，在下一次 QCLK 时钟到来时 QPOSCNT 重置为 0。若索引事件发生在反向运动期间，则在下一次 QCLK 时钟到来时 QPOSCNT 重置为

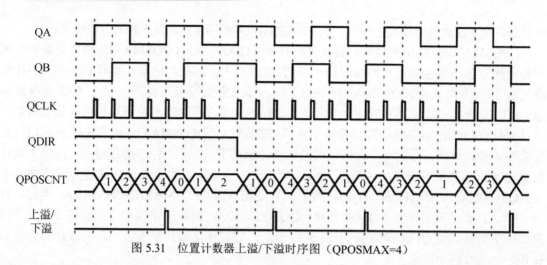

图 5.31　位置计数器上溢/下溢时序图（QPOSMAX=4）

QPOSMAX[QPOSMAX]值。注意，上述复位仅在第一个索引事件时发生。第一索引标识被定义为第一索引边沿之后的正交边沿。QEPSTS[FIMF]是第一个索引标识是否出现标志位，QEPSTS[FIDF]是第一个索引事件正交方向标志位。该模式下不锁存计数器计数值。

④ "单位时间到达复位"模式（PCRM=11）

当 QEPCTL[PCRM]=11 时，QPOSCNT 工作于"单位时间到达复位"模式。该模式下，单位时基单元 UTIME 和位置计数器 QPOSCNT 同时启动，UTIME 计数到达时发送 UTOUT 信号，触发锁存动作将 QPOSCNT 计数值锁存到 QPOSLAT 寄存器，然后 QPOSCNT 被复位。该模式常用于中高速测量。

（3）计数器数值的锁存与初始化

当外部引脚上发生索引事件和选通事件时，QPOSCNT 计数值分别被锁存到索引位置锁存寄存器 QPOSILAT 和选通位置锁存寄存器 QPOSSLAT 之中。

① 索引事件锁存

在应用中并非每次索引事件都需要重置 QPOSCNT，有时可能需要在全 32 位模式下选择使用 QEPCTL[PCRM]=01 或 10 复位模式。在这种情况下，eQEP 位置计数器可以被配置为锁存以下事件，并且方向信息被记录在每个索引事件标记上的 QEPSTS[QDLF]位中。

上升沿锁存（QEPCTL[IEL]=01）；

下降沿锁存（QEPCTL[IEL]=10）；

索引事件标识锁存（QEPCTL[IEL]=11）。

在检验位置计数器在两次索引之间计数是否正确时，索引事件标识锁存模式非常实用。例如，当在索引事件之间以相同方向（不转向）移动时，1000 线编码器必须计数 4000 次。

② 选通事件锁存

在选通事件锁存模式下，QEPCTL[SEL]位域控制具体锁存时刻：0-在选通信号的上升沿，将 QPOSCNT 值锁存入 QPOSSLAT 之中；1-当计数器处于增计数（QEPSTS[QDF]=1），在选通信号的上升沿将 QPOSCNT 值锁存入 QPOSSLAT；当计数器处于减计数时，在选通信号下降沿将 QPOSCNT 值锁存入 QPOSSLAT。当位置计数器被锁存到 QPOSSLAT 寄存器时，置位选通事件锁存中断标志寄存器（QFLG[SEL]）。

③ 位置计数器初始化

QPOSINIT 是位置计数器 QPOSCNT 的初始化寄存器，可通过三种事件进行初始化：索引事件、选通事件和软件控制。而初始化时刻则分别由 QEPCTL[IEI]、QEPCTL[SEI]和 QEPCTL[SWI]进行设置。具体参见表 5.20。

（4）位置比较单元

如图 5.29 所示，上部虚线框部分是位置比较单元，其中，QPOSCMP 是 32 位的位置比较寄存器。QPOSCNT 在计数过程中与 QPOSCMP 的数值进行比较，当两者一致时产生比较匹配中断标志 QFLG[PCM]，并触发脉冲扩展器使之产生脉宽可编程的位置比较同步输出信号 PCSOUT。QPOSCMP 是双缓冲结构，由控制寄存器 QPOSCTL[PCSHDW]选择直接或映射工作模式。在映射工作模式下，对控制寄存器 QPOSCTL[PCLOAD]置位 1，启动加载进程，将映射寄存器中的数据加载到工作寄存器之中。同时，置位比较准备好中断标志 QFLG[PCR]。

（5）PCCU 寄存器

PCCU 功能单元的寄存器分为数据寄存器和控制寄存器 2 大类，其中，数据寄存器包括位置计数器 QPOSCNT、初始化寄存器 QPOSINIT、位置比较寄存器 QPOSCMP、位置计数器锁存寄存器 QPOSLAT、索引位置锁存寄存器 QPOSILAT、选通位置锁存寄存器 QPOSSLAT 和最大位置计数寄存器 QPOSMAX；控制类寄存器包括控制寄存器 QEPCTL 和位置比较控制寄存器 QPOSCTL。

QEPCTL：该寄存器是 eQEP 模块控制寄存器，主要设置位置计数器的复位模式、计数器锁存模式、锁存时刻、初始化时刻，以及单位时基计数器和看门狗定时器使能等。其结构如下，位域描述如表 5.18 所示。

15	14	13	12	11	10	9	8
FREE_SOFT		PCRM		SEI		IEI	
R/W-0		R/W-0		R/W-0		R/W-0	

7	6	5	4	3	2	1	0
SWI	SEL	IEL		QPEN	QCLM	UTE	WDE
R/W-0	R/W-0	R/W-0		R/W-0	R/W-0	R/W-0	R/W-0

表 5.18　QEPCTL 位域描述

位	位域	说明
15-14	FREE_SOFT	仿真模式位。仿真挂起后 QPOSCNT、QWDTMR、QUTMR 等动作设置：00-立即停止；01-完成周期后停止；1x-自由运行
13-12	PCRM	位置计数器复位操作模式位。00-每个索引复位；01-最大位置复位；10-第一个索引复位；11-单位时间到达复位
11-10	SEI	选通事件初始化时刻位。0x-无动作；10-上升沿；11-增计数上升沿，减计数下降沿
9-8	IEI	索引事件初始化时刻位。0x-无动作；10-上升沿；11-下降沿
7	SWI	位置计数器软件初始化设置位。0-无动作；1-软件启动初始化，可以自动清除
6	SEL	选通事件锁存时刻位。0-上升沿；1-增计数时上升沿，减计数时下降沿
5-4	IEL	索引锁存时刻位。00-保留；01-上升沿；10-下降沿；11-索引标识
3	QPEN	位置计数器使能/软件复位。0-软件复位外围设备内部操作标志/只读寄存器，控制/配置寄存器不受软件复位的干扰；1-使能位置计数器

续表

位	位域	说明
2	QCLM	捕获锁存模式位。[①]
1	UTE	单位时基定时器允许位。0-禁止；1-允许
0	WDE	看门狗定时器允许位。0-禁止；1-允许

注：①捕获锁存模式：0-CPU 读取 QPOSCNT 值时，分别将捕获时间、捕获周期值分别锁存入 QCTMRLAT、QCPRDLAT；1-单位时间到达时，分别将计数器 QPOSCNT、捕获定时器、捕获周期值，分别锁存入 QPOSLAT、QCTMRLAT 和 QCPRDLAT 寄存器之中。

QPOSCTL：位置比较控制寄存器主要用于位置计数与控制单元编程，包括位置比较寄存器映射寄存器的允许、映射装载模式、比较同步、比较单元使能，以及位置比较同步输出脉冲宽度编程等。其结构如下，位域描述如表 5.19 所示。

15	14	13	12	11	0
PCSHDW	PCLOAD	PCPOL	PCE	PCSPW	
R/W-0	R/W-0	R/W-0	R/W-0	R/W-0	

表 5.19　QPOSCTL 位域描述

位	位域	说明
15	PCSHDW	位置比较控制寄存器映射寄存器允许位。0-禁止映射/直接装载；1-映射装载
14	PCLOAD	映射装载模式位。0-QPOSCNT=0 时装载；1-QPOSCNT=QPOSCMP 时装载
13	PCPOL	同步输出极性位。0-高电平有效脉冲输出；1-低电平有效脉冲输出
12	PCE	位置比较使能位。0-禁止使用位置比较单元；1-允许使用位置比较单元
11-0	PCSPW	选择位置比较同步输出脉冲宽度设置位。脉宽计算公式 $T = 4 \times (1 + PCSPW) \times T_{SYSCLKOUT}$

注：PCSPW 为 12 位的二进制位域，对应的十进制数值范围：0～4095。

5. 边沿捕获功能单元（QCAP）

（1）数字测速原理

基于 eQEP 功能模块进行速度测量与计算的离散数学公式，如式（5-9）和式（5-10）所示。

中高速计算公式：
$$v_1(k) = \frac{x(k) - x(k-1)}{T} = \frac{\Delta x}{T} \tag{5-9}$$

低速计算公式：
$$v_2(k) = \frac{X}{t(k) - t(k-1)} = \frac{X}{\Delta t} \tag{5-10}$$

公式（5-9）是由单位时间事件触发（UTOUT）进行速度测量与计算的数学公式，适合进行中高速测量与计算；公式（5-10）是由单位位移事件触发（UPEVENT）进行速度测量与计算的数学公式，适合进行低速测量与计算。均是直接利用数字量进行计算的离散化公式，其中，各有关参数的含义如下。

$v_1(k)$ 和 $v_2(k)$ 均为 k 时刻的速度，$x(k)$ 和 $x(k-1)$ 分别为 k 和 $(k-1)$ 时刻的位置，T 为固定的单位时间，Δx 是单位时间内的位移变化或位置增量，X 为固定的单位位移，$t(k)$ 和 $t(k-1)$ 分别为 k 和 $(k-1)$ 时刻，Δt 为移动单位位移所用的时间。

（2）QCAP 功能单元结构

边沿捕获功能单元 QCAP 的结构如图 5.32 所示，包括捕获计数器控制单元（CTCU）、16 位的捕获计数器 QCTMR、3 位二进制前置分频器、4 位二进制前置分频器、上升沿/下降沿检测单元等。

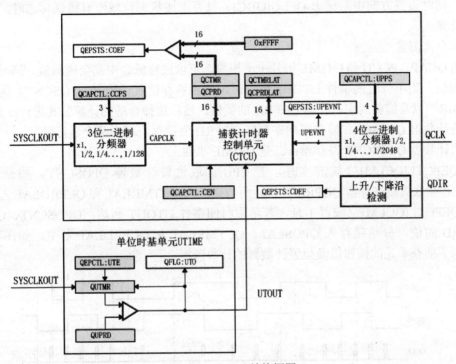

图 5.32　QCAP 结构框图

SYSCLKOUT 时钟经过 3 位二进制前置分频器进行预分频，分频系数由 QCAPCTL[CCPS]位域编程，形成捕获计数时钟 CAPCLK 供捕获计数器 QCTMR 计数。来自 QDU 模块的正交脉冲信号 QCLK，经过 4 位二进制前置分频器进行预分频，形成单位位移事件 UPEVNT，分频系数由 QCAPCTL[UPPS]位域设置，UPPS 取值范围：0000～1011，若对应的十进制值为 N，则对应的前置预分频系数为 $1/2^{N+1}$。由于 UPEVNT 是 QCLK 分频形成，所以 UPEVNT 单位位移事件间隔是 QCLK 脉冲间隔的整数倍。如图 5.33 所示，单位位移事件信号 UPEVNT 频率是 QCLK 频率的二分之一，所以设置 QCAPCTL[UPPS]=0001，进行二分频。

（3）低速测量原理

捕获计数器 QCTMR 以 CAPCLK 为基准时钟进行增计数，当单位位移事件 UPEVNT 触发时，QCTMR 的计数值被锁存入捕获周期寄存器 QCPRD 后复位到 0，重新从 0 开始进行增计数；置位状态寄存器 QEPSTS[UPEVNT]，以提示有新的数据锁存入 QCPRD 等待 CPU 读取，在读取 QCPRD 锁存数据之前，要使用软件检测一下状态位。软件写 1 可清除状态寄存器中的锁存标志。因此，单位位移 X 所用时间为（QCPRD+1）个 CAPCLK 周期，计算公式如下。

单位位移时间计算公式： $\Delta t = (T_{SYSCLKOUT} \times 2^N) \times (QCPRD + 1)$ （5-11）

其中，N 是 QCPCTL[CCPS]位域对应的十进制数值，2^N 是 3 位二进制预分频器分频系数，将上述变量代入公式（5-10），计算低速情况下的运动速度。

注意：进行速度计算的基本条件有两个：其一，单位位移事件 UPEVNT 之间计数值不超过 65535，因为 QCTMR 是 16 位计数器，有效计数范围 0～65535；其二，单位位移事件计数期间没有方向变化。若单位位移事件之间捕获计数器计数溢出，置位 QEPSTS[COEF]设置上溢错误标志。若在单位位移事件之间发生方向变化，则置位 QEPSTS[CDEF]设置方向错误标志，同时设置方向中断标志 QFLG[QDC]。只有上述状态位域没有错误标志时，才能进行相关计算。

（4）全速测量

利用 QCAP、PCCU 和 UTIME 等几个子模块，可以进行低、中高全速测量。同时启动上述功能模块，当单位时间事件 UTOUT 到来时，同步锁存位置计数器 QPOSCNT、捕获计数器 QCTMR，以及捕获周期寄存器 QCPRD 的数值。然后选择合适的计算公式进行计算。

捕获计数器 QCTMR 和捕获周期寄存器 QCPRD 值锁存，可由两个事件触发。一是 CPU 读取位置计数器 QPOSCNT 寄存器；二是 UTIME 事件。

当 QEPCTL[QCLM]位域清零时，若 CPU 读取位置计数器 QPOSCNT，捕获计数器 QCTMR 和捕获周期寄存器 QCPRD 的值，将分别锁入 QCTMRLAT 和 QCPRDLAT 之中。

当 QEPCTL[QCLM]位域置 1 时，若单位时间事件 UTOUT 到达，QPOSCNT、QCTMR 和 QCPRD 的值，分别锁存入 QPOSLAT、QCTMRLAT 和 QCPRDLAT 之中。如图 5.33 所示，显示了捕获单元的操作以及位置计数器的计数流程。

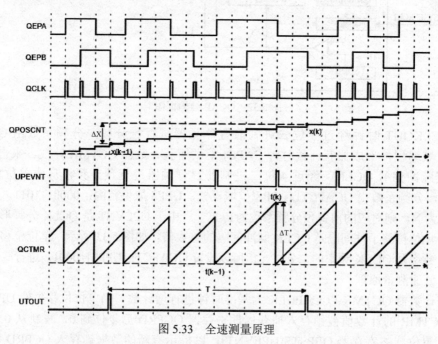

图 5.33 全速测量原理

在 eQEP 模块测速过程中，有两个关键触发事件：一是单位时间到达触发事件 UTOUT，二是单位位移触发事件 UPEVNT，分别对应中高速和低速测量计算。

每次单位时间到达触发事件 UTOUT 到来时，位置计数器 QPOSCNT 值被锁存。如图 5.33 所示，单位时间 T 所对应的位移增量为 Δx，其中，$\Delta x = x(k) - x(k-1)$。将 T 和 Δx 值代入公式（5-9），计算中高速速度值 $v_1(k)$。

每次单位位移 UPEVNT 事件，均锁存 QCTMR 值，QCTMR 复位后从 0 开始重新计数，单位位移量 X 对应的时间为 Δt，将 X 和 Δt 代入公式（5-10），计算低速速度值 $v_2(k)$。

总之，同时启动 PCCU、UTIME 和 QCAP，根据需要选用不同的离散计算公式，实现全速测量与计算。

（5）QCAP 子模块寄存器

QCAP 子模块包括 4 个 16 位的数据类寄存器和 1 个 16 位的捕获控制寄存器 QCAPCTL，其中，前者又包括捕获计数器 QCTMR、捕获周期寄存器 QCPRD、捕获计数器锁存寄存器 QCTMRLAT 和捕获周期锁存寄存器 QCPRDLAT。QCAPCTL 结构和位域描述如下。

15	14		7	6		4	3		0
CEN		保留			CCPS			UPPS	
R/W-0		R-0			R/W-0			R/W-0	

QCAPCTL 有 3 个有效位域，其中，CEN 是 QCAP 子模块的使能位域：0-禁止；1-使能。CCPS 是捕获时钟的预定标位域，3 位二进制预定标范围：0x000～111，对系统时钟 SYSCLKOUT 进行分频，产生捕获计数器计数时钟 CAPCLK；UPPS 是单位位移事件 UPEVNT 预定标位域，4 位二进制预定标范围：0x0000～1011，最后 4 位 1100～1111 保留，对来自 QDU 子模块的 QCLK 信号进行分频。若 CCPS、UPPS 编程位域对应的十进制值为 N，则对应的分频系数为 2^N。

5.3.4　eQEPx 中断寄存器

每个 eQEPx 模块，均拥有 4 个中断控制寄存器和 1 个状态寄存器 QEPSTS，其中前者又包括中断标志寄存器 QFLG、中断允许寄存器 QEINT、中断强制寄存器 QFRC 和中断清零寄存器 QCLR。共可以产生 11 种中断事件：PCE、PHE、QDC、WTO、PCU、PCO、PCR、PCM、SEL、IEL 和 UTO。

1. eQEPx 中断寄存器

（1）QEINT/QFRC：QEINT 和 QFRC 均为 16 位寄存器，有效位域均为 11 位，每个有效位域对应一个中断源。eQEP 中断允许寄存器 QEINT 的结构和位域描述如下。

15			12	11	10	9	8
	保留			UTO	IEL	SEL	PCM
	R-0			R/W-0	R/W-0	R/W-0	R/W-0

7	6	5	4	3	2	1	0
PCR	PCO	PCU	WTO	QDC	PHE	PCE	保留
R/W-0	R/W-0	R/W-0	R/W-0	R/W-0	R/W-0	R/W-0	R-0

QEINT 有 11 个中断控制位：0-禁止；1-允许。其中，PCE-位置计数器错误中断允许位，PHE-正交相位错误中断允许位，QDC-正交方向变化中断允许位，WTO-看门狗超时中断允许位，PCU-位置计数器下溢中断允许位，PCO-位置计数器上溢中断允许位，PCR-位置比较就绪中断允许位，PCM-位置比较匹配中断允许位，SEL-选通事件锁存中断允许位，IEL-索引事件锁存中断允许位，UTO-单位时基子模块超时中断允许位。

QFRC 有 11 个中断强制控制位，QFRC[PHE]-强制正交相位误差中断，其他分别对应上述中断源：0-禁止；1-允许强制产生中断。

（2）QFLG/QCLR：QFLG 和 QCLR 均为 16 位寄存器：结构和位域描述如下。

15			12	11	10	9	8
保留				UTO	IEL	SEL	PCM
R-0				R/W-0	R/W-0	R/W-0	R/W-0

7	6	5	4	3	2	1	0
PCR	PCO	PCU	WTO	QDC	PHE	PCE	INT
R/W-0	R/W-0	R/W-0	R/W-0	R/W-0	R/W-0	R/W-0	R/W-0

QFLG 是中断标志寄存器，第 0 位是全局中断状态标志位 INT，第 1～第 11 位，对应上述 11 个中断的中断标志位：0-无中断产生；1-有中断产生。

QCLR 中断清零寄存器，对位域置 0 无影响，置 1 可以清除 QFLG 中对应的中断标志。

2. eQEPx 状态寄存器

当相应事件发生时，QEPSTS 对应位置 1，反之则为 0，CPU 可以通过及时查询状态寄存器，获知 eQEPx 的运行状况。其结构如下，位域描述如表 5.20 所示。

15 8	7	6	5	4	3	2	1	0
保留	UPEVNT	FIDF	QDF	QDLF	COEF	CDEF	FIMF	PCEF
R-0	R-0	R-0	R-0	R-0	R/W-0	R/W-0	R/W-0	R-0

表 5.20　QEPSTS 位域描述

位	位域	说明
7	UPEVNT	单位位移事件发生标志。0-无；1-检测到单位位移事件，写 1 清零
6	FIDF	第一个索引标识正交方向标志位。0-反向；1-前向
5	QDF	当前正交方向标志位。0-反向移动；1-前向移动
4	QDLF	eQEP 方向锁存标志位。0-索引事件标识反向移动；1-索引事件标识前向移动
3	COEF	捕获计数器计数溢出错误标志位。0-无溢出；1-发生计数溢出
2	CDEF	捕获方向错误标志位。0-没有发生；1-捕获位置事件之间发生了方向更改
1	FIMF	第一个索引标识标志位。0-没有发生第一个索引标识；1-发生第一个索引标识
0	PCEF	位置计数器错误标志位。0-上一次索引转换未发生错误；1-位置计数器错误

注：COEF、CDEF 和 FIMF 3 个状态位，CPU 读取后不能自动复位清零，必须手工向对应位置 1，进行清零。

其中，FIDF 是第一个索引标识发生时的正交方向位。FIMF 是第一个索引标识发生标志位，对其清除要慎重，因为一旦设置了该标志后，若该标志被清除，则该标志将在外围设备或系统重置模块之前，不能再次设置或重置。

注意：当中断源的中断允许位置 1、中断标志位置 1 且 INT 标志位为 0 时，才能向 PIE 模块发送中断申请 EQEPxINT（x=0 或 1，本节下文同）。

在实际应用中，使用清零寄存器 QCLR 及时清除已经响应的中断标志（包括 INT），以便产生新的中断申请 EQEPxINT，也可以通过软件方式置位 QFRC，使之产生中断。

5.3.5　eQEPx 应用示例

1. eQEP 模块寄存器初始化

以下是寄存器配置的示例代码。

```
EQep1Regs.QEI NT.bit.PCO = 1 ; //位置计数器上溢中断使能
Eqep1Regs.QEI NT.bit.PCM = 1 ; //位置比较匹配中断使能
EQep1Regs.QEPCTL.bit.FREE_SOFT=2 ; //仿真挂起，自由运行
EQep1Regs.QEPCTL.bit.PCRM=1 ; //位置计数器采用最大位置复位模式
EQep1Regs.QEPCTL.bit.UTE=0 ; //禁止单位时基计数器
EQep1Regs.QEPCTL.bit.QCLM=0 ; //CPU 读取 QPOSCNT 时，捕获定时器和周期值分别锁存
EQep1Regs.QPOS MAX=0xFFFFFFFF; //最大位置计数器设定
//EQep1Regs.QPOS CMP=0x00000000; //位置比较寄存器
EQep1Regs.QEPCTL.bit.QPEN=1 ; // 使能位置计数器
EQep1Regs.QCAPCTL.bit.UPPS =1 ; //单位位移事件（UPEVNT）预定标系数，1/2 分频
EQep1Regs.QCAPCTL.bit.CCPS =6 ; //捕获时钟（CAPCLK）预定标系数，1/64 分频，
EQep1Regs.QCAPCTL.bit.CEN=1 ; // 使能 QCAP 模块
EQep1Regs.QPOS CTL.bit.PCE = 1 ; //使能 PCCU 中的位置比较单元
EALLOW; //允许访问/设置 GPIO 模块
GpioCtrl Regs.GPAMUX2.bit.GPIO20 = 1 ; //选择 GPIO20 复用引脚为外设功能 EQEP1 A
GpioCtrl Regs.GPAMUX2.bit.GPIO21 = 1 ; //选择 GPIO2 复用引脚为外设功能 EQEP1 B
GpioCtrl Regs.GPAMUX2.bit.GPIO23 = 1 ; //选择 GPIO23 复用引脚为外设功能 EQEP1I
EDIS;
```

习题与思考题

5.1　根据无刷直流驱动原理，若使用 F28335 作为主控芯片，需要几个 ePWM 通道？

5.2　每个 ePWM 通道，包括几个模块，各自有什么功能。

5.3　使用哪几个模块可以产生基本的 PWM 脉宽调制波形？试简述其产生原理。

5.4　解释动作限定控制寄存器 AQCTLA 和 AQCTLB 中各位域的含义。

5.5　结合图 5.7 说明进行死区设置的必要性。

5.6　利用 eCAP 模块是否可以测量 220V 交流电频率；假如可以，试简述其测量原理。

5.7　在 APWM 模式下，CAP1～CAP4 是如何通过重新组合产生 PWM 波形的。试说明映射寄存器的重要意义。

5.8　简述光电编码器的工作原理。

5.9　如何从光电编码器的输出脉冲序列，判断光栅盘的旋转方向。

5.10　在光电编码器结构中，光敏检测元件的排列间距与光栅盘上缝隙间距，两者之间的关系有何严格要求，为什么？

5.11　分别阐述单位基准时间事件触发（UTOUT）、单位位移事件触发（UPEVNT）速度计算的物理意义，并比较两者之间计算公式的差异。

5.12　根据图 5.33，论述全速测量原理。

课件

代码

第 6 章

异步与同步通信

F28335 集成了众多的片上通信外设，其中，异步通信（SCI）模块和同步通信（SPI）模块是两种最基本的串行通信外设，在电子信息、通信和工业自动化等领域得到了广泛应用。

6.1 异步通信（SCI）模块

6.1.1 SCI 通信概述

SCI（Sesial Communications Interface，SCI），是一种标准的串行通信接口。目前，SCI已经成为高级微处理器的标准硬件配置之一，常用于微处理器与外围硬件设备之间的异步数据通信，数据传输使用 NRZ 非归零码。

在增强型 SCI 模块中，收/发端口均使用 16 级深的 FIFO 堆栈，以减少通信服务开销，提升通信速率和通信效率；收/发端口各自拥有独立的使能和中断控制，可以独立地设置为半双工或全双工通信模式。通信中为了确保数据传输的完整性和正确性，SCI 模块采用多种方法对接收数据进行检测，包括突变、奇偶校验、数据覆盖和帧错误检测等；通过对 16 位的波特率寄存器进行编程设置，可以调整产生不同的通信速率。F28335 集成有 SCI-A、SCI-B 和 SCI-C 三个完全一样的异步串行通信接口。

6.1.2 模块结构与工作原理

1. 模块特征与引脚分布

（1）SCI 模块特征

① 外部引脚 SCIRXD/SCITXD，均为多功能复用引脚；

② 串行通信速率可以通过编程进行控制，最高波特率可达 64kbit/s；

③ 数据帧格式：1 个起始位，1～8 可编程数据位，可选择的奇/偶校验或非奇偶校验，1-2 位停止位。

④ 4 个错误检测标志：奇偶校验、溢出/覆盖、帧结构和间断等错误检测标志。

⑤ 2 个唤醒多处理器模式：空闲线路和地址位；

⑥ 半双工、全双工通信，NRZ（非归零码）格式；

⑦ 双缓冲接收和发送功能；

⑧ 通过中断标志和中断驱动机制或状态查询机制进行发送和接收；

⑨ 发送/接收中断独立使能（BRKDT 除外）；

⑩ 工作模式：标准模式和增强模式。在增强模式下，SCI 通信增加了两项增强功能：自动波特率检测硬件逻辑电路和 16 位深度的收/发堆栈 FIFO。

（2）SCI 引脚及其分布

外部引脚是 SCI 模块与外部设备连接的接口与通道，是 SCI 模块重要组成部分之一。F28335 的 SCI-A 有 2 组输入/输出复用引脚，SCI-B 有 4 组输入/输出复用引脚，SCI-C 有 1 组输入/输出复用引脚。SCI-A 和 SCI-B 均有多对并行连接的通信端口，因此，F28335 的 SCI 模块具有强大而灵活的对外通信功能，其引脚分布，如表 6.1 所示。

表 6.1　SCI 模块引脚分布

SCI 子模块	SCITXD/SCIRXD	DSP 引脚	GPIO 复用引脚
SCI-A	SCITXDA	2	GPIO29/SCITXDA/XA19
		148	GPIO35/SCITXDA/XR $\overline{\text{W}}$
	SCIRXDA	141	GPIO28/SCIRXDA/ $\overline{\text{XZCS6}}$
		145	GPIO36/SCIRXDA/ $\overline{\text{XZCS0}}$
SCI-B	SCITXDB	18	GPIO9/EPWM5B/SCITXDB/ECAP3
		25	GPIO14/TZ3/XHOLD/SCITXDB/MCLKXB
		62	GPIO18/SPICLK/SCITXDB/CANRXA
		66	GPIO22/EQEP1S/MCLKXA/SCITXDB
	SCIRXDB	20	GPIO11/EPWM6B/SCIRXDB/ECAP4
		26	GPIO15/TZ4/XHOLA/SCIRXDB/MFSXB
		63	GPIO19/SPISTEA/SCIRXDB/CANTXA
		67	GPIO23/EQEP1I/MFSXA/SCIRXDB
SCI-C	SCITXDC	114	GPIO63/SCITXDC/XD16
	SCIRXDC	113	GPIO62/SCIRXDC/XD17

2. 模块结构及工作原理

SCI 模块结构如图 6.1 所示，由发送和接收两个部分组成。其中，发送部分包括数据发送引脚 SCITXD、发送移位寄存器 TXSHF 和数据发送缓冲寄存器 SCITXBUF，在增强模式下，还包括 16 级的发送堆栈 FIFO：TX_FIFO_0～TX_FIFO_15；接收部分包括数据接收引脚 SCIRXD、接收移位寄存器 RXSHF 和数据接收缓冲寄存器 SCIRXBUF，在增强模式下，还包括 16 级的接收堆栈 FIFO：RX_FIFO_0～RX_FIFO_15。注意：数据发送和接收均为双缓冲结构。

在非增强模式下，数据的传输过程如下：当发送移位寄存器 TXSHF 空时，在 CPU 的控制下，会自动加载数据发送缓存器 SCITXBUF 之中的数据。启动发送时，数据从发送移位寄存器 TXSHF 中逐位串行移出，通过外部引脚 SCITXD 输出，当 TXSHF 数据为空时，又启动上述加载过程。启动接收后，来自引脚 SCIRXD 的数据，便逐位移入接收移位寄存器 RXSHF，当 RXSHF 接收到一帧完整的数据时，会自动将数据转存至数据接收缓冲寄存 SCIRXBUF 中。一旦上述数据转存完毕，即 SCIRXBUF 接收完数据，便置位接收中断标志，产生接收完毕中断信号，通知 CPU 进行读取。

　　SCI 模块的时钟信号 LSPCLK，由系统时钟 SYSCLKOUT 经低速外设定标器分频后获得。PCLKCR0[SCICENCLK]等位域控制 SCI 模块的时钟使能：0-关闭 SCI 模块时钟，可以降低系统功耗；1-启用 SCI 模块时钟。SCI 各子模块可以向 PIE 模块发送中断申请，包括发送中断（SCITXINTA、SCITXINTB 和 SCITXINTC）和接收中断（SCIRXINTA、SCIRXINTB 和 SCIRXINTC）。

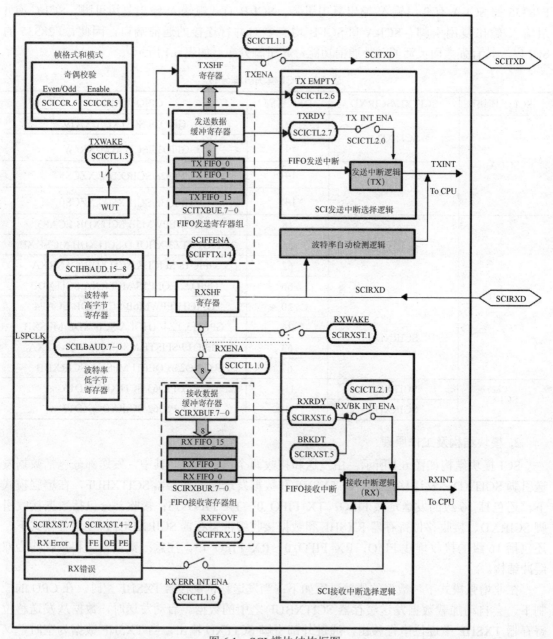

图 6.1　SCI 模块结构框图

　　SCI 通信方式包括半双工通信和全双工通信两种方式，其中全双工通信如图 6.2 所示。在 SCI 全双工点一点通信连接方式下，发送方 SCI 模块的数据发送引脚 SCITXD 与接收方

SCI 模块的数据接收引脚 SCIRXD 相连；发送方 SCI 模块的数据接收引脚 SCIRXD 与接收方 SCI 模块的数据发送引脚 SCITXD 相连。

由于采取异步通信方式，所以，收/发双方之间的时钟无须保持一致，且没有共同的时钟线；收/发双方均可以设置通信速率、校验方式及帧结构，但是要保持一致。收/发设备之间，只需连接收/发 2 根数据传输线，便可以进行通信。

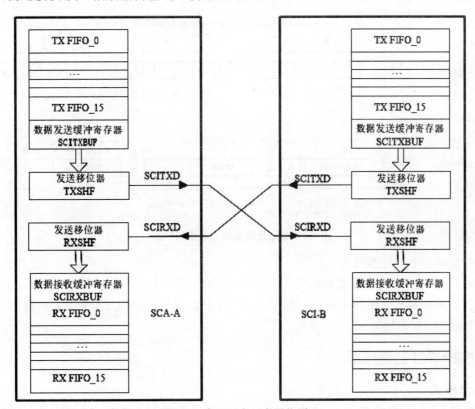

图 6.2　全双工点一点通信原理

3. 多处理器异步通信模式

（1）多处理器通信基本原理

SCI 模块支持多处理器通信模式，允许在一对通信线路上同时并联挂接多个处理器，实现一对多通信，但是任何时刻一对通信线路上只能有 1 个发送者。为了区分不同的接收者，必须为并联挂接在通信总线上的每个接收者分配一个特定的地址，以便在通信前通过通信总线发布地址，从而唤醒与发布地址相符的接收者，使其做好接收数据准备，建立通信链接。基本通信帧格式为：地址子帧+数据子帧。只有与地址相符的接收者才能接收后续数据。SCI 模块有两种处理地址信息的方式，分别是空闲线路多处理器模式和地址位多处理器模式，具体由 SCICCR[ADDR/IDLE MODE]位域进行设置：0-空闲线模式，1-地址位模式。

（2）空闲线路多处理器模式

空闲线路多处理器通信格式如图 6.3 所示，最上层是引脚 SCIRXD/TXD 的数据格式，由若干个帧组成的块结构，10 位或更多的连续空闲位周期将上述的块分隔开。第二行是数据格式扩展，展示了一个完整的块框架，其中框架内第一个帧是地址，紧跟在 10 位或以上的连续空闲位周期之后，其后的框架内数据帧之间的空闲位均小于 10 位。因此 10 位或以上的连续空闲位周期是空闲线路多处理器模式的最显著特征。该模式下一个完整的块传输，包括一个地址子帧和若干个数据子帧组成，地址子帧是接收者的地址信息，随后的数据子帧则是发送给接收者的数据信息。每一个块都在 10 位或以上空闲位或空闲线路信号引导下进行串行传输。在传输较大的数据块信息时，空闲线路模式非常高效。

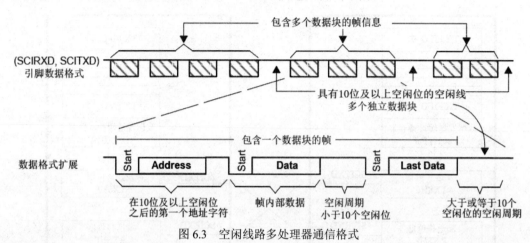

图 6.3 空闲线路多处理器通信格式

（3）地址位多处理器模式

该模式没有空闲线路多处理器模式下的连续 10 位或以上空闲位的特征，而是在一个完整的块内的地址帧和数据帧中各自增加了 1 个地址位，以便区分地址与数据：0-数据字符的地址，1-地址字符的地址。

6.1.3 SCI 通信原理

1. 帧格式

SCI 通信中数据的发送与接收，均采用标准非归零码 NRZ（Non-Return-to-Zero，NRZ）。每个数据（字符），长度为 1～8 位，若要进行正确传输，必须封装成完整规范的帧结构。空闲线路模式帧结构和地址位模式帧结构，分别如图 6.4（a）和图 6.4（b）所示。基本帧结构包括如下组成部分。

起始位（Start）：1 位起始位；

数据位（Data）：1～8 位数据位；

校验位（Parity）：1 位奇/偶校验位（可选）；

停止位（Stop）：1～2 位停止位；

附加位：1 位数据与地址标识位（Addr/Data），用来区分地址或数据，仅限地址位模式。

空闲线路模式帧结构适用于大批量数据或数据块传输，帧结构中没有数据/地址附加位，常使用 1 个结束位 Stop。发送时从字节的最低位开始发送，接收时从字节的最低位开始接收。

Start	LSB	2	3	4	5	6	7	MSB	Parity	Stop

（a）空闲线路模式帧结构

地址位模式帧结构增加了数据/地址附加位，常使用 2 个结束位 Stop，帧结构其余部分与空闲线路模式相同。

Start	LSB	2	3	4	5	6	7	MSB	Addr/Data	Parity	Stop1	Stop2

（b）地址位模式帧结构

图 6.4　SCI 标准帧结构

2. 控制寄存器与异步通信格式

（1）帧控制寄存器

SCICCR 主要功能是设置通信帧格式，包括数据长度、多处理器协议、自测试模式、奇偶校验、停止位等，其结构如下，位域描述如表 6.2 所示。

7	6	5	4	3	2	1	0
STOP BITS	EVEN/ODD PARITY	PARITY ENABLE	LOOPBACK ENA	ADDR/IDLE MODE	SCICHAR2	SCICHAR1	SCICHAR0
RW-0	RW-0	RW-0	RW-0	RW-0	RW-0	RW-0	RW-0

表 6.2　SCICCR 位域描述

位	位域	说明
7	STOP BITS	停止位设置位。0-1 位；1-2 位
6	EVEN/ODD PARITY	奇/偶校验选择位。0-奇校验；1-偶校验
5	PARITY ENABLE	奇/偶校验允许位。0-禁止；1-允许
4	LOOPBACK ENA	自测模式允许位。0-禁止；1-允许 SCI 模块内部收、发短接测试
3	ADDR/IDLE MODE	多处理器通信格式选择。0-空闲线路模式；1-地址位模式
2-0	SCICHAR[2:0]	数据长度设置位。位域范围（000～111），对应数据长度为：1～8

（2）SCI 异步通信格式

SCI 异步通信可以单线（单向）或双线（双向）通信。通信以帧为基本单元进行，帧的格式如图 6.4 所示，每个数据位需要 8 个 SCICLK 时钟周期。

为了提高 DSP 高速数据通信的可靠性，采用了一种独特的串行通信信息判断机制。

起始位（Start）是提取串行传输信息的关键，接收器只有捕获到有效起始位（Start），才能开始后续的数据判断与接收操作。如图 6.5 所示，只有连续 4 个 SCICLK 时钟周期检测到低电平，才被认为检测到有效起始位（Start），否则，便是无效起始位或需要重新检测。

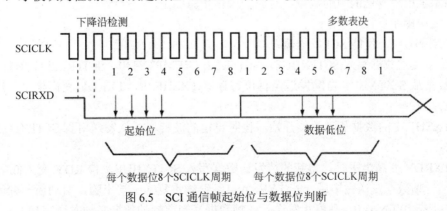

图 6.5　SCI 通信帧起始位与数据位判断

起始位之后的数据位（0 或 1）的判断原理如下：处理器通过在每个比特位中间连续进

行三次采样来确定比特值（0 或 1），采样样本出现在第四、第五和第六个 SCICLK 时钟处，并且比特值（0 或 1）的确定是基于多数（三分之二）表决机制。起始位的捕获判断方法和多数表决机制，大幅提高了 SCI 模块通信的可靠性。

3. SCI 数据发送

（1）发送单元重要标志

在 SCI 数据发送与接收过程中，有一系列标志起着重要作用。

TXENA 是允许发送单元发送数据标志，SCICTL1[TXENA]：0-禁止；1-允许。TXRDY 是发送数据缓冲寄存器 SCITXBUF 准备就绪（空）标志，SCICTL2[TXRDY]：0-SCITXBUF 满；1-SCITXBUF 空，准备好接收下一个数据。TXEMPTY 是发送器（SCITXBUF 和 TXSHF）空标志，SCICTL2[TXEMPTY]：0-SCITXBUF 或 TXSHF 或两者均有数据；1-发送器 SCITXBUF 与 TXSHF 均无数据。SCI 模块数据发送时序图，如图 6.6 所示。

（2）发送原理

首先，使能 SCI 发送器，因为发送尚未开始，所以数据发送缓冲寄存器 SCITXBUF 为空，SCICTL2[TXRDY]=1。同时，SCITXBUF 与 TXSHF 均无数据，SCICTL2[TXEMPTY]=1。所以，刚启动发送器时，TXRDY 与 TXEMPTY 均呈现高电平。

发送数据被写入 SCITXBUF 后，SCICTL2[TXRDY]=0，CICTL2[TXEMPTY]=0。SCITXBUF 中的数据被发送至发送移位器 TXSHF，当 SCITXBUF 变空后，SCICTL2[TXRDY]=1，同时启动 TXSHF 串行发送过程。在整个串行数据发送过程中，由于 TXSHF 中一直有数据，所以 SCICTL2[TXEMPTY]=0，并保持到数据发送完毕。其间，由于下一个待发送数据被送入 SCITXBUF，所以 TXRDY 保持一段时间高电平后，重新变为低电平，即 SCICTL2[TXRDY]=0。

总之，在 TXENA 信号有效期间数据持续发送，TXEMPTY 一直保持低电平；当 TXENA 信号无效后，由于 SCITXBUF 得不到新的待发送数据，所以，TXRDY 变为高电平，当 TXSHF 中数据发送完毕后，由于发送器（SCITXBUF 与 TXSHF）均无数据，所以 TXEMPT 变为高电平，即 SCICTL2[TXEMPTY]=1。

在启动 SCI 发送器发送之后，TXRDY 标志仅仅指示 SCITXBUF 中数据是否为空，因此，每当新的发送数据被写入 SCITXBUF 时，TXRDY 便显示低电平（不空），每当其中数据被移位送至 TXSHF 后，又立即变为高电平（空）。所以，TXRDY 标志高低电平变换的次数，即显示了已经发送的帧的数量。对应的操作步骤如下。

（3）发送操作步骤

① TXENA=1，使能 SCI 发送器；

② 将待发送数据写入 SCITXBUF，SCITRL2[TXEMPTY]=0，SCITRL2[TXRDY]=0；

③ 数据从 SCITXBUF 自动发送至移位寄存器 TXSHF 中，TXRDY 变高电平，产生发送中断请求；

④ TXSHF 中的数据从起始位开始，按照设定的波特率，从发送引脚 SCITXD 依次自动发送出去；

⑤ TXRDY 变高电平时，将新的待发送数据写入 SCITXBUF，TXRDY 变为低电平；

⑥ 当一帧数据发送完毕后，若 TXENA=1，继续重复②～⑤步骤，启动新一帧的数据的发送流程；若 TXENA=0，则停止发送新的帧数据（当前帧的数据必须发送完毕）。

在三个发送控制信号 TXENA、TXRDY 和 TXEMPTY 的配合下，SCI 发送器便可以完成串行数据的断续或连续发送。

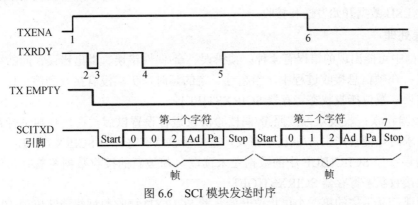

图 6.6　SCI 模块发送时序

注意：当 TXENA=0 时，CPU 并不能立即终止正在发送的数据传输任务，只有当前帧的全部数据传输完毕，才能停止发送功能。

4. 数据接收

接收过程有两个重要的使能和判断标志。RXENA 是 SCI 模块接收器允许位，SCICTL1[RXENA]：0-禁止接收；1-允许接收。RXRDY 是接收就绪标志位，数据接收缓冲寄存器 SCIRXBUF 满标志，SCIRXST[RXRDY]：0-SCIRXBUF 中无数据；1-SCIRXBUF 中有新数据。若 SCI 通信设置为地址位模式，且一帧传输 6 位数据，则 SCI 通信接收时序如图 6.7 所示。一帧信息接收操作步骤如下。

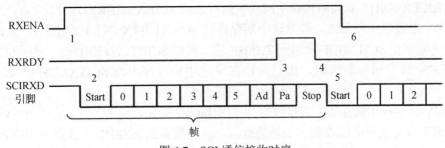

图 6.7　SCI 通信接收时序

① 置位 SCICTL1[RXENA]，使能 SCI 模块发送器，允许发送数据。

② 从接收引脚 SCIRXD 依次接收串行数据，并逐位检测。

③ 通过帧起始位判断，获取一帧完整的数据，并存储于接收移位寄存器 RXSHF 之中。

④ 接收完毕，将数据从 RXSHF 转存于 SCIRXBUF 之中，置位 SCIRXST[RXRDY]，RXRDY 标志由低电平变为高电平，表示一帧数据接收完毕，可以产生中断，通知 CPU 读取数据。

⑤ CPU 读取 SCIRXBUF 数据，SCIRXST[RXRDY]自动清零，RXRDY 由高电平变为低电平；

⑥ 若 SCICTL1[RXENA]=1，重复②～⑤接收过程；若 SCICTL1[RXENA]=0，则停止接收。

注意：在一帧信息的接收过程中，当 RXENA=0 时，并不会立即停止正在进行的数据传输，等一帧信息接收完毕后，才停止接收器的工作，最后接收的数据存储于 RXSHF，并不会被传送到 SCIRXBUF 之中。接收帧中的数据顺序，和发送帧中的数据顺序完全一致，都是从最低位 LSB 数据开始发送和接收。

5. 错误处理

SCI 通信中可能出现的错误有 4 种：帧错误、奇/偶性错误、溢出错误、间断错误。

帧错误：在帧信息接收过程中，当超过一定的延时，仍然没有接收到停止位标志时，便会发生帧错误，置位接收状态寄存器 SCIRXST[FE]。

奇/偶校验错误：收发双方按照奇/偶校验协议进行设置以后，在接收端进行奇偶校验不符合校验要求时，便会产生奇/偶校验错误，置位接收状态寄存器 SCIRXST[PE]。

溢出错误：当 SCIRXBUF 中的数据还未读取，却被新的接收数据覆盖时，便产生溢出错误，置位接收状态寄存器 SCIRXST[OE]。

间断错误：从丢失的第一个停止位开始，若 SCIRXD 接收数据线连续出现 10 位或 10 位以上的低电平信息时，产生间断错误，置位接收状态寄存器 SCIRXST[BRKDT]。

以上 4 种错误事件均可以触发中断，其中，间断事件触发的中断属于单独一组中断，间断错误标志 BRKDT 作为中断标志，而其他 3 个错误引发的中断，使用共同的中断标志 RX ERROR。注意：当 SCI 模块产生上述错误标志时，在继续传输新的数据之前，必须清除上述错误标志。

6. 中断处理

SCI 模块在发送与接收过程中均产生中断，包括发送中断（中断标志位 SCICTL2[TXRDY]）、接收中断（中断标志位 SCIRXST[RXRDY]）、接收错误中断（中断标志位 SCRXST[RX ERROR]）和间断错误中断（中断标志位 SCIRXST[BRKDY]）。

TXRDY 是发送中断标志，若发送中断允许位 SCICTL2[TX INT ENA]置 1，允许发送中断，当发送数据由 SCITXBUF 发送到 TXSHF 后，置位 SCICTL2[TXRDY]，显示 SCITXBUF 为空，同时申请发送中断请求，用户可以在发送中断程序中向 SCITXBUF 写入新的发送数据。

RXRDY 是接收中断标志，若接收缓冲/间断错误中断允许位 SCICTL2[RX/BK INT ENA] 置 1，当 SCI 模块接收器接收到一个新的数据，并将数据从 RXSHF 传送到 SCIRXBUF 时，置位接收标志 SCIRXST[RXRDY]，申请接收中断请求，可以在接收中断程序中，通过软件读取 SCIRXBUF 数据。

RX ERROR 是帧错误、奇/偶性错误和溢出错误事件对应的中断标志，若接收错误中断允许位 SCICTL1[RX ERR INT ENA]置 1，当 FE、OE 和 PE 任何一个错误事件发生时，均触发接收错误中断，置位 SCIRXST[RX ERROR]。

BRKDY 是间断错误事件中断标志，若接收中断/间断中断允许位 SCICTL2[RX/BK INT ENA]置 1，当接收间断错误事件发生时，触发接收间断错误中断，置位 SCIRXST[BRKDY]。

SCI 模块的发送器和接收器均具有独立的 PIE 级中断向量，F28335 拥有 SCI-A、SCI-B 和 SCI-C 共三个 SCI 通信子模块，对应的独立中断向量分别是 SCITXINTA/SCIRXINTA、SCITXINTB/SCIRXINTB 和 SCITXINTC/SCIRXINTC。

由于每个 SCI 子模块对外（PIE）只有发送和接收两个独立的中断向量，所以，若确定接收中断的具体中断源，需要通过对接收状态寄存器 SCIRXST 中的错误标志位进行检测甄别。同时，为了减少通信中的溢出效应，当发送与接收中断具有相同的中断优先级时，一般接收中断优先于发送中断。

6.1.4　SCI 模块增强功能

1. FIFO 增强功能

SCI 模块增强功能主要是增加了 16 级深的发送和接收 FIFO，包括 8 位宽的发送堆栈 TX_FIFO_0～TX_FIFO_15 和 10 位宽的接收堆栈 RX_FIFO_0～RX_FIFO_15。增强模式下有 3 个重要寄存器，分别是增强模式发送控制寄存器 SCIFFTX、增强模式接收控制寄存器 SCIFFRX 和增强模式控制寄存器 SCIFFCT。功能设置包括：FIFO 使能、FIFO 复位、中断允许与优先级选择、发送时间延时和自动波特率检测等。

FIFO 增强模式主要特征如下。

① 复位后系统禁止 FIFO 增强功能，自动进入 SCI 标准模式，SCIFFTX、SCIFFRX 和 SCIFFCT 处于未激活状态。

② SCI 标准模式下，若 DSP 型号为 F28335，则发送中断为 SCITXINTx（x=A、B 和 C，本节下文同），接收中断为 SCIRXINTx（x=A、B 和 C，本节下文同）。

③ SCI FIFO 增强模式，由控制寄存器 SCIFFTX[SCIFFEN]位域设置：0-禁止增强功能；1-使能增强功能。SCIFFTX[SCIRST]是 SCI 发送/接收通道复位：0-复位；1-使能。

④ SCI FIFO 增强模式下，禁止标准模式中断，其中，接收中断 SCIRXINTx 是共用中断向量，对应接收器数据接收中断、接收错误中断和接收溢出中断共三个中断源，而 SCITXINTx 则对应 FIFO 模式下发送中断。

⑤ FIFO 增强模式下，发送数据由发送堆栈直接下载到发送移位寄存器 TXSHF，不经过数据发送缓冲寄存器 SCITXBUF，发送数据之间的延迟由 SCIFFCT[FFTXDLY]位域编程设置，延时范围为 0～255 个波特率时钟，通过编程控制发送数据速率，以实现与不同速率的外设通信。

⑥ FIFO 增强模式下，SCIFFTX[TXFFST]显示当前 FIFO 堆栈中尚未发送的字符数，取值范围 0～16，数值为 0 时要及时向堆栈写入数据；SCIFFRX[RXFFST]显示当前 FIFO 堆栈中已接收的字符数，实际取值范围 0～16，当数值为 16 时，要及时读出数据，以防接收数据被覆盖。

⑦ 可编程的中断触发"门槛"设置：FIFO 增强模式下，在 SCIFFTX[TXFFIL]位域设置发送中断触发"门槛"，设置范围 0～16，当 SCIFFTX[TXFFST]的值小于或等于 SCIFFTX[TXFFIL]设定值时，触发发送中断；在 SCIFFRX[RXFFIL]中设置接收中断触发"门槛"，当 SCIFFTX[RXFFST]的值大于或等于 SCIFFRX[RXFFIL]设定值时，触发接收中断。系统默认 TXFFIL=0，RXFFIL=16。即当发送寄存器的发送 FIFO 状态位显示当前未发送字符为 0 时（FIFO 堆栈已空），触发发送中断 SCITXINTx；当接收寄存器的接收 FIFO 状态位域显示已经接收字符为 16 时（FIFO 堆栈已满），触发接收中断 SCIRXINTx。

⑧ FIFO 增强模式下，发送数据延时通过 SCIFFCT[FFTXDLY]进行编程控制，延时范围 0～255 个波特率时钟。通信速率设置灵活，满足 SCI 模块与外部低速异步通信接口通信需求。

2. 自动波特率检测

SCI 模块具有自动波特检测功能。其中，SCIFFTX[SCIRST]是 SCI 收/发使能控制位：

0-复位，1-使能。SCIFFCT[CDC]是自动波特率检测允许位：0-禁止，1-允许。SCIFFCT[ABD]是自动波特率检测标志：0-未完成检测，1-完成检测。上述位域共同控制着自动波特率检测逻辑。自动波特率检测步骤如下。

　　① 置位 SCIFFCT[CDC]允许自动波特率检测功能，向 SCIFFCT[ABD CLR]写 1，清除 ABD 标志。

　　② 初始化波特率寄存器为 1 或将波特率限制在 500kbit/s 以下。

　　③ 主机以期望的速率发送字符"A"或"a"，若 SCI 能够收到"A"或"a"，则波特率硬件检测系统将检测输入的波特率，并置位 SCIFFCT[ABD]。

　　④ 自动波特率检测逻辑将用检测到的波特率值，更新波特率寄存器并向 PIE 申请中断 SCITXINTx。

　　⑤ 置位 SCIFFCT[ABD CLR]，清除 ABD 标志，清零 SCIFFCT[CDC]，禁止再次进行波特率检测。

　　⑥ 读取字符"A"或"a"的接收缓冲区，清空接收缓冲寄存器和相应标志。

　　⑦ SCIFFCT[CDC]=1 时，若 SCIFFCT[ABD]置位，则波特率校准完毕，可以触发发送中断 SCITXINTx。执行完中断服务后，通过软件及时清零 SCIFFCT[CDC]。

6.1.5　SCI 模块寄存器

（1）概述

在标准工作方式下，SCI 模块的寄存器共有 10 个，包括 3 个控制类寄存器 SCICCR、SCICTL1 和 SCICTL2；2 个波特率寄存器 SCIHBAUDA 和 SCILBAUDA；3 个数据类寄存器 SCITXBUF、SCIRXBUF 和 SCIRXEMU；1 个接收状态寄存器 SCIRXST 和 1 个优先级控制寄存器 SCIPRI。上述均为 8 位宽度寄存器。在 FIFO 增强模式下，增加了发送 FIFO 寄存器 SCIFFTX、接收 FIFO 寄存器 SCIFFRX 和 FIFO 控制寄存器 SCIFFCT。仅以 SCI-A 子模块为例，寄存器如表 6.3 所示。

表 6.3　SCI-A 子模块寄存器

序号	寄存器	说明	序号	寄存器	说明
1	SCICCR	通信控制寄存器	8	SCIRXBUF	接收数据缓冲寄存器
2	SCICTL1	控制寄存器 1	9	SCITXBUF	发送数据缓冲寄存器
3	SCIHBAUD	波特率寄存器，高位	10	SCIFFTX	FIFO 发送寄存器
4	SCILBAUD	波特率寄存器，低位	11	SCIFFRX	FIFO 接收寄存器
5	SCICTL2	控制寄存器 2	12	SCIFFCT	FIFO 控制寄存器
6	SCIRXST	接收状态寄存器	13	SCIPRI	优先级控制寄存器
7	SCIRXEMU	接收仿真数据缓冲寄存器			

注：因为不同系列的产品，含有不同数量的 SCI 子模块，所以实际编程中要注意子模块与结构体名称之间的对应关系。

（2）控制类寄存器

控制类寄存器包括 SCICTL1、SCICTL2 和 SCICCR。

控制寄存器 SCICTL1：主要用于设置 SCI 模块发送/接收允许、接收错误中断允许，以及休眠与唤醒等功能，其结构如下，位域描述如表 6.4 所示。

7	6	5	4	3	2	1	0
保留	RX ERR INT ENA	SW RESET	保留	TXWAKE	SLFEP	TXENA	RXENA
R-0	RW-0	RW-0	R-0	RW-0	RW-0	RW-0	RW-0

表 6.4　SCICTL1 位域描述

位	位域	说明
6	RX ERR INT ENA	接收错误中断允许位。0-禁止；1-允许
5	SW RESET	软件复位位（低电平有效）。0-写 0 进入复位；1-系统重置后，向该位写入 1 来重新启用 SCI
3	TXWAKE	发送器唤醒模式选择位。0-无效；1-唤醒发送器，具体发送特征与多处理器通信格式有关①
2	SLEEP	休眠控制位。0-禁止休眠；1-允许休眠
1	TXENA	SCI 发送允许位。0-禁止；1-允许
0	RXENA	SCI 接收允许位。0-禁止；1-允许

注：①向 TXWAKE 写 1 唤醒发送器，随后可以向 SCITXBUF 写入发送数据。

控制寄存器 SCICTL2：主要用于设置 SCI 模块发送就绪标志、发送空标志，以及接收、发送中断允许。寄存器结构如下，位域描述如表 6.5 所示。

7	6	5	2	1	0
TXRDY	TX EMPTY	保留		RX/BK INT ENA	TX INT ENA
R-1	R-1	R-0		RW-0	RW-0

表 6.5　SCICTL2 位描述

位	位域	说明
7	TXRDY	发送器缓冲寄存器就绪标志位。0-SCITXBUF 满；1-SCITXBUF 空，准备接收下一个字符
6	TX EMPTY	发送器空标志位。0-SCITXBUF 或 TXSHF 或均未空；1-SCITXBUF 与 TXSHF 均空
1	RX/BK INT ENA	接收中断/接收间断中断允许位。0-禁止中断；1-允许中断，两个中断共用中断允许位
0	TX INT ENA	发送中断允许位。0-禁止中断；1-允许中断

RX/BK INT ENA 是两个不同中断的共用中断控制位，同时，注意中断标志 TXRDY 与 TX EMPTY 之间的区别：只要 SCITXBUF 为空，便置位 TXRDY；只有 SCITXBUF 与 TXSHF 均为空，才置位 TX EMPTY。

通信控制寄存器 SCICCR：主要用于设置帧结构，其结构如下，位域描述如表 6.2 所示。

7	6	5	4	3	2	1	0
STOP BITS	EVEN/ODD PARITY	PARITY ENABLE	LOOPBACK ENA	ADDR/IDLE MODE	SCICHAR2	SCICHAR1	SCICHAR0
R/W-0	R/W-0	R/W-0	R/W-0	R/W-0	R/W-0	R/W-0	R/W-0

（3）波特率选择寄存器与波特率计算

波特率选择寄存器 SCIHBAUD/SCILBAUD：分别是波特率设置寄存器的高 8 位和低 8 位，共同组成了 16 位宽度的波特率寄存器，设置范围 0x0000～0xFFFF，设对应十进制数值为 BRR，则 BRR 数值范围为 0～65535，共可以设置 65536 种频率。波特率具体计算如下。

当 BRR = 0 时，波特率计算公式：波特率=LSPCLK/16　　　　　　　　　(6-1)

当 $1 \leqslant BRR \leqslant 65535$ 时，波特率计算公式：波特率=LSPCLK/((BRR +1)×8)　　(6-2)

其中，LSPCLK 是经过低速外设定标器处理后的时钟，具体参见 2.6.2 部分。

（4）数据类寄存器

发送数据缓冲寄存器 SCITXBUF：待发送数据被写入 SCITXBUF，数据位必须右对齐，因为对于长度小于 8 位的字符，最左边的位将被忽略。当发送数据由 SCITXBUF 自动发送到 TXSHF 后，置位 TXRDY 标志，提示可以向 SCITXBUF 中写入新的字符（数据）。同时，若 SCICTL2[TX INT ENA]=1，则触发发送中断。其结构如下。

7	6	5	4	3	2	1	0
TXDT7	TXDT6	TXDT5	TXDT4	TXDT3	TXDT2	TXDT1	TXDT0
R/W-0	R/W-0	R/W-0	R/W-0	R/W-0	R/W-0	R/W-0	R/W-0

接收数据缓冲寄存器 SCIRXBUF：在 SCI 标准模式下仅低 8 位有效，当已经接收的数据由移位寄存器 RXSHF 传输到 SCIRXBUF 之后，置位 SCIIRXST[RXRDY]，若 SCICTL2 [RX/BK INT ENA]=1，接收中断/间断中断允许，触发接收中断。当 SCIRXBUF 中数据被读取之后，RXRDY 标志被清零。在 FIFO 增强模式下，SCIRXBUF[SCIFFFE] 和 SCIRXBUF [SCIFFPE] 有效，分别是帧错误标志和奇/偶校验错误标志：0-无错误发生，1-有对应错误发生。读取 SCIRXBUF 中的数据，可清零 RXRDY 标志。其结构如下。

15	14	13		8	7		0
SCIFFFE	SCIFFPE	保留			RXDT7～RXDT0		
R-0	R-0	R-0			R/W-0		

接收仿真数据缓冲寄存器 SCIRXEMU：与 SCIRXBUF 同步接收来自 RXSHF 的数据，在模拟器监视窗口中使用该寄存器，可以查看 SCIRXBUF 寄存器的内容，但是，读取 SCIRXEMU 数据不会清除 RXRDY 标志。

（5）状态寄存器和优先级控制寄存器

状态寄存器 SCIRXST：反映接收器的状态，当 SCIRXBUF 和 SCIRXEMU 接收到新数据时，自动更新 SCIRXST 标志。其结构如下，位域描述如表 6.6 所示。

7	6	5	4	3	2	1	0
RX ERROR	RXRDY	BRKDY	FE	OE	PE	RXWAKE	保留
R-0	R-0	R-0	R-0	R-0	R-0	R-0	R-0

表 6.6　SCIRXST 位域描述

位	位域	说明
7	RX ERROR	接收错误标志位。0-无；1-有接收错误发生
6	RXRDY	SCIRXBUF 接收数据标志位。0-没有接收到数据；1-接收到数据

续表

位	位域	说明
5	BRKDY	接收间断错误标志位。0-没有接收间断发生；1-有接收间断发生
4	FE	帧错误标志位。0-无帧错误；1-有帧错误
3	OE	溢出错误标志位。0-无溢出错误；1-有溢出错误（有未读数据被覆盖）
2	PE	校验错误标志位。0-无校验错误；1-有校验错误
1	RXWAKE	接收器唤醒检测标志位。0-未检测到唤醒条件；1-检测到唤醒条件

优先级控制寄存器 SCIPRI：优先级控制寄存器 SCIPRI 只有 2 位有效位域，其余均为保留位。有效位域 SCISOFT 和 SCIFREE 规定了 SCI 模块仿真挂起时的操作：00-立即停止；10-完成当前发送和接收操作后停止；x1-自由运行。

（6）FIFO 增强模式寄存器

FIFO 增强模式下的寄存器，包括 FIFO 发送寄存器 SCIFFTX、FIFO 接收寄存器 SCIFFRX 和 FIFO 控制寄存器 SCIFFCT，均为 16 位宽度寄存器。

FIFO 发送寄存器 SCIFFTX：主要完成 FIFO 增强模式下发送单元相关设置，其结构如下，位域描述如表 6.7 所示。

15	14	13	12		8
SCIRST	SCIFFENA	TXFIFO Reset	TXFFST4～TXFFST0		
R/W-1	R/W-0	R/W-1	R-0		

7	6	5	4		0
TXFFINT Flag	TXFFINT CLR	TXFFIENA	TXFFIL4～TXFFIL0		
R-0	W-0	R/W-0	R/W-0		

表 6.7 SCIFFTX 位域描述

位	位域	说明
15	SCIRST	SCI 复位位。0-写 0 复位 SCI 模块收发通道；1-使能 SCI 模块 FIFO 收发操作
14	SCIFFENA	FIFO 功能使能位。0-禁止 FIFO 功能；1-使能 FIFO 功能
13	TXFIFO Rest	FIFO 发送复位位。0-复位发送。指向 0 或保持复位；1-使能发送功能
12-8	TXFFST	FIFO 发送状态位。发送 FIFO 堆栈中剩余字符数：00000～10000：0～16 个字符
7	TXFFINT Flag	FIFO 发送中断标志位。0-无中断事件；1-有中断事件
6	TXFFINT CLR	FIFO 发送中断清除位。0-无影响；1-清除中断标志
5	TXFFIENA	FIFO 发送中断允许位。0-禁止；1-允许
4-0	TXFFIL	FIFO 发送中断触发门槛。当 TXFFST 值小于等于 TXFFIL 值时，触发发送中断，默认值为 0

FIFO 接收寄存器 SCIFFRX：主要完成 FIFO 模式下接收单元相关设置，其结构如下，位域描述如表 6.8 所示。

15	14	13	12		8
RXFFOVF	RXFFOVR CLR	RXFIFO Reset	RXFFST		
R-0	W-0	R/W-1	R-0		

7	6	5	4		0
RXFFINT Flag	RXFFINT CLR	RXFFIENA	RXFFIL		
R-0	W-0	R/W-1	R/W-1		

表 6.8 SCIFFRX 位域描述

位	位域	说明
15	RXFFOVF	SCI 接收溢出标志位。0-无溢出;1-溢出
14	RXFFOVR CLR	溢出标志清除位。0-无影响;1-清除溢出标志
13	RXFIFO Rest	FIFO 接收复位位。0-复位接收。指向 0 或保持复位;1-使能接收功能
12-8	RXFFST	FIFO 接收状态位。接收 FIFO 堆栈中的字符数:00000~10000;0~16 个字符
7	RXFFINT Flag	FIFO 接收中断标志位。0-无中断事件;1-有中断事件
6	RXFFINT CLR	FIFO 接收中断清除位。0-无影响;1-清除中断标志
5	RXFFIENA	FIFO 接收中断允许位。0-禁止;1-允许
4-0	RXFFIL	FIFO 接收中断触发门槛。当 RXFFST 值大于或等于 RXFFIL 值时,触发接收中断,默认值为 16

FF 控制寄存器 SCIFFCT:主要完成波特率检测与发送数据延时设置,其结构如下,位域描述如表 6.9 所示。

15	14	13	12		8	7		0
ABD	ABD CLR	CDC	保留			FFTXDLY		
R-0	W-0	R/W-0	R-0			R/W-0		

表 6.9 SCIFFCT 位域描述

位	位域	说明
15	ABD	自动波特率检测位。0-未完成检测;1-完成检测
14	ABD CLR	ABD 标志清除位。0-无影响;1-置位可以清除 ABD 标志
13	CDC	自动波特率检测允许位。0-禁止;1-允许
7-0	FFTXDLY	FIFO 发送数据之间延时设置位域。延时范围:最小 0 个内部时钟周期,最大 256 个时钟周期

6.1.6 SCI 模块应用

基于 TMS320F28335 的 SCI-A 模块和计算机,搭建一个简单的全双工通信系统,其中 DSP 和计算机分别作为下位机和上位机使用,上位机对下位机发送的字符信息进行接收与显示。

例 6.1 上位机通信

为了测试 SCI-A 通道功能是否处于正常状态,由 DSP 和计算机构建了一个双工通信系统,并编制了一个简单的异步通信程序。系统开始运行后,要求上位机始终处于中断接收状态,实时接收来自下位机的字符或字符串信息,并实时在上位机屏幕进行显示,操作者根据屏幕显示信息的提示,向下位机发送相应的字符信息。具体代码如下。

```
#include "DSP2833x_Device.h" //引用头文件
```

```
#include "DSP2833x_Examples.h"
void scia_back_init(void);    //SCI 初始化函数声明
void scia_fifo_init(void);    //FIFO 初始化函数声明
void scia_send(int a);        //发送字符函数声明
void scia_signs(char *msg);   //发送字符串函数声明
// step 2 主函数部分
void main(void)
{
Uint16 ReceivedChar; //定义变量
char *msg;           //定义字符变量指针
// Step 3 系统初始化
InitSysCtrl();    //调整系统初始化函数
InitGpio();       //调整 GPIO 初始化函数
DINT;             //中断设置之前，先关闭中断
InitPieCtrl();    //调 PIE 初始化函数
IER = 0x0000;     // IER 清零
IFR = 0x0000;     //IFR 清零
InitPieVectTable(); //调用库函数初始化 PIE 中断向量表
// Step 4 执行并使用自定义函数
scia_fifo_init(); //FIFO 模块初始化函数
scia_back_init(); //SCI 模块初始化函数
msg = "\r\n\n\nPlease pay attention to the information of the DSP lower machine!\0";
//下位机待发送的字符串信息"注意来自下位机的信息"
scia_signs(msg);  //调用字符串发送函数，通过 SCI-A 串口发送
msg = "\r\nPlease enter a character when you see the next computer information timely! \n\0";
//待发送字符串"请及时输入字符"
scia_signs(msg); //调用字符串发送函数，通过 SCI-A 串口发送字符串信息
// Step 5 进入主循环
While(1)
{
msg = "\r\n Please feel free to press one character and enter:\0"; //待发送信息：要求上位机随意输入一个字符
scia_signs(msg);                              //调用字符串发送函数，通过 SCI-A 串口发送
while(SciaRegs.SCIFFRX.bit.RXFFST !=1){ }//检测 SCIFFRX[RXFFST]是否接收到字符，否则继续等待
ReceivedChar = SciaRegs.SCIRXBUF.all;    // 从 SCIRXBUF 读取字符，并存储到字符型变量之中
msg = "The character you just sent is:\0";    //下位机待发送信息"你发送的字符是："
scia_signs(msg);                              //调用字符串发送函数，向上位机发送字符串信息
scia_send(ReceivedChar);                      //调用字符串发送函数，向上位机回传刚接收到的字符
}
}
// Step 6.   用户自定义功能子函数
void scia_back_init()            //定义 SCI-A 初始化函数
{ SciaRegs.SCICCR.all=0x0007; // 1 位停止位，无奇偶校验，8 位字符，定义帧结构
SciaRegs.SCICTL1.all =0x0003; //复位、允许发送和接收
ScibRegs.SCICTL2.all =0x0003; //允许接收和发送中断
SciaRegs.SCIHBAUD=0x0001;    // 9600 波特率
SciaRegs.SCILBAUD =0x00E7;
```

```
        SciaRegs.SCICTL1.all =0x0023;     //退出复位
        }
        void scia_fifo_init()              //定义 SCI-A 模块 FIFO 模式初始化函数
        {
        ScibRegs.SCIFFTX.all=0xE040;  //使能 SCI、允许 FIFO 功能、清除发送中断
        ScibRegs.SCIFFRX.all=0x204f;  //接收 FIFO 复位，清除接收中断标志，设定接收中断门槛
        ScibRegs.SCIFFCT.all=0x0;
        }
        void scia_send(int a)              //定义字符发送函数
        { while(ScibRegs.SCIFFTX.bit.TXFFST != 0){}//等待 SCIFFTX[TXFFST]为 0，否则继续等待
         ScibRegs.SCITXBUF=a;              //向 SCITXBUF 写入新的字符
        }
        void scib_msg(char * msg)          //定义字符串发送函数
        { int i;
        i = 0;
        while(msg[i] != '\0')   //调用字符发送函数，检测字符串，若没有检测到结束符号则继续发送
        { scia_send(msg[i]);   //调用字符发送函数，通过遍历模式，发送整个字符串
        i++;
        }
        }
```

6.2　同步通信模块（SPI）

SPI 是串行外设接口（Sesial Peripheral Inteface，SPI）的简称，广泛应用于微处理器与外部器件，例如串行 A/D、串行 D/A、E²PROM 和日历时钟等芯片之间的串行通信。在 F28335 中，SPI 模块只有一个串行通信接口通道 SPI-A。SPI 是一种同步、高速和全双工通信接口，使用 4 个外部引脚，允许传输 1～16 位数据，传输速率可编程。目前，SPI 已经成为一种通用的串行通信标准之一。

6.2.1　SPI 结构与工作原理

1. SPI-A 通道特征

（1）基本特征

① 外部引脚：SPI-A 通道拥有 4 个功能引脚，实现与外围设备的串行通信与控制。SPISOMI：从器件输出/主器件输入引脚；SPISIMO：从器件输入/主器件输出引脚；$\overline{\text{SPISTE}}$：SPI 模块使能引脚；SPICLK：SPI 串行时钟引脚；

② 两种运行模式：主控模式（主模式）和受控模式（从模式）；

③ 数据与波特率：1～16 位可编程数据长度，125 种可编程通信速率；

④ 外设时钟模式选择：包括无延时的上升沿/下降沿、有延时的上升沿/下降沿等 4 种外设时钟模式（延时、边沿）设置；

⑤ 数据传输模式：中断或查询法实现数据发送/接收；

⑥ 同时实现数据发送/接收；

⑦ 模块工作模式：有标准和增强两种工作模式；其中，标准工作模式有 9 个寄存器，

增强模式共 12 个寄存器；

⑧ 增强模式：16 级的 FIFO 发送/接收及延迟发射控制。

（2）引脚及分布

F28335 模块只有 1 个 SPI-A 通道，但是却有 2 组并列的对外通信与控制引脚，且均为多功能复用引脚。引脚分布如表 6.10 所示。

表 6.10　SPI-A 引脚及其复用功能

SPI-A 通道	SPI 通信与控制引脚	DSP 引脚序号	复用功能
SPI-A 第一组引脚	SPISOMI	97	GPIO55/SPISOMIA/XD24
	SPISIMO	96	GPIO54/SPISIMOA/XD25
	SPICLK	98	GPIO56/SPICLKA/XD23
	$\overline{\text{SPISTE}}$	99	GPIO57/SPISTEA/XD22
SPI-A 第二组引脚	SPISOMI	28	GPIO17/SPISOMIA/CANRXB/TZ6
	SPISIMO	27	GPIO16/SPISIMOA/CANTXB/TZ5
	SPICLK	62	GPIO18/SPICLKA/SCITXDB/CANRXA
	$\overline{\text{SPISTE}}$	63	GPIO19/SPISTEA/SCIRXDB/CANTXA

其中，SPISOMI 是 SPI 在从模式下的输出端口/主模式下的输入端口，SPISIMO 是 SPI 在从模式下的输入端口/主模式下的输出端口，$\overline{\text{SPISTE}}$ 是选通引脚，在主模式下输出选通信号，在从模式下接收主控制器发出的选通信息，使能 SPI 模块。SPICLK 是时钟引脚，在主模式下输出时钟信号，在从模式下则接收、使用主控制器发出的时钟作为自己的工作时钟。

2. SPI-A 通道内部结构

如图 6.8 所示，SPI-A 结构的核心是 1 个 16 位宽的公共串行移位寄存器 SPIDAT，数据的发送与接收均通过该寄存器进行，还有 1 个数据发送缓冲寄存器 SPITXBUF 和 1 个数据接收缓冲寄存器 SPIRXBUF。在 FIFO 加强模式下，还有 2 个 16 级的 FIFO 先入先出堆栈，包括发送堆栈 TX_FIFO_15～TX_FIFO_0 和接收堆栈 RX_FIFO_15～RX_FIFO_0，以提高数据的传输速率和吞吐量。

SPI-A 拥有 16 位数据的发送与接收能力，发送与接收均采取双缓冲结构设计，所有数据寄存器均为 16 位宽。串行数据位长度可编程控制，数据长度范围：1～16 位。SPI 模块对外的通信，通过如上所述 4 个多功能复用引脚完成。

注意：SPI-A 的某个数据引脚，在主模式和从模式下，其数据的传输方向是不一样的。以 SPISOMI 为例，若当前 SPI-A 通道被设置为主模式，则 SPISOMI 引脚只能作为数据输入功能引脚使用；若当前 SPI-A 通道被设置为从模式，则 SPISOMI 引脚只能作为数据输出功能引脚使用。

LSPCLK 是 SPI-A 的输入时钟，由外设时钟控制寄存器 PCLKCR0[SPIAENCLK]位域控制，若置位 SPIAENCLK，则启用 SPI-A 时钟，若清零 SPIAENCLK，则关闭 SPI-A 时钟，以降低 DSP 系统功耗。SPI-A 可以产生发送中断 SPITXINTA 和接收中断 SPIRXINTA，通过 PIE 模块向 CPU 申请中断。

3. 主从模式下"点—点"通信

SPI-A 通道有主动和从动两种工作模式；有半双工和全双工两种通信方式。

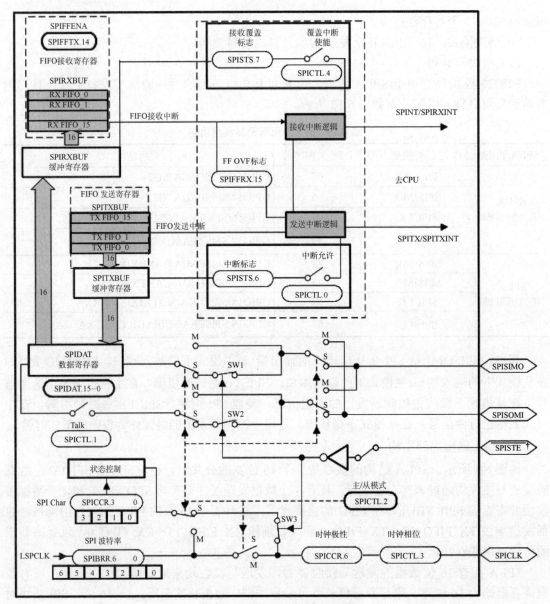

图 6.8　SPI-A 内部结构原理图

　　SPI 通信系统中，必须有 1 个处于主动模式的 SPI-A 通道，则相应的其他 SPI-A 通道则处于从动模式。由 SPICTL[master/slave]位域设置：0-从动工作模式，1-主工作模式。两个 SPI 设备组成的"点—点"通信系统电路，如图 6.9 所示。

　　其中，数据发送引脚与数据接收引脚，要遵循"同名端"相连接的原则，例如主控器的引脚 SPISIMO，必须与从控制器的 SPISIMO 引脚连接；主控器的引脚 SPISOMI，必须与从控制器的 SPISOMI 引脚连接。

　　在主从模式下，主控制器的片选控制引脚 $\overline{\text{SPISTE}}$ 是控制端，从控制器的片选控制引脚 $\overline{\text{SPISTE}}$ 是被控制端，接收主控制器的控制，且低电平有效。当主控制器的 $\overline{\text{SPISTE}}$ 引脚发出低电平有效信号时，从控制器的 SPI 模块被使能。在主从模式下从控制器 SPI 的 SPICLK 引脚接收来自主控制器的时钟，并作为自己的工作时钟。

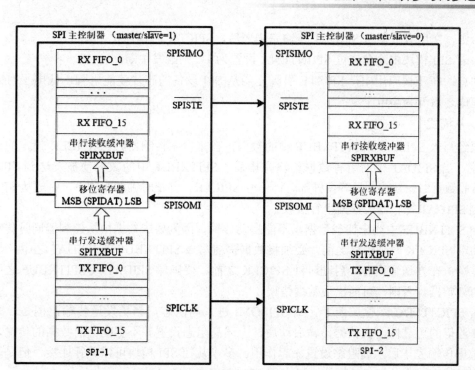

图 6.9 SPI-A 主从模式下"点一点"全双工通信原理图

6.2.2 通信原理

在 SPI 通信中，当一个 SPI 模块被设置为主控制器，则其在系统中处于主通信模式，简称为主模式。反之，当一个 SPI 模块被设置为从控制器，则其在系统中处于从通信模式，简称为从模式。主从式通信是 SPI 最常见的通信模式。

1. 主模式

主模式（SPICTL[MASTER/SLAVE]=1）下，SPI 在 SPICLK 引脚上为整个串行通信网络提供串行时钟。数据在 SPISIMO 引脚上输出，并从 SPISOMI 引脚锁存。SPIBRR 寄存器确定网络的发送和接收比特传输速率，可以选择 125 种不同的数据传输速率。

（1）线路连接

全双工通信方式下引脚连接如图 6.9 所示，主从控制器之间，遵循"同名端"相连接的原则，由主控制器主导时钟的发送。

（2）数据传输

写入 SPIDAT 或 SPITXBUF 的数据，首先在 SPISIMO 引脚 MSB（最高有效位）上启动数据传输。同时，接收到的数据通过 SPISOMI 引脚移位到 SPIDAT 的 LSB（最低有效位）中。当传输了设定数量的数据时，接收到的数据被传输到接收缓冲寄存器 SPIRXBUF，供 CPU 读取。

当设定长度的数据位通过 SPIDAT 接收完毕时，会发生触发下述事件：

● SPIDAT 内容被传输到 SPIRXBUF。

● INT_FLAG 位设置为 1。

● 若发送缓冲寄存器 SPITXBUF 中准备好了有效数据，则发送缓冲寄存器满标志置位（BUFFULL_FLAG=1），SPITXBUF 中的数据被传输到发送移位寄存器 SPIDAT，并启动传输；否则，在所有数据从 SPIDAT 传输完毕之后，SPICLK 时钟停止。

● 若 SPI 模块中断允许位 SPIINTENA 设置为 1，则触发中断。

注意：在工程应用中，$\overline{\text{SPISTE}}$ 引脚充当从 SPI 设备的芯片使能引脚，低电平有效，在传输完成之后变为高电平。

2. 从模式

已经写入 SPIDAT 或 SPITXBUF 中的数据，在来自主控制器时钟 SPICLK 设定的边沿进行传输。当 SPIDAT 中的所有数据传输完毕后，SPITXBUF 中的数据便被发送到 SIDAT 之中。接收数据时，从控制器等待外部时钟信号 SPICLK，并在时钟的驱动下，完成从 SPISOMI 引脚到 SPIDAT 寄存器的数据串行接收。

当 SPITXBUF 中尚未加载数据，不能启动传输，因为要求数据由从控制器同时传输，所以在启动 SPICLK 时钟信号之前，必须将数据提前写入 SPITXBUF 或 SPIDAT 之中。

注意：在发送数据时，启动时钟 SPICLK 之前，要确保 SPIDAT 或 SPITXBUF 之中已经写入有效数据，否则，可能出现数据错误。

若 SPICTL[TALK]位域清零，则 SPISOMI 进入高阻态，禁止发送传输，但是，为了确保 SPI 通信的可靠性，在数据传输启动后，上述高阻态设置并不影响当前数据的传输，只有当前数据传输完毕后，高阻态设置才起作用。多个从控 SPI 模块可以并行连接，但是，某一时刻，只能有一个从控 SPI 模块可以占用 SPISOMI 线路。

3. 主—从通信模式主要特征

① 主—从模式的半双工或全双工通信系统中，主、从 SPI 模块的同名端引脚相连接。

② 处于主控地位的 SPI 模块，从 SPISIMO 引脚输出数据，从 SPISOMI 引脚接收数据；处于从控制器地位的 SPI 模块，从 SPISOMI 引脚发送数据，从 SPISIMO 引脚接收数据。

③ 向 SPIDAT 或 SPITXBUF 写入数据，必须左对齐；从 SPIRXBUF 寄存器读取数据，必须右对齐。

4. 通信波特率与时钟模式设置

（1）波特率计算

SPI 通信波特率由波特率寄存器 SPIBRR 设置，计算过程如下：

当 SPIBRR=0～2 时，计算公式：$f = f_{\text{LSPCK}} / 4$；　　　　　　　　　　（6-3）

当 SPIBRR=3～127 时，计算公式：$f = f_{\text{LSPCK}} / (\text{SPIBRR} +1)$；　　　　（6-4）

其中，f_{LSPCLK} 为低速外设时钟频率，SPIBRR 是波特率寄存器对应的十进制设定值，共可以产生 125 种不同的波特率。

（2）时钟模式

SPI-A 通道共有 4 种不同的时钟模式，分别由 SPICCR[CLOCK POLARITY]和 SPICTL[CLOCK PHASE]位域设置，其中 CLOCK POLARITY 决定有效边沿：0-上升沿，1-下降沿；CLOCK PHASE 决定有无半个时钟周期延时：0-无延时，1-有延时。时钟模式如表 6.11 所示，时序如图 6.10 所示。

表 6.11　SPI 通信时钟模式选择

序号	SPICLK 时钟模式	SPICCR[CLOCK POLARITY]	SPICTL[CLOCK PHASE]
1	无延时上升沿	0	0

续表

序号	SPICLK 时钟模式	SPICCR[CLOCK POLARITY]	SPICTL[CLOCK PHASE]
2	有延时上升沿	0	1
3	无延时下降沿	1	0
4	有延时下降沿	1	1

说明：

① 无延时上升沿：在上升沿发送数据，在下降沿接收数据。

② 有延时上升沿：在超前上升沿半个时钟周期发送数据，在上升沿接收数据。

③ 无延时下降沿：在下降沿发送数据，在上升沿接收数据。

④ 有延时下降沿：在超前下降沿半个时钟周期发送数据，在下降沿接收数据。

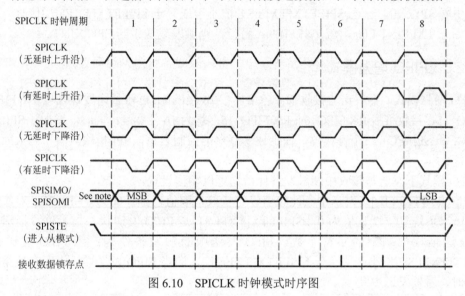

图 6.10　SPICLK 时钟模式时序图

5. 中断

（1）中断控制位

SPI 模块相关中断控制位如下所示。

SPI 中断使能位 SPICTL[SPI INT ENA]；

SPI 中断标志位 SPIST[SPI INT FLAG]；

SPI 接收超时中断使能位 SPICTL[OVERRUN INT ENA]；

SPI 接收溢出中断标志位 SPIST[RECEIVER OVERRUN FLAG]。

其中，SPI 中断使能位 SPICTL[SPI INT ENA]：0-禁止 SPI 中断，1-允许 SPI 中断。

（2）中断标志与中断处理

若 SPICTL[SPI INT ENA]置 1，使能 SPI 发送/接收中断，当一个完整的字符移出或移入 SPIDAT 时，会触发中断标志置位。若 SPI 中断标志位 SPIST[SPI INT FLAG]置 1，表示有中断事件发生，该标志可以被下述事件复位。

中断被响应；

CPU 读取 SPIRXBUF 数据；

进入 IDLE2 或 HALT 模式；

软件清除 SPICCR[SPI SW RESET]；

系统复位。

当 SPIRXBUF 接收到一个完整字符，若 CPU 没有及时读取，发生接收数据覆盖事件，则触发接收溢出中断。

SPICTL[OVERRUN INT ENA]是 SPI 接收超时中断允许位，若该位置 1，则允许硬件触发的接收溢出中断标志（RECEIVER OVERRUN FLAG）置位，该标志只能被软件方式清除。接收溢出中断（中断标志 RECEIVER OVERRUN FLAG）与 SPI 接收中断（中断标志 SPI INT FLAG），共享相同的中断矢量。

（3）FIFO 模式中断

在 FIFO 模式下，分别设置了接收/发送中断触发门槛。当 SPIFFRX[RXFFST]值大于或等于 SPIFFRX[RXFFIL]值时，设置接收中断标志 RXFFINT Flag，若 RXFFIENA 置位，则触发接收中断 SPIRXINT；当 SPIFFTX[TXFFST]值小于或等于 SPIFFTX[TXFFIL]值时，设置发送中断标志 TXFFINT Flag，若 TXFFIENA 置位，则触发发送中断 SPITXINT。

6.2.3　FIFO 增强模式

FIFO 增强模式，在发送与接收部分各增加了 16 级的 FIFO 堆栈，发送堆栈 TX FIFO_0～TX FIFO_15，接收堆栈 RX FIFO_0～RX FIFO_15，均为 16 位宽度。同时，增加了 SPIFFTX、SPIFFRX 和 SPIFFCT 三个寄存器，在上述寄存器的控制之下，SPI 模块具有了强大而灵活的通信功能。

FIFO 模式下发送与接收中断触发条件，均可以编程设置。

SPIFFTX[TXFFIL]是发送中断比较值设定位域，取值范围：00000～10000，对应字符数目 0～16，系统复位默认值为 0。SPIFFTX[TXFFST]是 FIFO 发送状态指示位，指示当前在 FIFO 发送堆栈中剩余的字符个数。FIFO 发送中断触发条件为：当 FIFO 发送寄存器 SPIFFTX[TXFFST]值小于或等于 SPIFFTX[TXFFIL]，即当 FIFO 发送堆栈中所有数据都已发送完毕时，触发发送中断。

SPIFFRX[RXFFIL]是接收中断比较值设定位域，取值范围：00000～10000，对应字符数目 0～16，系统复位默认值为 16。

SPIFFRX[RXFFST]是 FIFO 接收状态指示位，指示当前在 FIFO 接收堆栈中已经接收的字符个数。FIFO 接收中断触发条件是，当 FIFO 接收寄存器 SPIFFRX[RXFFST]值大于或等于 SPIFFRX[RXFFIL]值时，即当 FIFO 接收堆栈中已经满时，触发接收中断。

FIFO 具有可编程的发送延时功能，可以编程控制字符数据从 FIFO 堆栈传输至 SPIDAT 的速度。寄存器 SPIFFCT 的低 8 位，设置字符间延时具体传输时间，延时时间范围为 0～255 个波特率时钟，灵活的延时设置，可以使 SPI 模块兼容外围低速硬件设备，包括 E^2PROM、串行 ADC 和串行 DAC 等器件，扩大了 SPI 通信应用范围。

6.2.4　SPI 模块寄存器

1. 概述

标准工作模式下，SPI 模块寄存器有 9 个，包括 2 个控制类寄存器（配置控制寄存器 SPICCR 和操作控制寄存器 SPICTL）、1 个波特率选择寄存器 SPIBRR、4 个数据类寄存器（串行移位寄存器 SPIDAT、串行接收缓冲寄存器 SPIRXBUF、串行发送缓冲寄存器 SPITXBUF、仿真缓冲寄存器 SPIRXEMU）、1 个状态寄存器 SPIST 和 1 个优先级控制寄存器 SPIPRI。

FIFO 增强模式下增加了 3 个寄存器，包括 FIFO 发送寄存器 SPIFFTX、FIFO 接收寄存器 SPIFFRX 和 FIFO 控制寄存器 SPIFFCT。SPI 模块的寄存器，如表 6.12 所示。

表 6.12　SPI 模块寄存器一览表

序号	寄存器	说明	序号	寄存器	说明
1	SPICCR	配置控制寄存器	7	SPITXBUF	串行发送缓冲寄存器
2	SPICTL	操作控制寄存器	8	SPIDAT	串行移位寄存器
3	SPIST	状态寄存器	9	SPIFFTX	FIFO 发送寄存器
4	SPIBRR	波特率寄存器	10	SPIFFRX	FIFO 接收寄存器
5	SPIRXEMU	仿真缓冲寄存器	11	SPIFFCT	FIFO 控制寄存器
6	SPIRXBUF	串行接收缓冲寄存器	12	SPIPRI	优先级控制寄存器

2. 控制类寄存器（SPICCR/SPICTL）

（1）配置控制寄存器 SPICCR

SPICCR 用于设置 SPI 传输字符长度、软件复位、时钟极性，以及主模式下自循环测试等，其结构如下，位域描述如表 6.13 所示。

7	6	5	4	3	2	1	0
SPI SW RESET	CLOCK POLARITY	保留	SPILBK	SPI CHAR3	SPI HAR2	SPI CAR1	SPI CHAR0
R/W-0	R/W-0	R-0	R-0	R/W-0	R/W-0	R/W-0	R/W-0

表 6.13　SPICCR 位域描述

位	位域	说明
7	SPI SW RESET	软件复位位。0-SPI 复位；1-SPI 使能，准备好发送/接收下一个字符
6	CLOCK POLARITY	移位时钟极性位。0-数据在上升沿输出，下降沿输入；1-数据在下降沿输出，上升沿输入
4	SPILBK	自循环测试允许位，仅主模式下有效。0-不允许，复位默认值；1-允许
3-0	SPI CHAR[3:0]	传输字符长度设置位。字符长度=SPI CHAR[3:0]+1，对应十进制值的范围：1～16

其中，位域 SPILBK 仅用于主模式下的自环路测试，SPI 模块的 SPISIMO 引脚与 SPISOMI 引脚在内部直接连接，自发自收，用于环路测试。

（2）操作控制寄存器 SPICTL

SPICTL 是操作控制寄存器，主要用于设置工作模式（主动或从动）、时钟相位、中断和发送允许等，其结构如下，位域描述如表 6.14 所示。

7	5	4	3	2	1	0
保留		OVERRUN INT ENA	CLOCK PHASE	MASTER/SLAVE	TALK	SPI INT ENA
R-0		R/W-0	R/W-0	R/W-0	R/W-0	R/W-0

表 6.14　SPICTL 的位域描述

位	位域	说明
4	OVERRUN INT ENA	接收溢出中断允许位。0-不允许；1-允许
3	CLOCK PHASE	SPICLK 时钟相位选择。0-无延时；1-延时半个时钟周期

续表

位	位域	说明
2	MASTER/SLAVE	SPI 主从模式选择位。0-从模式；1-主模式
1	TALK	主/从模式发送允许位。0-禁止；1-允许。
0	SPI INT ENA	SPI 发送/接收中断允许位。0-禁止；1-允许

3. 波特率寄存器（SPIBRR）

SPIBRR 是 8 位宽的波特率寄存器，仅使用了低 7 位。在主模式下通过设置可产生 125 种不同的波特率，在从模式下 SPICLK 时钟由主控制器提供并设置工作频率。

4. 数据类寄存器（SPIDAT/SPITXBUF/SPIRXBUF）

（1）串行移位寄存器 SPIDAT

SPIDAT 是发送/接收移位寄存器，在 SPICLK 时钟驱动下，用于发送和接收数据。从最高位 MSB 输出 1 位数据，同时从最低位 LSB 移入 1 位数据，发送/接收共享一个 SPIDAT 寄存器。

（2）串行发送缓冲寄存器 SPITXBUF

SPITXBUF 用于存储下一个要发送的数据，向该寄存器写入数据，将自动置位标志位 SPIST[TXBUF FULL FLAG]。若当前有发送活动，当 SPIDAT 中数据发送完毕后，若 SPIST [TXBUF FULL FLAG]=1，则 SPITXBUF 中的数据会自动装入 SPIDAT，随即自动清除 TXBUF FULL FLAG 标志；若当前没有传输活动（已经发送完毕），此时写入该寄存器的数据将被立即写入 SPIDAT 寄存器，且不会设置 TXBUF FULL 标志。注意：向 SPITXBUF 中写入数据时，必须保持左对齐。

（3）串行接收缓冲寄存器 SPIRXBUF/仿真缓冲寄存器 SPIRXEMU

SPIRXBUF 存储已经接收完毕的数据，当 SPIDAT 接收完毕一个完整的字符，数据会移动到 SPIRXBUF 和 SPIRXEMU 之中进行存储。当数据传输到 SPIRXBUF 之后，立即置位 SPIST[SPI INT FLAG]，读取 SPIRXBUF 自动清零 SPIST[SPI INT FLAG]。注意：SPIRXBUF 中的数据保持右对齐。SPIRXEMU 保存有接收到的数据，但不是一个真实的地址，仅应用于仿真，读取 SPIRXEMU 不会清零 SPI INT FLAG。

5. 状态寄存器和优先级控制寄存器（SPIRXSTS/SPIPRI）

（1）状态寄存器 SPIST

SPIST 是 SPI 模块的状态寄存器，共有 3 个有效位域。其结构如下，位域描述如表 6.15 所示。

7		6		5		4	0
RECEIVER OVERRUN FLAG		SPI INT FLAG		TX BUF FULL FLAG		保留	
R/C-0		R/C-0		R/C-0		R-0	

表 6.15　PISTD 的位域描述

位	位域	说明
7	RECEIVER OVERRUN FLAG	接收溢出标志。0-无溢出；1-有溢出
6	SPI INT FLAG	SPI 中断标志位。0-无中断；1-有中断

续表

位	位域	说明
5	TXBUF FULL FLAG	发送缓冲器 SPITXBUF 满标志位。0-SPITXBUF 空；1-SPITXBUF 有数据

RECEIVER OVERRUN FLAG 是溢出标志，当 SPIRXBUF 中的数据尚未读取而被新的接收数据覆盖时，置位该标志，若中断允许位 SPI INT ENA 置 1 允许，则产生中断。通过向该位写 1 或向 SPICCR[SPI SW RESET]写 0 或系统复位，均可以清零该标志；SPI INT FLAG 是中断标志位，在 SPI 模块发送或接收完字符后设置该标志，若 SPICTL[SPI INT ENA]=1，则触发中断，读取 SPIRXBUF 或向 SPICCR[SPI SW RESET]写 0 或系统复位，均可以清零该标志。由于接收溢出中断和数据接收中断共享同一个中断向量，所以，在数据接收中断处理程序中，要及时清零接收溢出中断标志，以防止影响后续接收溢出中断。

（2）优先级控制寄存器（SPIPRI）

SPIPRI 仅有 SPIPRI[5:4]位域有效，规定仿真挂起时的处理：00-立即停止，10-完成当前发送/接收操作后停止，x1-自由运行。

6. FIFO 寄存器（SPIFFTX/SPIFFRX/SPIFFCT）

（1）FIFO 发送寄存器 SPIFFTX

SPIFFTX 主要完成 SPI 发送单元的相关设置，其结构如下，位域描述如表 6.16 所示。

15	14	13	12	11	10	9	8
SPIRST	SPIFFENA	TXFIFO	TXFFST4	TXFFST3	TXFFST2	TXFFST1	TXFFST0
R/W-1	R/W-0	R/W-1	R-0	R-0	R-0	R-0	R-0

7	6	5	4	3	2	1	0
TXFFINT Flag	TXFFINT CLR	TXFFIENA	TXFFIL4	TXFFIL3	TXFFIL2	TXFFIL1	TXFFIL0
R-0	W-0	R/W-0	R/W-0	R/W-0	R/W-0	R/W-0	R/W-0

表 6.16 SPIFFTX 位域描述

位	位域	说明
15	SPIRST	SPI 模块复位位。0-复位；1-使能收发功能
14	SPIFFENA	FF 功能使能。0-禁止；1-使能
13	TXFIFO	发送 FIFO 复位。0-复位，指针复位指向 0；1-使能
12-8	TXFFST[12:8]	发送 FIFO 状态。00000～10000 对应 0～16，表示当前发送 FIFO 中剩余的字符个数
7	TXFFINT Flag	发送 FIFO 中断标志位。0-无中断事件；1-有中断事件
6	TXFFINT CLR	发送 FIFO 中断标志清除位。0-不清除；1-清除发送中断标志
5	TXFFIENA	发送 FIFO 中断允许位。0-禁止；1-允许，当 TXFFST[12:8]小于或等于 TXFFIL[4:0]时中断
4-0	TXFFIL[4:0]	发送 FIFO 中断触发门槛值设定。00000～10000 对应 0～16

在 FIFO 增强模式下，SPIFFTX[TXFFST]与 SPIFFTX[TXFFIL]是一对关联位域，当前者小于或等于后者时，产生发送中断。系统默认 TXFFIL 为 0，即当发送堆栈中所有数据均发送完毕时，产生发送中断。

（2）SPIFFRX

SPIFFRX 主要完成 SPI 接收单元的相关设置，其结构如下，位域描述如表 6.17 所示。

15	14	13	12	11	10	9	8
RXFFOVF Flag	RXFFOVF CLR	RXFIFO RESET	RXFFST4	RXFFST3	RXFFST2	RXFFST1	RXFFST0
R-0	W-0	R/W-1	R-0	R-0	R-0	R-0	R-0

7	6	5	4	3	2	1	0
RXFFINT Flag	RXFINT CLR	RXFFIENA	RXFFIL4	RXFFIL3	RXFFIL2	RXFFIL1	RXFFIL0
R-0	W-0	R/W-0	R/W-1	R/W-1	R/W-1	R/W-1	R/W-1

表 6.17　SPIFFRX 位域描述

位	位域	说明
15	RXFFOVF Flag	FIFO 接收溢出标志位。0-无溢出；1-溢出
14	RXFFOVF CLR	溢出标志清除位。0-无影响；1-写 1 清除接收溢出标志 SPIFFOVF
13	RXFIFO RESET	接收 FIFO 复位。0-复位，指针复位指向 0；1-使能
12-8	RXFFST[12:8]	接收 FIFO 状态位。00000～10000，表示当前接收堆栈 FIFO 中的字符个数
7	RXFFINT Flag	接收 FIFO 中断标志。0-无中断事件；1-有中断事件
6	RXFINT CLR	接收 FIFO 中断标志清除位。0-不清除；1-清除中断标志 RXFFINT
5	RXFFIENA	接收 FIFO 允许位。0-禁止；1-允许
4-0	RXFFIL[4:0]	接收 FIFO 中断触发门槛值设定。00000～10000：0～16

与发送寄存器 SPIFFTX 功能类似，在接收寄存器 SPIFFRX 中，RXFFST[12:8] 与 RXFFIL[4:0] 是一对关联位域，当前者大于或等于后者时，即产生接收中断。RXFFST[12:8] 表示当前接收 FIFO 中的字符个数，RXFFIL[4:0] 则是设置的触发"门槛"值。系统默认设置 SPIFFTX[TXFFIL]=16，即当 16 级 FIFO 堆栈（RXFIFO_0～RXFIFO_15）接收满时，申请接收中断。

7. FIFO 发送延时寄存器（SPIFFCT）

SPIFFCT 是 16 位的延时控制寄存器，低 8 位有效，主要设置发送数据之间的发送延时，延时范围 0～255 个波特率时钟。

6.2.5　SPI 模块应用

例 6.2　秒表设计

利用 F28335 芯片及 SPI 通信模块，设计一个"秒表"，设计过程如下。

（1）电路连接

SPI 通信电路，如图 6.11 所示。使用 74HC164 移位芯片，作为数码管的"段"码驱动器件，完成串行输入/并行移位输出信号转换。GPIO75～GPIO72 端口输出"位"控制信号，通过 NPN 三极管放大电路实现数码管"位"。数码管模块采用"共阳"极接法。当上述"位"控制端口输出"0"电平时，对应数码管的控制"位"被激活。

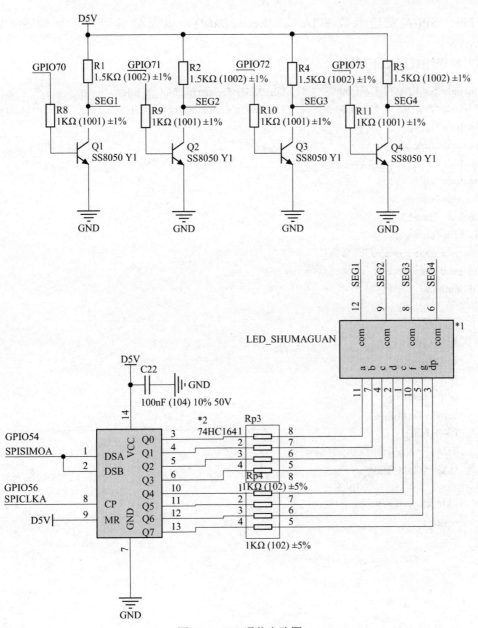

图 6.11　SPI 通信电路图

（2）SPI 模块设置

SPI-A 工作于主模式，其数据端 SPISIMOA/GPIO54 与 74HC164 芯片的 A、B 连接；时钟端输出端 SPICLKA/GPIO56 与 74HC164 芯片的 CLOCK（时钟端）连接。使用 T1 进行定时中断设置，其中，T=10ms，即每 10ms 触发 1 次 T1 中断。

（3）程序分析

在中断函数 TIM1_IRQn()中，用软件实现以 10ms 为单位的计数累加和分钟定时计算。时钟信息通过 SPI-A 模块实时输出到 74HC164 移位寄存器，通过四位集成数码管模块，实现实时动态显示。重要功能函数包括：T1 初始化函数 TIM1_Init()、定时中断函数 TIM1_IRQn、数码管 "位" 驱动端口设置函数 SMGBitSelectionGPIO_Init()、SPI-A 初始化函数

SPIA_Init、 SPI-A 发送函数 SPIA_SendReciveData()，以及数码管显示函数 SECWatch_Display()等。

//主要程序代码如下所示。

```
#include "DSP2833x_Device.h"      // DSP2833x Headerfile Include File
#include "DSP2833x_Examples.h"    // DSP2833x Examples Include File
#include "leds.h"
#include "time.h"
#include "uart.h"
#include "spi.h"
#include "stdio.h"
#include "smg.h"
#include "secwatch.h"
unsigned char sec=0;//秒计数器
unsigned char mms=0;//10ms 计数器
void main()
{
    int i=0;
    InitSysCtrl();
    InitPieCtrl();
    IER = 0x0000;
    IFR = 0x0000;
    InitPieVectTable();
    LED_Init();
    TIM0_Init(150,200000);//200ms
    UARTa_Init(4800);
    TIM1_Init(150,10000);//10ms
    SMGSPIA_Init();
    while(1)
    {
        SECWatch_Display(sec,mms);
    }
 }


    //CPU 定时器 1 初始化设置，每 10ms 定时中断 1 次
void TIM1_Init(float Freq, float Period)
{
    EALLOW;
    SysCtrlRegs.PCLKCR3.bit.CPUTIMER1ENCLK = 1; // CPU Timer 1 时钟
    EDIS;
    EALLOW;
    PieVectTable.XINT13 = &TIM1_IRQn; //获取中断函数首地址
    EDIS;
    // Initialize address pointers to respective timer registers:
    CpuTimer1.RegsAddr = &CpuTimer1Regs;
    CpuTimer1Regs.PRD.all    = 0xFFFFFFFF;//设置 32 位计数器周期寄存器为最大值
```

```
        CpuTimer1Regs.TPR.all    = 0;//预分频系数 1，不分频
        CpuTimer1Regs.TPRH.all = 0;//预分频系数 1，不分频
        CpuTimer1Regs.TCR.bit.TSS = 1;//暂停定时器
        CpuTimer1Regs.TCR.bit.TRB = 1;//计数器、预分频同时装载周期值
        CpuTimer1.InterruptCount = 0;//
        ConfigCpuTimer(&CpuTimer1,Freq,Period);//CPU 定时器 1 的定时中断设置，T=10ms
        CpuTimer1Regs.TCR.bit.TIE = 1;//中断允许
        CpuTimer1Regs.TCR.bit.TSS=0;//启动定时器
        IER |= M_INT13;//使能 IER 寄存器的 INT13(对应定时器 1)
        EINT;//允许全局可屏蔽中断
        ERTM;
}
extern unsigned char sec;
extern unsigned char mms;
// CPU 定时器 1 中断函数定义，mms、sec 送数码管显示
interrupt void TIM1_IRQn(void)
{
        static Uint16 cnt_10ms=0;
        cnt_10ms++;//10ms 中断次数计数器
        mms++;//以 10ms 为单位的计数器，最大值 100
        if(mms==100)
        {
                mms=0;
                LED3_TOGGLE;
                sec++;//分钟计数器
                if(sec==100)
                { sec=0;}//最大值为 100 分钟
        }
}


void SMGSPIA_Init(void)
{
        SMGBitSelectionGPIO_Init();
        SPIA_Init();
        }
//GPIO75~GPIO72 端口设置，数码管"位"控制输出端口
void SMGBitSelectionGPIO_Init(void)
{
        EALLOW;
        SysCtrlRegs.PCLKCR3.bit.GPIOINENCLK = 1;// 开启 GPIO 时钟
        //SMG 位选控制端口配置
        GpioCtrlRegs.GPCMUX1.bit.GPIO75=0;
        GpioCtrlRegs.GPCDIR.bit.GPIO75=1;
        GpioCtrlRegs.GPCPUD.bit.GPIO75=0;
        GpioCtrlRegs.GPCMUX1.bit.GPIO74=0;
```

```
        GpioCtrlRegs.GPCDIR.bit.GPIO74=1;
        GpioCtrlRegs.GPCPUD.bit.GPIO74=0;
        GpioCtrlRegs.GPCMUX1.bit.GPIO73=0;
        GpioCtrlRegs.GPCDIR.bit.GPIO73=1;
        GpioCtrlRegs.GPCPUD.bit.GPIO73=0;
        GpioCtrlRegs.GPCMUX1.bit.GPIO72=0;
        GpioCtrlRegs.GPCDIR.bit.GPIO72=1;
        GpioCtrlRegs.GPCPUD.bit.GPIO72=0;
        EDIS;
        GpioDataRegs.GPCCLEAR.bit.GPIO75=1;//初始化设置"0"电平，关闭"位"控制端
        GpioDataRegs.GPCCLEAR.bit.GPIO74=1;
        GpioDataRegs.GPCCLEAR.bit.GPIO73=1;
        GpioDataRegs.GPCCLEAR.bit.GPIO72=1;
        }


//SPI-A 模块初始化
void SPIA_Init(void)
{
        EALLOW;
        SysCtrlRegs.PCLKCR0.bit.SPIAENCLK = 1;        // 使能 SPI-A 时钟
        EDIS;
        InitSpiaGpio();//初始化与 SPI-A 关联的 GPIO54、GPIO56
        SpiaRegs.SPIFFTX.all=0xE040;//SPI 使能 FF 增强允许，FIFO 使能
        //清除 FIFO 发送中断标志，设置发送中断级为 0，即 FIFO 中没有数据时，产生发送中断
        SpiaRegs.SPIFFRX.all=0x204f;//使能 FIFO 接收，清除接收中断标志，设置接收中断级
        SpiaRegs.SPIFFCT.all=0x0;//0 延时
        SpiaRegs.SPICCR.all =0x0F;//复位，数据在时钟上升沿输出，字符长度 16 位
        SpiaRegs.SPICTL.all =0x06;//禁止接收超时中断、无延时、主模式
        //允许发送，禁止中断
        SpiaRegs.SPIBRR =0x007F;// LSPCLK/128 分频
        SpiaRegs.SPICCR.all =0x00DF;      // 准备好发送/接收
        SpiaRegs.SPIPRI.bit.FREE = 1;
        }


        //SPI 串行数据发送函数
void SPIA_SendReciveData(Uint16 dat)
{
        SpiaRegs.SPITXBUF=dat;//待发送数据放入串行发送缓冲寄存器
        while(SpiaRegs.SPIFFTX.bit.TXFFST !=0);//若尚未发送完毕，等待
        }


        //数码管显示函数
void SECWatch_Display(unsigned char sec,unsigned char mms)
{
        unsigned char buf[4];
```

```
unsigned char i=0;
buf[0]=smgduan[sec/10];//十位，秒信号
buf[1]=smgduan[sec%10]&0x7F;//个位，秒信号，小数点定点显示
buf[2]=smgduan[mms/10];// ms 高位
buf[3]=smgduan[mms%10];//ms 低位
for(i=0;i<4;i++)
{
    SPIA_SendReciveData(buf[i]);//通过 SPIA，依次串行发送"段码"
    switch(i)
    {
      case 0:SEG1_SETL;SEG2_SETH;SEG3_SETH;SEG4_SETH;break;//位 控制
      case 1:SEG1_SETH;SEG2_SETL;SEG3_SETH;SEG4_SETH;break;//位 控制
      case 2:SEG1_SETH;SEG2_SETH;SEG3_SETL;SEG4_SETH;break;//位 控制
      case 3:SEG1_SETH;SEG2_SETH;SEG3_SETH;SEG4_SETL;break;//位 控制
    }//对应"位"控制
    DELAY_US(1000);//显示延时
}
 }
```

习题与思考题

6.1　参考 F28335 芯片资料，查看一下 SCI、SPI 模块各自拥有哪些复用引脚？

6.2　参考图 6.2，简述 SCI 全双工点—点通信原理。

6.3　概述 SCI 数据帧结构，解释奇偶校验原理，并说明该校验模式的局限性。

6.4　根据 SCI 发送时序图，说明在发送数据端 TXRDY 与 TX EMPTY 之间配合过程。

6.5　解释 SCIFFTX[TXFFIL]位域和 SCIFFRX[RXFFIL]位域的物理意义，并说明复位后的默认值。

6.6　参照例题，设计一个利用查询方式实现 SCI 串口与上位机之间通信的应用系统。

6.7　参考图 6.9，简述 SPI-A 主从连接模式全双工通信原理。

6.8　在 SPI 主模式和从模式下，分别说明发送与接收芯片之间，引脚的连接规则及对应的数据传输方向。

6.9　解释 SPIFFTX[TXFFIL]位域和 SPIFFRX[RXFFIL]位域的物理意义，并说明复位后的默认值。

6.10　参照例题，设计一个基于 SPI-A 内部自检测模式的应用系统。

6.11　对比说明 SCI 和 SPI 通信方式之间的差异及其各自的应用领域。

课件

代码

第 7 章

串行通信总线

7.1 I²C 通信

7.1.1 I²C 总线

1. 概述

内部集成电路总线（Inter Integrated Circuit，I²C）是荷兰飞利浦（PHILIPS）公司，于 1980 年代提出并开发成功的两线式串行通信总线，最早应用于彩色电视的数字信号传输。经过数十年的发展，I²C 已经成为电子信息工程领域一种通用工业总线标准之一，具有传输线路简洁、通信控制简单、易于集成、通信速率高等优点。

目前，I²C 通信主要应用于带有 I²C 接口的微处理器与外围设备之间的串行数据传输，包括 EEPROM、日历时钟芯片，以各种图像、音频处理芯片等。在仪器仪表、家用电器、工业现场等领域得到了广泛应用。

2. I²C 模块特性

（1）支持 I²C 总线协议版本 2.1

① 支持 1 位至 8 位格式传输；

② 7 位和 10 位寻址模式；

③ 常规调用与 START 字节模式；

④ 支持多个主发送器和从接收器模式；

⑤ 支持多个从发送器和主接收器模式；

⑥ 组合主器件发送/接收和接收/发送模式；

⑦ 支持数据传输速率 10~400kb/s（I²C 快速模式速率）。

（2）FIFO 模式下收/发均支持一个 16 级的缓冲 FIFO。

（3）FIFO 模式下，CPU 可使用一个附加中断，并由下述任一条件触发：发送数据准备好、接收数据准备好、寄存器访问准备好、没有接收到确认、仲裁丢失、检测到停止条件、被寻址为从器件。

（4）模块启用和模块禁用功能。

（5）自由数据格式模式。

（6）每个 I²C 总线设备，拥有唯一的地址编码。

（7）I²C 有 2 种主要的通信模式：标准模式和重复模式。

3. I²C 总线模型

I²C 模块外部有 2 个引脚：串行数据引脚 SDA 和串行时钟引脚 SCL，具有双向传输功能，总线空闲时，SDA 和 SCL 引脚均呈现高电平。SDA 与 SCL 引脚内部电路，属于漏极开路电路，使用时需要外接上拉电阻。

其中，SDA 是串行数据信号线，通信中传输串行数据；SCL 是串行时钟信号线，通信中传输时钟信号，且 SCL 信号总是由主设备向从设备提供。I²C 总线可以挂接任何具有 I²C 标准端口的主、从设备。

也可以利用 2 个设置为通用输入/输出功能的 GPIO 引脚，遵循标准 I²C 协议，使用 C 语言编程产生模拟 I²C 信号，与标准 I²C 接口连接，实现模拟 I²C 通信。

一主多从式 I²C 总线通信模型，如图 7.1 所示，通过 SDA 和 SCL 实现了一台主控制器与其他多台从设备之间的通信。

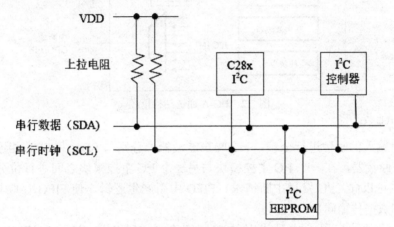

图 7.1　一主多从式 I²C 通信总线

挂接在 I²C 总线上的众多 I²C 设备，通过唯一的地址编码进行身份识别，一个 I²C 设备在总线上的角色与设备本身的功能有关。所谓主设备，就是在总线上产生时钟信号，并启动数据传输的设备；在一个启动的数据传输进程中，任何被主设备寻址的 I²C 设备，都被称为从设备。I²C 通信支持多主通信模式，即一对 I²C 总线上，可以有多个主控设备。

7.1.2　I²C 模块结构与工作原理

1. I²C-A 模块结构

F28335 只有 1 个 I²C 模块，即只有一个通道 I²C-A，通道结构如图 7.2 所示。

在 I²C 模块内部，只有 1 个时钟电路，数据传输则分为两部分：一是发送部分，包括发送移位寄存器 I2CXSR、数据发送寄存器 I2CDXR、16 字节的发送堆栈 TX FIFO_15～TX FIFO_0；二是接收部分，包括接收移位寄存器 I2CXRSR、数据接收寄存器 I2CDRR，16 字节的接收堆栈 RX FIFO_15～RX FIFO_0。

另外，I²C 模块还有 1 个时钟同步器，用于同步 I²C 输入时钟（来自设备时钟发生器）与 SCL 引脚上的时钟，通过时钟同步器，不同时钟速度的主机实现同步数据传输；1 个预定

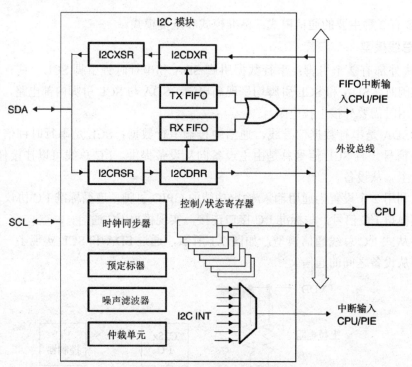

图 7.2   I²C-A 通道结构框图

注：图中 I2C 代指 I²C。

标器，可以对输入的时钟进行分频；1 个噪声滤波器，分别与 SDA 和 SCL 相连接，进行滤波处理；1 个仲裁器，在一个 I²C 主控模块与另一个 I²C 主控模块之间进行位分配仲裁；中断逻辑单元，可以向 CPU 发送中断请求；FIFO 中断产生逻辑，使 FIFO 存取与 I²C 模块中的数据接收和数据传输同步。

I²C 模块的时钟启用，由外设时钟控制寄存器 PCLKCR0[I2CAENCLK]位域控制，I2CAENCLK：0-禁止模块时钟；1-启动模块时钟。系统复位时，自动清零 PCLKCR0[I2CAENCLK]，关闭 I²C 模块时钟，以降低系统功耗。SDA 和 SCL 引脚，均为具有双向通信功能的复用管脚，具体复用功能如表 7.1 所示。

表 7.1   I²C 引脚及其复用功能

引脚名称	I²C-A 引脚	DSP 引脚序号	复用功能
数据 SDA	SDAA	74	GPIO32/SDAA/EPWMSYNCI/$\overline{\text{ADCSOCAO}}$
时钟 SCL	SCLA	75	GPIO33/SCLA/EPWMSYNCO/$\overline{\text{ADCSOCBO}}$

2. 工作原理

I²C 数据发送与接收的基本工作原理与 SCI、SPI 通信类似。发送数据时，I2CXSR 中的数据在 SCL 时钟控制下，依次串行发送到 SDA 数据线上，当 I2CXSR 中数据为空时，数据发送寄存器 I2CDXR 中的数据便自动传输到 I2CXSR 之中，数据发送完毕后，可以向 CPU 申请中断；接收数据时，来自 SDA 数据线的串行数据，在时钟 SCL 控制下，依次进入接收移位寄存器 I2CRSR，当数据接收完毕后，上述数据便自动传输到 I2CDRR 之中，数据传输完毕，可以向 CPU 申请中断。

I²C 通信具有显著的优点。首先，I²C 是典型的二线制通信模式，仅使用 SDA、SCL 两条信号线，便实现了 I²C 设备间的数据通信，极大地简化了对硬件资源和 PCB 板布线空间的占用。I²C 通信中逻辑 0 与逻辑 1 所代表的电压值大小，由电源电压决定，且允许较大的工作电压范围。典型的电压基准为：+3.3V 或+5V。其次，I²C 是双向通信，具有标准 I²C 接口的 IC 芯片，都可以并联挂接在 I²C 总线上，且每一个 I²C 设备均具有全球唯一的可识别地址码，类似于 IP 地址。挂接在总线上的设备，既可以是主控器，也可以是从控器。I²C 设备的角色并非固定不变的。一个主控制设备，发起通信，当任务结束之后，便退出对总线的占用。

3. 工作模式

I²C 模块在主控模式或从控模式下，共有 4 种基本通信操作方式，包括主发送器模式、主接收器模式、从发送器模式和从接收器模式。

按照 I²C 通信协议，当 1 个 I²C 模块工作于主控模式时，首先要设置通信操作方式为"主发送器模式"，向从控设备发送地址、命令等信息，其间，要保持"主发送器模式"发送状态；当从控设备要发送应答信息或数据时，主控设备要及时设置通信操作方式为"主接收器模式"，接收从控设备发送的应答或数据等信息，并依据 I²C 通信协议，及时答复从控设备。

当 1 个 I²C 模块工作于从控模式时，首先将通信操作方式设置为"从接收器模式"，对主控制器发送的地址信息，进行解析与识别，当符合自身地址特征时，及时发送应答信息，在主控器发送数据信息时，要保持"从接收器模式"接收状态；当主控制器要求其回传寄存器数据信息时，要及时设置为"从发送器模式"，并保持发送状态。

总之，通过灵活的发送/接收角色转换，任何 1 个 I²C 模块无论其处于主控地位或从控地位，均可以发送/接收信息。

7.1.3　I²C 通信典型信号

I²C 通信是通过标准 I²C 信号进行数据传递和交换的，标准的 I²C 信号有以下几种：开始信号、结束信号、应答信号、非应答信号、数据信息等。而标准 I²C 信号，则是由 SCL 和 SDA 配合产生和实现，可以由标准的 I²C 端口产生，即所谓标准 I²C 通信；也可以由 2 个普通的 I/O 端口，通过使用高、低电平模拟标准 I²C 信号特征实现通信，即所谓"模拟 I²C 通信"。标准 I²C 信号描述如下。

1. 起始信号和结束信号

I²C 通信属于主从通信，由起始信号（S）发起通信，占用 I²C 总线；由结束信号（P）结束本次通信，释放 I²C 总线。起始信号和结束信号均由主设备发出。两种信号的具体定义如下，原理如图 7.3 所示。

起始信号（S）：在 SCL 保持高电平状态时，SDA 由高电平转变为低电平，表示开始传输。

结束信号（P）：在 SCL 保持高电平状态时，SDA 由低电平转变为高电平，表示结束传输。

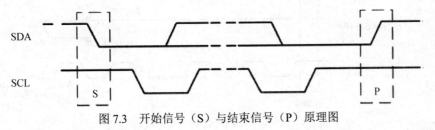

图 7.3　开始信号（S）与结束信号（P）原理图

在开始信号（S）与结束信号（P）之间，总线被占用处于"忙"状态，I2CSTR[BB]=1；在结束信号（P）与下一个开始信号（S）之间，总线被释放，I2CSTR[BB]=0。I²C 模块通过开始信号（S）启动数据传输，此时 I2CMDR[MST]=1，I2CMDR[STT]=1；I²C 模块通过结束信号（S）结束数据传输，此时停止状态位 I2CMDR[STP] 必须置 1。当 I2CSTR[BB]=1，I2CMDR[STT]=1 时，启动新的数据传输过程。

2. 其他典型信号

（1）数据信号

在 I²C 通信中，数据以字节为基本单位进行传输。其中，数据"1""0"分别定义如下。

数据信号"1"：在 SCL 为高电平期间，SDA 保持稳定的高电平，则表示传输数据信号"1"；

数据信号"0"：在 SCL 为高电平期间，SDA 保持稳定的低电平，则表示传输数据信号"0"。

注意：SDA 数据线高、低电平的变化，只能发生在 SCL 为低电平期间。即只有当 SCL 为低电平时，才允许 SDA 发生高、低电平转换。"1"或"0"位数据传输如图 7.4 所示。

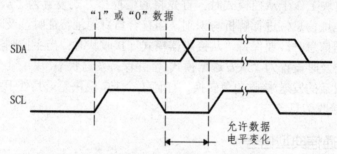

图 7.4 "1"或"0"位数据传输原理图

（2）应答信号与非应答信号

应答信号与非应答信号，也是 I²C 通信中的重要信号之一。若当前 I²C 模块是接收器时，不论是主控还是从控，均可以选择接受（ACK）或忽略（NACK）发送者传输的数据位信息。若忽略发送者传输的数据信息，I²C 模块必须在总线上的 ACK 时钟周期内发送非应答（NACK）信号。应答信号与非应答信号，分别定义如下。

应答信号（ACK）：拉低 SDA 线，并在 SCL 为高电平期间保持 SDA 线为低电平；

非应答信号（NACK）：拉高 SDA 线，并在 SCL 为高电平期间保持 SDA 线为高电平。原理如图 7.5 所示。

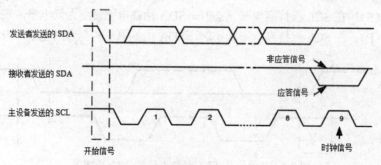

图 7.5 I²C 通信中的应答信号与非应答信号

7.1.4　I²C 通信原理

1. 串行数据格式

I²C 模块支持 1 到 8 位串行数据传输，SDA 线上的每个数据位对应 SCL 线上的 1 个时钟脉冲周期，数据的传输总是从最高有效位（MSB）开始，I²C 通信中可以发送或接收的数据的数量不受限制。

2. 7 位地址格式

在 7 位地址格式中，首先要发送"起始信号"（S）位，随后是 7 位从控制器地址位（高地址位在前），7 位地址位之后，是 1 位 R/$\overline{W}$。R/$\overline{W}$ 位标识了数据传输方向：0-主控设备向地址对应的从控设备写入数据；1-主控设备从从控设备读取数据。

在上述每个字节（7 位地址+1 位 R/$\overline{W}$）之后插入一个额外位（应答位 ACK 或非应答位 NACK），该位称为确认时钟周期。在主控设备发送第一个字节之后，若从控设备发送了 ACK 应答信号，ACK 之后往往跟随着 1~8 个数据位。若 R/$\overline{W}$ =0，该数据是主控设备发送；若 R/$\overline{W}$ =1，该数据由从控设备发送。传输中数据的具体位数由 I2CMDR[BC]设置，取值范围为 1~8 位。上述 n 位数据传输完毕后，接收者要发送应答信号 ACK。

位域 I²CMDR[XA]用于设置地址位格式：0-7 位地址格式；1-10 位地址格式。若选择 7 位地址寻址格式，将 0 写入 I2CMDR[XA]，取消扩展地址。令 I2CMDR[FDF]=0，关闭自由数据格式模式。I²C 模块 7 位地址寻址格式，如图 7.6 所示。7 位地址寻址格式下 8 位数据数据传输原理图，如图 7.7 所示。

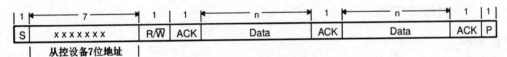

图 7.6　I²C 模块 7 位地址格式

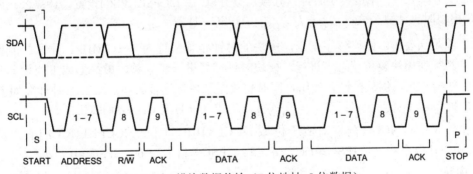

图 7.7　I²C 模块数据传输（7 位地址+8 位数据）

3. 10 位地址格式

工作原理与 7 位地址格式类似，但是，主控设备发送 10 位地址时，分为 2 个单独的地址字节进行发送。第 1 个地址字节共 7 位，由 2 部分组成，前 5 位为"11110"，随后是 10 位地址字节的高 2 位，位分布格式：11110××，其中××代指地址字节的高 2 位。随后是 R/$\overline{W}$ 位和 ACK 位。第 2 个地址字节包括 10 位地址中的低 8 位。在主控设备发送每 1 个地址字节之后，从控设备都要发送 ACK 应答信号。主控设备发送第 2 个地址字节之后，可以选择写入数据，也可以重新发送开始信号（S），以改变数据传输方向。令 I2CMDR [XA]=1，选择 10 位地址格式。令 I2CMDR[FDF]=0，关闭自由数据格式模式。10 位地址格式如图 7.8 所示。

图 7.8　I²C 模块 10 位地址格式

4. 自由数据格式

令 I2CMDR[FDF]=1，选择自由数据格式。开始信号（S）之后，是 1 个数据字节，在每个数据字节之后，均插入 1 个应答信号 ACK。数据字节中数据位的个数取值范围 1～8，具体由 I2CMDR[BC]设置；自由数据格式下不发送地址字节和数据方向位，因此，发送与接收设备都必须支持自由数据格式，并且要求在传输过程中数据方向保持不变。该模式不支持数字回送模式，所以 I2CMDR[DLB]=0。

5. 重复发送功能

在每个数据字节发送结束时，主控设备均可以发送 1 个新的开始信号（S），继续启动数据传输。利用这个功能，主控设备可以向多个从控设备传输数据，而不必发送结束信号（P）导致放弃对总线的控制权。从而使数据传输更加灵活、高效。重复发送功能适用于 7 位地址格式、10 位地址格式和自由数据格式。

7.1.5　时钟与中断

1. 时钟

I²C 模块的外部时钟决定了 I²C 模块时钟，该外部时钟来自 SYSCLKOUT，经过预定标器进行前置预分频处理，形成模块时钟。分频系数 IPSC 由 I2CPSC[IPSC]设置，计算公式如下。

I²C 模块时钟计算公式：$f_{I^2C} = f_{SYSCLKOUT}/(IPSC+1)$　　　　　　　(7-1)

为了满足所有 I²C 协议时序规范，模块的时钟必须配置为 7～12MHz。注意：前置预分频设置，必须在模块复位状态下进行。模块时钟需要进一步分频，最终形成主控设备时钟出现在 I²C 总线 SCL，供从控设备使用，同时也决定了串行通信频率。SCL 时钟计算如下。

SCL 时钟频率计算公式：$f_{SCL} = f_{SYSCLKOUT}/((IPSC+1)(ICCH+d)(ICCL+d))$　　(7-2)

其中，ICCH、ICCL 分别对应于位域 I2CCLKH[ICCH]和 I2CCLKL[ICCL]值；d 是与 IPSC 关联的补偿系数：当 IPSC>1 时，$d=5$；IPSC=1，$d=6$；IPSC=0，$d=7$。

2. 中断

I²C 模块可以产生 7 种基本中断请求，包括发送准备好中断 XRDYINT、接收准备好中断 RRDYINT、寄存器可以访问中断 ARDYINT、无响应中断 NACKINT、仲裁丢失中断 ALINT、检测到停止条件 SCDINT、被寻址为从设备中断 AASINT。其中，中断 XRDYINT 与 RRDYINT 通知 CPU 何时发送或接收数据。上述基本中断组合形成中断 I2CINT1A（中断向量 I2CINT1A_ISR），FIFO 中断则组合形成 I2CINT2A（中断向量 I2CINT_ISR）。I2CINT1A 和 I2CINT2A 均位于 PIE 中断分组的第 8 组，分别对应 INT8.1 和 INT8.2。

当发送寄存器 I2CDXR 中的数据传输到发送移位寄存器 I2CXSR，I2CDXR 中的数据为空时，可以向 CPU 申请发送准备好中断 XRDYINT，此时，可以向 I2CDXR 中写入新的发送数据；当接收移位寄存器 I2CRSR 中的数据接收完毕，并传输到数据接收寄存器 I2CDRR 中时，可以向 CPU 申请接收准备好中断 RRDYINT，此时，可以从 I2CDRR 中读出新接收到的数据。

I²C 模块有 FIFO 增强工作模式，FIFO 发送与接收均可以产生中断 I2CINT2A。发送时，当 TXFFST ≤ TXFFIL 时，产生中断，其中 TXFFST 是 FIFO 当前状态（剩余未发送字符数），TXFFIL 是 FIFO 中断级设定值（一般设定为 0）。接收时，当 RXFFST ≥ RXFFIL 时，产生接收中断，其中 RXFFST 是 FIFO 当前状态（接收字符数），RXFFIL 是 FIFO 中断级设定值（一般设定为 16）。上述 2 个中断源共用 1 个可屏蔽中断及中断向量 I2CINT2A_ISR。

I²C 模块中断控制寄存器，包括中断允许寄存器 I2CIER、状态寄存器 I2CSTR 和中断源寄存器 I2CISRC 等。其中，I2CIER 的低 7 位分别是上述基本中断的中断允许位：0-不允许；1-允许。I2CSTR 反映 I²C 模块工作状态，包括设置基本中断标志等。I2CISRC 仅低 3 位有效，取值范围 000～111，分别指示无中断和上述 7 种基本中断。I2CINT1A 属于可屏蔽中断，CPU 响应后执行中断服务 I2CINT1A_ISR，可通过 I2CISRC 进一步判断具体中断源。

7.1.6　I²C 模块寄存器

1. 概述

如表 7.2 所示，I²C 模块共有 17 个寄存器，除了发送移位寄存器 I2CXSR 和接收移位寄存器 I2CRSR，CPU 均可以访问。

表 7.2　I²C-A 模块寄存器

序号	寄存器名称	地址	说明	序号	寄存器名称	地址	说明
1	I2COAR	0x7900	I²C 模块地址寄存器	10	I2CMDR	0x7909	模式寄存器
2	I2CIER	0x7901	中断使能寄存器	11	I2CISRC	0x790A	中断源寄存器
3	I2CSTR	0x7902	状态寄存器	12	I2CEMDR	0x790B	扩展模式寄存器
4	I2CCLKL	0x7903	时钟低电平时间分频器寄存器	13	I2CPSC	0x790C	预分频器寄存器
5	I2CCLKH	0x7904	时钟高电平时间分频器寄存器	14	I2CFFTX	0x7920	FIFO 发送寄存器
6	I2CCNT	0x7905	数据计数寄存器	15	I2CFFRX	0x7921	FIFO 接收寄存器
7	I2CDRR	0x7906	数据接收寄存器	16	I2CRSR	—	接收移位寄存器（CPU 无法访问）
8	I2CSAR	0x7907	从地址寄存器	17	I2CXSR	—	发送移位寄存器（CPU 无法访问）
9	I2CDXR	0x7908	数据发送寄存器	18	—	—	—

2. 数据类寄存器

I²C 模块的数据类寄存器，包括发送移位寄存器 I2CXSR、接收移位寄存器 I2CRSR、数据发送寄存器 I2CDXR、数据接收寄存器 I2CDRR、数据计数寄存器 I2CCNT、I²C 模块地址寄存器 I2COAR、从地址寄存器 I2CSAR，上述均为 16 位寄存器。

其中，I2CCNT 寄存器的位域为 ICDC（16 位），指示 I²C 模块发送或接收的数据字节的个数。I2CDXR 寄存器存放要发送的数据，低 8 位有效，存放的数据位数要小于或等于 I2CMDR[BC]设定值，且数据右对齐。I2CDRR 寄存器存放接收移位寄存器的数据，低 8 位有效，数据右对齐；I2COAR 和 I2CSAR 寄存器低 10 位有效，在 7 位地址格式时，地址范围为 00～7Fh；在 10 位地址格式时，地址范围为 000～3FFh。I²C 模块用 I2COAR 存储自身的地址，用 I2CSAR 存储从控器件的地址，以便对挂接在 I²C 总线上的从控器件额地址进行辨识；当 I²C 模块被设置为主控设备，并向从控设备传输数据时，I2CSAR 寄存器存储着对应从控设备的地址。

3. 模式寄存器（I2CMDR）

I2CMDR 是模式控制寄存器，包含 I²C 模式的控制位，结构如下，位域定义如表 7.3 所示。

15	14	13	12	11	10	9	8
NACKMOD	FREE	STT	保留	STP	MST	TRX	XA
R/W-0	R/W-0	R/W-0	R/W-0	R/W-0	R/W-0	R/W-0	R/W-0

7	6	5	4	3	2		0
RM	DLB	IRS	STB	FDF	BC		
R/W-0	R/W-0	R/W-0	R/W-0	R/W-0	R/W-0		

表 7.3　I2CMDR 位域描述

位	位域	说明
15	NACKMOD	NACK 非应答控制位。当 I²C 模块作为接收器时有效。
14	FREE	仿真模式控制。0-仿真模式下停止运行；1-仿真模式下自由运行
13	STT	开始条件位，主模式有效。0-主机模式时，开始信号产生后，自动清零 STT 位；1-主机模式时，置位 STT，在 I²C 总线上产生开始条件
11	STP	结束条件位，主模式有效。0-停止信号产生后，自动清零 STP 位；1-当 I²C 模块总线数据计数器计数为 0 时，该位置位产生停止条件。
10	MST	主模式设置位，当主控制器发送停止信号时，该位自动由 1 变为 0。0-从模式；1-主模式
9	TRX	发送模式位。0-接收器模式，作为接收器在 SDA 线接收数据；1-发送器模式，作为发送器发送数据
8	XA	扩展地址允许位。0-7 位地址格式（一般地址格式）；1-10 位地址格式（扩展地址格式）
7	RM	重复模式位，仅应用于主发送模式。0-非重复模式；1-重复模式
6	DLB	数字回送模式位。0-禁止数字回送（自测试）模式；1-使能数字回送（自测试）模式
5	IRS	模块复位位。0-已经复位或禁止复位，清零时 I2CSTR 恢复默认状态；1-模块复位使能
4	STB	开始字节模式位。仅主模式下有效。0-非开始字节模式；1-开始字节模式
3	FDF	自由数据格式位。0-禁止自有数据格式；1-使能自由数据格式
2～0	BC[2:0]	数据长度控制位。000b～111b，对应 I²C 模块 1～8 位数据格式设置

NACKMODE：0-在从接收机模式下，在总线上每个确认周期，I²C 模块向发射机发送确

认（ACK）信号；但是，当 NACKMODE 置位时，I²C 模块仅发送无确认（NACK）信号。在主接收器模式下，I²C 模块在每个确认周期发送一个 ACK 位信号，直到内部数据计数器向下计数到 0，在计数器为 0 时 I²C 模块向发射器发送 NACK 信号。1-无论是主或从接收机模式，I²C 模块在总线的下一个确认周期向发射机发送 NACK 信号。一旦发送了 NACK 信号，NACKMOD 便被清零。注意：若在下一个确认周期中发送 NACK 信号，必须在最后一个数据位的上升沿之前置位 NACKMOD。

RM：重复传输位，主发送模式下有效。RM、STT、STP 位域决定了数据的发送或结束时间。0-非重复模式，I2CCNT 值表示 I²C 模块已经发送或接收的数据字节数；1-重复模式，每当 I2CDXR 寄存器被写入时（或直到 FIFO 模式下发送 FIFO 为空时），发送一个数据字节，直到手动设置 STP 位。此时 I2CCNT 值被忽略。ARDY 位或中断可用于确定 I2CDXR（或 FIFO）何时准备好接收更多数据，直到数据已全部发送或者被允许写入 STP 位（结束信号）。

STB：开始字节模式位，仅在主模式下有效，应用于帮助从模式下接收器增加额外时间去检测开始信息，当 I²C 模块处于从模式时，该位被忽略。0-非开始字节模式；1-开始字节模式，当 STT 置位时 I²C 模块开始发送数据，可以引发下述 4 类事件：①STT 开始条件；②开始字节（0000 0001b）；③伪确认时钟脉冲；④重复开始条件。

FDF：自由数据格式模式位。0-禁止自由数据格式模式，通过设置 XA 选择 7 或 10 位地址格式进行传输；1-使能自由数据格式模式，但是数字回传模式（DLB=1）下，不支持自由数据格式。

BC[2:0]：数据计数位，该位域定义 I²C 模块将要接收或发送的下一个数据字节中的比特数（1～8 位），该位数必须与其他设备的数据大小相匹配。当 BC=000b 时，表示一个数据字节有 8 个比特位，取值变化范围：001～111，对应字节中的比特数分别为 1～7。BC 设置不影响地址字节。

4. 时钟控制寄存器（I2CPSC/I2CCLKH/I2CCLKL）

I²C 模块的时钟控制寄存器，包括预分频寄存器 I2CPSC、时钟高电平时间分频器寄存器 I2CCLKH 和时钟低电平时间分频器寄存器 I2CCLKL，均为 16 位寄存器。位域 I2CPSC[ISPC]、I2CCLKH[ICCH]、I2CCLKL[ICCL]和补偿值 d，以及系统频率 SYSCLKOUT，共同决定了 I²C 模块工作时钟频率和主控设备输出时钟（SCL）频率。

5. 状态寄存器（I2CSTR）

状态寄存器 I2CSTR 设置中断发生标志，并显示 I²C 模块相关工作状态，寄存器结构及位域描述如下。

15	14	13	12	11	10	9	8
保留	SDIR	NACKSNT	BB	RSFULL	XSMT	AAS	AD0
R-0	R/W1C-0	R/W1C-0	R-0	R-0	R-1	R-0	R-0

7	6	5	4	3	2	1	0
保留		SCD	XRDY	RRDY	ARDY	NACK	AL
R-0		R/W1C-0	R-1	R/W1C-0	R/W1C-0	R/W1C-0	R/W1C-0

SDIR 是从方向位，用以指示是否被寻址为从发送器：0-未被寻址为从发送器；1-被寻址

为从发送器。NACKSNT 是 NACK 发送位，模块工作于接收器模式下有效：0-NACK 没有发送；1-在 I²C 总线确认周期内发送 NACK。BB 是总线忙状态位：0-总线空闲，1-总线忙，I²C 总线已经发送或接收了 START 位。RSFULL 是接收移位寄存器满指示位，指示接收过程是否发生超限：0-未发生超限；1-发生超限。XSMT 是发送移位寄存器空标志：0-发送时发生下溢事件（I2CXSR 空）；1-没有发生下溢事件（I2CXSR 非空）。I2CXSR 中数据发送完毕之后，若 I2CDXR 中没有及时加载数据，原来的数据也许在 SDA 引脚被重复发送。向 I2CDXR 写入数据或 I²C 模块复位，均置位 XSMT 位。

AAS 是被寻址为从设备指示位。AD0 是地址 0 指示位：0-可以被开 START 和 STOP 条件清零；1-检测到 0 地址。SCD、XRDY、RRDY、ARDY、NACK 和 AL 位域分别是 STOP 条件检测到指示位、发送准备好中断标志位、接收准备好中断标志位、寄存器访问准备中断标志位、无响应中断标志位和仲裁丢失中断标志位：0-未发生相应事件；1-发生了相应事件。

6. 中断控制寄存器与中断源寄存器（I2CIER/I2CISRC）

I2CIER 是中断控制寄存器，低 7 位有效，分别对应上述 7 种中断的中断允许位：0-禁止相应中断，1-允许相应中断，寄存器结构如下。

15　　　7	6	5	4	3	2	1	0
保留	AAS	SCD	XRDY	RRDY	ARDY	NACK	AL
R-0	R/W-0	R/W-0	R/W-0	R/W-0	R/W-0	R/W-0	R/W-0

I2CISRC 是中断源寄存器，低 3 位为有效位，位域 INTCODE 二进制取值范围：0x000～0x111，对应的十进制数值范围：0～7。对应的中断源分别是：0-无中断事件发生，1-仲裁丢失中断，2-无响应中断，3-寄存器访问准备好中断，4-接收准备好中断，5-发送准备好中断，6-停止检测中断，7-被寻址为从设备中断。

7. FIFO 发送与接收寄存器（I2CFFTX/I2CFFRX）

I²C 模块有标准模式和增强模式（FIFO）两种。增强模式下寄存器，包括 1 个 FIFO 发送寄存器 I2CFFTX 和 1 个 FIFO 接收寄存器 I2CFFRX；同时，发送与接收单元，还分别对应 1 个 16 字深的发送堆栈 TX FIFO_0～TX FIFO_15 和 1 个 16 字深的接收堆栈 RX FIFO_0～RX FIFO_15，每个存储单元均为 16 位宽。

（1）FIFO 发送寄存器 I2CFFTX

FIFO 发送寄存器 I2CFFTX 是 16 位的寄存器，包含 FIFO 模式下 I²C 模块发送操作的控制与状态位，其结构如下，位域描述如表 7.4 所示。

15	14	13	12	11	10	9	8
保留	I2CFFEN	TXFFRST	TXFFST4	TXFFST3	TXFFST2	TXFFST1	TXFFST0
R-0	R/W-0	R/W-0	R-0	R-0	R-0	R-0	R-0

7	6	5	4	3	2	1	0
TXFFINT	TXFFINTCLR	TXFFIENA	TXFFIL4	TXFFIL3	TXFFIL2	TXFFIL1	TXFFIL0
R-0	R/W1C-0	R/W-0	R/W-0	R/W-0	R/W-0	R/W-0	R/W-0

表 7.4　I2CFFTX 位域描述

位	位域	说明
14	I2CFFEN	FIFO 模式允许位。0-禁止 FIFO；1-使能 FIFO

位	位域	说明
13	TXFFRST	发送 FIFO 复位位。0-复位，发送操作指针至 0000；1-使能发送操作
12-8	TXFFST4-0	发送 FIFO 状态位。00000～10000 对应 0～16 个剩余字符
7	TXFFINT	FIFO 发送中断标志位。0-无中断事件发生；1-有中断事件发生
6	RXFFINT CLR	FIFO 发送中断标志清除位。0-无影响；1-写 1 清除中断标志
5	TXFFIENA	FIFO 发送中断允许位。0-禁止；1-允许
4-0	TXFFIL4-0	FIFO 发送中断级设置位。设定数值范围：00000～10000，当 TXFFST[4:0]≤TXFFIL[4:0]成立时，产生发送中断，一般设置 TXFFIL=0

TXFFST 与 TXFFIL 是 2 个重要的关联位域，其中，TXFFST 表示当前发送堆栈中存在的尚未发送的字符个数，范围 16～0 个；TXFFIL 则是设置一个字符数量门槛，数值范围 16～0 个。当 TXFFST[4:0]≤TXFFIL[4:0]时，产生 FIFO 发送中断，一般设置 TXFFIL 为 0，即发送堆栈中所有数据都发送完毕后，触发发送中断。

（2）FIFO 接收寄存器 I2CFFRX

FIFO 接收寄存器 I2CFFRX 是 16 位的寄存器，包含 FIFO 模式下 I^2C 模块接收操作的控制与状态位，其结构如下，位域描述如表 7.5 所示。

15	14	13	12	11	10	9	8
保留		RXFFRST	RXFFST4	RXFFST3	RXFFST2	RXFFST1	RXFFST0
R-0		R/W-0	R-0	R-0	R-0	R-0	R-0

7	6	5	4	3	2	1	0
RXFFINT	RXFFINTCLR	RXFFIENA	RXFFIL4	RXFFIL3	RXFFIL2	RXFFIL1	RXFFIL0
R-0	R/W1C-0	R/W-0	R/W-0	R/W-0	R/W-0	R/W-0	R/W-0

表 7.5 I2CFFRX 位域描述

位	位域	说明
13	RXFFRST	接收 FIFO 复位位。0-复位接收操作的指针至 0000；1-使能接收操作
12-8	RXFFST4-0	接收 FIFO 状态位。00000～10000 对应 0～16 个未发送数据
7	RXFFINT	接收 FIFO 中断标志位。0-无接收中断发生；1-有接收中断发生
6	RXFFINT CLR	接收 FIFO 中断标志清除位。0-无影响；1-写 1 清除中断标志
5	RXFFIENA	接收 FIFO 中断允许位。0-禁止；1-允许
4-0	RXFFIL4-0	接收 FIFO 中断级设定。设定数值范围：00000～10000 对应 0～16，当 TXFFST[4:0]≥TXFFIL[4:0]时产生接收中断，一般设置 RXFFIL 为 16

RXFFST 与 RXFFIL 是两个重要的关联位域，其中，RXFFST 表示当前接收堆栈中已经接收到的字符个数，范围 16～0 个；RXFFIL 则是设置一个字符数量门槛，数值范围 16～0 个。当 TXFFST[4:0]≥TXFFIL[4:0]时产生 FIFO 接收中断，一般设置 RXFFIL 为 16，即当接收堆栈中数据满时，触发接收中断。

7.1.7　应用示例

例 7.1　基于 F28335 的模拟 I²C 通信

本系统硬件电路由三部分组成：3×3 键盘、E²ROMA 存储器件 T24C02、数码管驱动与显示电路。键盘部分使用 6 个 GPIO 引脚，实现对 9 个按键状态的实时巡检，其中，GPIO11、GPIO12、GPIO13 设置为通用 I/O 功能和输入，分别接 1K 的限流电阻以及 10K 上拉电阻；设置 GPIO48、GPIO49 和 GPIO50 通用 I/O 功能和输出方向。依次令 GPIO48、GPIO49、GPIO50 输出"0"电平，通过动态扫描，采集独立按键信息。同时，定义三个功能键：S1-累加键；S2-显示键；S3-清零键。AT24C02 是 E²PROM 存储器，内部有 256×8 位（256 字节）位存储空间，带有标准 I²C 接口，SDA、SCL 端口分别与 GPIO32、GPIO33 连接，且均设置为通用 I/O 功能。

每个带有 I²C 标准接口的器件，拥有唯一的地址。AT24C02 的地址字节格式为 8 位二进制，其中高 4 位为固定地址：1010；第 3～1 位地址位：$A_2A_1A_0$，分别对应 AT24C02 芯片的 A2、A1 和 A0 引脚（0-低电平；1-高电平）；第 0 位地址位：R/$\overline{W}$，1-读（高电平有效），0-写（低电平有效），R/$\overline{W}$ 也是地址字节的读写标志位。AT24C02 地址引脚均接地，如图 7.10 所示。在 I²C 协议中，信息以字节为单位进行传输，于是 AT24C02 的"写"地址字节为 0xA0，"读"地址字节为 0xA1。本系统使用 74HC164 芯片进行"段码"信息传输。

键盘电路如图 7.9 所示，AT24C02 与 I²C 通信电路如图 7.10 所示，数码管显示与驱动电路如图 7.11 所示。

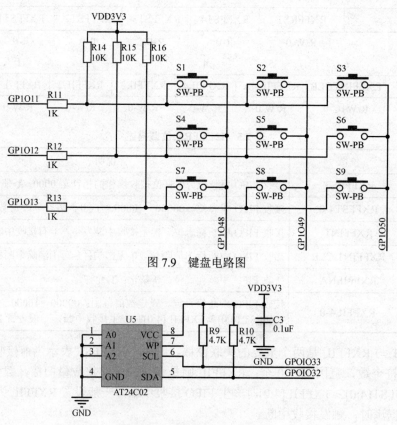

图 7.9　键盘电路图

图 7.10　AT24C02 通信电路图

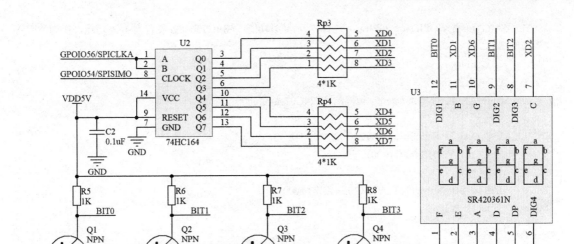

图 7.11　数码管驱动与显示电路图

重要功能函数包括：数码管 GPIO 端口初始化 SMG_Init()、按键扫描初始化 KEY_Init()、写一个字节函数 AT24CXX_WriteOneByte()、读一个字节函数 AT24CXX_ReadOneByte()、显示功能函数 SMG_DisplayInt()，以及 I²C 典型信号函数，包括开始 IIC_Start()、停止 IIC_Stop、接收应答 IIC_Wait_Ack()、应答 IIC_Ack()、非应答 IIC_Nack()、字节发送 IIC_Send_Byte()、字节读取 IIC_Read_Byte()等。主要函数代码如下。

```c
#include "DSP2833x_Device.h"      // DSP2833x Headerfile Include File
#include "DSP2833x_Examples.h"    // DSP2833x Examples Include File
#include "leds.h"
#include "time.h"
#include "uart.h"
#include "stdio.h"
#include "24cxx.h"
#include "key.h"
#include "smg.h"
void main()
{
    //int i=0;
    unsigned char key=0,k=0;
    InitSysCtrl();
    InitPieCtrl();
    IER = 0x0000;
    IFR = 0x0000;
    InitPieVectTable();
    LED_Init();
    TIM0_Init(150,200000);//200ms
    UARTa_Init(4800);
```

```
        SMG_Init();// GPIO56、GPIO54 选择 SPI 复用功能；GPIO75～72 设置为 I/O 功能，作为数码管
"位"控制端
        KEY_Init();//
        AT24CXX_Init();
        while(AT24CXX_Check())      //检测 AT24C02 是否正常
        {
            UARTa_SendString("AT24C02 检测不正常!\r\n");
            DELAY_US(500*1000);
        }
        UARTa_SendString("AT24C02 检测正常!\r\n");
        while(1)
        {
            key=KEY_Scan(0);
            if(key==KEY1_PRESS)
            {
                k++;
                if(k>255)
                {
                    k=255;
                }
                AT24CXX_WriteOneByte(0,k);
            }
            else if(key==KEY2_PRESS)
            {
                k=AT24CXX_ReadOneByte(0);
            }
            else if(key==KEY3_PRESS)
            {
                k=0;
            }
            SMG_DisplayInt(k);
        }
    }

    // 按键 3×3 矩阵扫描端口设置：GPIO11～13 设置为 I/O 口输入方向，GPIO48～50 设置为 I/O 口
输出方向
    void KEY_Init(void)
    {
        EALLOW;
        SysCtrlRegs.PCLKCR3.bit.GPIOINENCLK = 1;// 开启 GPIO 时钟
        EDIS;
        GpioCtrlRegs.GPAMUX1.bit.GPIO11=0; // IO 功能
        GpioCtrlRegs.GPADIR.bit.GPIO11=0;  //输入方向
        GpioCtrlRegs.GPAPUD.bit.GPIO11=0;  //使能上拉电阻
          GpioCtrlRegs.GPAMUX1.bit.GPIO12=0; //IO 功能
```

```
        GpioCtrlRegs.GPADIR.bit.GPIO12=0;  //输入方向
        GpioCtrlRegs.GPAPUD.bit.GPIO12=0;  //使能上拉电阻
        GpioCtrlRegs.GPAMUX1.bit.GPIO13=0;//
        GpioCtrlRegs.GPADIR.bit.GPIO13=0;  //输入方向
        GpioCtrlRegs.GPAPUD.bit.GPIO13=0;
        GpioCtrlRegs.GPBMUX2.bit.GPIO48=0; //IO 功能
        GpioCtrlRegs.GPBDIR.bit.GPIO48=1;  //输出方向
        GpioCtrlRegs.GPBPUD.bit.GPIO48=0;  //使能上拉电阻
        GpioCtrlRegs.GPBMUX2.bit.GPIO49=0;
        GpioCtrlRegs.GPBDIR.bit.GPIO49=1;  //输出方向
        GpioCtrlRegs.GPBPUD.bit.GPIO49=0;
        GpioCtrlRegs.GPBMUX2.bit.GPIO50=0;
        GpioCtrlRegs.GPBDIR.bit.GPIO50=1;  //输出方向
        GpioCtrlRegs.GPBPUD.bit.GPIO50=0;
        GpioDataRegs.GPBSET.bit.GPIO48=1; // 置 "1"
        GpioDataRegs.GPBSET.bit.GPIO49=1; // 置 "1"
        GpioDataRegs.GPBSET.bit.GPIO50=1; // 置 "1"
        }


    //设置 GPIO33、GPIO32 为 I/O 功能，分别作为 SCL、SDA 信号端口，实现模拟 I²C 通信
    void AT24CXX_Init(void)
    {
        EALLOW;
        SysCtrlRegs.PCLKCR3.bit.GPIOINENCLK = 1; // 开启 GPIO 时钟
        EDIS;
        GpioCtrlRegs.GPBPUD.bit.GPIO32 = 0;             //使能上拉电阻
        GpioCtrlRegs.GPBMUX1.bit.GPIO32 = 0;            //选择 IO 功能,SDA-GPIO32
        GpioCtrlRegs.GPBDIR.bit.GPIO32 = 1;             // 输出方向
         GpioCtrlRegs.GPBQSEL1.bit.GPIO32 = 3;          // 无限定
        GpioCtrlRegs.GPBPUD.bit.GPIO33 = 0;             //使能上拉电阻
        GpioCtrlRegs.GPBMUX1.bit.GPIO33 = 0;            //选择 IO 功能,SCL-GPIO33
        GpioCtrlRegs.GPBDIR.bit.GPIO33 = 1;             // 输出方向
         GpioCtrlRegs.GPBQSEL1.bit.GPIO33 = 3;          // 无限定
        }


    //键盘扫描函数定义,返回按键值,略
    //利用模拟 I²C 方式，写一个字节
    void AT24CXX_WriteOneByte(Uint16 WriteAddr,unsigned char DataToWrite)
    {
        IIC_Start();
        IIC_Send_Byte(0XA0);        //发送器件地址发送从控器 I²C 器件的写地址 0XA0
        IIC_Wait_Ack();
        IIC_Send_Byte(0);           //发送低地址
        IIC_Wait_Ack();
        IIC_Send_Byte(DataToWrite);     //发送字节数据
```

```c
        IIC_Wait_Ack();
        IIC_Stop(); //产生一个停止条件
        DELAY_US(10*1000);
            }

        //利用模拟 I²C 方式，读取一个字节
unsigned char AT24CXX_ReadOneByte(Uint16 ReadAddr)
{
        unsigned char temp=0;
        IIC_Start();                //开始
        IIC_Send_Byte(0XA0);    //发送从控器 I²C 器件的写地址 0XA0
        IIC_Wait_Ack();
        IIC_Send_Byte(0);       //发送低地址
        IIC_Wait_Ack();
        IIC_Start();                //开始
        IIC_Send_Byte(0XA1);    //发送从控器 I²C 器件的读地址 0XA1
        IIC_Wait_Ack();
        temp=IIC_Read_Byte(0);
        IIC_Stop(); //产生一个停止条件
        return temp;
}
        /*----- -----模拟 I²C 通信中的典型操作与典型信号 ----- ------*/
void SDA_OUT(void)
{
        EALLOW;
        GpioCtrlRegs.GPBDIR.bit.GPIO32=1;       //设置 GPIO32 端口为输出方向，以便发送数据
        EDIS;
            }

void SDA_IN(void)
{
        EALLOW;
        GpioCtrlRegs.GPBDIR.bit.GPIO32=0;       //设置 GPIO32 端口为输入方向，以便接收数据
        EDIS;
            }

void IIC_Start(void)
{
        SDA_OUT();
        IIC_SDA_SETH;
        IIC_SCL_SETH;
        DELAY_US(5);
        IIC_SDA_SETL;
        DELAY_US(6);
        IIC_SCL_SETL;
```

```
        DELAY_US(1);
        IIC_SDA_SETH;
        }


void IIC_Stop(void)
{
        SDA_OUT();
        IIC_SCL_SETL;
        IIC_SDA_SETL;
        IIC_SCL_SETH;
        DELAY_US(6);
        IIC_SDA_SETH;
        DELAY_US(6);
        IIC_SCL_SETL;
        DELAY_US(1);
        IIC_SDA_SETL;
}


        // 接收应答信号：1—应答失败；0—应答成功
unsigned char IIC_Wait_Ack(void)
{
        unsigned char tempTime=0;//应答时间计数器
        IIC_SDA_SETH;//    SDA 置 1
        DELAY_US(1);
        SDA_IN();         //SDA 设置为输入
        IIC_SCL_SETH;  //SCL 置 1
        DELAY_US(1);
        while(READ_SDA)
        {
            tempTime++;
            if(tempTime>250)
            {
                IIC_Stop();  // 等待超出规定时间，停止
                return 1;      //接收应答失败
            }
        }
        IIC_SCL_SETL;  //SCL 置 0
        return 0;            //接收应答成功
        }


        //ACK 应答：在 SCL 低电平期间，SDA 保持低电平
void IIC_Ack(void)
{
        IIC_SCL_SETL;    //SCL 置 0
        SDA_OUT();         //SDA 输出
        IIC_SDA_SETL;    //SDA 置 0
```

```
        DELAY_US(2);      //延时
    IIC_SCL_SETH;     //SCL 置 1
        DELAY_US(5);      //延时
    IIC_SCL_SETL;     //SCL 置 0
}

        //NACK 非应答信号
void IIC_NAck(void)
{
    IIC_SCL_SETL;     // SCL 置 0
    SDA_OUT();        //  SDA 输出
    IIC_SDA_SETH;     // SDA 置 1
    DELAY_US(2);      //  延时
    IIC_SCL_SETH;     // SCL 置 1
    DELAY_US(5);      //  延时
    IIC_SCL_SETL;     // SCL 置 0
    }

//发送 1 个字节数据
void IIC_Send_Byte(unsigned char txd)
{
    unsigned char t;
    SDA_OUT();//SDA 输出
    IIC_SCL_SETL;//保持 SCL 为 0
    for(t=0;t<8;t++)
    {
        if((txd&0x80)>0)
           IIC_SDA_SETH;  //SDA 置 1
        else
        IIC_SDA_SETL;//SDA 置 0
           txd<<=1;
           DELAY_US(2);
           IIC_SCL_SETH;   //SCL 置 1
        DELAY_US(2);
        IIC_SCL_SETL;       // SCL 置 0
        DELAY_US(2);
    }
    }

        //读取 1 个字节数据
unsigned char IIC_Read_Byte(unsigned char ack)
{
    unsigned char i,receive=0;
    SDA_IN();
    for(i=0;i<8;i++)
    {
        IIC_SCL_SETL;        //SCL 置 0
```

```
        DELAY_US(2);
        IIC_SCL_SETH;
        receive<<=1;
        if(READ_SDA==1)receive++;
        DELAY_US(1);
    }
    if(!ack)
        IIC_NAck();//发送 NACK
    else
        IIC_Ack();//发送 ACK
    return receive;
    }
```

7.2 增强局域网控制器（eCAN）

7.2.1 CAN 总线

1. 概述

控制器局域网 CAN（Controller Area Network，CAN），诞生于 20 世纪 80 年代，由德国 BOSCH 公司首先提出并开发成功的一种仪器仪表总线，与一般总线相比，具有传输速率高、高可靠性和高实时性等特点，目前已经成为国际上应用最为广泛的工业现场总线之一。

2. CAN 协议与帧结构

（1）CAN 协议

CAN 总线协议，建立在 OSI 开放互联参考模型基础之上。结合工业需求，其模型仅保留了物理层、数据链层和应用层共 3 层，实现了节点间无差错数据传输。CAN 通信采用多主方式，网络上任意节点均可以在任意时刻主动向网络上其他节点发送信息，可实现点对点、一点对多点以及全局广播。CAN 通信采用报文传输，报文由数据帧、远程帧、错误帧、超载帧等组成。其中，数据帧承载着数据信息，由发射节点发送、接收节点进行接收。

CAN2.0B 版总线技术规范，定义了 11 位标识符的标准帧和 29 位标识符的扩展帧，两种不同格式的帧，标识符字段长度不同。标准数据帧包含 44 到 108 位，最高可插入 28 个填充位，数据帧最大长度为 131 位。扩展数据帧包含 64 到 128 位，最高可插入 28 个填充位，最大长度为 156 位。

（2）数据帧结构

数据帧有标准帧和扩展帧 2 种，一个完整的数据帧，包括起始（SOF）、仲裁域、控制域、数据域、校验域（CRC）、应答域（ACK）和帧结束（EOF），共七部分组成。数据的长度范围：0～8 个字节。标准数据帧格式和扩展数据帧格式，分别如图 7.12 和图 7.13 所示。

起始位（SOF）：标志着数据帧和远程帧的开始，由 1 位组成；结束位（EOF），由 1 位组成，标志 1 帧信息的结束。起始位和结束位共同界定了一个完整的数据帧。

仲裁域：对于标准帧，仲裁域包括 11 位标准标识符和远程请求位 RTR；扩展帧仲裁域，包括 29 位标识符、替代远程请求 SRR、扩展标志 IDE、18 位扩展标识符和远程请求位 RTR；控制位域，包括 r1、r0 保留位和数据代码长度控制位 DLC 组成；数据域可以传输

0～8 个字节数据，具体由 DLC 位域设置，CAN 总线数据域相对短小，提高了实时通信和抗干扰能力，极适合应用于汽车电子和工业现场通信等场合。

起始域	仲裁域		控制域			数据域					校验域	应答域	帧结束
S O F	标准标识符 11 位	R T R	I D E	r 0	D L C	Byte0	Byte1	…	Byte6	Byte7	C R C	A C K	E O F

图 7.12　CAN 标准数据帧格式

起始域	仲裁域					控制域			数据域					校验域	应答域	帧结束
S O F	标准标识符 11 位	S R R	I D E	扩展标识符 18 位	R T R	r 1	r 0	D L C	Byte0	Byte1	…	Byte6	Byte7	C R C	A C K	E O F

图 7.13　CAN 扩展数据帧格式

7.2.2　CAN 模块结构

1. eCAN 模块特性

F28335 配置有增强型局域网控制器（Enhanced Controller Area Network，eCAN），该模块拥有 eCAN-A 和 eCAN-B 两个通道，主要特性如下。

① 与 CAN 协议 2.0B 完全兼容；

② 支持 1Mbps 数据传输速率；

③ 32 个独立配置的邮箱，每一个邮箱均拥有以下特性：

- 可配置为接收或者发送；
- 可配置为标准或可扩展标识；
- 可编程的接收屏蔽；
- 支持数据和远程帧；
- 支持 0～8 字节数据；
- 接收和发送使用一个 32 位时间戳；
- 防止接收新消息；
- 可动态编程发送消息优先级；
- 具有两个中断级别的可编辑中断机制；
- 有发送或者接收超时可编程中断；

④ 低功耗模式；

⑤ 总线可编程唤醒机制；

⑥ 对远程请求消息自动答复；

⑦ 丢失仲裁或者错误情况下帧自动重传；

⑧ 与一个特定消息同步的 32 位时间戳计数器（与邮箱 16 通信）；

⑨ 自测模式；

2. 模块结构与接口电路

如图 7.14 所示，eCAN 模块由 CAN 协议核心单元（CPK）和消息控制器两部分组成。

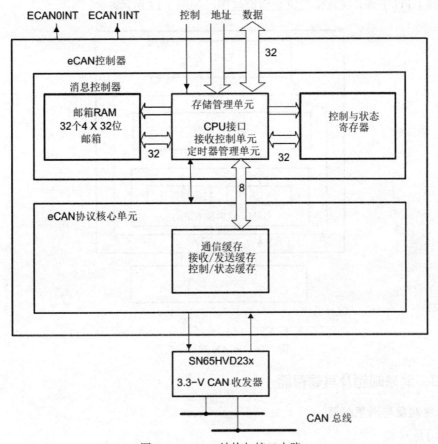

图 7.14　eCAN 结构与接口电路

CPK 部分封装了完整的 CAN2.0 标准协议，是 eCAN 模块的核心单元，缓冲区又包括接收/发缓存和控制/状态缓存。通信缓冲区对用户透明，但是用户代码不可访问通信缓冲区。

CPK 单元的主要功能是根据 CAN 协议，将来自 CAN 总线的全部信息进行解码处理，并存储到接收缓存中；同时，将需要发送的信息，根据 CAN 协议进行编码并发送到 CAN 总线。

消息控制器包括 32 个 4×32 位的消息邮箱、存储器管理单元（CPU 接口、接收控制单元和定时器管理单元）和控制与状态寄存器三部分。消息控制器主要是对 CPK 单元接收到的信息，根据消息对象的状态、标识符和屏蔽寄存器，进行检测和辨识，以确定是否有匹配的邮箱，若没有匹配邮箱，则丢弃该消息。同时，消息控制器根据消息优先级，将下一步需要发送的消息进行排队，根据优先级高低进行顺序发送；若优先级相同，邮箱序号高者具有优先发送权。待发送的消息，首先从消息控制器传输到 CPK 单元的发送缓存之中，当检测到总线处于空闲状态时，再发送到 CAN 总线上。在消息控制器的存储器管理单元中，有一个定时器管理子单元，其核心是一个时间戳计数器，在 eCAN 增强模式下，对发送和接收的消息要添加时间标识，以检测是否超时，如在允许的时间内没有发送或接收完毕，则产生超时事件，触发超时中断。

CAN 模块有标准型（SCC）和增强型（eCAN）两种工作模式，由 CANMC[SCB]位域配置。系统默认为 SCC 模式，该模式下只有 0～15 共 16 个邮箱可用，无时间标识功能，可接受屏蔽数目减少。当 eCAN 模块所有控制寄存器完成设置，启动数据传输后，类似 DMA 功能，无须 CPU 干预。eCAN 模块通信原理图，如图 7.15 所示。

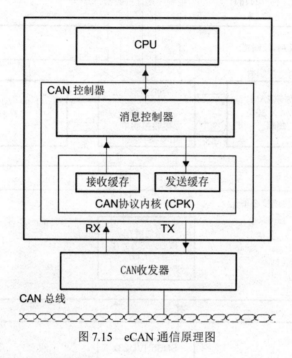

图 7.15　eCAN 通信原理图

7.2.3　消息邮箱及其寄存器

1. 消息对象与消息邮箱

（1）消息对象

eCAN-A/B 子模块，各拥有 32 个消息对象—邮箱，每个消息对象均可以配置成发送或接收模式，每个消息对象均有独立的接收屏蔽，其组成结构包括：29 位消息标识符、消息控制寄存器、8 字节数据信息、1 个 29 位接收屏蔽、1 个 32 位时间戳和 1 个 32 位超时值。位于寄存器中的相应控制与状态位，可以对消息对象进行控制。

（2）消息邮箱

消息邮箱位于 RAM 存储区，在 CAN 消息数据被接收或发送之前，实际存储于该区域，CPU 可以将不用于存储消息的消息邮箱的 RAM 区域作为一般存储器使用。即消息邮箱是用于存储 CAN 消息的存储器。

每个消息邮箱的结构一样，包括如下内容：消息标识符（11 位标准标识符或 29 位扩展标识符）、标识符扩展位 MSGID[IDE]、接收屏蔽使能位 MSGID[AME]、自动应答模式位 MSGID[AAM]、发送优先级 MSGCTRL[TPL]、远程传输请求位 MSGCTRL[RTR] 和数据长度代码 MSGCTRL[DLC]，以及高达 8 字节的数据区。

每个邮箱均可以被配置成 4 种消息对象类型之一，如表 7.6 所示。不同类型的消息对象应用场合不同，其中，发送和接收消息对象应用于一个发送器和多个接收器（1～n 通信链路）之间的数据交换，即一对多模式；而请求和应答消息对象则应用于建立一对一通信链路。

表 7.6　消息对象配置

序号	消息对象运行	邮箱方向寄存器（CANMD）	自动应答模式位（AAM）	远程传输请求位（RTR）	序号	消息对象运行	邮箱方向寄存器（CANMD）	自动应答模式位（AAM）	远程传输请求位（RTR）
1	发送消息对象	0	0	0	3	远程请求消息对象	1	0	1
2	接收消息对象	1	0	0	4	应答消息对象	0	1	0

（3）发送邮箱

CPU 将要传输的数据存储在传输邮箱中，若已经置位邮箱使能寄存器 CANME[31:0]对应位，当对发送请求设置寄存器 CANTRS 的对应位域置"1"时，便启动发送进程。

如果将多个邮箱配置为传输邮箱，并且设置了多个相应的 CANTRS 位域时，则发送从具有最高优先级的邮箱开始，按照降序依次发送消息。

在 SCC（标准型）模式下，邮箱传输的优先级取决于邮箱号。最高邮箱号码具有最高传输优先级。

在 eCAN 模式中，邮箱传输的优先级取决于消息控制字段（MSGCTRL）寄存器中 TPL 字段的设置。首先传输 TPL 中具有最高值的邮箱。只有当两个邮箱在 TPL 中具有相同的值时，编号较高的邮箱首先被传输。

如果由于仲裁丢失或错误导致传输失败，将尝试启动消息重新传输。但是在启动重新传输之前，CAN 模块必须检查是否已经设置了其他传输请求。若在仲裁丢失之前设置了高优先级的 CANTRS 位，则必须在重新传输之前优先发送上述高优先级的传输请求，否则直接启动重新传输。

（4）接收邮箱

使用适当的掩码将每个传入消息的标识符与接收邮箱中保持的标识符进行比较。当检测到相等时，接收的标识符、控制位和数据字节被写入匹配的邮箱。同时，设置相应的接收消息悬挂位 RMP[n]（RMP.31-0），如果中断允许，则触发接收中断。如果未检测到匹配信息，则不存储接收的消息。

当接收到消息时，消息控制器开始在具有最高邮箱号的邮箱处寻找匹配的标识符。在 SCC（标准）模式下，邮箱 15 具有最高接收优先级；在 eCAN 模式下，邮箱 31 具有最高接收优先级。

RMP[n]（RMP.31-0）必须在读取数据后由 CPU 复位。如果置位了接收消挂起位，又接收到该邮箱的的第二条消息，则设置相应的消息丢失位（RML[n]（RML.31-0））。

此时，如果重写保护位 OPC[n]（OPC.31-0）被清除，则用新数据重写存储的消息；否则，将检查下一个邮箱。

如果邮箱被配置为接收邮箱，并且为其设置了 RTR 位，则该邮箱可以发送远程帧。发送远程帧后，CAN 模块将清除邮箱的 TRS 位。

2. 邮箱寄存器

每个邮箱拥有 4×32 位的存储空间，包括 32 位邮箱标识寄存器 MSGID、32 位邮箱控制寄存器 MSGCTRL、32 位消息数据寄存器 CANMDL（低 4 字节）和 CANMDH（高 4 字节）。其中，MSGID 存放邮箱 ID，即 11 位或 29 位的标识符；MSGCTRL 定义消息字节数、发送优先级和远程帧等；CANMDH 和 CANMDL 用于存储发送或接收到的数据帧，每个邮箱最多可存储 8 个字节的数据。

（1）邮箱标识寄存器（MSGID）

标识寄存器 MSGID，包含有邮箱标识符 ID 和其他控制位。其中，AME 是接收屏蔽功能使能位，需要与全局屏蔽寄存器 CANGAM[GAM]位相配合。AME=0，不使能屏蔽功能，既不屏蔽接收信息帧中标识符的任何位，所有位必须接受匹配处理，不一致者，不予以接收；AME=1，使能接收屏蔽功能，具体的屏蔽位由 CANGAM[GAM]设置，GAM 位域中置 1 的位，就是接收信息帧中标识符需要屏蔽的位，标识符中对应位取值 1 或 0 均可以，不予以匹配比较。寄存器结构如下，位域描述如表 7.7 所示。

31	30	29	28	18	17	0
IDE	AME	AAM	ID[28:18]		ID[17:0]	
R/W-x	R/W-x	R/W-x	R/W-x		R/W-x	

表 7.7　MSGID 位域描述

位	位域	说明
31	IDE	标识符扩展位。0-标准标识符；1-扩展标识符。进行标准帧或扩展帧选择
30	AME	接收屏蔽使能位。0-不使能接收屏蔽，所有标识符均需要匹配；1-使能接收屏蔽，与 CANGAM[GAM]配合使用，通过 GAM 设置需要屏蔽的位（不需要比较的位）
29	AAM	自动应答模式位。0-正常传输，不回复远程请求；1-自动应答，收到匹配远程请求发送邮箱内容
28-18	ID[28:18]	SCC 模式下 11 位标识符。IDE=0，存放标准标识符；IDE=1，存放增强模式下标识符
17-0	ID[17:0]	eCAN 模式下 18 位标识符。IDE=0，该位没有意义；IDE=1，存放增强模式下标识符，该模式下共 29 位

（2）邮箱控制寄存器（MSGCTRL）

31	13	12	8	7	5	4	3	0
保留		TPL		保留		RTR	DLC	
R-0		R/W-x		R-0		R/W-x	R/W-x	

TPL 是传输优先级控制位域，数值范围 0～31，指示当前邮箱相对于其他邮箱的优先级，数字越大优先级越高，当具有相同优先级时，邮箱编号大的优先传输，但是在 SCC 模式下无效。RTR 是远程传输请求位，0-无远程帧请求；1-有远程帧请求，对于接收邮箱，若发送请求设置寄存器 CANTRS 置位，则远程帧被发送，CANTRS 随即被清零，则邮箱接收到数据帧。对于发送邮箱，当 CANTRS 对应位置位时，一帧远程消息帧便被发送，在远端邮箱中接收到对应数据帧。DLC 是发送/接收数据长度位，有效设置范围 0x0000～0x1000，其他设置无效。

（3）消息数据寄存器（CANMDH/CANMDL）

每个邮箱均包含 2 个 32 位的消息数据寄存器 CANMDH 与 CANMDL，分别用于存放消息数据的高 4 字节和低 4 字节，如图 7.16 所示。

31	24	23	16	15	8	7	0

CANMDH 高 4 字节：

字节 7	字节 6	字节 5	字节 4

31	24	23	16	15	8	7	0

CANMDL 低 4 字节：

字节 3	字节 2	字节 1	字节 0

图 7.16　8 字节消息数据结构

CAN 总线上数据传输最大为 8 字节，主控制寄存器 CANMC[DBO]位域设置决定了从 CAN 总线发送和接收消息数据的顺序。

当 DBO=0 时，数据从 CANMDL 寄存器的最高有效字节开始存储与读取，结束于 CANMDH 寄存器最低有效字节，消息数据寄存器 CANMDL、CANMDH 从 CAN 总线发送或接收字节数据的顺序，如图 7.17 所示。

31	24	23	16	15	8	7	0

CANMDL 低 4 字节

字节 3 数据（起始）	字节 2 数据	字节 1 数据	字节 0 数据

31	24	23	16	15	8	7	0

CANMDH 高 4 字节

字节 7 数据	字节 6 数据	字节 5 数据	字节 4 数据（结束）

图 7.17　消息数据寄存器字节数据读取/存储顺序图（DBO=0）

当 DBO=1 时，数据从 CANMDL 寄存器的最低有效字节开始存储与读取，结束于 CANMDH 寄存器最高有效字节，消息数据寄存器 CANMDL、CANMDH 从 CAN 总线发送或接收字节数据的顺序，如图 7.18 所示。

31	24	23	16	15	8	7	0

CANMDL 低 4 字节

字节3 数据	字节2 数据	字节1 数据	字节0 数据（起始）

31	24	23	16	15	8	7	0

CANMDH 高 4 字节

字节7 数据（结束）	字节6 数据	字节5 数据	字节4 数据

图 7.18　消息数据寄存器字节数据读取/存储顺序图（DBO=1）

注：①上图中阴影部分，分别表示开始传输字节与结束字节。

7.2.4　eCAN 模块寄存器

1. 概述

eCAN 模块的寄存器，如表 7.8 所示，均为 32 位寄存器，均允许进行 32 位访问。其中，1～26 号寄存器，属于全局性控制与状态寄存器；27～29 号寄存器，包括 CANLAM、MOTS 和 MOTO，均属于局部性控制与状态寄存器，每个邮箱均拥有上述 3 个局部控制与状态寄存器。

表 7.8　eCAN 模块寄存器

序号	寄存器名称	说明	序号	名称	说明
1	CANME	邮箱使能寄存器	4	CANTRR	发送请求复位寄存器
2	CANMD	邮箱方向寄存器	5	CANTA	发送应答寄存器
3	CANTRS	发送请求设置寄存器	6	CANAA	发送终止应答寄存器

续表

序号	寄存器名称	说明	序号	名称	说明
7	CANRMP	接收消息悬挂寄存器	19	CANMIM	邮箱中断屏蔽寄存器
8	CANRML	接收消息丢失寄存器	20	CANMIL	邮箱中断级别寄存器
9	CANRFP	远程帧悬挂寄存器	21	CANOPC	覆盖保护控制寄存器
10	CANGAM	全局接收屏蔽寄存器	22	CANTIOC	发送 I/O 控制寄存器
11	CANMC	主控制寄存器	23	CANRIOC	接收 I/O 控制寄存器
12	CANBTC	位时间配置寄存器	24	CANTSC	时间戳计数器寄存器
13	CANES	错误和状态寄存器	25	CANTOC	超时控制寄存器
14	CANTEC	发送错误计数器	26	CANTOS	超时状态寄存器
15	CANREC	接收错误计数器	27	CANLAM	局部接收屏蔽寄存器
16	CANGIF0	全局中断标志寄存器 0	28	MOTS	消息对象时间戳寄存器
17	CANGIF1	全局中断标志寄存器 1	29	MOTO	消息对象超时寄存器
18	CANGIM	全局中断屏蔽寄存器	—	—	—

注：每个邮箱均有 3 个对应的 CANLAM、MOTS 和 MOTO 寄存器。

2. 简单控制与状态寄存器

在表 7.8 中，序号 1～9 对应的寄存器功能较为单一，属于普通的控制与状态寄存器，寄存器中位域名称与结构也完全一致，从寄存器的最低位到最高位，分别对应 0～31 号邮箱的配置位域。上述寄存器依次简单描述如下。

CANME：邮箱使能寄存器：0-禁止；1-使能，写标识符字段前邮箱必须被禁用。

CANMD：邮箱方向控制寄存器，配置邮箱的发送或接收功能：0-发送；1-接收；

CANTRS：发送请求设置寄存器，启动邮箱发送功能：0-无动作；1-启动发送；

CANTRR：发送请求复位寄存器，终止当前发送请求：0-无操作；1-取消发送；

CANTA：发送应答寄存器，若第 n 个邮箱的信息成功发送，则置位 CANTA[n]；

CANAA：发送终止应答寄存器，若第 n 个邮箱的发送终止，则置位 CANAA[n]；

CANRMP：接收消息悬挂寄存器，若第 n 个邮箱接收到消息，则置位 CANRMP[n]；

CANRML：接收信息丢失寄存器，若第 n 个邮箱中，一条新消息覆盖了一条旧的未读消息，则置位 CANRML[n]；

CANRFP：远程帧悬挂寄存器，若第 n 个邮箱接收到了一条远程帧，则置位 CANRFP[n]；

3. 复杂控制与状态寄存器

表 7.8 中，序号 10～29 对应的寄存器，都属于复杂控制与状态寄存器。

（1）全局接收屏蔽寄存器（CANGAM）/局部接收屏蔽寄存器（CANLAM）

CANGAM 是全局接收屏蔽寄存器。接收数据信息时，首先将待接收消息帧的标识符与邮箱 MSGID 中的标识符进行比较，去掉屏蔽位，其他位完全匹配者才能够被接收并存储到邮箱中，而具体屏蔽位需要通过全局接收屏蔽寄存器 CANGAM 或局部接收屏蔽寄存器 CANLAM 设置完成。CANGAM 结构和位域描述如下。

31	30	29	28		0
AMI	保留		GAM		
RWI-0	R-0		RWI-0		

AMI 是接收屏蔽标识符扩展位：0-不使能接收屏蔽，即不使用屏蔽滤波功能，GAM 部分的设置不影响接收；1-使能接收屏蔽功能。在 SCC 模式下，仅 GAM[28:18]11 位有效；在 eCAN 模式下，GAM[28:0]29 位均有效。而模块具体工作于 SCC 模式还是 eCAN 模式，则取决于 MSGID[IDE]设置。

GAM 是全局接收屏蔽位域，任何一位标识符都可以设置为屏蔽或非屏蔽。在 AMI=1 时，接收屏蔽功能有效，GAM 位域中置 1 的位域，其所对应的接收帧信息位，不论是 1 或 0，均不进行匹配比较，即上述位被屏蔽，剩余的位则为非屏蔽位，必须进行比较匹配处理，实现接收滤波。

CANLAM 是局部接收屏蔽寄存器，可以对接收信息标识符的任意位进行屏蔽，实现接收滤波。在 SCC 标准模式或 eCAN 增强模式下，接收屏蔽配置不同。

在 SCC 模式下，全局接收屏蔽寄存器 CANGAM 适用于邮箱 6~15 的屏蔽处理，局部接收屏蔽寄存器 CANLAM 适用于邮箱 3~5 的屏蔽处理。接收信息帧标识符的匹配处理，首先，与邮箱 6~15 标识符进行对比匹配，若没有匹配成功，则与邮箱 3~5 标识符进行对比匹配，若仍然没有匹配成功，则与邮箱 0~2 标识符进行对比匹配。接收信息存放在标识符匹配的最高序号的邮箱中。

在 eCAN 模式下，每个邮箱均拥有自己的局部接收屏蔽寄存器 CANLAM（n），其中 n 是指第 n 号邮箱，CANLAM（0）～CANLAM（31）分别对应第 0～31 号邮箱。CANLAM 结构和位域描述如下。

31	30	29	28		0
LAMI	保留		LAM		
R/W-0	R/W-0		R/W-0		

其中，LAMI 是局部接收标识符扩展屏蔽位，LAM 是信息标识符屏蔽允许位。上述位域解释与 CANGAM 寄存器类似。

（2）主控制寄存器（CANMC）

CANMC 用于控制 CAN 模块的设置，其中一些位域受 EALLOW 保护，对该寄存器的读/写，仅接受 32 位访问。寄存器结构如下，位域描述如表 7.9 所示。

31 17	16	15	14	13	12	11
保留	SUSP	MBCC	TCC	SCB	CCR	PDR
R-0	R/W-0	R/WP-0	SP-x	R-WP-0	R/WP-1	R/WP-0

10	9	8	7	6	5	4 0
DBO	WUBA	CDR	ABO	STM	SRES	MBNR
R/WP-0	R/WP-0	R/WP-0	R/WP-0	R/WP-0	R/S-0	R/W-0

注：WP 仅在 EALLOW 模式中写，S 仅在 EALLOW 模式中设置，下同。

表 7.9 CANMC 位域描述

位	位域	说明
16	SUSP	暂停模式位。0-发送结束后，模块停止工作；1-自由模式，模块继续运行
15	MBCC	邮箱时间戳计数器清零位，SCC 模式下保留。0-时间戳计数器不复位；1-完成 16 邮箱收/发数据后，时间戳计数器复位为 0
14	TCC	时间戳计数器 MSB 清零位，SCC 模式下保留。0-时间戳计数器不复位；1-时间戳计数器的 MSB 被重置为 0
13	SCB	CAN 模块工作模式选择位。0-SCC 标准模式（仅 0-15 邮箱使用）；1-eCAN 增强模式
12	CCR	改变配置请求位。0-正常工作；1-发送改变配置，等待 CCE 置 1；
11	PDR	掉电模式请求位。模块由低功耗状态唤醒时，该位自动清零。0-正常工作状态；1-请求局部掉电模式
10	DBO	数据字节顺序位。0-最先接收或发送数据的最高有效字节；1-最先接收或发送数据的最低有效字节
9	WUBA	总线活动唤醒位。0-只有向 PDR 位写 0 才退出掉电模式；1-探测到总线任何活动退出掉电模式
8	CDR	改变数据域请求位，可以快速更新数据。0-正常操作；1-对 MBNR 指定的邮箱数据域进行写操作
7	ABO	总线自动开启位。0-不动作；1-总线关闭后，连续检测到 128×11 位隐性位后，自动进行总线开启状态；0-在总线上检测到 128×11 位连续隐性位，并清除 CCR 位之后，总线进入开启状态
6	STM	自测试模式位。0-正常模式；1-进入自测试模式，自发自收，产生 ACK 信号
5	SRES	软件复位位，仅支持写操作。0-无动作；1-写操作，产生软件复位
4-0	MBNR	邮箱号码位。0-CPU 请求对其数据字段进行写访问的邮箱，与 CDR 位一起使用；1-MBNR.4 位仅在 eCAN 模式下有效，SCC 模式下保留

注意：CAN 模块在改变配置之前，要设置 CANMC[CCR]=1，并等待 CANES[CCE]=1，此时才可以开始配置工作。CDR 位需要与 MBNR 位域配合使用，当 CDR=1 时，根据 MBNR 指示的邮箱序号，向 CPU 申请对指定的数据域进行更新。

（3）位时间配置寄存器（CANBTC）

在使用 CAN 模块之前，必须设置 CANBTC 寄存器，CANBTC 寄存器为 CAN 节点配置合适的网络时间参数，使用时受写保护，只能在初始化模式下写入数据。其结构和位域描述如下。

31 24	23 16	15 10	9 8	7	6 3	2 0
保留	BRP$_{reg}$	保留	SJW$_{reg}$	SAM	TSEG1$_{reg}$	TSEG2$_{reg}$
R-x	RWPI-0	R-0	RWPI-0	RWPI-0	RWPI-0	RWPI-0

其中，BRP$_{reg}$ 是波特率预分频器，在 CAN 模块中，时间片 TQ 的长度公式如下。

TQ 计算公式： $TQ = (BRP_{reg} + 1)/(SYSCLKOUT/2)$　　　　　　（7-3）

其中，SYSCLKOUT / 2 是 CAN 模块外部输入时钟频率。eCAN 模块每访问次，BRP$_{reg}$ 值增加 1，其取值范围为：1～256。

SJW$_{reg}$ 是同步跳转宽度，eCAN 模块每访问次其值增加 1；SJW$_{reg}$ 取值范围为：1～4 个

TQ，且要满足下述要求。

同步跳转宽度最大值计算公式：$(SJW_{reg})_{max} = \min\{TSEG2, 4TQ\}$ （7-4）

SAM 是采样点位域，通过设定 CAN 模块的采样点数，确定 CAN 总线的实际电平值。0-仅在采样点处采样 1，1-三次采样模式。通过对最后 3 个采样值的"多数表决法"，确定总线实际电平，三次采样法的使用条件是，比特率预分频值满足不等式：$BRP > 4$。

$TSEG1_{reg}$、$TSEG2_{reg}$ 分别是 CAN 模块位时间的 2 个时间段，决定 1 个数据位的时间长度，eCAN 模块分别对其访问后数值均增加 1。

（4）错误和状态寄存器（CANES）

CANES 是 CAN 模块错误和状态寄存器，包含模块的实际状态信息、总线错误标志以及错误状态标志等。如果设置了上述错误标志中的一个，则冻结所有其他错误标志的当前状态，即只存储第一个错误。设置的错误标志必须通过向其写入 1 来确认，同时置 1 操作会清除标志位。寄存器结构如下，位域描述如表 7.10 所示

31	25	24	23	22	21	20	19	18
保留		FE	BE	SA1	CRCE	SE	ACKE	BO
R-0		RC-0	RC-0	R-1	RC-0	RC-0	RC-0	RC-0

17	16	15	6	5	4	3	2	1	0
EP	EW	保留		SMA	CCE	PDA	保留	RM	TM
RC-0	RC-0	R-0		R-0	R-1	R-0	R-0	R-0	R-0

注：R=读；C=清除；-n=复位值

表 7.10 CANES 位域描述

位	位域	说明
24	FE	格式错误标志位。0-未发生格式错误，可以正常通信；1-总线上发生了格式错误
23	BE	位错误标志位。0-没有检测到位错误；1-收发位不匹配，检测到位错误
22	SA1	显性错误标志。软硬件复位和总线关闭时置位；0-检测到隐性位；1-未检测到隐性位
21	CRCE	CRC 错误位。0-没有接收到 CRC 错误；1-接收到错误的 CRC
20	SE	填充错误位。0-未发生填充位错误；1-发生了填充位错误；
19	ACKE	应答错误标志。0-所有信息均有正确应答；1-未收到正确应答
18	BO	BO 总线关闭状态位，0-正常操作；1-总线处于关闭状态
17	EP	消极错误状态位。0-未处于消极错误模式；1-处于消极错误模式
16	EW	告警状态位。1-CANREC 或 CANTEC 达到告警值 96；0-均小于告警值 96
5	SMA	挂起模式应答位。0-没有进入挂起模式；1-进入挂起模式
4	CCE	重新配置允许位，显示了配置寄存器的访问权限。0-不能对配置寄存器进行写操作；1-可以对配置寄存器进行写操作
3	PDA	掉电模式确认位。0-正常工作；1-模块进入掉电模式
1	RM	接收模式位，不管邮箱如何配置，反映 CAN 模块当前工作状态。0-模块当前没有在接收信息；1-模块正在接收信息
0	TM	发送模式位，不管邮箱如何配置，反映 CAN 模块当前工作状态。0-模块没有在发送信息；1-模块正在发送信息

SMA 是挂起模式应答位，0-不处于挂起模式；1-处于挂起模式。悬挂模式被激活、经过1 个时钟的延迟，最多不超过 1 个数据帧的时间长度后置位。在电路没有运行时，调试工具可以激活挂起模式，在挂起模式期间，模块收/发活动冻结，但是，若 CAN 模块正在进行一帧消息的接收或发送，只有在一帧消息收/发完成后，才能进入挂起状态。

CCE 是改变配置使能位，该位显示了配置的访问权，0-可以对配置寄存器进行写访问；1-不能对配置寄存器进行写访问。复位后，CCE 位状态为 1，因此，复位后可以写位时间配置寄存器 CANBTC。寄存器配置中，CCE 与 CANMC[CCR]配合使用，在 CCR=1 提出配置请求后，要延迟等候一段时间，只有检测到 CCE=1 时，才能够对位时间配置寄存器等进行写配置操作。即 CANMC[CCR]置 1 提出改变配置请求，只有 CANES[CCE]显示 1，才允许进行改变配置。

（5）发送错误计数寄存器（CANTEC）/接收错误计数寄存器（CANREC）

CAN 模块有 2 个错误计数器，发送错误计数寄存器 CANTEC 和接收错误计数寄存器 CANREC，均为 32 位寄存器，高 24 位保留，低 8 位有效，有效位域分别是 TEC 和 REC。寄存器结构如下所示。

31	8	7	0
保留		TEC/REC	
R-x		R-0	

计数寄存器可工作于递增、递减 2 种计数模式，计数值可以通过 CPU 接口进行读取，当接收错误计数器达到或超过错误上限 128 后，不再增加，当正确接收到一帧信息时，CANREC 的值将被设置为 119~127 之间的值。在总线关闭状态时，发送错误计数器的值是不确定的，但是，CANREC 被清零。总线进入关闭状态以后，每当总线上连续出现 11 位隐性比特位时（总线上 2 个报文之间的间隔），CANREC 增加 1，当计数达到 128 时，若总线自动开启位 CANMC[ABO]使能，则总线被唤醒进入开启状态，CAN 控制器内部所有标志被复位、错误计数器被清零。当脱离初始化模式后，错误计数寄存器也均被清零。

（6）全局中断标志寄存器（CANGIF0/CANGIF1）

CAN 模块的中断，受中断标志寄存器 CANGIF0/ CANGIF1、全局中断屏蔽寄存器 CANGIM 和邮箱中断优先级寄存器 CANMIL 等控制。其中，CANGIF0 和 CANGIF1，均为 32 位的寄存器，位域分布和功能描述基本一致。CANGIF0/ CANGIF1 寄存器结构如下，位域描述如表 7.11 所示。

31	18	17	16	15	14	13	12	11
保留		MTOFx	TCOFx	GMIFx	AAIFx	WDIFx	WUIFx	RMLIFx
R-x		R-0	RC-0	R/W-0	R-0	RC-0	RC-0	R-0

10	9	8	7	5	4	3	2	1	0
BOIFx	EPIFx	WLIFx	保留		MIVx.4	MIVx.3	MIVx.2	MIVx.1	MIVx.0
RC-0	RC-0	RC-0	R/W-0		R-0	R-0	R-0	R-0	R-0

注：R/W=读/写；R=读；C=清零；-n=复位值；位域下标 x=0 或 x=1

表 7.11　CANGIF0/ CANGIF1 位域描述

位	位域	说明
17	MTOFx	邮箱超时标志位，SCC 无效。0-邮箱无超时；1-至少有 1 个邮箱没有在指定的时间内完成发送或接收
16	TCOFx	时间戳计数器溢出标志位。0-MSB 位为 0，无溢出；1-时间戳计数器 MSB 位由 0 变 1，有溢出
15	GMIFx	全局邮箱中断标志位。0-没有消息发送或接收；1-有 1 个邮箱成功发送或接收了消息
14	AAIFx	发送应答终止中断标志位。0-没有终止发送应答；1-一个发送传输应答被终止
13	WDIFx	中断标志写保护位。0-对邮箱写操作成功；1-对邮箱写操作不成功
12	WUIFx	唤醒中断标志位。0-仍处于休眠或以前的状态；1-在局部掉电模式下，模块脱离休眠状态
11	RMLIFx	接收信息丢失中断标志位。0-无信息丢失；1-出现 1 个接收邮箱、溢出且 CANMIL[n] 清零
10	BOIFx	总线关闭中断标志位。0-总线处于开启状态；1-总线进入关闭状态
9	EPIFx	消极错误中断标志位。0-模块尚未进入消极错误模式；1-模块进入消极错误模式
8	WLIFx	警告级别中断标志位。0-还没有错误计数器达到警告级别；1-至少有 1 个错误计数器达到警告级别
4-0	MIVx.4-0	邮箱中断向量位，SCC 模式下仅[3:0]有效。此矢量表示设置全局邮箱中断标志的邮箱的编号，该矢量一直保持，直到 MIFn 位被清除或发生更高优先级的邮箱中断。然后显示最高中断矢量，邮箱 31 具有最高优先级。在 SCC 模式下，邮箱 15 具有最高优先级，无法识别邮箱 16 至 31。若 TA/RMP 寄存器中未设置任何标志，并且 GMIF1 或 GMIF0 也被清除，则该位域被忽略

注：x=0~1。

（7）全局中断屏蔽寄存器（CANGIM）

CANGIM 是全局中断使能控制寄存器，对应 8 个全局中断的使能与禁止，寄存器结构如下，位域描述如表 7.12 所示。

31	18	17	16	15	14	13	12	11
保留		MTOM	TCOM	保留	AAIM	WDIM	WUIM	RMLIM
R-0		R/WP-0	R/WP-0	R-0	R/WP-0	R/WP-0	R/WP-0	R/WP-0

10	9	8	7		3	2	1	0
BOIM	EPIM	WLIM	保留			GIL	I1EN	I0EN
R/WP-0	R/WP-0	R/WP-0	R-0			R/WP-0	R/WP-0	R/WP-0

表 7.12　CANGIM 位域描述

位	位域	说明
17	MTOM	邮箱超时中断屏蔽位。0-禁止中断；1-使能中断。对应中断标志位 MTOFx
16	TCOM	时间戳计数溢出中断屏蔽位。0-禁止中断；1-使能中断。对应中断标志位 TCOFx
14	AAIM	发送终止应答中断屏蔽位。0-禁止中断；1-使能中断。对应中断标志位 AAIFx
13	WDIM	中断屏蔽写保护位。0-禁止中断；1-使能中断。对应中断标志写保护位 WDIFx

续表

位	位域	说明
12	WUIM	唤醒中断屏蔽位。0-禁止中断；1-使能中断。对应唤醒中断标志位 WUIFx
11	RMLIM	接收信息丢失中断屏蔽位。0-禁止中断；1-使能中断。对应中断标志位 RMLIFx
10	BOIM	总线关闭中断屏蔽位。0-禁止中断；1-使能中断。对应总线关闭中断标志位 BOIFx
9	EPIM	消极错误中断屏蔽位。0-禁止中断；1-使能中断。对应消极错误中断标志位 EPIFx
8	WLIM	警告级中断屏蔽位。0-禁止中断；1-使能中断。对应警告级别中断标志位 WLIFx
2	GIL	设置 8 个全局中断的中断映射：TCOF、WDIF、WUIF、BOIF、EPIF、RMLIF、AAIF、WLIF。0-全局中断被映射到 ECAN0INT 中断线；1-全局中断被映射到 ECAN1INT 中断线
1	I1EN	ECAN1INT 中断使能位。0-禁止中断；1-使能中断
0	I0EN	ECAN0INT 中断使能位。0-禁止中断；1-使能中断

如表 7.11、7.12 所示，其中许多位域是相互关联的。GIL 位域对 8 种全局中断对应的中断线进行设置，CANGIM[GIL]：0-ECAN0INT；1-ECAN1INT。I1EN 与 I0EN 位，则分别是 ECAN1INT 与 ECAN0INT 的中断使能控制位，0-禁止，1-使能。全局邮箱中断标志 GMIFx，在 CANGIM 中没有对应中断屏蔽位，因为每个邮箱在邮箱中断屏蔽寄存器 CANMIM 中均有对应的中断屏蔽位，通过设置对应位域，便可以完成邮箱的中断使能或禁止。

（8）邮箱中断屏蔽寄存器（CANMIM）/邮箱中断优先级寄存器（CANMIL）/邮箱覆盖保护控制寄存器（CANOPC）

上述寄存器均为 32 位，位域 0～31 分别对应 0～31 号邮箱，通过不同的功能寄存器，对各个邮箱进行功能设置。

CANMIM 是邮箱中断屏蔽寄存器，分别控制 32 个邮箱的中断使能：0-禁止；1-允许。

CANMIL 是中断优先级设置寄存器，对 32 个邮箱各自对应的中断线进行配置：0-配置到 ECAN0INT 中断线；1-配置到 ECAN1INT 中断线。

CANOPC 是覆盖保护控制寄存器：0-允许覆盖未读数据信息；1-禁止覆盖未读数据信息。

（9）发送 IO 控制寄存器（CANTIOC）/接收 IO 控制寄存器（CANRIOC）

CANTIOC 和 CANRIOC 分别是发送和接收 I/O 控制寄存器，均为 32 位寄存器，仅 CANTIOC.3 和 CANRIOC.3 有效。CANTIOC[TXFUNC]：0-IO 功能；1-CAN 模块发送功能；CANTIOC[RXFUNC]：0-IO 功能；1-CAN 模块接收功能。注意，当不使用 CAN 模块时，上述 CAN 功能引脚可以配置为普通 I/O 端口使用。

（10）时间管理寄存器

在 CAN 模块中，有 1 组独立的时间管理寄存器，包括时间戳计数器寄存器 CANTSC、消息对象时间戳寄存器 MOTS、消息对象超时寄存器 MOTO、超时控制寄存器 CANTOC 和超时状态寄存器 CANTOS。CANTSC 是 1 个自由运行的 32 位计数器，由总线时钟驱动，其计数值被应用于时间戳功能和超时功能。当一帧信息被成功发送或接收时，计数器 CANTSC 的值，被写入邮箱对应的时间戳寄存器 MOTS 之中，每个邮箱都拥有自己的 MOTS。

为了确保信息在规定的时间内发送和接收，设置了超时、控制及状态寄存器。其中，TOMO 保存着超时时间限值，每个邮箱都拥有自己的 TOMO。CANTOC 是超时控制寄存器：0-禁止超时功能；1-使能超时功能，当 MOTO 寄存器被设置好相应限值后，CPU 通过置位启动 CANTOC。超时状态寄存器 CANTOS，则指示超时状态信息：0-无超时发生或邮箱没有开启超时功能；1-邮箱超时，CANTOS[n]置 1，但是必须同时满足三个条件：① CANTSC 计数器的值大于或等于 MOTO[n]预设值；② CANTOC[n]置 1；③ CANTRS[n]置 1。

7.2.5　模块初始化

1. 初始化流程

只有完成初始化设置，eCAN 模块才能够使用。初始化设置在初始化配置模式下进行，即 CANES[CCE]=1，使能改变配置功能位域，允许进行初始化操作，初始化流程如图 7.19 所示。

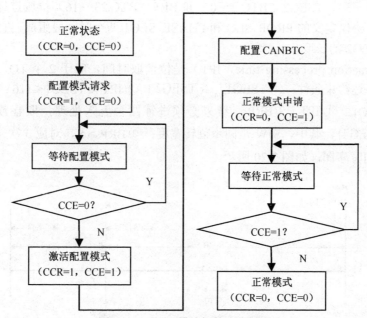

图 7.19　eCAN 模块初始化流程图

系统硬件复位后，CAN 模块自动进入初始化模式，但是在正常工作状态下，必须经过特定设置才能进入初始化模式。令 CANMC[CCR]=1，提出改变配置请求。

对 CANMC[CCR]进行置 1 操作，仅是发出初始化配置请求，只有当 CANES[CCE]=1 时，才开始正式进入初始化模式。随后，开始对相关寄存器进行初始化写操作。在 SCC 模式下，对全局接收屏蔽寄存器 CANGAM 和本地接收屏蔽寄存器 LAM（0）、LAM（3）初始化，必须在初始化模式中进行设置。初始化完成之后，通过对 CANMC[CCR]置 0，请求恢复正常工作模式，同时等待 CCE 值变为 0，当 CANMC[CCR]=0 且 CANMC[CCE]=0 时，CAN 模块重新进入正常状态。

注意，若 CANBTCS 配置 0 值或保持初始值，CAN 模块将继续处于初始化模式，且 CANMC[CCE]=1。初始化模式与正常模式之间的转换，要与 CAN 网络同步，CAN 控制器在进行模式转换之前，一直在等待总线空闲序列（11 位隐性位），若出现总线"卡机"而导致总线控制器检测不到总线空闲状态，便不能完成上述模式之间的转换。

2. 位时间设置

CAN 协议规范，将标称位时间划分为 4 个不同的时间段。

SYNC_SEG：用于同步总线上的各个节点，使其边沿位于 SYNC_SEG 时间段内，该时间段的长度始终是 1 个 TQ（TIME QUANTUM，TQ）的长度。

PROP_SEG：用于补偿信号网络传输的物理延迟，是总线传输时间、输入比较器延迟和输出驱动延迟时间总和的 2 倍，时间设置长度为 1～8 个 TQ。

PHASE_SEG1：用于补偿正边缘相位误差，时间长度为 1～8 个 TQ，可以通过再同步来延长。

PHASE_SEG2：用于补偿负边缘相位误差，时间长度为 2～8 个 TQ，可以通过再同步来缩短。

在 eCAN 模式下，CAN 总线上信号位的长度，通过位时间配置寄存器 CANBTC 的 TSEG1（BTC.6～3）、TSEG2（BTC.2～0）和 BRP（BTC.23～16）位域进行设置。其中，TSEG1 由 CAN 协议定义的 PROP_SEG 和 PHASE_SEG1 两个时间段组成，TSEG2 则对应时间段 PHASE_SEG2 的长度。

IPT（information processing time，IPT）是位读取时间，等于 2 个 TQ。在设置位时间时，必须满足下述约束条件：① $\text{TSEG1}_{min} \geqslant \text{TSEG2}$；② $\text{IPT} \leqslant \text{TSEG1} \leqslant (16 \times \text{TQ})$；③ $\text{IPT} \leqslant \text{TSEG2} \leqslant (8 \times \text{TQ})$；④ $\text{IPT} = 3/\text{BRP}$，结果必须进行四舍五入处理，取整数值；⑤ $1\text{TQ} \leqslant \text{SJW}_{min}[4\text{TQ}, \text{TSEG2}]$，其中，SJW 是同步跳转宽度；⑥ $\text{BRP} \geqslant 5$，对应 3 次采样模式。CAN 模块标准位时间时序图，如图 7.20 所示。

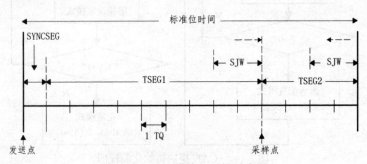

图 7.20　CAN 模块位时间时序图

3. CAN 位速率计算

比特率以比特每秒为单位计算如下。

位速率（比特率）计算公式：$V_{bit} = (\text{SYSCLKOUT} / 2) / (\text{BRP} \times \text{位} T_{bit})$　　　　　　（7-5）

其中，（SYSCLKOUT / 2）是 CAN 模块输入时钟；$\text{BRP} = \text{BRP}_{reg} + 1$，参见 CANBTC 位域定义。位时间 T_{bit} 是一个位中的时间片段 TQ 的个数，根据相关公式进行计算。

7.2.6　接收/发送操作

1. eCAN 配置流程

（1）EALLOW 保护

为了防止意外或随意修改，CAN 模块一些重要的寄存器或位域被 EALLOW 指令保护。只有取消保护指令，才能够对受保护的寄存器或位域进行设置或修改。CAN 模块中受 EALLOW 指令保护的寄存器或位域，包括 CANMC[15-9]&MCR[7-6]、CANBTC、CANGIM、MIM[31-0]、TSC[31-0]、IOCONT1[3]和 IOCONT2[3]。

（2）eCAN 配置步骤

在进行下述设置之前，必须解除 EALLOW 保护。

① 使能 eCAN 模块时钟；

② 选择复用引脚为 CAN 功能：CANTX、CANRX；

③ 复位以后，CANMC[CCR]和 CANES[CCE]均置位，允许设置位时间配置寄存器 CANBTC。若 CANES[CCE]为 1，则可以继续执行下一步；若 CANES[CCE]为 0，则置位 CANMC[CCR]，等待 CANES[CCE]为 1；

④ 选择合适的时间参数对 CANBTC 进行编程设置，确保 TSEG1 和 TSEG2 为非零值，否则，eCAN 模块不能脱离初始化状态；

⑤ 对于 SCC 标准模式，接收邮箱可以编程为接收屏蔽方式，例如，令 LAM（3）= 0x3C0000；

⑥ 对主控寄存器 CANMC 进行编程：CCR=0、PDR=0、DBO=0、WUBA=0、CDR=0、ABO=0、STM=0、SRES=0、MBNR=0；

⑦ 初始化邮箱控制寄存器 MSGCTRL$_n$ 的所有位为零；

⑧ 令 CCE=0，完成 CAN 模块初始化；

通过上述步骤，对 eCAN 模块进行了基本功能设置。

2. 邮箱发送

（1）发送配置

以邮箱 1 为例，发送配置步骤如下。

① 对传输请求设置寄存器 CANTRS 对应位清零，可以停止发送启动功能。通过对传输请求复位寄存器 CANTRR.1 置 1，等待 CANTRS.1 清零。若 MSGCTRL[RTR]=1 有远程发送帧请求，则置位 CANTRS 对应位完成远程帧发送，一旦发送完毕，CANTRS.1 被 CAN 模块清零。同一节点可以向其他节点申请数据帧。

② 对邮箱使能寄存器 CANME 的对应位清零，CANME.1=0，禁止邮箱 1 使能。

③ 装载邮箱标识寄存器 MSGID。对 AME 和 AAM 位域清零，不使用接收屏蔽功能、正常模式，工作中不允许修改上述位域，只有邮箱处于禁用状态时，才能够进行修改设置。例如：

第一步：MSGID$_1$=0x15AC0000，禁用接收屏蔽，正常模式；第二步：设置对应邮箱的 MSGCTRL$_1$[DLC]，确定数据长度；第三步：清零 RTR，MSGCTRL$_1$[RTR]=0；第四步：设置邮箱为发送邮箱，CANMD.1=0。

④ 使能对应邮箱发送，CANME.1=0。

完成邮箱 1 发送模式初始化设置。

（2）发送信息

仍然以邮箱 1 为例。

① 向邮箱数据域写入数据

第一步，在初始化阶段，CANMC[DBO]已经清零，设置了数据字节传输顺序：最先接收或发送数据的最高有效字节；设置 MSGCTRL$_1$[DLC]为 2，即发送数据长度为 2 字节。发送数据存放于消息数据寄存器的最高 2 个字节的位置。

第二步，写数据，CANMDL$_1$=0xXXXX0000。

② 置位 CANTRS.1，启动发送传输，CAN 模块监控整个信息发送过程。

③ 等待 CANTA.1 发送应答标志，一帧信息成功发送完毕后，CAN 模块将置位应答标志。

④ 成功发送完毕或终止发送后，CANTRS 对应位被清零。

⑤ 为了同一个邮箱发送新的信息，要清零 CANTA 应答标志。置位 CANTA.1 后，直到读取数值是 0 为止。

⑥ 若要使用同一个邮箱发送下一帧数据，必须更新邮箱 RAM 数据，置位 CANTRS.1 启动新一轮数据发送。写入数据可以是 32 位或 16 位，但是模块总是从偶数边界返回 32 位，因此，CPU 要接收 32 位或部分数据。

3. 邮箱接收

（1）接收配置

以邮箱 3 为例，接收配置步骤如下：

① 清零 CANME 中对应位，禁止邮箱使能，即 CABME.3=0。

② 配置 MSGID，设置正确标识符，注意标识符扩展位，若需要设置接收屏蔽，则令 MSGID.30=1。

③ 若 AME=1 选择接收屏蔽功能，则需要设置 CANLAM，如 CANLAM₃=0x03C0000。

④ 配置 CANMD，令 CANMD.3=1，设置为接收邮箱，注意不要影响其他位。

⑤ 若邮箱中有重要数据需要保护，则设置 CANOPC.3=1，禁止写覆盖操作，同时，需要通过软件配置 1 个缓存寄存器，保存"溢出"数据，防止接收信息丢失。

⑥ 置位 CANME 对应位域，使能邮箱。为防止意外改变其他位域，采取先读取 CANME，再回写方式，令 CANME |=0x0008。

（2）接收信息

以邮箱 3 为例。

① 若接收到了一帧信息，则在接收信息悬挂寄存器 CANRMP 对应位置位，若中断允许，则产生中断。

② CPU 读取邮箱 RAM，从邮箱读取数据之前，CPU 先清零 CANRMP 指示位。

③ CPU 检查 CANRML.3 寄存器是否为 1，若为 1 则 CPU 知道如何处理。

④ CPU 读取数据之后，需要检查 CANRMP 对应位是否被模块重新置位，若置位则数据有可能被损坏，需要重新读取数据。

7.2.7　模块中断

1. 概述

共有 2 种不同类型的中断，一种是与邮箱直接关联的中断，譬如接收悬挂中断、发送终止应答中断等；另一种是系统中断，包括处理错误、系统相关中断源的中断。

下面的事件可以产生上述两种中断之一。

（1）邮箱中断

① 消息接收中断：接收到一帧信息。

② 消息发送中断：成功发送一帧信息。

③ 终止应答中断：传输的信息被挂起。

④ 接收信息丢失中断：一帧旧的信息尚未读取，被新的接收信息覆盖。

⑤ 邮箱超时中断（仅在 eCAN 模式下有效）：在预定的时间段内未能成功接收或发送信息。

（2）系统中断

① 写禁止中断：CPU 试图写邮箱，但是被禁止。

② 唤醒中断：此中断是唤醒后产生的中断。

③ 总线关闭中断：CAN 模块进入总线关闭状态。

④ 错误被动中断：CAN 模块进入错误被动模式。

⑤ 警告级别中断：一个或两个错误计数器都大于或等于 96。

⑥ 时间戳计数器溢出中断：仅在 eCAN 模式下有效，时间戳计数器发生了溢出。

2. 中断原理

（1）中断方案

当中断条件满足时，相应的中断标志置位。系统中断标志究竟映射在 CANGIF0 还是 CANGIF1，由 CANGIM[GIL]位域决定：0-映射到 CANGIF0；1-映射到 CANGIF1。全局邮箱中断标志位 GMIFx 的设置，依赖于中断优先级设置寄存器 CANMIL[n]：0-在中断线 0 产生中断，设置 GMIF0 位；1-在中断线 1 产生中断，设置 GMIF1 位。

所有中断标志清零后，当一个新的中断标志置位且对应中断屏蔽位置 1 时，CAN 模块的中断输出线 ECAN0I NT 或 ECAN1 I NT 便被激活。全局中断标志寄存器中的 CANGIF0 和 CANGIF1 标志，不能直接向对应位写 1 清除，必须通过向 CANTA[n]或 CANRMP[n]的对应位域写 1 进行清零。当清除某个或数个中断标志后，假如仍然有中断标志悬挂，则会引起新的中断，通过向相应的位位置写入 1 来清除中断标志。GMIFx 中断标志置位后，在 MIVx[4:0]位域指示产生 GMIFx 中断标志的邮箱号码，并且永远显示同一个中断线上的中断级别最高的邮箱号码。

（2）邮箱中断

eCAN 模式下有 32 个邮箱、SCC 模式下有 16 个邮箱，其中每一个都可以在两条中断输出线 1 或 0 中的一条上发起中断，而上述中断可以是接收或发送中断，具体取决于邮箱配置。

在寄存器 CANMIM 和 CANMIL 中，每个邮箱都有对应的中断屏蔽位和中断级设置位。当 CANMIM 屏蔽位置位，遇到接收或发送事件触发，邮箱便会产生中断。

接收邮箱成功收到数据时，CANRMP[n]=1；发送邮箱成功发送数据时，CANTA[n]=1。上述是邮箱接收、发送信息的重要指示寄存器。

若邮箱设置为远程请求功能（CANMD[n]=1、MSGCTRL[RTR]=1），当接收到远程应答帧时产生中断；远程回复邮箱在成功传输回复帧时生成中断（CANMD[n]=0，MSGI D. AAM=1）

当 RMP[n]或 TA[n]置位，对应中断屏蔽位置 1（中断允许）时，产生全局邮箱中断标志，置位 GMIF0 和 GIMF1，从而触发中断，中断向量从 MIV0[4:0]或 MIV1[4:0]读取，若有多个中断悬挂（等待）时，向量域的数值，反映着最高级别的中断向量矢量。具体中断优先级由 CANMIL[n]设置。

通过置位 CANTRR[n]，会引起发送终止应答寄存器 CANAA[n]和 CANGIF0/CANGIF1 [AAIFx]置位，AAIFx 产生发送终止应答标志，若 CANGIM[AAIM]置位（发送终止应答中断允许），则产生发送终止应答中断。清零发送终止应答寄存器 CANAA[n]，可以清除 AAIFx 中断标志。

CANRML[n]是接收信息丢失指示位域，RMLIF0/RMLIF1 是接收信息丢失中断标志位域，CANGIM[RMLIM]则是接收信息丢失中断屏蔽位，清零 CANRML[n]不能清除 RMLIF0/RMLIF1，需要单独对其清零。

在 eCAN 增强模式下，每个邮箱都与一个消息对象相关联，即超时寄存器 CANMOTO。超时事件发生时（CANTOS[n]=1），若 CANGIM[MTOM]置 1（允许邮箱超时中断），根据 CANMIL[n]设置的邮箱中断优先级，超时中断可以选择中断线 ECAN0INT 或 ECAN1INT。CANGIM 中的 I0EN 和 I1EN 位域，分别是中断线 ECAN0INT 与 ECAN1INT 的中断使能位，置位可以激活对应的中断线。

（3）中断处理

CPU 通过中断线 ECAN0INT 或 ECAN1INT 产生中断，中断处理完毕后，需要对中断源进行处理，并对 CANGIF0/CANGIF1 的中断标志位进行清除，可通过向对应位写 1 实现中断标志清除，但是一些例外情况的处理如表 7.13 所示。当没有其他中断悬挂时，则释放中断线。

表 7.13 中断声明与清零

序号	中断标志	中断条件	GIF0/GIF1 设置位	清除方法
1	WLIFx	至少 1 个错误计数器的值≥96	CANGIM[GIL]	向中断标志位写 1
2	EPIFx	CAN 模块进入消极错误模式	CANGIM[GIL]	向中断标志位写 1
3	BOIFx	CAN 模块进入总线关闭状态	CANGIM[GIL]	向中断标志位写 1
4	RMLIFx	某个接收邮箱发生溢出	CANGIM[GIL]	向 CANRMP 对应位写 1
5	WUIFx	CAN 模块脱离局部掉电模式	CANGIM[GIL]	向中断标志位写 1
6	WDIFx	对邮箱的写操作被拒绝	CANGIM[GIL]	向中断标志位写 1
7	AAIFx	1 个发送请求被终止	CANGIM[GIL]	清零 CANAA 对应位
8	GMIFx	某个邮箱成功发送或接收数据信息	CANMIL[n]	向 CANTA[n]/CANRMP[n]写 1
9	TCOFx	TSC 最高位由 0 变 1	CANGIM[GIL]	向中断标志位写 1
10	MTOFx	有 1 个发送或接收邮箱超时事件发生	CANMIL[n]	清除 TOSn 位

（4）中断系统原理框图

CAN 模块中断系统原理框图，如图 7.21 所示。

7.2.8 CAN 模块应用

例 7.2 CAN 通信

（1）设计要求

利用 CAN 模块的 CAN-B 通道，配置邮箱 0 为发送功能、邮箱 1 为接收功能，使模块工作于自测试模式。上位机与下位机之间通过 SCI 实现异步通信，在上位机通信界面，根据屏幕提示，往下位机发送任何字符，均可以启动 CAN 模块，进行连续 100 次自测试通信，并检测通信中是否有通信错误，每 100 次自测试通信完毕，均向上位机发送一次检测结果信息，并在屏幕显示。源代码如下所示。

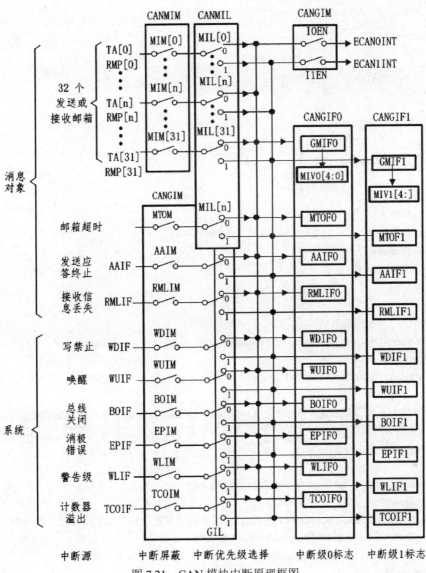

图 7.21　CAN 模块中断原理框图

（2）例程源代码

```
//step1  头文件引用及函数声明
#include "DSP2833x_Device.h"//引用头文件
//#include "DSP28_Device.h"
#include "DSP2833x_Examples.h"
void scia_back_init(void);//SCI 初始化函数声明
void scia_fifo_init(void);//FIFO 初始化函数声明
void scia_send(int a);//发送字符函数声明
void scia_signs(char *msg);    //发送字符串函数声明
void canb_init(void);/;//CAN-B 初始化函数声明
volatile struct MBOX *Mailbox =(void*)0x6301;//CAN-B 通道邮箱 RAM 存储空间，邮箱 1 起始地址
unsigned long TestMbox1 = 0;
unsigned long TestMbox2 = 0;
```

```
// step 2   主函数部分
void main(void)
{
Uint16 j=0,ReceivedChar;
char *msg;
// Step 3    系统初始化
InitSysCtrl();
InitGpio();
InitECan();// CAN 模块初始化
DINT;
InitPieCtrl();
IER = 0x0000;
IFR = 0x0000;
InitPieVectTable();
// Step 4   自定义函数
scia_fifo_init();
scia_back_init();
canb_init();
msg = "\r\n\n\nPlease pay attention to the information from the DSP lower machine!\0";
scia_signs(msg);
msg = "\r\nEnter a character when you see the next computer information timely! \n\0";//上位机显示下位机要求
scia_signs(msg);
// Step 5   上位机每发送任意一个字符，启动一次 CAN 模块，进行 100 次自发自收通信
//并检验是否有通信错误发生，给上位机发送检验信息
while(1)
{
msg = "\r\n Please feel free to press one character and enter: \0";//要求上位机随意输入一个字符
scia_signs(msg);
while(SciaRegs.SCIFFRX.bit.RXFFST !=1){ }//若没有接收到上位机发送字符，则继续等待。
ReceivedChar = SciaRegs.SCIRXBUF.all;//从 SCIRXBUF 读取字符，并存储到字符型变量之中
msg = "The character you just sent is:\0";
scia_signs(msg);
scia_send(ReceivedChar);
//Step 6 启动 CAN 模块自发自收 100 次通信，并进行错误检测、显示
for(i=0;i<100;i++)//CAN 模块 100 次自测试模式通信，并检测有无数据错误
{
ECanbRegs.CANTA.all = 0xFFFFFFFF;//对发送应答寄存器进行清零
ECanbRegs.CANTRS.all = 0x00000001;// 启动发送
NOP;NOP;NOP;
while(ECanbRegs.CANTA.bit.BIT0 == 0){}//检测邮箱 0 是否成功发送数据
while(ECanbRegs.CANRMP.bit.BIT1 == 0){}//检测邮箱 1 是否接收到数据
ECanbRegs.CANRMP.all = 0xFFFFFFFF;//清除接收标志
TestMbox1 = Mailbox->MDRL.all;
TestMbox2 = Mailbox->MDRH.all;
if((TestMbox1 != 0x89ABCDEF)||(TestMbox2 != 0x01234567))//对接收到的数据进行检测
{
```

```
j++;//若有错误,错误计数器加1
}
}
if(j != 0)
{
msg = "There are erros \0";//若有错误,向上位机发送接收数据错误信息
scia_signs(msg);
j=0;
}else{
msg = "There is no erro \0";
scia_signs(msg);
}
}
}
// Step 7. 用户自定义函数
void scia_back_init()//定义 SCI 初始化函数
{ SciaRegs.SCICCR.all=0x0007;
SciaRegs.SCICTL1.all =0x0003;
ScibRegs.SCICTL2.all =0x0003;
SciaRegs.SCIHBAUD=0x0001;
SciaRegs.SCILBAUD =0x00E7;
SciaRegs.SCICTL1.all =0x0023;
}
void scia_fifo_init()//定义 FIFO 初始化函数
{
ScibRegs.SCIFFTX.all=0xE040;
ScibRegs.SCIFFRX.all=0x204f;
ScibRegs.SCIFFCT.all=0x0;
}
void scia_send(int a)//定义字符发送函数
{ while(ScibRegs.SCIFFTX.bit.TXFFST != 0){}
  ScibRegs.SCITXBUF=a;
}
void scib_msg(char * msg)//定义字符串发送函数
{ int i;
i = 0;
while(msg[i] != '\0')
{ scia_send(msg[i]);
i++;
}
}
void canb_init()//定义 CAN-B 通道邮箱初始化设置函数
{
ECanbMboxes.MBOX0.MSGID.all = 0x9555AAA0;//邮箱 0 扩展标识符帧、非屏蔽不响应远程帧
ECanbMboxes.MBOX1.MSGID.all = 0x9555AAA0;//邮箱 1 设置与邮箱 0 完全一致
ECanbMboxes.MBOX1.MDRL.all = 0;
```

```
ECanbMboxes.MBOX1.MDRH.all = 0;//对邮箱 1 的消息数据寄存器，进行清零处理
ECanbRegs.CANMD.all = 0x00000002;//设置邮箱功能，邮箱 0 发送，邮箱 1 接收
ECanbMboxes.MBOX0.MCF.bit.DLC = 8;//邮箱 0 发送数据长度为 8 字节
ECanbMboxes.MBOX1.MDRL.all = 0x89ABCDEF;
ECanbMboxes.MBOX1.MDRH.all = 0x01234567;//对邮箱 0 的信息数据邮箱赋值
ECanbRegs.CANME.all = 0x00000003;//使能邮箱 0 和邮箱 1
ECanbRegs.CANMC.bit.STM = 1;//设置 CAN 模块位于自测试（环路）模式
}
```

7.3 多通道缓冲串行端口模块（McBSP）

7.3.1 概述

1. 模块概述

F28335 芯片的 McBSP（Multichannel Buffered Serial Port，McBSP）模块，提供 2 条高速多通道缓冲串行端口 McBSP-A 和 McBSP-B。允许与编解码器或系统中的其他串行设备直接连接。每个 McBSP 通道，均由一个数据流路径和一个控制路径组成。

McBSP 模块通过数据发送引脚 DX 和数据接收引脚 DR，与其他设备交换数据。时钟和帧同步形式的控制信息涉及以下引脚：CLKX（发送时钟）、CLKR（接收时钟）、FSX（发送帧同步）和 FSR（接收帧同步）。CPU 和 DMA 控制器通过内部外设总线和通过 16 位宽的可访问寄存器与 McBSP 模块进行通信。

2. McBSP 通信概述

CPU 或 DMA 控制器将要传输的数据写入数据传输寄存器（DXR1、DXR2）。写入 DXR 的数据通过传输移位寄存器（XSR1、XSR2）串行移出 DX 引脚。与发送类似，DR 引脚上的接收数据被移位到接收移位寄存器（RSR1、RSR2），并复制到接收缓冲寄存器（RBR1、RBR2）中。然后，接收缓冲寄存器（RBRx）的内容被复制到数据接收寄存器（DRR），数据接收寄存器可以由 CPU 或 DMA 控制器读取。上述机制允许内部、外部数据信息同时进行收/发通信传输。

如果串行数据字长为 8 位、12 位或 16 位，则不使用 DRR2、RBR2、RSR2、DXR2 和 XSR2 寄存器（写入、读取或移位）。但是对于字长较大的数据传输，需要这些寄存器来保存最高有效位。可以在芯片级（模块内部）实现帧和时钟信号环路（环路测试），以使发送端信号 CLKX 和 FSX，驱动接收端信号 CLKR 和 FSR。若环路功能启用，则 CLKR 和 FSR 从 CLKX 和 FSX 焊盘处（内部）获得它们的信号；而不是从 CLKR 和 FSR 外部引脚处。

3. McBSP 模块特征

McBSP 模块具有如下重要特征。
① 全双工通信，双缓冲发送、三缓冲接收，保持可持续的数据流。
② 发送/接收均有相互独立的时钟和帧。
③ 具有向 CPU 发送中断和向 DMA 控制器发送 DMA 事件的能力。
④ 128 个发送和接收通道。
⑤ 在某条通道上允许或禁止数据块传输的多通道选择模式。

⑥ 具有与工业标准编解码器、模拟接口芯片（AICs），以及串行连接的 A/D 和 D/A 设备进行直接的接口。

⑦ 支持外部产生的时钟和帧同步信号。

⑧ 可编程采样率发生器，用于内部生成控制时钟和帧同步信号。

⑨ 对帧同步脉冲和时钟信号可进行极性编程。

⑩ 设置数据大小：包括 8、12、16、20、24 或 32 位，8 位字长数据传输时，从最低位数据开始发送或接收。

另外，McBSP 模块支持 μ 律和 A 律压缩/扩展，可以直接连接的通信设备或总线，包括 T1/E1 成帧器，符合 μ 法和 A 法公司法，以及 SPI 设备等。

7.3.2　系统结构

1. 通道结构

以 McBSP 模块任一个通道为例，其系统结构如图 7.22 所示。由数据传输和信号控制 2 大部分组成，通过 6 个引脚与外部设备相连接，包括串行数据发送引脚 MDX、串行数据接收引脚 MDR、发送时钟引脚 MCLKX、接收时钟引脚 MCLKR、发射帧同步引脚 MFSX 和接收帧同步引脚 MFSR。

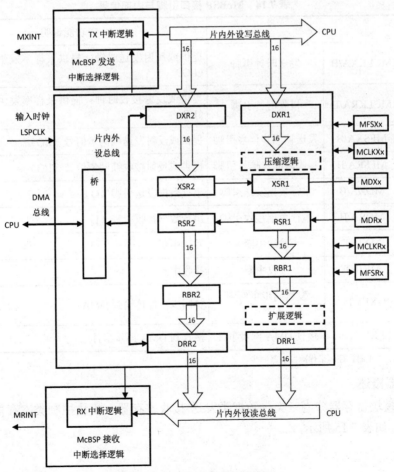

图 7.22　McBSP 通道结构框图

CPU 和 DMA 控制器通过 16 位宽的寄存器组与 McBSP 通信，上述寄存器组可以通过片内外设总线访问。CPU 或 DMA 控制器发送的数据，被传送到发送寄存器（DXR1、DXR2），随后，发送寄存器中的数据，通过发送移位寄存器（XSR1、XSR2）进行串行移位，从 DX 引脚输出。与发送过程类似，从 DR 引脚接收的数据，被串行移入接收移位寄存器（RSR1、RSR2），并被复制保存到接收缓冲寄存器（RBR1、RBR2）之中，随后接收缓冲寄存器内容被复制保存到数据接收寄存器（DRR1、DRR2），其内容可以被 CPU 或 DMA 控制器直接读取。

数据传输单元由 DMA 总线、片内外设总线，以及数据发送通道和数据接收通道等部分组成。其中，数据发送通道为二级缓冲结构，数据接收通道为三级缓冲结构。控制部分信号比较复杂，包括 McBSP 发送/接收中断选择逻辑、发送中断 MXINT、接收中断 MRINT、DMA 发送事件 XEVT、接收事件 REVT、外设读/写总线、外围低速外设时钟、发送与接收帧同步信号，以及发送与接收时钟等。

2. McBSP 接口引脚与内部信号

McBSP 任一通道均有 6 个接口引脚和一些内部信号，其中，内部信号包括中断信号 MXINT 和 MRINT，以及 DMA 事件 XEVT 和 REVT，如表 7.14 所示。

表 7.14　McBSP 接口引脚与内部信号

序号	分类	名称		功能说明
1	外部引脚	MCLKXA/B	发送时钟引脚	提供或反射发送时钟；提供采样率发生器输入时钟；（I/O）
2		MCLKRA/B	接收时钟引脚	提供或反射接收时钟；提供采样率发生器输入时钟；（I/O）
3	外部引脚	MFSXA/B	发送帧同步信号引脚	提供或反射发送帧同步信号（I/O）
4		MFSRA/B	接收帧同步信号引脚	提供或反射接收帧同步信号（I/O）
5		MDXA/B	串行数据发送引脚	串行数据发送引脚（O）
		MDRA/B	串行数据接收引脚	串行数据接收引脚（I）
7	中断信号	MXINT	发送中断	发送中断
8		MRINT	接收中断	接收中断
9	DMA 事件	XEVT	发送同步事件到 DMA	将同步事件传输到 DMA
10		REVT	接收 DMA 同步事件	接收到 DMA 同步事件

注意：①GSYNC=1 时，控制采样率发生器同步。

3. 寄存器概述

McBSP 模块寄存器分为三类：数据类发送/接收寄存器、模块控制类寄存器和多通道控制类寄存器，如表 7.15 所示。

表 7.15　McBSP-A/B 寄存器一览表

序号	类型	寄存器	说明	序号	类型	寄存器	类型及功能
1	数据类寄存器	DRR1	数据接收寄存器 1	17		XCERA	A 区发送通道使能寄存器
2		DRR2	数据接收寄存器 2	18		XCERB	B 区发送通道使能寄存器
3		DXR1	数据发送寄存器 1	19		PCR	引脚控制寄存器
4		DXR2	数据发送寄存器 2	20		RCERC	C 区接收通道使能寄存器
5	模块控制类寄存器	SPCR1	串口控制寄存器 1	21		RCERD	D 区接收通道使能寄存器
6		SPCR2	串口控制寄存器 2	22		XCERC	C 区发送通道使能寄存器
7		RCR1	接收控制寄存器 1	23	多通道控制寄存器	XCERD	D 区发送通道使能寄存器
8		RCR2	接收控制寄存器 2	24		RCERE	E 区接收通道使能寄存器
9		XCR1	发送控制寄存器 1	25		RCERF	F 区接收通道使能寄存器
10		XCR2	发送控制寄存器 2	26		XCERE	E 区发送通道使能寄存器
11		SRGR1	采样速率发生器寄存器 1	27		XCERF	F 区发送通道使能寄存器
12		SRGR2	采样速率发生器寄存器 2	28		RCERG	G 区接收通道使能寄存器
13	多通道控制寄存器	MCR1	多通道寄存器 1	29		RCERH	H 区接收通道使能寄存器
14		MCR2	多通道寄存器 2	30		XCERG	G 区发送通道使能寄存器
15		RCERA	A 区接收通道使能寄存器	31		XCERH	H 区发送通道使能寄存器
16		RCERB	B 区接收通道使能寄存器	32		MFFINT	中断使能寄存器

注：所有数据类寄存器，均为 16 位宽度。

7.3.3　基本工作原理

1. 数据传输

如图 7.22 和图 7.23 所示，McBSP 通道的数据传输，包括数据发送与接收 2 个过程。其中，前者是 2 级缓冲结构，后者是 3 级缓冲结构。每一级均有 2 个 16 位的寄存器，根据传输数据的字长是否超过 16 位，而采取不同的寄存器配置结构。当传输数据的字长小于或等于 16 位字长时（8 位、12 位和 16 位 3 种常见字长），每一级均配置使用单寄存器结构。

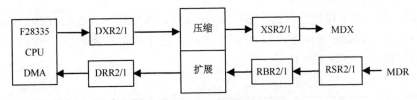

图 7.23　McBSP 通道数据传输路径

发送时，首先由 CPU 和 DMA 控制器将发送数据写入数据发送寄存器 DXR1，当发送移位寄存器 XSR1 为空时，数据立即自动加载到 XSR1，否则，必须等待 XSR1 中的数据依次串行发送完毕。同时，若设置了压缩扩展模式，则压缩逻辑会将 16 位数据压缩成 8 位数据格式，然后再发送至 XSR1。

接收时，来自外部引脚 MDR 的数据，串行移入接收移位寄存器 RSR1 之中，一帧数据接收完毕，若数据接收寄存器 RBR1 为空，则数据被传递至 RBR1，若接收缓冲寄存器 DRR1 内容已经被 CPU 或 DMA 控制器读取，则 RBR1 中的新数据被继续传送至 DRR1。若设置了压缩扩展模式，则要求接收数据的字长为 8 位，扩展逻辑会将 RSR1 接收的 8 位字长数据扩展成合适的字长，再传递至 DRR1。

当传送的数据字长大于 16 位（常见为 20、24、32 位）时，发送时需要先写 DXR2，再写 DXR1；读取数据时，要先读取 DRR2，再读取 DRR1。

2. 数据压缩与扩展

McBSP 模块硬件支持 μ 律或 A 律对数据进行压缩/扩展。目前，美国、日本等国采用 μ 律压扩，而欧洲国家侧重采用 A 律压扩。A 律分别允许 13 位和 14 位的动态范围。此范围之外的任何值都设置为最大正值或最大负值。为了达到最佳压缩效果，通过 CPU 或 DMA 控制器传输到 McBSP 或从 McBSP 传输的数据必须至少 16 位宽。

不论是 μ 律和 A 律压扩，发送时，在数据由 DXR1 传输到 XSR1 的过程中，进行数据压缩处理，一律压缩编码成 8 位宽度的数据进行传输，此时 RWDLEN1、RWDLEN2、XWDLEN1、XWDLEN2 均设置为 0，指示 8 位宽的串行数据流。一旦使能压扩功能，若任一帧没有达到 8 位，则一律按照 8 位进行压扩处理。而接收时，在数据由 RBR1 传输到 DRR1 的过程中，原来经过压缩处理的 8 位宽度的数据，必须扩展成 16 位宽度的二进制补码数据，左对齐存放于 DRR1 中，而符号扩展等则被忽略。

图 7.23 说明了压扩过程。当为发射端选择压扩功能时，压缩发生在将数据从 DXR1 复制到 XSR1 的过程中。根据指定的压扩定律（A 律或 μ 律）进行编码。当为接收机选择压扩时，在将数据从 RBR1 复制到 DRR1 的过程中发生扩展。接收数据被解码为二进制补码格式。

在如图 7.24 所示的数据压扩过程中，数据的处理必须遵循一定的格式。为了接收，RBR1 中的 8 位压缩数据被扩展为 DRR1 中的左对齐的 16 位数据。当使用压扩时，RJUST 中指定的接收符号扩展和对齐模式将被忽略。

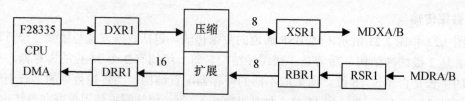

图 7.24　McBSP 通道数据压缩/扩展传输流程图

在发送时，若按照 μ 律压缩，14 位的二进制数据必须左对齐存放于 DXR1 中，最低 2 位填充 "00" 补充；若按 A 律压缩，13 位的二进制数据必须左对齐存放于 DXR1 中，最低 3 位填充 "000" 补充。如图 7.25 所示。

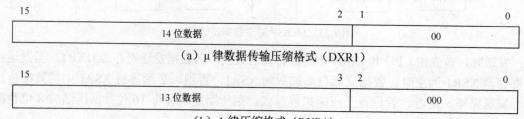

图 7.25　数据压缩格式

3. 时钟与帧同步信号

（1）时钟与数据传输

数据从 MDR 引脚一次移位 1 位到 RSR 或从 XSR 移位到 MDX 引脚。每个比特位数据的传输由时钟信号的上升沿或下降沿控制。

接收时钟信号（CLKR）控制从 DR 引脚到 RSR 的比特传输；发送时钟信号（CLKX）控制从 XSR 到 MDX 引脚的位数据传输。CLKR 或 CLKX 可以从 McBSP 的边界处的引脚导出，或者从 McBSP 的内部导出。CLKR 和 CLKX 的极性是可编程的。从 MDR 引脚上接收的位信息保存在 RSR 中，直到 RSR 接收到一个完整的串行字符，数据被传递给 RBR（并最终传递给 DRR）。在发送过程中，XSR 不接受来自 DXR 的新数据，直到一个完整的串行字符从 XSR 传递到 MDX 引脚。

（2）帧同步信号与数据传输

在串行通信中，一个或多个字符组合成帧结构的形式进行传输，一个帧中的字符个数可以编程设置。一个帧中的所有字符都是连续传输的。但是，不同帧之间的传输可能会有暂停。McBSP 模块使用帧同步信号来启动帧的接收与发送，当发送帧同步脉冲出现时，在时钟脉冲 CLKX/R 的驱动下，McBSP 开始接收或发送数据帧。当下一个帧同步信号 FSR/X 发生时，McBSP 接收或发送下一个帧，依次进行循环传输。

接收帧同步信号（FSR）脉冲，启动接收引脚 MDR 开始接收数据。

发送帧同步信号（FSX）脉冲，启动发送引脚 MDX 开始发送数据。

CLKX 和 CLKR 可以从 McBSP 模块的外部引脚输入，可以从 McBSP 内部产生。数据从 CLKX 上升沿发送，从 CLKR 下降沿接收。帧同步脉冲信号、时钟信号与数据传输，如图 7.26 所示。

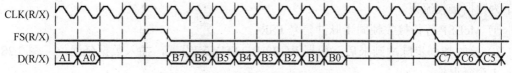

图 7.26 帧同步信号与单相位帧数据传输

4. 帧与相位

（1）信息结构

McBSP 数据传输信息结构，包含帧—相—字—位 4 个层次。帧，又称信息包或数据包，是信息传输的一个完整的功能单元；相包括单相和双相 2 种，每帧数据，即可以配置成单相位，也可以配置为双相位；字，则是由若干位组成，在同一个相内，字的长度一般是一致的，但是在不同相内，字的个数及字的长度可以不同。

（2）双相位帧

在双相位帧中，每个相位包含几个字，以及每个字包含多少数据位，可以根据需要灵活设置，以达到最佳的数据传输效率。接收控制寄存器 RCR1、RCR2，发送控制寄存器 XCR1、XCR2，决定了一个数据帧中相位、字数的设置，以及每个相位中字的位数的设置。单相帧最大的字数是 128 个，双相帧中最大的字数为 256 个。每个字的位数选择范围：8、12、16、20、24 或 32 位。

双相位帧时序图，如图 7.27 所示。第 1 个相位有 2 个字，每个字均是 12 位数据宽度；

第 2 个相位，有 3 个字，每个字 8 位数据宽度。

双相位帧设置：RCR2[RPHASE]=1，XCR2[XPHASE]=1；第一相位中收/发 2 字（数）设置：RCR1[RFRLEN1]=0000001b，XCR1[XFRLEN1]=0000001b；第二相位中收/发 3 字（数）设置：RCR2[RFRLEN2]=0000010b，XCR2[XFRLEN2]=0000010b。

第 1 相中每个字 12 位：RCR1[RWDLEN1]=001b、XCR1[XWDLEN1]=001b；

第 2 相中每个字 8 位：RCR2[RWDLEN2]=000b、XCR2[XWDLEN2]=000b。时钟极性、高电平帧同步信号，以及延迟参阅单相帧设置。

注意：单相帧或双相帧中第 1 个相位的帧长（字数）、字长设置，通过设置 RCR1、XCR1 对应位域完成。双相帧中第 2 个相位的帧长（字数）、字长设置，通过设置 RCR2、XCR2 中对应的帧长位域、字长位域完成。

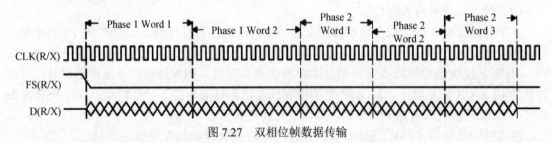

图 7.27　双相位帧数据传输

5. 数据接收

数据接收的物理通道如图 7.22 所示，数据接收时序则如图 7.28 所示。

其中，CLKR 是接收时钟，FSR 是接收帧同步脉冲，DR（MDR）是数据接收引脚，RRDY 是接收准备好标志，若 SPCR1[RRDY]=1 则表示可以从 DRR1、DRR2 中读取数据，以下为数据接收流程。

① McBSP 等待接收帧同步脉冲信号 FSR。

② 接收帧同步脉冲到来后，根据 RCR2[RDATDLY]设置，插入数据延迟位，图 7.28 中插入 1 个延迟位。

③ McBSP 从引脚 DR（MDR）接收数据，并移动到接收移位寄存器之中，若接收数据小于或等于 16 位，则仅使用 RSR1；若接收数据大于 16 位，则同时使用 RSR2 和 RSR1，RSR2 包含最高有效位，并设置接收字长。

④ 当一个完整的字数据接收完毕，在确保接收缓冲寄存器 RBR 之中没有历史数据的前提下，RSR 中的数据被复制到 RBR 之中，若数据位数不大于 16 位，则仅 RBR1 被使用；若接收数据大于 16 位，则 RBR2、RBR1 都使用，高有效位数据被存放于 RBR2 之中。

⑤ McBSP 将接收缓冲寄存器的内容复制到数据接收寄存器中，前提是 DRR1 没有未读数据。当 DRR1 接收到新数据时，在 SPCR1 中设置接收器准备好标志（RRDY）。这表示接收到的数据已准备好由 CPU 或 DMA 控制器读取。当接收数据字长不大于 16 位时，仅使用 DRR1，当字长大于 16 位时，需要同时使用 DRR1 和 DRR2。另外，当使用 μ 律或 A 律格式压扩时，即 RCR2[RCOMPAND]=10 或 11 时，注意数据压扩规则，RBR1 中的 8 位压缩数据在 DRR1 中扩展为左对齐的 16 位值。若没有使能压扩功能，将数据从 RBR1/RBR2 复制到 DRR1/DRR2 时，根据 SPCR1[RJUST]设置进行对齐和填充。

⑥ 当 CPU 或 DMA 控制器从 DRR 中读取数据后，清零 SPCR1[RRDY]，同时，启动了

新一轮的数据接收。

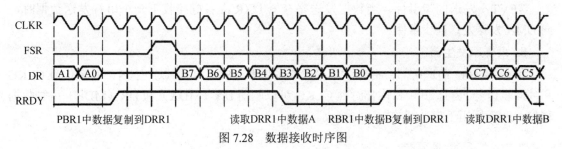

图 7.28　数据接收时序图

6. 数据发送

数据发送物理通道，如图 7.22 所示，数据发送时序，如图 7.29 所示。

其中，CLKX 是发送时钟，FSX 是发送帧同步脉冲，DX（MDX）是数据发送引脚，XRDY 是发送准备好标志，SPCR2[XRDY]=1 表示可以向 DXR1、DXR2 写入数据，以下为数据发送流程。

① 当 DXR 空时，置位 SPCR2[XRDY]，若 CPU 或 DMA 控制器向 DXR 写入数据，则发送准备好标志 XRDY 被清零。DXR1、DXR2 的使用与接收过程类似，注意，当发送字长大于 16 位时，DXR2 优先复制传递。

② 当数据传送至 DXR1，且 XSR1 中的数据已经发送完毕时，DXR1 中的数据被复制到发送移位寄存器 XSR1 之中，同时置位 SPCR2[XRDY]标志，指示 CPU 或 DMA 控制器写入新的数据。根据发送数据字长是否大于 16 位宽度，来配置发送寄存器和发送移位寄存器是否需要工作于双寄存器模式。若使用压扩功能，XCR2[XCOMPAND]=10 或 11 时，将 DXR1中的 16 位数据，经过 μ 律或 A 律压缩转变成 8 位数据，复制到 XSR1 之中，若没有使能压缩功能，则传输不变。

③ McBSP 模块等待出现在 FSX 引脚上的发送帧同步脉冲信号。

④ 当发送帧同步脉冲到来后，根据 XCR2[XDATDLY]设置，插入相应的数据延迟位。

⑤ 在 CLKX 时钟驱动下，XSRS 中的数据从 DX（MDX）引脚依次串行发送出去。

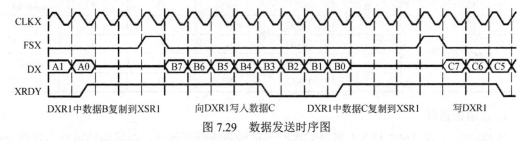

图 7.29　数据发送时序图

7. 中断与 DMA 事件

McBSP 模块常见的中断和 DMA 事件共 4 个。

RINT：接收中断，当 McBSP 模块接收数据满足 SPCR1[RINTM]设置的某个中断触发条件时，向 CPU 申请接收中断。

XINT：发送中断，当 McBSP 模块发送数据满足 SPCR2[XINTM]设置的某个中断触发条件时，向 CPU 申请发送中断。

REVT：接收同步事件，当数据接收寄存器 DRR 已经接收到数据时，向 DMA 发送接收同步事件。

XEVT：发送同步事件，当数据发送寄存器 DXR 准备好接收下一个串行发送数据时，向 DMA 发送发送同步事件。

8. 采样率发生器

每个 McBSP 通道内部，拥有 1 个采样率发生器（SRG），可以产生内部时钟信号 CLKG 和帧同步信号 FSG。其中，内部时钟 CLKG 可以驱动 DX（MDX）和 DR（MDR）引脚数据移位，FSG 则用于启动帧的发送与接收。

7.3.4　多通道通信

1. 信道、块与分区

McBSP 模块支持时分复用 TDM（Time-division Multiplexed Data）多通道通信，信道 Channel、数据块 Block 和分区 Partition 组成了多通道通信模式的基本架构。

所谓 McBSP 信道，就是支持一个串行字的码流进行输入或输出的时间片段，每个 McBSP 模块均支持 0～127 共 128 个输入信道和 128 个输出信道信道。在 McBSP 模块中的发送器与接收器中，将 128 个信道划分成了 8 个"块"，每个块均包含 16 个连续的信道。

分区模式，有二分区和八分区两种模式。所谓二分区模式，是将 8 个数据块分成 A 区和 B 区，其中，A 区包含偶数序号的数据块，即 0、2、4 和 6 号数据块，B 区包含奇数序号数据块，即 1、3、5 和 7 号数据块。八分区模式是将 8 个数据块，依次划分成 A～H 共 8 个区。不同分区模式下信道、块及其对应分布，如表 7.16 所示。

表 7.16　信道/数据块/分区及其对应关系

二分区模式				八分区模式			
序号	分区	数据块	信道	序号	分区	数据块	信道
1	A	0	0-15	1	A	0	0-15
2		2	32-47	2	B	1	16-31
3		4	64-79	3	C	2	32-47
4		6	96-111	4	D	3	48-63
5	B	1	16-31	5	E	4	64-79
6		3	48-63	6	F	5	80-95
7		5	80-95	7	G	6	96-111
8		7	112-127	8	H	7	112-127

2. 多通道选择

当 McBSP 利用 TMD 技术与其他的串行通信设备进行通信时，数据传输可以占用部分信道而非全部信道，以节省存储空间和总线带宽，多通道选择可以组织数据流在某些信道传输。

每个信道的区（Partition），均有一个专用的信道使能寄存器，当选择了某种多通道模式时，信道使能寄存器便发挥控制功能，允许或阻止数据流在本区（Partition）所属某个信道的占用。McBSP 有 1 个接收多通道选择模式和 3 个发送多通道选择模式。

（1）数据帧

1 个数据帧，代表 1 个连续传输的数据流，帧设置包括相位设置和帧长度设置。在进行多通道模式选择之前，必须设置合适的数据帧格式。数据帧中的每个字占用多通道模式下的

1 个信道（Channel），1 个数据帧的字的个数，也决定了所需要的最大信道数。

（2）二分区模式数据传输

多通道通信模式下，可以选择分区模式。若设置二分区模式，McBSP 通道使用交替方案激活。当帧同步脉冲到来后，首先从 A 区所属信道开始发送和接收，然后，在 A、B 区所属信道之间交替转换，直到一帧信息传输完毕。当新的帧同步脉冲到来后，又从 A 区所属信道开始传输新的数据帧。二分区模式的数据传输，又分为固定块传输和动态块传输两种传输方式。例如，固定块传输模式下，若 A 区固定数据块 0，同时固定数据块 1，则通信过程如图 7.30 所示；动态块传输方式下，动态设置 A 区和 B 区所属的数据块，通信过程（略）。

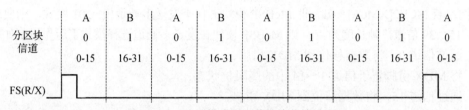

图 7.30　二分区模式固定数据块传输时序图

（3）八分区模式数据传输

在多通道通信中，若选择八分区模式，A～H 区分别对应 0～7 号数据块，其中的对应关系固定不变。McBSP 的信道按照 A～H 的顺序被激活，当帧同步脉冲信号到来后，接收与发送均从 A 区及其对应的信道开始传输，依次是 B 区、C 区……，直到一帧完整数据传输完毕。当新的帧同步脉冲信号到来后，又从 A 区及其对应的信道开始传输。在八分区模式下，多通道控制寄存器 MCR2/MCR1 中的 XPABLK/XPBBLK，以及 RPABLK/RPBBLK 共 4 个功能位域被忽略，上述功能位域仅在二分区模式下起作用。通信过程如图 7.31 所示。

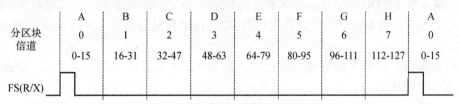

图 7.31　八分区模式数据传输时序图

3. 接收多通道选择模式

MCR1[RMCM]是接收多通道选择模式控制位：0-使能所有 128 个信道；1-多通道选择模式，仅使能部分被选择的通道。多通道选择模式允许每个信道被独立使能或禁止，启用的通道都是在具体分区模式下对应的接收信道控制寄存器（RCERs）使能的通道，具体配置与分区模式密切关联。若某接收信道被禁止，任何接收数据都不会被复制到 DRR 寄存器，也不会发出 RRDY 信号及产生 DMA 事件。

示例：McBSP 模块在接收多通道选择模式下，若仅使能 0、15 和 39 信道，帧长为 40，则 McBSP 模块功能描述如下。

① 接收从信道 0 的 MDR 引脚移入的数据位。

② 忽略从信道 1～14 接收的数据位。

③ 接收从信道 15 的 MDR 引脚移入的数据位。

④ 忽略从信道 16～38 接收的数据位。

⑤ 接受从信道 39 的 MDR 引脚移入的数据位。

4. 发送多通道选择模式

（1）发送多通道选择模式设置与原理

MCR2[XMCM]是发送多通道选择模式位：00-所有通道均使能，均未屏蔽；01-所有通道均禁止，但可以通过 XCER 设置使能；10-所有通道均允许，但被屏蔽，可以通过 XCER 设置使能；11-此模式用于对称传输和接收，所有通道均禁止，但可以通过 XCER 使能，使能后被屏蔽，但是可以通过 XCERs 取消屏蔽。

McBSP 模块有 3 个发送多通道选择模式，MCR2[XMCM]=01、10 或 11。

示例：若 MCR2[XMCM]=01，即 McBSP 模块工作于发送多通道模式 01 模式，则要求单独使能 0、15、39 信道，帧长度为 40，则 McBSP 模块在发送多通道选择模式下运作机制如下。

① 通过信道 0，将数据移位到 MDX 引脚；

② 将 MDX 引脚置于信道 1～14 中的高阻抗状态；

③ 通过信道 15，将数据移位到 MDX 引脚；

④ 将 MDX 引脚置于信道 16～38 中的高阻抗状态；

⑤ 通过信道 39，将数据移位到 MDX 引脚。

（2）信道状态

在发送多通道选择模式时，信道有以下三种状态：

① 允许/非屏蔽：传输可以开始，也可以结束；

② 允许/屏蔽：传输可以开始，但是不能结束；

③ 禁止：不能传输。

McBSP 模块信道的四种状态：信道允许（Enabled channel）、信道屏蔽（Masked channel）、信道禁止（Disabled channel）和信道非屏蔽（Unmasked channe），其对应操作如下。

① 信道允许：将数据从数据发送寄存器 DXR 移动到发送移位寄存器 XSR，信道开始发送数据；

② 信道屏蔽：信道不能完成发送传输，因为 MDX 引脚处于高阻抗状态，数据不能从 MDX 引脚移位输出；

③ 信道禁止：一个被禁止的信道，同时也是被屏蔽的，当然也没有相应的发送标志、发送中断以及 DMA 同步事件 XEVT 等；

④ 信道非屏蔽：发送移位寄存器 XSR 中的数据，可以通过 MDX 引脚移位输出。

5. 块传输与中断

当使用多通道选择模式时，可以在每 16 个信道组成的块的末尾（在分区之间的边界和帧的末尾处）向 CPU 发送一次中断请求。在接收多通道选择模式下，若 SPCR1[RINTM]=01b，每接收完毕 16 个信道（1 个块），产生一次接收中断 MRINTA/B；在发送多通道选择模式下，若 SPCR2[XINTM]=01b，每发送完毕 16 个信道（1 个块），产生一次发送中断 MXINTA/B。MRINTA/B 和 MXINTA/B 脉冲均为高电平有效，持续 2 个 CPU 时钟周期。注意：上述中断必须在设置了多通道选择模式下产生。

7.3.5 McBSP 寄存器

McBSP 模块寄存器，包括数据寄存器、控制寄存器和通道控制寄存器共 3 类。

1. 数据寄存器

数据类寄存器共 4 个，包括数据发送寄存器 DXR2 和 DXR1，数据接收寄存器 DRR2 和 DRR1。另外，还有 6 个传输类移位寄存器，包括发送移位寄存器 XSR2 和 XSR1，接收移位寄存器 RSR2 和 RSR1，以及接收缓冲寄存器 RBR2 和 RBR1。

2. 控制寄存器

控制类寄存器共 8 个，包括串行端口控制寄存器 SPCR2 和 SPCR1，发送控制寄存器 XCR2 和 XCR1，接收控制寄存器 RCR2 和 RCR1；采样率发生器寄存器 SRGR2 和 SRGR1。

（1）串行端口控制寄存器（SPCR2/SPCR1）

SPCR1：寄存器结构如下，位域描述如表 7.17 所示。

15	14		13	12		11	10			8
DLB	RJUST			CLKSTP			保留			
R/W-0	R/W-0			R/W-0			R-0			

7	6	5		4	3	2	1	0
DXENA	保留	RINTM			RSYNCERR	RFULL	RRDY	RRST
R/W-0	R/W-0	R/W-0			R/W-0	R-0	R-0	R/W-0

表 7.17　SPCR1 位域描述

位	位域	说明
15	DLB	数字环路测试模式允许位。0-禁止；1-允许
14-13	RJUST	接收符号扩展和对齐模式位。00-右对齐，用 0 填充 MSB；01-右对齐，用符号扩展位填充 MSB；10-左对齐，用 0 填充 LSB；11-保留
12-11	CLKSTP	时钟停止模式位，支持 SPI 主从协议。00 和 01-禁止时钟停止模式；10-时钟停止、无延时；11-时钟停止，半周期延时
7	DXENA	DX 引脚延时使能位。0-关闭延时功能；1-开启延时使能
5-4	RINTM	接收中断模式位。00-RRDY 由 0 变 1 时产生中断；01-多通道选择模式下，一帧中 16 个信道/块接收完毕，产生中断；10-检测到接收帧同步脉冲后产生中断；11-RSYNCERR 置位，出现接收帧同步错误时，产生中断
3	RSYNCERR	接收帧同步错误标志位。0-无接收帧错误；1-有接收帧错误
2	RFULL	接收寄存器满标志位。0-接收寄存器未满；1-接收寄存器满了
1	RRDY	接收准备好标志位。0-接收未准备好；1-接收准备好，可以从 DRR2/DRR1 中读取数据
0	RRST	接收器复位位。0-复位接收器；1-允许接收器，使其退出复位状态

DLB 环路测试模式位，在数字环路允许模式下，包括数据信号、时钟信号和帧同步信号，均可以在模块内部自动形成环路；CLKSTP 是时钟停止模式位，在时钟停止模式下（CLKSTP=10b），每当数据传输完毕时，时钟便立即停止；在数据开始传输时，时钟立即启动。RFULL 接收寄存器满标志，RFULL=1 指示接收寄存器处于满状态，即 RSR2/RSR1，RBR2/RBR1 已经存储满新数据，但是 DRR2/DRR1 中的历史数据尚未读取。利用 RRST 位域，可以使接收器进入或退出复位状态。

SPCR2：寄存器结构如下，位域描述如表 7.18 所示。

15					10	9	8
保留						FREE	SOFT
R-0						R/W-0	R/W-0

7	6	5		4	3	2	1	0
FRST	GRST	XINTM			XSYNCERR	XEMPTY	XRDY	XRST
R/W-0	R/W-0	R/W-0			R/W-0	R/W-0	R/W-0	R/W-0

表 7.18　SPCR2 位域描述

位	位域	说明
9	FREE	自由运行允许位。0-禁止自由运行，SOFT 决定仿真挂起时的操作；1-允许自由运行
8	SOFT	软件停止位。0-不停止；1-停止
7	FRST	帧同步逻辑复位位。0-复位帧同步逻辑；1-允许帧同步逻辑，使其退出复位状态
6	GRST	采样率发生器复位位。0-采样率产生器复位；1-采样率产生器使能，退出复位
5-4	XINTM	发送中断模式位。00-XRDY 中断申请；01-多通道模式下每帧数据发送完毕后申请中断；10-检测到发送帧同步脉冲后申请中断；11-发送帧同步错误时申请中断
3	XSYNCERR	发送帧同步错误标志位。0-无发送同步帧错误；1-有发送帧同步错误
2	XEMPTY	发送器空标志位。0-发送器空；1-发送器不空
1	XRDY	发送器准备好标志位。0-发送器没有准备好；1-发送器准备好了
0	XRST	发送器复位位。0-复位发送器；1-允许发送器，退出复位

FREE=0 时，当在高级语言调试器中遇到断点时，SOFT 确定 McBSP 发送和接收时钟的响应，当其中一个时钟停止时，相应的数据传输停止。SOFT 位域用于确定仿真挂起时，接收器和发送器的操作。FRST 是帧同步逻辑复位位，帧同步逻辑可以产生内部帧同步信号，使用 FRST 可以使帧同步逻辑进入或退出复位状态，负电平有效，FRST=0 进入复位状态。发送器空标志位 XEMPTY，XEMPTY=0 指示当前所有字数据已发送完毕，DXR1 中无数据，发送器复位可以清零该位。发送器准备好标志位 XRDY，XRDY=1 时，说明 DXR2/DXR1 准备好接收新的数据，当 DXR1 数据复制到 XSR1 时，置位 XRDY，写入新数据后，自动清零 XRDY。

（2）接收/发送控制寄存器（RCR2/XCR2）

RCR2 与 XCR2 结构相似，如下所示，位域描述如表 7.19 所示。

	15	14	8		5	4	3	2	1	0
RCR2	RPHASE	RFRLEN2		RWDLEN2		RCOMPAND		RFIG	RDATDLY	
XCR2	XPHASE	XFRLEN2		XWDLEN2		XCOMPAND		XFIG	XDATDLY	
	R/W-0	R/W-0		R/W-0		R/W-0		R/W-0	R/W-0	

表 7.19　RCR2/XCR2 位域描述

位	位域		说明
	RCR2	XCR2	
15	RPHASE	XPHASE	收/发相位位。0-单相位；1-双相位
14-8	RFRLEN2	XFRLEN2	收/发帧长度，字数=（RFRLEN2+1）或（XFRLEN2+1），范围 1～128

续表

位	位域		说明
	RCR2	XCR2	
7-5	RWDLEN2	XWDLEN2	收/发帧字长位数。000-8；001-12；010-16 位；011-20；100-24；101-32；其余保留
4-3	RCOMPAND	XCOMPAND	收传输压缩/扩展模式位。00-不压扩，不限位，最高位开始接收/发送；01-不压扩，8 位数据从 LSB 开始传输；10-使用 μ 律压扩；11-使用 A 律压扩
2	RFIG	XFIG	收/发帧同步信号忽略位。0-不忽略；1-忽略
1-0	RDATDLY	XDATALY	收/发数据延迟控制位。00-不延迟；01-1 位延迟；10-2 位延迟；11-保留

其中，RFRLEN2、XFRLEN2、RWDLEN2 和 XWDLEN2，仅在双相位模式下有效，分别设置相位 2 的字数与字长。字长取值范围 1～128；位数取值范围：000b-8 位；001b-12 位；010b-16 位；011b-20 位；100b-24 位；101b-32 位。其他情况保留。

（3）接收/发送控制寄存器（RCR1/XCR1）

RCR1 与 XCR1 结构相似，如下所示，位域描述如表 7.20 所示。

	15	14		8	7		5	4	0
RCR1	保留		RFRLEN1			RWDLEN1		保留	
XCR1	保留		XFRLEN1			XWDLEN1		保留	
	R-0		R/W-0			R/W-0		R-0	

表 7.20　RCR1/XCR1 位域描述

位	位域		说明
	RCR1	XCR1	
14-8	RFRLEN1	XFRLEN1	收/发帧相位 1 中字个数设置位。字数=（RFRLEN1+1）或（XFRLEN1+1），范围 1～128
7-5	RWDLEN1	XWDLEN1	收/发帧相位 1 字长设置位。000-8；001-12；010-16；011-20；100-24；101-32。其他保留

表 7.19 中有 4 个有效位域，适用于单相位模式和双相位模式中的相位 1。RFRLEN1/XFRLEN1 用于规定接收/发送帧的长度（字个数），RWDLEN1/XWDLEN1 用于规定每个接收字/发送字的位数。特别指出，在双相位模式下，相位 2 的字数和字长设置需要通过 RCR2/XCR2 控制寄存器设置。

（4）采样率发生器寄存器（SRGR1/SRGR2）

每个 McBSP 模块均有 2 个采样率发生器寄存器 SRGR1/SRGR2，上述寄存器控制采样率发生器产生时钟信号 CLKG 和帧同步信号 FSG。同时还具有如下功能：

① 为采样率发生器选择输入时钟源，对 CKLG 分频；

② 选择内部产生的发送帧同步脉冲信号源，由 FSG 驱动或者由发射机的活动驱动（FSGM）；

③ 设置帧同步脉冲信号 FSG 的宽度（FWID）和脉冲周期（FPER）；

当使用外部时钟源 MCLKR 或 MCLKX 引脚为采样率发生器提供时钟源时，若使用了 CLKX/MCLKR 引脚，则发送/接收时钟极性分别由 PCR[CLKXP]和 PCR[CLKRP]设置；置位 SRGR2[GSYNC]可以使 CLKG 与外部引脚 FSR 帧同步信号同步，从而使 CLKG 与输入时钟保持同步。

SGGR1：设置产生采样率发生器时钟信号 CLKG，以及帧同步时钟信号脉冲宽度，寄存器结构和位域功能描述如下。

15	8	7	0
FWID		CLKGDV	
R/W-0		R/W-0	

其中，FWID 为帧同步脉冲 FSG 的脉宽，其计算公式为（FWID+1）个 CLKG 周期。CLKGDV 是分频系数位域，McBSP 模块输入时钟频率除以（CLKGDV+1），便是采样率发生器时钟信号 CLKG 的频率。

SRGR2：主要功能是设置帧同步信号 FSG、发送帧同步信号 MFSX、接收帧同步信号 MFSR、发送时钟 MCLKX 与接收时钟 MCLKR，其结构如下，位域描述如表 7.21 所示。

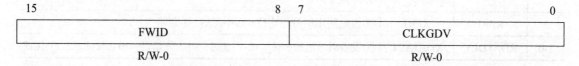

15	14	13	12	11	0
GSYNC	保留	CLKSM	FSGM	FPER	
R/W-0	R/W-0	R/W-1	R/W-0	R/W-0	

表 7.21　SRGR2 位域描述

位	位域	说明
15	GSYNC	CLKG、FSG 时钟模式位。0-无时钟同步；1-有时钟同步
13	CLKSM	采样率发生器输入时钟源控制位，与 PCR[SCLKME]共同决定输入时钟源
12	FSGM	发送帧同步模式位。设置发送帧同步信号 MFSXA/B 的具体实现方式
11-0	FPER	帧同步脉冲周期位。（PPER+1）个 CLKG 时钟周期，000-0xFFF 对应 1～4096 个 CLKG 周期

①GSYNC 是 CLKG 的时钟同步模式位，仅在使用外部时钟（MCLKR）模式下有效。0-无时钟同步，CLKG 时不需要调整，帧同步脉冲信号 FSG 的周期由 FPER 位域设置。1-时钟同步，通过调整使 CLKG 与外部输入时钟 MCLKR 同步，使 FSG 脉冲与外部引脚 MFSR 上的脉冲信号同步。②CLKSM 是采样率发生器输入时钟源选择位域，与 PCR[SCLKME]位域一起进行输入时钟源选择：00-保留；01-采用 DSP 低速外设时钟 LSPCLK；10-采用外部引脚 MCLKR 时钟；11-采用外部引脚 MCLKX 时钟。③FSGM 是采样率发生器发送帧同步模式位域：0-FSXM=1 时，当 DXR2/DXR1 内容复制到 XSR2/XSR1 时，产生发送帧同步脉冲 FSX；1-FSXM=1 时，由采样率发生器产生的帧同步信号作为发送帧同步脉冲 FSX，由相关位域设置脉宽及脉冲周期。④FPER 是帧同步脉冲信号 FSG 的周期设置位域，每（FPER+1）个 CLKG 时钟脉冲输出 1 个帧同步脉冲信号 FSG，0 ≤ PPER ≤ 4095，所以，FSG 周期设定范围为 1～4096 个 CLKG 时钟周期。

（5）引脚控制寄存器（PCR）

PCR：为发送器的 FSXM 和接收器的 FSRM 选择帧同步模式，为发送器的 CLKXM 和接收器的 CLKRM 设置时钟模式，为采样率发生器选择输入时钟源，选择帧同步信号的极性，设置数据在时钟的上升沿或下降沿被采样。其结构如下，位域描述如表 7.22 所示。

15				12	11	10	9	8
保留					FSXM	FSRM	CLKXM	CLKRM
R-0					R/W-0	R/W-0	R/W-0	R/W-0

7	6	5	4	3	2	1	0
SCLKME	保留	DXSTAT	DRSTAT	FSXP	FSRP	CLKXP	CLKRP
R/W-0	R-0	R/W-0	R/W-0	R/W-0	R/W-0	R/W-0	R/W-0

表 7.22　PCR 位域描述

位	位域	说明
11	FSXM	发送帧同步模式位。0-发送帧同步信号来自外部引脚 FSX；1-发送帧同步信号来自采样率发生器，具体由 SRGR2[FSGM]决定。
10	FSRM	接收帧同步模式位。0-帧同步信号来自外部引脚 FSR；1-接收帧同步信号来自采样率发生器
9	CLKXM	发送时钟模式位。处于非时钟停止模式时，0-发送时钟来自外部引脚 MCLKX；1-内部 CLKX 来自采样率发生器。处于时钟停止模式时，0-McBSP 处于 SPI 通信协议中从控制器地位，通过 MCLKX 引脚接收 SPI 主控制器时钟，此时接收时钟由发送时钟 CLKX 驱动；1-McBSP 处于 SPI 通信协议中主控制器地位，由内部采样率发生器产生发送时钟 CLKX，并由 MCLKX 引脚输出，控制 SPI 协议中的从控制器工作。
8	CLKRM	接收时钟模式位。非数字环路模式时，0-接收时钟来自外部引脚 MCLKR 的输入时钟，1-内部采样率发生器产生，由 MCLKR 引脚输出时钟；数字环路模式时，0-MCLKR 引脚处于高阻抗状态，内部接收时钟由内部发送时钟驱动，1-内部接收时钟由内部发送时钟驱动，MCLKR 引脚发送来自内部的时钟信号。
7	SCLKME	采样率发生器输入时钟模式位。SCLKME 与 CLKSM 位域一起设置采样率发生器输入时钟源：00-保留；01-LSPCLK；10-MCLKR 引脚输入时钟；11-MCLKX 引脚输出时钟
5	DXSTAT	MDX 引脚状态位。发送器复位时，MDX 引脚作为 GOIO 引脚。0-输出低电平；1-输出高电平
4	DRSTAT	MDR 引脚状态位。发送器复位时，MDR 引脚作为 GOIO 引脚。0-输入低电平；1-输入高电平
3	FSXP	发送帧同步脉冲极性位。0-发送帧同步脉冲高电平有效；1-发送帧同步脉冲低电平有效
2	FSRP	接收帧同步脉冲极性位。0-接收帧同步脉冲高电平有效；1-接收帧同步脉冲低电平有效
1	CLKXP	发送时钟极性位。0-发送数据在 CLKX 上升沿采样；1-发送数据在 CLKX 下降沿采样
0	CLKRP	接收时钟极性位。0-接收数据在 CLKR 下降沿采样；1-接收数据在 CLKR 上升沿采样

3. 通道控制寄存器

（1）概述

McBSP 模块通道控制寄存器，如表 7.23 所示，包括 2 个多通道控制寄存器 MCR1 和

MCR2，16 个与数据分区 A～H 对应的信道使能寄存器 RCER/XCERn（n=A～H），以及 1 个中断使能寄存器 MFFINT，上述寄存器位宽均为 16 位。

表 7.23　McBSP 通道控制寄存器一览表

序号	寄存器	类型	说明	序号	寄存器	类型	说明
1	RCERA	A 区	接收通道使能寄存器，分区 A	11	RCERF	F 区	接收通道使能寄存器，分区 F
2	XCERA		发送通道使能寄存器，分区 A	12	XCERF		发送通道使能寄存器，分区 F
3	RCERB	B 区	接收通道使能寄存器，分区 B	13	RCERG	G 区	接收通道使能寄存器，分区 G
4	XCERB		发送通道使能寄存器，分区 B	14	XCERG		发送通道使能寄存器，分区 G
5	RCERC	C 区	接收通道使能寄存器，分区 C	15	RCERH	H 区	接收通道使能寄存器，分区 H
6	XCERC		发送通道使能寄存器，分区 C	16	XCERH		发送通道使能寄存器，分区 H
7	RCERD	D 区	接收通道使能寄存器，分区 D	17	MCR2	多通道控制	发送多通道控制寄存器 2
8	XCERD		发送通道使能寄存器，分区 D	18	MCR1		接收多通道控制寄存器 1
9	RCERE	E 区	接收通道使能寄存器，分区 E	19	MFFINT	中断	中断使能寄存器
10	XCERE		发送通道使能寄存器，分区 E	——	——	——	——

（2）多通道控制寄存器

MCR2/MCR1：分别是发送/接收通道的专用控制寄存器，包括通信信道选择、配置，以及信道状态位等。两者结构与位域分布如下，位域描述分别如表 7.24 和表 7.25 所示。

	15　　10	9	8　　　　7	6　　　　　5	4　　　2	1　　　　0
MCR2	保留	XMCME	XPBBLK	XPABLK	XCBLK	XMCM
MCR1	保留	RMCME	RPBBLK	RPABLK	RCBLK	保留　RMCM
	R-0	R/W-0	R/W-0	R/W-0	R-0	R/W-0

表 7.24　MCR2 位域描述

位	位域	说明
9	XMCME	发送多通道分区模式位。0-2 分区模式；1-8 分区模式
8-7	XPBBLK	发送 2 分区模式 B 区位。00-数据块 1；01-数据块 3；10-数据块 5；11-数据块 7；对应信道参见表 7.16
6-5	XPABLK	发送 2 分区模式 A 区位。00-数据块 0；01-数据块 2；10-数据块 4；11-数据块 6；对应信道参见表 7.16
4-2	XCBLK	当前正在发送中的数据块指示位。0～7h 分别对应数据块 A～H。对应信道参见表 7.16

续表

位	位域	说明
1-0	XMCM	发送多通道选择模式位。00-所有信道使能，均未屏蔽；01-所有信道均禁止，除非通过 XCER 进行选择使能；10-所有信道均允许，但被屏蔽，可以通过 XCER 进行选择使能；11-用于对称传输，所有通道被禁止，但是可以通过 RCER、XCER 进行使能

表 7.25　MCR1 位域描述

位	位域	说明
9	RMCME	接收多通道分区模式位。0-2 分区模式；1-8 分区模式
8-7	RPBBLK	接收 2 分区模式 B 区位。00-数据块 1；01-数据块 3；10-数据块 5；11-数据块 7；对应信道参见表 7.16
6-5	RPABLK	接收 2 分区模式 A 区位。00-数据块 0；01-数据块 2；10-数据块 4；11-数据块 6；对应信道参见表 7.16
4-2	RCBLK	当前正在接收中的数据块指示位。0～7h 分别对应数据块 A～H。对应信道参见表 7.16
0	RMCM	接收多通道选择模式位。0-使能所有 128 个信道接收；1-多通道选择模式，信道可以单独使能或禁止

（3）信道使能寄存器

XCER/ RCERn（n=A～H）：是数据分区 A～H 对应的信道使能寄存器，共有 16 个。

MCR2[XMCME]=1、MCR1[RMCME]=1 时，McBSP 模块的发送器与接收器工作于 8 分区模式，此时每个发送/接收分区均有各自对应的发送/接收使能寄存器，如表 7.22 所示。当 MCR2[XMCM]=1、MCR1[RMCM]=1 时，即允许信道可以单独使能或禁止时，可以使用信道使能寄存器对信道进行单独控制。

发送信道使能寄存器 XCERn（n=A～H），结构与位域如下。

15	14	13	12	11	10	9	8
XCE15	XCE14	XCE13	XCE12	XCE11	XCE10	XCE9	XCE8
R/W-0	R/W-0	R/W-0	R/W-0	R/W-0	R/W-0	R/W-0	R/W-0

7	6	5	4	3	2	1	0
XCE7	XCE6	XCE5	XCE4	XCE3	XCE2	XCE1	XCE0
R/W-0	R/W-0	R/W-0	R/W-0	R/W-0	R/W-0	R/W-0	R/W-0

接收信道使能寄存器 RCERn（n=A～H），结构与位域如下。

15	14	13	12	11	10	9	8
RCE15	RCE14	RCE13	RCE12	RCE11	RCE10	RCE9	RCE8
R/W-0	R/W-0	R/W-0	R/W-0	R/W-0	R/W-0	R/W-0	R/W-0

7	6	5	4	3	2	1	0
RCE7	RCE6	RCE5	RCE4	RCE3	RCE2	RCE1	RCE0
R/W-0	R/W-0	R/W-0	R/W-0	R/W-0	R/W-0	R/W-0	R/W-0

（4）中断与中断使能寄存器

在 McBSP 模块中，数据传输（包括数据接收、数据发送）和错误条件，可以生成两组中断信号，一组用于 CPU，另一组则用于 DMA。包括接收中断 MRINT 和发送中断 MXINT，均由中断使能寄存器 MFFINT 控制。

MFFINT：是 16 位寄存器，仅有 2 个功能位域有效。其中，MFFINT[RINT ENA]：0-接收中断禁止；1-接收中断使能，RRDY 产生接收中断。MFFINT[XINT ENA]：0-发送中断禁止；1-发送中断使能，XRDY 产生发送中断。

习题与思考题

7.1　本章学习的几种通信方式，各自的特点及其应用领域。

7.2　I²C 协议中，标准的信号有哪些，都是如何定义的。

7.3　I²C 通信是一种非常灵活、实用的通信方式，可以利用微处理器的 2 个通用的 I/O 引脚，模拟 I²C 通信协议中的典型信号，实现与外部带有标准 I²C 接口的设备通信。利用普通 I/O 口模拟实现 I²C 通信的原理是什么。对 I²C 协议中典型信号的模拟，有哪些基本要求。

7.4　试设计一个应用系统，利用 F28335 芯片 2 个通用的 I/O 引脚，实现与日历时钟芯片之间的通信，并将实时时间等，用数码管或 LCD 屏动态显示。

7.5　简述 McBSP 的结构组成及其工作原理。

7.6　McBSP 通信中，数据压扩有几种？试简述各自的工作原理。

7.7　McBSP 通信中，"帧相位"是一个很重要的概念，试说明单相帧和双相帧之间的区别。

7.8　CAN 总线的特征。

7.9　邮箱的配置寄存器有哪些，各自的功能是什么。

7.10　试解释邮箱信息接收中的接收屏蔽与非接收屏蔽的工作原理。

7.11　试阐述改变位时间配置寄存器设置的流程。

7.12　说明 CAN 模块中 CANGIF0/1 如何选择；其中的各中断标志位如何使能或屏蔽。

7.13　假设 F28335CAN 模块通信波特率为 250kbit/s，写出寄存器配置过程。

课件

代码

第 8 章

DSP 应用系统设计

8.1 应用系统概述

一个基于 DSP 的应用系统架构，由 DSP 最小系统外加若干外围电路组成。其中，DSP 最小系统属于应用系统中的核心单元电路，由 DSP 芯片（譬如 TMS320F28335、电源（3.3V 和 1.9V 供电单元）、时钟、复位和 JTAG 调试端口等组成，是每个 DSP 应用系统必不可少的基础组成单元。而外围电路组成则需要根据具体任务需求进行设计，一个基于 DSP 微控制器的步进电机控制系统原理框图，如图 8.1 所示。

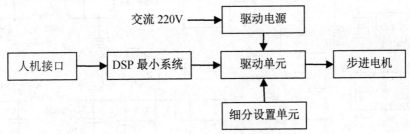

图 8.1　步进电机控制系统原理框图

对于一般的 DSP 应用系统设计而言，除最小系统之外，最常用的一些外围功能单元，包括 LED 灯驱动、键盘扫描、ADC 采样、七段数码管显示、LCD 显示、RS232 异步通信、SPI 同步通信，以及 I²C 通信等。熟悉并掌握上述功能单元的电路设计、工作原理及软件设计，是进行复杂 DSP 工程项目设计的基础。

8.2 DSP 最小系统设计

最小系统不仅是应用系统的核心，也是应用系统可靠工作的前提。首先，根据任务选择合适的芯片。在 TI 公司三大产品系列中，C28xx 系列主要应用于信号检测与控制领域，F28335 作为一款主流 DSP 芯片，其性能指标满足当前工控领域的需求。

8.2.1　电源电路设计

DSP 最小系统的电源需求有 3.3V 和 1.8V（主频 100MHz）或 1.9V（主频 100MHz 以上），平时工作主频一般选择 150MHz，所以，电源系统的实际供电电压要求为 3.3V 和 1.9V。

1. 设计方案

电源设计方案有 2 种，一种方案是采取双输出电源供电模式，即选择使用一个复合电源芯片，例如 TPS767D301，同时输出 3.3V 和 1.9V 两路电压，供系统使用，该方法的优点是电路相对简洁；另一种方案是采取单输出电源供电模式，分别设计独立的 3.3V 和 1.9V 供电电路，该方法的优点是供电更加可靠。本系统采取单输出供电模式，电源电路原理图，如图 8.2 所示。

其中，3.3V 电源设计采用 AMS1117-3.3V 芯片，该芯片具有宽电压输入特性，可将直流 5V 电压转换成 3.3V 电压输出；1.9V 电源设计采用了 TPS7301 芯片，其输出端电压可调，若采用如图所示分压电阻配比，当可调电阻阻值为 3K 时，可以获得 1.9V 输出。

在等电源输入部分，增加了防反接器件 SS34 和稳压二极管；在直流电源变换器的输入、输出端，增加了滤波电，增强了电源的可靠性和稳定性。

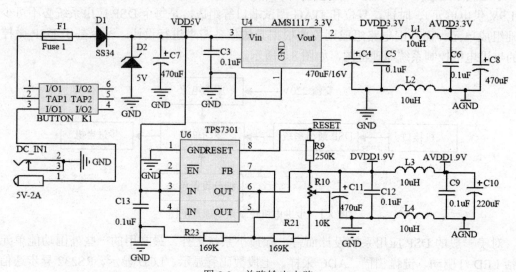

图 8.2　单路输出电路

2.电源隔离

DSP 芯片属于超大规模集成电路，其供电电源要求较高，采取分类供电，包括数字电路电源和模拟电路电源两类。同时，为了防止数字电源与模拟电管之间的干扰，一般采取隔离措施，实行相对独立供电。本设计中共有数字电源 3.3V（DVDD3.3V）、1.9V（DVDD1.9V）和模拟电源 3.3V（AVDD3.3V）、1.9V（AVDD1.9V）四种电源。四种电源电路原理图，如图 8.2 右侧输出电路所示。

在电源隔离设计中，注意以下三点：一是从输入端 5V 直流电源通过 DC-DC 变换直接产生的 3.3V 和 1.9V 电源，被用作数字电源；二是数字电源与模拟电源隔离设计中，地线之间也必须通过电感进行隔离，但是模拟电源一侧的 3.3V 电源地线与 1.9V 电源地线是直接连接的，数字电源一侧的地线也是直接连接的；三是 F28335 芯片的电源和地线引脚众多，容易混淆，具体可参照本书附图进行连接。

8.2.2　时钟与复位电路设计

1. 时钟电路

DSP 时钟电路有三种，本设计采用外接晶振的方式，如图 8.3 所示。其中，晶振参数为 30MHz，配套电容为专用 24pF 高频陶瓷电容。电路设计时，要考虑高频信号对周围器件和线路的干扰，PCB 布线时要增加电磁屏蔽措施，包括增加覆铜（接地）面积、晶振器件距离 DSP 芯片 X1、X2 引脚距离要适中等。

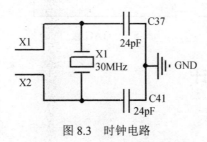

图 8.3　时钟电路

2. 复位电路

DSP 系统上电或运行出错时，可通过复位电路进行复位。DSP 复位电路包括简单 RC 复位电路和利用专用芯片组成复位电路，以及软件复位等模式模式。F28335 复位信号要求，在时钟稳定后复位引脚必须保持至少 8 个外部时钟周期的低电平，才能形成可靠复位。本设计采用 TPS3305-18 专用芯片组成复位电路，如图 8.4 所示。其中，芯片的第 1、2 号引脚可分别用于监测 DVDD3.3V 和 DVDD1.9V 电压的变化；第 7 号引脚监测复位按钮，当按钮按下时，在第 5 号引脚产生标准复位信号 $\overline{\text{RESET}}$，该引脚与 DSP 复位引脚 XRS 相连接，当复位按钮触发时，触发 DSP 复位。

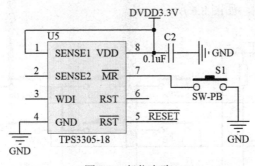

图 8.4　复位电路

8.2.3　JTAG 电路设计

在 DSP 最小系统和实际应用系统中，JTAG 接口是标准配置之一，常用的物理接口是标准的 14 针结构（实际仅使用 13 针）。该接口的主要功能，一是用于仿真测试；二是用于连接开发板，下载编译后的可执行代码。

其中，TMS 是测试模式选择端，为 JTAG 接口设置特定的测试模式；TCK 为测试时钟输入端，TDI 为测试数据输入端，TDO 为测试数据输出端；$\overline{\text{TRST}}$ 是测试复位输入引脚，低

电平有效；EMU0、EMU1 均为仿真引脚。具体电路原理图，如图 8.5 所示。上述引脚与
F28335 同名引脚对应连接。

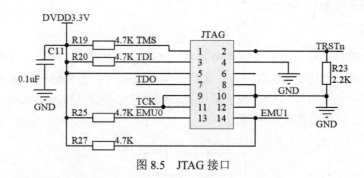

图 8.5　JTAG 接口

8.3　键盘系统设计

8.3.1　按键检测方法

　　键盘或按键电路是微处理器应用系统最常见的外围功能电路，也是最简单人—机交互方式之一。按键设计的重点是检测方法选择与软件实现。

　　根据所使用的按键数量，采取不同的检测方法。当按键数量较少或某若干个按键具有特殊重要的控制功能时，可采用中断检测法。即将若干个按键分别与不同的外部中断相关联（具体参见 PIE 中断内容），在中断函数中完成按键对应功能的设置与实现。当按键数量较多时，一般组成行、列矩阵，通过行列扫描技术，进行按键检测。

　　矩阵扫检测方法中，可以使用专用芯片进行实现，也可以使用 GPIO 端口直接进行行、列式扫描。本设计采用 GPIO 端口组成行列矩阵，进行按键检测。使用 GPIO24～GPIO27 作为行检测端口，使用 GPIO50～GPIO52 作为列检测端口。每个端口均连接 10K 上拉电阻。按键行列扫描电路原理图，如图 8.6 所示。

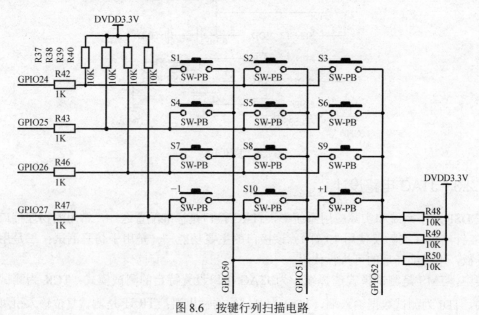

图 8.6　按键行列扫描电路

8.3.2　行列扫描原理与程序设计

1. 行列扫描原理

在上述 4×3 键盘阵列中，当 4 个行输出端口均输出"0"电平时，任何时刻按下任何按键，都会在其所属于的列端口检测到"0"电平信号，即通过依次快速扫描、检测列端口的电平，可以判断该按键所在的列。

当检测到其所在列时，设置该列对应的端口输出"0"电平，然后快速依次检测 4 个行所对应的端口电平，当检测到"0"电平信号时，"0"电平所在的行，便是上述按键所在的行。上述"列"与"行"所对应的交叉点处的按键，便是当前所探测的按键。行列扫描法适合于具有较多按键且实时性不高的情况。

2. 程序设计

例 8.1　矩阵式键盘扫描

要求编程实现 4×3 键盘检测，键盘电路如图 8.6 所示。源代码如下。

```
// ----------------键盘扫描程序,主要代码段------------------//
// 通过宏定义,将 12 个按键定义为对应数值,便于在程序中进行判断和应用
#define    S1     1 //宏定义,定位 S1 为 1
#define    S2     2 //宏定义
#define    S3     3 //宏定义
#define    S4     4 //宏定义
#define    S5     5 //宏定义
#define    S6     6 //宏定义
#define    S7     7 //宏定义
#define    S8     8 //宏定义
#define    S9     9 //宏定义
#define    S10    10 //宏定义
#define    S-    14   //宏定义"S-",类加功能键
#define    S+    15   //宏定义"S+",类减功能键
void Init_GPIO(void)
{
    EALLOW;
    GpioCtrlRegs.GPAMUX2.bit.GPIO24 = 0;   // GPIO 复用为 GPIO 功能, 行端口
    GpioCtrlRegs.GPAMUX2.bit.GPIO25 = 0;   // GPIO 复用为 GPIO 功能
    GpioCtrlRegs.GPAMUX2.bit.GPIO26 = 0;   // GPIO 复用为 GPIO 功能
    GpioCtrlRegs.GPAMUX2.bit.GPIO27 = 0;   // GPIO 复用为 GPIO 功能
    GpioCtrlRegs.GPBMUX2.bit.GPIO50 = 0;   // GPIO 复用为 GPIO 功能, 列端口
    GpioCtrlRegs.GPBMUX2.bit.GPIO51 = 0;   // GPIO 复用为 GPIO 功能
    GpioCtrlRegs.GPBMUX2.bit.GPIO52 = 0;   // GPIO 复用为 GPIO 功能
    EDIS;
 }
//设置行对应 GPIO 端口为输出方向,输出"0"电平;设置列对应 GPIO 端口为输入方向
//键盘端口初始化状态
void Init_LC_C(void)
{
```

```
EALLOW;
GpioCtrlRegs.GPADIR.bit.GPIO24 = 1;
GpioDataRegs.GPADAT.bit.GPIO24 = 0;;
GpioCtrlRegs.GPADIR.bit.GPIO25 = 1;
GpioDataRegs.GPADAT.bit.GPIO25 = 0;
GpioCtrlRegs.GPADIR.bit.GPIO26 = 1;
GpioDataRegs.GPADAT.bit.GPIO26 = 0;
GpioCtrlRegs.GPADIR.bit.GPIO27 = 1;
GpioDataRegs.GPADAT.bit.GPIO27 = 0;
GpioCtrlRegs.GPBDIR.bit.GPIO50 = 0;
GpioDataRegs.GPBDAT.bit.GPIO50= 0;
GpioCtrlRegs.GPBDIR.bit.GPIO51 = 0;
GpioDataRegs.GPBDAT.bit.GPIO51 = 0;
GpioCtrlRegs.GPBDIR.bit.GPIO52 = 0;
GpioDataRegs.GPBDAT.bit.GPIO52 = 0;
 EDIS;
}
//设置列对应 GPIO 端口为输出方向，输出"0"电平；设置行对应 GPIO 端口为输入方向
//配合行列扫描需要，进行端口功能切换
void Init_LC_L(void)
{
EALLOW;
GpioCtrlRegs.GPADIR.bit.GPIO24 = 0;
GpioDataRegs.GPADAT.bit.GPIO24 = 0; DELAY_US(1);
GpioCtrlRegs.GPADIR.bit.GPIO25 = 0;
GpioDataRegs.GPADAT.bit.GPIO25 = 0; DELAY_US(1);
GpioCtrlRegs.GPADIR.bit.GPIO26 = 0;
GpioDataRegs.GPADAT.bit.GPIO26 = 0; DELAY_US(1);
GpioCtrlRegs.GPADIR.bit.GPIO27 = 0;
GpioDataRegs.GPADAT.bit.GPIO27 = 0; DELAY_US(1);
GpioCtrlRegs.GPBDIR.bit.GPIO50 = 1;
GpioDataRegs.GPBDAT.bit.GPIO50= 0; DELAY_US(1);
GpioCtrlRegs.GPBDIR.bit.GPIO51 = 1;
GpioDataRegs.GPBDAT.bit.GPIO51 = 0; DELAY_US(1);
GpioCtrlRegs.GPBDIR.bit.GPIO52 = 1;
GpioDataRegs.GPBDAT.bit.GPIO52 = 0; DELAY_US(1);
EDIS;
}
//键盘"列"的 GPIO 端口宏定义
#define     C1      GpioDataRegs.GPADAT.bit.GPIO50    //宏定义，C(Column)代表列
#define     C2      GpioDataRegs.GPADAT.bit.GPIO51    //宏定义
#define     C3      GpioDataRegs.GPADAT.bit.GPIO52    //宏定义
//键盘"行"的 GPIO 端口宏定义
#define     L1      GpioDataRegs.GPADAT.bit.GPIO24    //宏定义，L(Line)代表行
```

```
#define      L2        GpioDataRegs.GPADAT.bit.GPIO25      //宏定义
#define      L3        GpioDataRegs.GPBDAT.bit.GPIO26      //宏定义
#define      L4        GpioDataRegs.GPADAT.bit.GPIO27      //宏定义


unsigned int Scan_Button(void) //按键扫描程序
{
  unsigned int i=0,num=0xFFFF,x=0,y=0;   //定义变量，x、y 分别代表"行"、"列"坐标变量
  Init_LC_C();//调用初始化函数，以便于读取列端口状态
  i = C1&C2&C3;      //若为低电平，则有按键按下，先进行列检测
  if(i == 0)
  {
    DELAY_US(50);//延时消抖
    i = C1&C2&C3;
    if(i == 0)      //若延时后仍然为低电平，说明有按键按下
    {
        if(!C1)y= 0x01;       //C1 低电平时，设置值为 0x01
        if(!C2)y= 0x02;       //......
        if(!C3)y= 0x03;       //......
        Init_LC_L();          //行与列输入输出反转
        if(!L1)x= 0x10;       // L1 低电平时，设置值为 0x10
        if(!L2)x= 0x20;       //......
        if(!L3)y= 0x30;       //......
        if(!L4)y= 0x40;       //......
        x |= y;               //x 或 y，通过或运算组合成具有"行"、"列"特征的二进制数值
          Init_LC_C();              //行与列输入输出反转，恢复初始化状态
        switch(x){
          case 0x11:num = S1;break;   //若为 0x11，则判断 S1 键按下并返回对应键值，S1 已被宏
定义为 1
          case 0x12:num = S2;break;   //......
          case 0x13:num = S3;break;   //......
          case 0x21:num = S4;break;   //......
          case 0x22:num = S5;break;   //......
          case 0x23:num = S6;break;   //......
          case 0x31:num = S7;break;   //......
          case 0x32:num = S8;break;   //......
          case 0x33:num = S9;break;   //......
          case 0x41:num=S-;break;     //......
          case 0x42:num = S10;break;  //......
          case 0x43:num=S+;break;     //......
            default:num=0xFFFF;       //若没有按键按下，则返回值：0XFFFF
          }
        }
      }
    }
    return num;//返回按键值,注意:此处返回值为按键对应的数字
}
```

8.4   数码管显示系统设计

数码管是最基本的显示器件，其中，尤其以七段数码管广泛应用于数据显示。其对应的驱动包括"段"驱动和"位"驱动，前者提供显示的字形代码，一般是 8 位；后者则用于控制要显示字形的"位"，"位"的数目根据显示内容及显示精度而定。

根据"段"码信号的传输方式不同，分为 GPIO 端口并行传输和"串入—并出"传输两种驱动模式。利用 GPIO 端口进行并行传输，是一种常规操作，一般占用 8 个 GPIO 端口，优点是电路简单，编程实现比较容易，但是 GPIO 引脚占用过多；串口传输驱动一般使用"串入—并出"集成电路，同时配合使用 DSP 内部的 SPI 模块，以同步通信方式传输"段"码信息，显著的优点是电路集成度高，GPIO 引脚占用较少，但是编程实现较为复杂。

8.4.1   GPIO 端口驱动

SR420361N 是共阴极连接的集成显示模块，由 4 个独立的七段数码管封装而成。其中，SR420361N 的 A～G、DP 引脚，分别对应七段数码管的 a～g 段和小数点发光段 dp；DIG1～DIG4 引脚则分别是 4 个七段数码管的"位"驱动引脚，由于"位"驱动需要较大的工作电流，所以需要使用功率型三极管对 DSP 输出的 TTL 电平信号进行功率放大。

在 SR420361N 集成显示模块中，共封装有 4 个独立的七段数码管，该 4 个七段数码管的同名"段"均为并联接法，即显示模块中所有数码管的 a 段并联，所有数码管的 g 段并联，所有数码管的小数点发光段 dp 并联，对外的接线引脚分别是 A～G 和 DP 引脚。本设计中，A～G 和 DP 引脚分别与 GPIO0～GPIO7 端口直接或通过排阻连接。8 位的"段码"信息通过 GPIO0～GPIO7 端口进行并行传输，在某一时刻同时送达 4 个七段数码管的段码引脚；4 个"位"控制引脚则分别连接 NPN 三极管 Q1～Q4 的集电极 BIT0～BIT3，三极管 Q1～Q4 则分别由 GPIO8～GPIO11 端口驱动。

一个模拟采样值经过 BCD 码处理，变成一组整数值，取出其对应的"段码"值，依次送入 GPIO0～GPIO7，同时，循环控制四个功率三极管，利用人眼的视觉暂留现象，便可以观察到动态的 LED 数码显示值。电路原理图，如图 8.7 所示。

8.4.2   移位寄存器驱动

1. 74HC164 移位寄存器

74HC164 是 8 位串入—并出高速 CMOS 器件，引脚分布原理图如图 8.8 所示。其中，引脚 1、2 均为数据输入端，数据通过两个输入端之一串行输入，任一输入端可以作为高电平使能端，控制另一输入端的数据输入，一般将两个输入端并联使用，或只使用一个输入端，另一输入端接高电平。Q0～Q7 为输出端；第 8 引脚为时钟端，该芯片属于边沿触发，上升沿有效，外部时钟（CP）每次由低变高时，数据右移一位，移出到 Q0 端；第 9 引脚为复位端，低电平有效，工作时设置为高电平。随着输入时钟的驱动，一个字节的"段码"数据，便被依次发送到 Q0～Q7 端口。74HC164 移位寄存器驱动数码管的电路，如图 8.8 所示。

2. 具体应用

在实际使用中基于 74HC164 的数据传输方式有 2 种方法。一是模拟时钟驱动法，使用 2 个 GPIO 端口，其中，1 个 GPIO 端口作为数据输出端，连接 74HC164 数据输入端；另 1 个

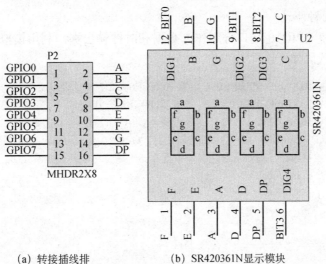

（a）转接插线排　　　（b）SR420361N显示模块

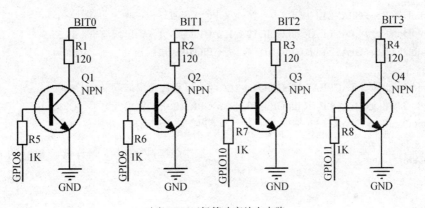

（c）NPN三极管功率放大电路

图 8.7　LED 数码管及 GPIO 驱动电路

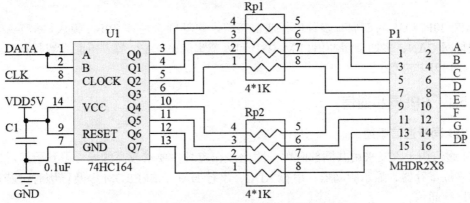

图 8.8　74HC164 移位寄存器驱动电路

GPIO 端口作为模拟时钟输出端，连接 74HC164 时钟输入端口。采用类似于模拟 I²C 通信的方式，使用 GPIO 端口产生模拟时钟驱动信号，实现"段码"数据信息"串入—并出"；二是 SPI 同步通信模式，将 SPI-A 模块的 SPISIMOA 和 SPICLKA 引脚分别连接移位寄存器的数据输入和时钟引脚，实现高速数据的同步输出。

例 8.2 模拟时钟驱动

使用 GPIO9 和 GPIO10 端口分别作为数据和时钟输出端，利用模拟驱动方式，电路如图 8.8 所示，驱动代码如下。

```
GpioCtrlRegs.GPAMUX1.bit.GPIO9 = 0;// 设置 GPIO 功能，作为 DATA
GpioCtrlRegs.GPAMUX1.bit.GPIO10 = 0;// 设置 GPIO 功能，作为 CLK
GpioCtrlRegs.GPADIR.bit.GPIO9 =   1;// 方向设置，GPIO9 设置为输出方向;
GpioCtrlRegs.GPADIR.bit.GPIO10 =   1;// 方向设置，GPIO10 设置为输出方向;
//-------------字节数据输出，假设待发送字节数据存储于无符号短整数变量 udata 低 8 位--------//
void Send(unsigned short    udata){
    unsigned short i;
  for(i = 0;i < 8;i ++)//一个字节数据传输
  {
  if(udata & 0x80)
  {
    GpioDataRegs.GPASET.bit.GPIO9 = 1;   // GPIO9 引脚输出高电平，DATA=1;
    GpioDataRegs.GPACLEAR.bit.GPIO10 = 1; // GPIO10 引脚输出低电平，CLK=0;
    GpioDataRegs.GPASET.bit.GPIO10 = 1;   // GPIO10 引脚输出高电平，CLK=1;
  }else{
    GpioDataRegs.GPACLEAR.bit.GPIO9 = 1; // GPIO9 引脚输出低电平，DATA=0;
    GpioDataRegs.GPACLEAR.bit.GPIO10 = 1; // GPIO10 引脚输出低电平，CLK=0;
    GpioDataRegs.GPASET.bit.GPIO10 = 1;     // GPIO10 引脚输出高电平，CLK=1;
  }
    udata = udata<<1;
  }
}
```

8.5 串行通信系统设计

TMS320F28335 内部拥有多种串行通信接口，包括同步通信 SPI-A 模块、SCI-A/B/C 模块、局域网 CAN、多通道缓冲串口 McBSP 和内部集成电路 I²C 等。下面介绍几种常用的串行通信接口及其应用。

8.5.1 SPI 同步通信

1. SPI 同步通信概述

SPI 通信由于收发采用共同的时钟，因此，在实时性要求较高的场合得到了广泛应用，经常与移位寄存器、显示驱动器、串行 ADC、串行 DAC、EEPROM 以及日历时钟芯片等外围器件进行通信。

在使用七段数码管作为显示器件的应用系统中，SPI 模块也经常与移位寄存器配套使用，以提高数据传输的速率。在该模式中，移位寄存器选用 74HC164，显示模块选用 SR420361N。将 SPI-A 模块的 SPISIMOA 和 SPICLKA 引脚，分别与 74HC164 的数据输入引脚和时钟引脚相连接；将 74HC164 的输出端 Q0～Q7 经过排阻分别与显示模块的 A～G 和 DP 引脚连接（对应七段数码管的 a～g、dp 控制端）。SPI 同步通信电路，如图 8.9 所示；

LED 显示模块与驱动电路，如图 8.7 所示。

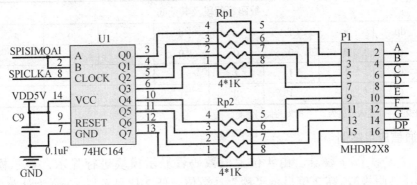

图 8.9　SPI 同步通信驱动电路

2. 七段数码管及其段码

七段数码管是最常见的显示器件之一，多用于数字显示。其中，a~g 段组成"8"字形，同时，还有 1 个小数点显示段 dp，所以实际的显示"段码"是 8 位二进制。在不同的供电模式下，显示同一个数字字形需要调用不同的驱动"段码"。共阳极供电模式与共阴极供电模式下的 0~9"段码"表，分别如表 8.1 和表 8.2 所示。

表 8.1　共阳极供电模式下七段数码管的"段码"表

显示数字	数码管的段及其编码排列								段码
	dp	g	f	e	d	c	b	a	
0	1	1	0	0	0	0	0	0	C0
1	1	1	1	1	1	0	0	1	F9
2	1	0	1	0	0	1	0	0	A4
3	1	0	1	1	0	0	0	0	B0
4	1	0	0	1	1	0	0	1	99
5	1	0	0	1	0	0	1	0	92
6	1	0	0	0	0	0	1	0	82
7	1	1	1	1	1	0	0	0	F8
8	1	0	0	0	0	0	0	0	80
9	1	0	0	1	0	0	0	0	90

注：共阳极模式下，输入电压为"0"时对应段码发光。

表 8.2　共阴极供电模式下七段数码管的"段码"表

显示数字	数码管的段及其分布								段码
	dp	g	f	e	d	c	b	a	
0	0	0	1	1	1	1	1	1	3F
1	0	0	0	0	0	1	1	0	06
2	0	1	0	1	1	0	1	1	5B
3	0	1	0	0	1	1	1	1	4F
4	0	1	1	0	0	1	1	0	66
5	0	1	1	0	1	1	0	1	6D
6	0	1	1	1	1	1	0	1	7D

续表

显示数字	数码管的段及其分布								段码
	dp	g	f	e	d	c	b	a	
7	0	0	0	0	0	1	1	1	07
8	0	1	1	1	1	1	1	1	7F
9	0	1	1	0	1	1	1	1	6F

注：共阴极模式下，输入电压为"1"时对应段码发光。

3. SPI 通信应用案例

设计一个"秒"计数器，由 4 位七段数码管显示模块进行显示，显示模块型号为 SR420361N（共阴极），高 2 位显示"秒"计数值，低 2 位显示以 10ms 为计数单位的计数值，采用定点显示方法，小数点在第 2、第 3 个数码管之间固定显示。移位寄存器使用 74HC164，段码由 SPI-A 模块输出。LED 显示模块与及其位控制电路，如图 8.7 所示；SPI 同步通信与移位寄存器连接电路，如图 8.9 所示。主要程序代码如下。

例 8.3 秒计数器设计

设计一个"秒"计数器，由 4 位七段数码管显示模块进行显示，显示模块型号为 SR420361N（共阴极），高 2 位显示"秒"计数值，低 2 位显示以 10ms 为计数单位的计数值，采用定点显示方法，小数点在第 2 个和第 3 个数码管之间固定显示。移位寄存器使用 74HC164，段码由 SPI-A 模块输出。LED 显示模块与及其位控制电路，如图 8.7 所示；SPI 同步通信与移位寄存器连接电路，如图 8.9 所示。主要程序代码如下。

```
// ---------秒计数器设计--------//
#include "DSP2833x_Device.h"
#include "DSP2833x_Examples.h"
//宏定义数码管"位"控制端口
#define SEG1_SETH          (GpioDataRegs.GPASET.bit.GPIO8=1)
#define SEG1_SETL          (GpioDataRegs.GPACLEAR.bit.GPIO8=1)
#define SEG2_SETH          (GpioDataRegs.GPASET.bit.GPIO9=1)
#define SEG2_SETL          (GpioDataRegs.GPACLEAR.bit.GPIO9=1)
#define SEG3_SETH          (GpioDataRegs.GPASET.bit.GPIO10=1)
#define SEG3_SETL          (GpioDataRegs.GPACLEAR.bit.GPIO10=1)
#define SEG4_SETH          (GpioDataRegs.GPASET.bit.GPIO11=1)
#define SEG4_SETL          (GpioDataRegs.GPACLEAR.bit.GPIO11=1)

void SMGGPIO_Init(void);
void SPIA_Init(void);
interrupt void TIM0_IRQn(void);
interrupt void TIM1_IRQn(void);
void SECWatch_Display(unsigned char sec1,unsigned char mms1);
unsigned char smgduan[10]={0x3F, 0x06, 0x5B, 0x4F, 0x66, 0x6D, 0x7D, 0x07,
              0x7F, 0x6F};//0~9 七段数码管"段码"数组，共阴极
unsigned char sec=0;//秒计数变量
unsigned char mms=0;//以 10ms 为计时单位的计数变量
void main()
```

```
{
    InitSysCtrl();//系统初始化
    InitPieCtrl();//PIE 控制寄存器初始化为默认状态
    IER = 0x0000;// 核心级中断允许寄存器、中断标志寄存器复位
    IFR = 0x0000;//
    InitPieVectTable();//初始化中断向量表
    SMGGPIO_Init();//数码管位控制端口 GPIO8～GPIO11 设置，GPIO54、GPIO56 外设功能设置
    SPIA_Init()//SPI 初始化设置
    InitCpuTimers();//初始化定时器
    ConfigCpuTimer(&CpuTimer0, 150, 200000)//Timer0 定时 200ms
    ConfigCpuTimer(&CpuTimer1, 150, 10000)//Timer1 定时 10ms
    CpuTimer0Regs.TCR.ALL=0X4001;//允许定时器中断，启动定时器
    CpuTimer1Regs.TCR.ALL=0X4001;
    IER |= M_INT1;//允许核心级 INT1 中断
    PieCtrlRegs.PIEIER1.bit.INTx7 = 1; //允许 PIE 级 T0 中断
    IER |= M_INT13;//允许核心级 INT13(T1)中断
    EINT;//开全局可屏蔽中断
    ERTM;
    while(1)
    {
        SECWatch_Display(sec, mms);
    }
}
//GPIO8～GPIO11, GPIO54、GPIO56 设置
void SMGGPIO_Init(void)
{
    EALLOW;
    SysCtrlRegs.PCLKCR3.bit.GPIOINENCLK = 1;// 开启 GPIO 时钟
    GpioCtrlRegs.GPAMUX1.bit.GPIO0=0;//LED0 驱动
    GpioCtrlRegs.GPADIR.bit.GPIO0=1;

    GpioCtrlRegs.GPAMUX1.bit.GPIO8=0;
    GpioCtrlRegs.GPADIR.bit.GPIO8=1;
    GpioCtrlRegs.GPAPUD.bit.GPIO8=0;
    GpioCtrlRegs.GPAMUX1.bit.GPIO9=0;
    GpioCtrlRegs.GPADIR.bit.GPIO9=1;
    GpioCtrlRegs.GPAPUD.bit.GPIO9=0;
    GpioCtrlRegs.GPAMUX1.bit.GPIO10=0;
    GpioCtrlRegs.GPADIR.bit.GPIO10=1;
    GpioCtrlRegs.GPAPUD.bit.GPIO10=0;
    GpioCtrlRegs.GPAMUX1.bit.GPIO11=0;
    GpioCtrlRegs.GPADIR.bit.GPIO11=1;
    GpioCtrlRegs.GPAPUD.bit.GPIO11=0;

    GpioCtrlRegs.GPBMUX2.bit.GPIO54=1;//SPISIMOA
```

```c
        GpioCtrlRegs.GPBQSEL2.bit.GPIO54=1;//设置输入脉冲宽度，3 个采样周期
        GpioCtrlRegs.GPBPUD.bit.GPIO54=0;//使能上拉电阻
        GpioCtrlRegs.GPBMUX2.bit.GPIO56=1;//SPICLKA
        GpioCtrlRegs.GPBQSEL2.bit.GPIO56=1;//设置输入脉冲宽度，3 个采样周期
        GpioCtrlRegs.GPBPUD.bit.GPIO56=0; //使能上拉电阻
        EDIS;
}
// SPI 初始化设置
void SPIA_Init(void)
{
        EALLOW;
        SysCtrlRegs.PCLKCR0.bit.SPIAENCLK = 1;   //SPI-A 模块时钟使能
        EDIS;
        SpiaRegs.SPIFFTX.all=0xE040;//SPI 使能，FIFO 使能，TX 发送使能，清除中断
        SpiaRegs.SPIFFRX.all=0x204f;//忽略
        SpiaRegs.SPIFFCT.all=0x0;
        SpiaRegs.SPICCR.all =0x0F;      //复位，上升沿数据输出，16 位字长
        SpiaRegs.SPICTL.all =0x06;      // 主模式，允许发送，禁止发送/接收中断
        SpiaRegs.SPIBRR =0x007F;        //传输速率设置
        SpiaRegs.SPICCR.all =0xDF;      //SPI 准备好发送
        SpiaRegs.SPIPRI.bit.FREE = 1;   //自由运行
}
interrupt void TIM0_IRQn(void)
{
        EALLOW;
        GpioDataRegs.GPATOGGLE.bit.GPIO0=1;//运行期间 GPIO0 端口 LED 灯闪烁指示
        EDIS;
        PieCtrlRegs.PIEACK.bit.ACK1=1;
}
interrupt void TIM1_IRQn(void)
{
        static Uint16 cnt_10ms=0;
        cnt_10ms++;
        mms++;
        if(mms==100)
        {
                mms=0;
                LED3_TOGGLE;
                sec++;
                if(sec==60)
                {
                        sec=0;
                }
        }
}
```

```
void SECWatch_Display(unsigned char sec1, unsigned char mms1)
{
    unsigned char buf[4];
    unsigned char i=0;
    buf[0]=smgduan[sec1/10];// 秒计数显示，"十"位
    buf[1]=smgduan[sec1%10]|0x80;//秒计数显示，"个"位，且定点点亮小数点
    buf[2]=smgduan[mms1/10];//以 10ms 为单位计时，"十"位
    buf[3]=smgduan[mms1%10];// 以 10ms 为单位计时，"个"位
    for(i=0;i<4;i++)
    {
        SpiaRegs.SPITXBUF= buf[i];//启动 SPI 发送
        While(SpiaRegs.SPIFFTX.bit.TXFFST != 0);//若未发送完毕，等待
        switch(i)
        {
        case 0:SEG1_SETH;SEG2_SETL;SEG3_SETL;SEG4_SETL;break;//依次启动控制"位"
        case 1:SEG1_SETL;SEG2_SETH;SEG3_SETL;SEG4_SETL;break;
        case 2:SEG1_SETL;SEG2_SETL;SEG3_SETH;SEG4_SETL;break;
        case 3:SEG1_SETL;SEG2_SETL;SEG3_SETL;SEG4_SETH;break;
        }
        DELAY_US(1000);//发光 1ms
    }
}
```

8.5.2　SCI 异步通信

1. RS232 通信接口

F28335 拥有 3 个 SCI 通信接口：SCI-A、SCI-B 和 SCI-C。上述端口传输的信号均为 TTL 电平，抗干扰能力弱，不能进行远距离传输，需要通过专用芯片进行电平转换。例如，通过 MAX3232 芯片，将 TTL 电平转换为负逻辑电平，再通过标准 RS232 物理接口，进行 RS232 串行通信。RS232 是电子工业协会制定的一种串行异步通信接口，有 9 针和 25 针两种物理接口，其中，以 9 针结构使用最为广泛，多应用于 DSP 应用系统与计算机之间的串行通信。在 RS232 通信中，逻辑电平"1"的实际电平为-3～-15V；逻辑电平"0"的实际电平为+3～+15V。逻辑电平增强了信号的驱动能力和抗干扰能力，提高了传输距离。RS232 物理接口、MAX3232 转换芯片和 SCI-B 之间的电路连接，如图 8.10 所示。

2. RS485 通信接口

SCI 异步通信模块使用非常广泛而且灵活，除了能够进行 RS232、RS422 全双工通信以外，还可以通过设计简单的通信电路实现更为便捷高效的 RS485 通信，如图 8.11 所示。

RS485 是美国电子工业协会（EIA）制定的通信标准（Recommended Standard，RS），在 RS422 通信基础上发展而来，采用平衡方式传输数据，具有很强的抗干扰能力，最大允许的共模电压-7～12V，且自身噪声辐射很小，最大理论传输距离为 1.2km，实际通信距离可达 3000 多米，通信速率高达 10Mb/s，传输距离与速率成反比关系，在最高传输速率时传输距离为 12m 左右。RS485 串行通信在实验室及工业现场的信息采集与数据传输中得到了广泛应用。

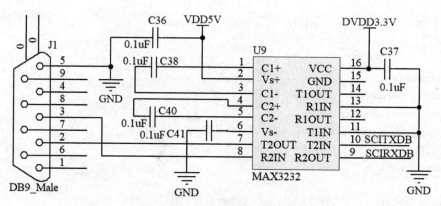

图 8.10　SCI 异步通信接口电路

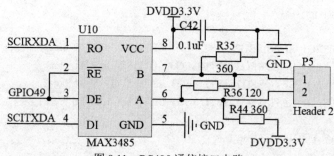

图 8.11　RS485 通信接口电路

　　MAX3485 是 RS485 通信的电平转换与控制芯片，采用 3.3V 电压供电，具有低功耗驱动特征，内部包含有 1 个接收器和 1 个发送器，由外部引脚控制接收和发送。其中，RO 是内部接收器发送引脚，将来自外部双绞线上的信息进行接收和电平转换，当 A 引脚电平大于 B 引脚电平 200mV 时，RO 输出"1"电平，否则，输出"0"电平；DI 是发送器输入引脚，来自 SCI 模块输出端的数据由此引脚输入；$\overline{RE}$ 和 DE 分别是内部接收器和发送器的输出使能端，前者低电平有效，后者高电平有效，在电路设计与实际编程使用时一般将两个引脚短接，如图 8.11 所示，再通过 DSP 的一个 I/O 引脚控制数据的接收或发送：0-接收，1-发送，通过快速切换操作，实现分时复用和半双工通信；A 和 B 引脚连接双绞线，应用时在两者之间需要连接 120Ω 匹配电阻，同时，也可以通过电阻分别连接电源与 GND，以提高抗干扰能力。

8.5.3　I²C 通信

　　I²C 是目前得到广泛应用的一种串行通信工业总线标准，具有硬件电路简单、传输速率高、通信协议容易掌握等系列优点。在 DSP 应用系统中，常用与 EEPROM、日历时钟芯片等配合使用。应用 AT24C02 器件，设计一个按键信息存储、读取应用系统。

1. AT24C02 简介

　　AT24C02 是低电压工作的二线制串行 EEPROM，带有标准 I²C 通信接口，内部存储空间大小为 256×8bit，可存储 256 个字节。串行通信电路，如图 8.12 所示。

　　其中，A0～A2 是地址输入端，在一个 I²C 总线上可以寻址 8 个 AT24C02 器件；SDA 是双向数据端口，漏极开路输出，一般在 SCL、SDA 线路加上拉电阻。SCL 是时钟信号端，在 SCL 时钟的上升沿将数据写入，在 SCL 时钟的下降沿将数据读出；WP 是写保护端，WP 接地 GND 时，可进行正常读/取操作，接高电平时芯片启动保护功能。

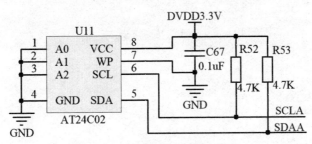

图 8.12　AT24C02 串行通信电路

2. I²C 通信

（1）原理概述

在 I²C 通信中，所有 I²C 器件均挂在总线上，其中，控制 SCL 时钟变化的器件，称为主器件，主器件一般主动向总线发送数据信息；除了主器件之外的其他从器件，称为从器件。主从器件根据通信需求进行角色转换。以下是涉及 I²C 通信的重要概念。

初始化：SDA、SCL 均设置为"1"电平；

开始信号：SCL 保持"1"电平，同时，SDA 由"1"变"0"。

停止信号：SCL 保持"1"电平，同时，SDA 由"0"变"1"。

数据传输：在 SCL 保持"0"电平期间，SDA 可以转换电平；但是，在 SCL 保持"1"电平期间，SDA 必须保持稳定的"1"或"0"电平；总线上的设备必须在 SCL 保持"1"电平期间采集数据。

应答信号（ACK）：在 SDA 传输 8 位数据之后，主器件停止驱动总线，SDA 改为接收状态；若从器件在第 8 个时钟周期检测到接收数据，则在第 9 个周期将 SDA 拉低，此信号即为应答信号，若主器件接收到该信号，则认为数据发送成功。

注意：I²C 数据传输总是从被发送数据的最高位开始，从最低位结束。

（2）I²C 通信协议编程

```
//启动信号，启动 I²C
void start()
{
sda=1;
NOP;NOP;
scl=1;
NOP;NOP;
sda=0;
NOP;NOP;NOP;
scl=0;//只有 scl 为"0"，SDA 才能改变电平
NOP;NOP;
}
//停止发送
void stop()
{
```

```
            sda=0;
            NOP;NOP;
            scl=1;
            NOP;NOP;
            sda=1;
            NOP;NOP;
            }
//发送 8 位数据
void writeb(unsigned j)
        {
        unsingned char i,temp;
        temp=j;
        for(i=0;i<8;i++)
        {
        temp=temp<<1;
        scl=0;
        NOP;NOP;
        sda=CY;
        NOP;NOP;
        scl=1;
        NOP;NOP;
        }
        scl=0;
        NOP;NOP;
        sda=1;
          NOP;NOP;
          NOP;NOP;
        }
//接收 8 位数据
unsigned char readb()
        {
        unsingned char i,j,k;
        scl=0
        NOP;NOP;
        sda=1;//释放总线
        for(i=0;i<8;i++)
        {
        NOP;NOP;
        scl=1;//检测总线数据
        NOP;NOP;
        if(sad==1)j=1;
        else j=0;
        k=((k<<1)|j;
        scl=0;//检测 sda 电压值
        }
```

```
        NOP;NOP;
        Return(k);
        }
//应答信号
void clock()
    {
    unsigned char i=0;
    scl=1;
    NOP;NOP;
    while((sda==1)&&(i<255))i++;
    scl=0;
    NOP;NOP;
    }
```

3. I²C 器件编址与寻址

以 AT24C02 为例，阐述 I²C 器件的地址编址与寻址。AT24C02 内存大小为 2Kbit，采用 "页"式存取方式，每页存储 8 字节，共 32 页，即 256 字节。有两种寻址方式：芯片寻址和片内地址寻址。

（1）芯片寻址

AT24C02 被分配的芯片地址是 1010，8 位地址格式为：1010A2A1A0（R/$\overline{\text{W}}$）。其中，A2、A1 和 A0 属于可编程地址位，共有 8 种地址状态，因此，一条 I²C 总线可以级联（寻址）8 个带有 I²C 标准接口的器件；R/$\overline{\text{W}}$ 是读/写控制位：0-写操作，1-读操作。令 A2、A1 和 A0 均接地，当只有 1 个 AT24C02 器件时，该芯片的写地址为 10100000，即 0xA0；读取地址为 10100001，即 0xA1。

（2）片内寻址

AT24C02 内部容量为 256×8byte，芯片内部可寻址范围 0x00～0xFF，可以对内部任何地址进行读/写操作。

因此，在实际应用中对 AT24C02 进行操作时，需要进行两次寻址，首先是芯片选择，随后是寻址芯片内部具体的存储地址。

（3）读写操作

```
void AT24CXX_WriteOneByte(unsigned char Adress, unsigned char data) //写函数
{
    IIC_Start();
    IIC_Send_Byte(0xA0);        //发送器件地址 0xA0，写数据
    IIC_Wait_Ack();
    IIC_Send_Byte(Adress);      //发送存储地址
    IIC_Wait_Ack();
    IIC_Send_Byte(data);        //发送数据
    IIC_Wait_Ack();
    IIC_Stop();//产生一个停止条件
    NOP;NOP;NOP;NOP;//延时
    }
unsigned char AT24CXX_ReadOneByte(unsigned char Adress) //读函数
```

```
{
    unsigned char temp;
    IIC_Start();
    IIC_Send_Byte(0xA0);        //发送器件地址 0xA0，写数据
    IIC_Wait_Ack();
    IIC_Send_Byte(Adress);      //发送低地址
    IIC_Wait_Ack();
    IIC_Start();
    IIC_Send_Byte(0xA1);        //进入读取模式
    IIC_Wait_Ack();
    temp=IIC_Read_Byte(0);
    IIC_Stop();//产生一个停止条件
    return temp;
}
```

4. I²C 应用案例

例 8.4　按键信息存储与显示

设计一个按键信息存储显示系统，包括 3 个按键 S1、S2 和 S3，1 个存储器件 AT24C02，以及 1 个包含 4 位七段数码管的显示模块（SR420361N）组成。

其中，S1 是"+"计数键，每按动一次按键计数器加 1，同时存储按键序号信息，并在显示模块实时显示；S2 为调取键，可以从 AT24C02 中调取存储的按键信息（按键序号），S3 是清零键，可以将数码管显示信息清零；按键电路如图 8.6 所示；数码管显示电路，位驱动采用 NPN 三极管放大，电路如图 8.7 所示，"段码"采用 SPI-A 同步通信模式，驱动电路如图 8.9 所示。AT24C02 存取电路，如图 8.12 所示。主要程序代码如下。

```
// ---------按键信息存取系统设计--------//
#include "DSP2833x_Device.h"        // DSP2833x Headerfile Include File
#include "DSP2833x_Examples.h"      // DSP2833x Examples Include File
#define SEG1_SETH        (GpioDataRegs.GPASET.bit.GPIO8=1)
#define SEG1_SETL        (GpioDataRegs.GPACLEAR.bit.GPIO8=1)
#define SEG2_SETH        (GpioDataRegs.GPASET.bit.GPIO9=1)
#define SEG2_SETL        (GpioDataRegs.GPACLEAR.bit.GPIO9=1)
#define SEG3_SETH        (GpioDataRegs.GPASET.bit.GPIO10=1)
#define SEG3_SETL        (GpioDataRegs.GPACLEAR.bit.GPIO10=1)
#define SEG4_SETH        (GpioDataRegs.GPASET.bit.GPIO11=1)
#define SEG4_SETL        (GpioDataRegs.GPACLEAR.bit.GPIO11=1)
unsigned char smgduan[16]={0x3F, 0x06, 0x5B, 0x4F, 0x66, 0x6D, 0x7D, 0x07,
            0x7F, 0x6F, 0x70, 0x7C, 0Xc39, 0x5E, 0x79, 0x71};//0~F 数码管段码信息，共阴极
void GPIO_Init(void);
void KEY_Init(void);
unsigned int Scan_Button(void); //按键扫描程序
void WriteOneByte(unsigned char DataToWrite);
unsigned char ReadOneByte(void);
void SMG_DisplayInt(unsigned int    num);
void main()
```

```
{
    unsigned char key=0, k=0;//key=1，S1 按下时；key=2，S2 按下时；key=3，S3 按下时
    InitSysCtrl();//系统初始化
    InitPieCtrl();//PIE 初始化
    IER = 0x0000;//IER、IFR 清零
    IFR = 0x0000;
    InitPieVectTable();//中断向量表初始化
    GPIO_Init();//GPIO 引脚初始化设置
    //TIM0_Init(150, 200000);//T0 初始化设置，T=200ms, LED1 灯闪烁
    KEY_Init();//按键对应 GPIO 端口初始化函数，参阅 8.3 部分
    while(1)
    {
        key=Scan_Button()//按键扫描程序，参阅 8.3
            if(key==1)//按下 S1 键
            {
                k++;//k 是按键按下次数计数器，计数最大值 255
                if(k>254)//
                {
                    k=255;
                }
                WriteOneByte(k);//存储数据
            }
            else if(key==2)//按下 S2 键
            {
                k= ReadOneByte();//从内存地址 0x00 读取数据
            }
            else if(key==3)//按下 S3 键
            {
                k=0;//清零按键计数值
            }
            SMG_DisplayInt(k);//数码管显示
    }
}
// 端口初始化函数
void GPIO_Init(void)
{
    EALLOW;
    SysCtrlRegs.PCLKCR3.bit.GPIOINENCLK = 1;// 开启 GPIO 时钟
    //LED1 灯端口配置
    //GpioCtrlRegs.GPCMUX1.bit.GPIO0=0;
    //GpioCtrlRegs.GPCDIR.bit.GPIO0=1;
    //GpioCtrlRegs.GPCPUD.bit.GPIO0=0;
    //GPIO54、GPIO56 配置为 I/O 功能，不使用 SPI-A 功能
    GpioCtrlRegs.GPBMUX2.bit.GPIO56=0;
    GpioCtrlRegs.GPBDIR.bit.GPIO56=1;
```

```c
        GpioCtrlRegs.GPBPUD.bit.GPIO56=0;
        GpioCtrlRegs.GPBMUX2.bit.GPIO54=0;
        GpioCtrlRegs.GPBDIR.bit.GPIO54=1;
        GpioCtrlRegs.GPBPUD.bit.GPIO54=0;
         //数码管"位"控制端口，GPIO 初始化
        GpioCtrlRegs.GPAMUX1.bit.GPIO8=0;
        GpioCtrlRegs.GPADIR.bit.GPIO8=1;
        GpioCtrlRegs.GPAPUD.bit.GPIO8=0;
        GpioCtrlRegs.GPAMUX1.bit.GPIO9=0;
        GpioCtrlRegs.GPADIR.bit.GPIO9=1;
        GpioCtrlRegs.GPAPUD.bit.GPIO9=0;
        GpioCtrlRegs.GPAMUX1.bit.GPIO10=0;
        GpioCtrlRegs.GPADIR.bit.GPIO10=1;
        GpioCtrlRegs.GPAPUD.bit.GPIO10=0;
        GpioCtrlRegs.GPAMUX1.bit.GPIO11=0;
        GpioCtrlRegs.GPADIR.bit.GPIO11=1;
        GpioCtrlRegs.GPAPUD.bit.GPIO11=0;
        // GPIO32、GPIO33 选择 I/O 功能，使用模拟 I²C 信号与 AT24C02 进行通信
        GpioCtrlRegs.GPBMUX1.bit.GPIO32 = 0;        // IO 口功能，作为 SDA
        GpioCtrlRegs.GPBDIR.bit.GPIO32 = 1;         // 输出
        GpioCtrlRegs.GPBPUD.bit.GPIO32 = 0;         //上拉电阻
        GpioCtrlRegs.GPBQSEL1.bit.GPIO32 = 3;       //
        GpioCtrlRegs.GPBMUX1.bit.GPIO33 = 0;        // IO 口功能，作为 SCL
        GpioCtrlRegs.GPBDIR.bit.GPIO33 = 1;         // 输出
        GpioCtrlRegs.GPBPUD.bit.GPIO33 = 0;         //上拉电阻
        GpioCtrlRegs.GPBQSEL1.bit.GPIO33 = 3;       //
        EDIS;
}
//向 AT24C02 写入数据
void WriteOneByte(unsigned char DataToWrite)
{
    IIC_Start();//启动
    IIC_Send_Byte(0xA0);        //发送"写"地址 0xA0，存储数据信息
    IIC_Wait_Ack();
    IIC_Send_Byte(0);           //发送内部地址
    IIC_Wait_Ack();
    IIC_Send_Byte(DataToWrite);     //发送数据字节
    IIC_Wait_Ack();
    IIC_Stop();             //停止
    //DELAY_US(10*1000);
    NOP;NOP;NOP;
    }
//从 AT24C02 读取数据
unsigned char ReadOneByte(void)
{
```

```
        unsigned char temp=0;
        IIC_Start();//启动
        IIC_Send_Byte(0xA0);        //发送"写"地址 0xA0，存储数据信息
        IIC_Wait_Ack();
        IIC_Send_Byte(0);           //发送片内地址
        IIC_Wait_Ack();
        IIC_Start();
        IIC_Send_Byte(0xA1);        //发送"读"地址 0xA1，读取数据信息
        IIC_Wait_Ack();
        temp=IIC_Read_Byte(0);      //从片内地址 0x00 处读取 1 个字节数据
        IIC_Stop();                 //停止
        return temp;
}
//数码管显示函数
void SMG_DisplayInt(unsigned int    num)
{
        unsigned char buf[4];
        unsigned char i=0;
        buf[0]=smgduan[num/1000];//BCD 码转换，最高位
        buf[1]=smgduan[num%1000/100];//次最高位，百位
        buf[2]=smgduan[num%1000%100/10];//十位
        buf[3]=smgduan[num%1000%100%10];//个位
        for(i=0;i<4;i++)
        {
                HC164SendData(buf[i]);//发送数据，参阅 例 8-2
                switch(i)
                {
                case 0:SEG1_SETH;SEG2_SETL;SEG3_SETL;SEG4_SETL;break;//依次启动控制"位"
                case 1:SEG1_SETL;SEG2_SETH;SEG3_SETL;SEG4_SETL;break;
                case 2:SEG1_SETL;SEG2_SETL;SEG3_SETH;SEG4_SETL;break;
                case 3:SEG1_SETL;SEG2_SETL;SEG3_SETL;SEG4_SETH;break;
                    DELAY_US(5000);
                }
        }
}
```

课件

代码

参 考 文 献

[1] TMS320F28335，TMS320F28334，TMS320F28332，TMS320F28235，TMS320F28234，TMS320F28232 数字信号控制器（DSC）Data Manual. Texas Instruments，2012.

[2] TMS320C28x CPU and Instruction Set Reference Guide. Texas Instruments，2015.

[3] TMS320C28x Optimizing C/C++ Compiler v18.1.0.LTS User's Guide. Texas Instruments，2018.

[4] Programming TMS320x28xx and TMS320x28xxx Peripherals in C/C++ Application Report. Texas Instruments，2017.

[5] TMS320x2833x，2823x System Control and Interrupts Reference Guide. Texas Instruments，2010.

[6] TMS320x2833x Analog-to-Digital Converter（ADC）Module Reference Guide. Texas Instruments，2007.

[7] TMS320x2833x，2823x Enhanced Pulse Width Modulator（ePWM）Module Reference Guide. Texas Instruments，2009.

[8] TMS320x2833x，2823x Enhanced Capture（eCAP）Module Reference Guide. Texas Instruments，2009.

[9] TMS320x2833x，2823x Enhanced Quadrature Encoder Pulse（eQEP）Module Reference Guide. Texas Instruments，2008.

[10] TMS320x2833x，2823x Serial Communications Interface（SCI）Reference Guide. Texas Instruments，2009.

[11] TMS320x2833x，2823x Serial Peripheral Interface（SPI）Reference Guide. Texas Instruments，2009.

[12] TMS320F2833x，2823x Enhanced Controller Area Network（eCAN）. Texas Instruments，2009.

[13] TMS320F2833x/2823x Multichannel Buffered Serial Port（McBSP）Reference Guide. Texas Instruments，2011.

[14] TMS320x2833x，2823x Inter-Integrated Circuit（I2C）Module Reference Guide. Texas Instruments，2011.

[15] TMS320x2833x，2823x Direct Memory Access（DMA）Module Reference Guide. Texas Instruments，2011.

[16] TMS320C28x™MCU Workshop，Texas Instruments Technical Training. Texas Instruments，2009.

[17] C2000TM 实时微控制器.Texas Instruments，2011.

[18] TMS320C28x Extended Instruction Sets Technical Reference Manual. Texas Instruments，

2015.

[19] TMS320x2833x，2823x DSC External Interface（XINTF）Reference Guide. Texas Instruments，2010.

[20] TMS320x281x to TMS320x2833x or 2823x Migration Overview. Texas Instruments，2009.

[21] TMS320F2833x，TMS320F2823x Digital Signal Controllers（DSCs）. Texas Instruments，2016.

[22] TMS320F28xx 和 TMS320F28xxx DSCs 的硬件设计指南. Texas Instruments，2008.

[23] TMS320x2833x，2823x Boot ROM. Texas Instruments，2008.

[24] TMS320F28xx/28xxx DSCs 模拟接口设计综述. Texas Instruments，2008.

[25] 赵成，DSP 原理及应用技术——基于 TMS320F2812 的仿真与实例设计[M]. 北京：国防工业出版社，2012.

[26] 姚睿，付大丰，储剑波. DSP 控制器原理与应用技术[M]. 北京：人民邮电出版社，2014.

[27] 邓奕，林强. DSP 原理与应用教程[M]. 武汉：华中科技大学出版社出版，2016.

[28] 符晓，朱洪顺. TMS320F28335DSP 原理、开发及应用[M]. 北京：清华大学出版社，2017.

[29] 顾卫钢，郭巍，张蔚，等. 手把手教你学 DSP——基于 TMS320F28335 的应用开发及实践[M]. 北京：清华大学出版社，2020.

附录 A TMS320F28335 应用系统电路原理图

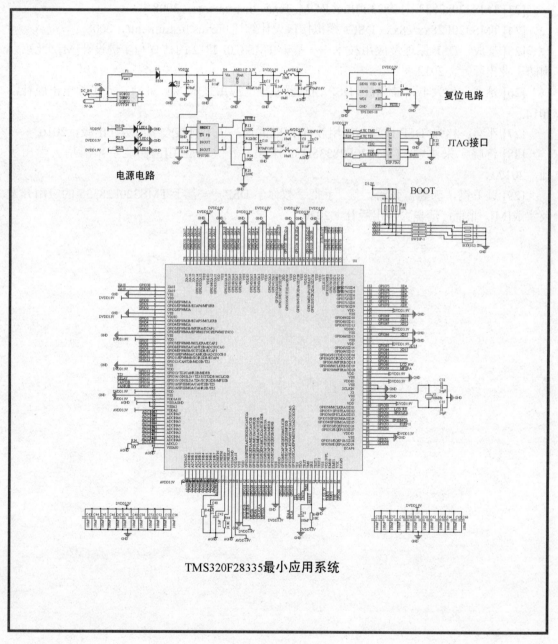

TMS320F28335最小应用系统

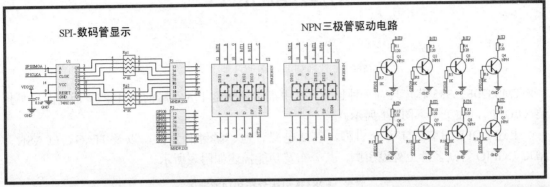

SPI-数码管显示　　　　NPN三极管驱动电路

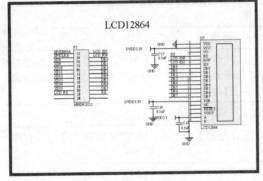

LCD12864

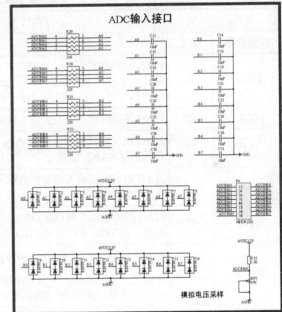

ADC输入接口

模拟电压采样

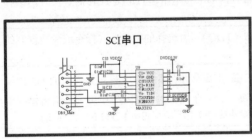

SCI串口

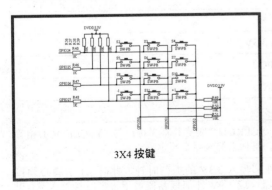

3X4 按键

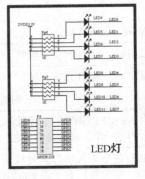

LED灯

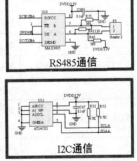

RS485通信

I2C通信

附录 B　F28335 LQFP 封装 176 引脚分配和功能描述

TMS320F28335 芯片共有 3 种封装，其中最常见的是 176 引脚的 PGF/PTP 低剖面扁平封装（LQFP），如第 1 章图 1.1 所示。

上述 LQFP 封装的 176 个引脚，包括电源、地、时钟和复位，以及 JTAG、FLASH、ADC、GPIO 等众多片上外设引脚，其分布及功能描述如附表所示。

附表　F28335 引脚分布和功能描述

引脚名称	编号	功能描述
JTAG 接口引脚		
$\overline{\text{TRST}}$	78	JTAG 口扫描控制位，内部带下拉电阻，当该引脚为高电平时，对器件进行扫描控制；当未连接或为低电平时，器件工作于正常模式，忽略测试复位信号。当处于高噪音环境时，可以外接 2.2Ω 下拉电阻进行保护
TCK	87	JTAG 测试时钟，带有内部上拉电阻
TMS	79	JTAG 测试模式选择引脚（TMS），带有内部上拉电阻，在 TCK 时钟上升沿锁存串行数据至 TAP 控制器
TDI	76	JTAG 测试数据输入引脚（TDI），带有内部上拉电阻，TDI 在 TCK 时钟上升沿锁存至选择的寄存器
TDO	77	JTAG 扫描输出，测试数据输出引脚（TDO）。所选择的寄存器（指令或者数据）的内容，在 TCK 下降沿从 TDO 移出
EMU0	85	仿真引脚 0，当 $\overline{\text{TRST}}$ 为高电平时，该引脚为仿真系统的中断，并且在 JTAG 扫描中被定义为输出输入。当 EMU0 为高、EMU1 为低时，$\overline{\text{TRST}}$ 引脚上升沿将器件锁存位在边界扫描模式。建议在该引脚外接一个阻值为 2.2～4.7kΩ 的上拉电阻
EMU1	86	仿真引脚 1，功能如 EMU0 所述。
闪存		
V_{DD3VFL}	84	3.3V 闪存内核电源引脚，连接至 3.3V。
TEST1	81	测试引脚，为 TI 预留，悬空。（I/O）
TEST2	82	测试引脚，为 TI 预留，悬空。（I/O）
时钟		
XCLKOUT	138	来自 SYSCLKOUT 的分频时钟。XCLKOUT 取值共有 3 种：与 SYSCLKOUT 相等或者为其一半，或为其四分之一。具体由分频系数决定
XCLKIN	105	外部振荡器输入引脚。可以从外部输入 3.3V 的振荡时钟，此时 X1 引脚必须接 GND。如果使用到了晶振/谐振器（或 1.9V 外部振荡器被用来把时钟馈入 X1 引脚），则此引脚必须连接到 GND

续表

时钟		
X1	104	内部/外部振荡器输入引脚。如果使用外部振荡器，则石英晶振必须被连接在 X1 与 X2 之间，同时特定参数的陶瓷电容器，被分别连接到 X1、X2 引脚与地 GND 之间。当 X1 引脚连接 1.9V 外部时钟时，XCLKIN 引脚必须接地；当一个 3.3V 外部时钟连接到 XCLKIN 引脚时，X1 引脚也必须接至 GND
X2	102	内部振荡器输入引脚。如果使用外部振荡器，则石英晶振必须被连接在 X1 和 X2 之间，同时特定参数的陶瓷电容器，被分别连接到 X1、X2 引脚与地 GND 之间
复位		
$\overline{\text{XRS}}$	80	器件复位（输入）和安全装置复位（输出）引脚。器件复位时 $\overline{\text{XRS}}$ 为低电平，终止执行，PC 将指向 0x3FFFC0 对应的地址。当 $\overline{\text{XRS}}$ 为高电平时，在 PC 指向的位置开始执行。该引脚的输出缓冲器是一个有内部上拉电阻的开漏器件，建议由一个开漏器件驱动该引脚。

电源		
名称	引脚	功能描述
V_{DD}	4、15、23、29、61、101、109、117、126、139、146、154、167	CPU 与逻辑数字电源
V_{DDIO}	9、71、93、107、121、143、159、170	I/O 口数字电源
V_{SS}	3、8、14、22、30、60、70、83、92、103、106、108、118、120、125、140、144、147、155、160、166、171	数字电源地
V_{DDA2}	34	ADC 模拟电源
V_{SSA2}	33	ADC 模拟地
V_{DDAIO}	45	ADC 模拟 I/O 电源
V_{SSAIO}	44	ADC 模拟 I/O 地
V_{DD1A18}	31	ADC 模拟电源
$V_{DD1AGND}$	32	ADC 模拟地
V_{DD2A18}	59	ADC 模拟电源
$V_{DD2AGND}$	58	ADC 模拟地

ADC 引脚					
ADCINA7	35	ADC 组 A 通道 7 输入	ADCINB7	53	ADC 组 B 通道 7 输入
ADCINA6	36	ADC 组 A 通道 6 输入	ADCINB6	52	ADC 组 B 通道 6 输入
ADCINA5	37	ADC 组 A 通道 5 输入	ADCINB5	51	ADC 组 B 通道 5 输入
ADCINA4	38	ADC 组 A 通道 4 输入	ADCINB4	50	ADC 组 B 通道 4 输入
ADCINA3	39	ADC 组 A 通道 3 输入	ADCINB3	49	ADC 组 B 通道 3 输入
ADCINA2	40	ADC 组 A 通道 2 输入	ADCINB2	48	ADC 组 B 通道 2 输入
ADCINA1	41	ADC 组 A 通道 1 输入	ADCINB1	47	ADC 组 B 通道 1 输入
ADCINA0	42	ADC 组 A 通道 0 输入	ADCINB0	46	ADC 组 B 通道 0 输入
ADCLO	43	低电平基准（连接模拟接地）	ADCREFIN	54	外部基准（参考电压）输入

ADC 引脚					
ADCREFP	56	内部基准正输出。将一个低等效串联电阻的 2.2μF 陶瓷旁通电容器接至模拟接地。	ADCREFM	55	内部基准中输出。将一个低等效串联电阻的 2.2μF 陶瓷旁通电容器接至模拟接地。
ADCRESEXT	57	ADC 外部电流偏置电阻。将一个 22kΩ 电阻接至模拟地。			
GPIO 和外设引脚					
GPIO0 EPWM1A	5	通用输入/输出 0（I/O/Z） 增强型 PWM1 输出 A 和 HRPWM 通道（O）	GPIO44 XA4	157	通用输入/输出 44（I/O/Z） 外部接口地址线路 4（O）
GPIO1 EPWM1B ECAP6 MFSRB	6	通用输入/输出 1（I/O/Z） 增强 PWM1 输出 B（O） 增强捕捉 6 输入/输出（I/O） McBSP-B 接收帧同步（I/O）	GPIO45 XA5	158	通用输入/输出 45（I/O/Z） 外部接口地址线路 5（O）
GPIO2 EPWM2A	7	通用输入/输出 2（I/O/Z） 增强型 PWM2 输出 A 和 HRPWM 通道（O）	GPIO46 XA6	161	通用输入/输出 46（I/O/Z） 外部接口地址线路 6（O）
GPIO3 EPWM2B ECAP5 MCLKRB	10	通用输入/输出 3（I/O/Z） 增强 PWM2 输出 B（O） 增强型捕捉 5 输入/输出 McBSP-B 接收帧同步 I/O）	GPIO47 XA7	162	通用输入/输出 47（I/O/Z） 外部接口地址线路 7（O）
GPIO4 EPWM3A	11	通用输入/输出 4（I/O/Z） 增强型 PWM3 输出 A 和 HRPWM 通道（O）	GPIO48 ECAP5 XD31	88	通用输入/输出 48（I/O/Z） 增强型捕捉输入/输出 5（I/O） 外部接口数据线 31（I/O/Z）
GPIO5 EPWM3B MFSRA ECAP1	12	通用输入/输出 5（I/O/Z） 增强 PWM3 输出 B（O） McBSP-A 接收帧同步（I/O） 增强捕捉输入/输出 1（I/O）	GPIO49 ECAP6 XD30	89	通用输入/输出 49（I/O/Z） 增强型捕捉输入/输出 6（I/O） 外部接口数据线路 30（I/O/Z）
GPIO6 EPWM4A EPWMSYNCI EPWMSNCO	13	通用输入/输出 6（I/O/Z） 增强型 PWM4 输出 A 和 HRPWM 通道（O） 外部 ePWM 同步脉冲输入（I） 外部 ePWM 同步脉冲输出（O）	GPIO50 EQEP1A XD29	90	通用输入/输出 50（I/O/Z） 增强型 QEP1 输入 A（I/O） 外部接口数据线路 29（I/O/Z）
GPIO7 EPWM4B MCLKRA ECAP2	16	通用输入/输出 7（I/O/Z） 增强 PWM4 输出 B（O） McBSP-A 接收时钟 I/O） 增强型捕捉输入/输出 2（I/O）	GPIO51 EQEP1B XD28	91	通用输入/输出 51（I/O/Z） 增强型 QEP1 输入 B（I） 外部接口数据线 28（I/O/Z）
GPIO8 EPWM5A CANTXB ADCSOCAO	17	通用输入/输出 8（I/O/Z） 增强型 PWM5 输出 A 和 HRPWM 通道（O） 增强型 CAN-B 传输（O） ADC 转换启动 A（O）	GPIO52 EQEP1S XD27	94	通用输入/输出 52（I/O/Z） 增强型 QEP1 选通脉冲（I/O） 外部接口数据线路 27（I/O/Z）

GPIO 和外设引脚					
GPIO9 EPWM5B SCITXDB ECAP3	18	通用输入/输出 9（I/O/Z） 增强 PWM5 输出 B（O） SCI-B 发送数据（I/O） 增强型捕捉输入/输出 3（I/O）	GPIO53 EQEP1I XD26	95	通用输入/输出 53（I/O/Z） 增强型 QEP1 索引（I/O） 外部接口数据线 26（I/O/Z）
GPIO10 EPWM6A CANRXB ADCSOCBO	19	通用输入/输出 10（I/O/Z） 增强型 PWM6 输出 A 和 HRPWM 通道（O） 增强型 CAN-B 接收（I） ADC 转换启动 B（O）	GPIO54 SPISIMOA XD25	96	通用输入/输出 54（I/O/Z） SPI-A 从器件输入，主器件输出（I/O） 外部接口数据线路 25（I/O/Z）
GPIO11 EPWM6B SCIRXDB ECAP4	20	通用输入/输出 11（I/O/Z） 增强型 PWM6 输出 B（O） 增强 SCI-B 接收数据（I） 增强型 CAP 输入/输出 4（I/O）	GPIO55 SPISOMIA XD24	97	通用输入/输出 55（I/O/Z） SPI-A 从器件输出，主器件输入（I/O） 外部接口数据线 24（I/O/Z）
GPIO12 $\overline{TZ1}$ CANTXB MDXB	21	通用输入/输出 12（I/O/Z） 触发区输入 1（I） 增强型 CAN-B 传输（O） McBSP-B 串行数据传输（O）	GPIO56 SPICLKA XD23	98	通用输入/输出 56（I/O/Z） SPI-A 时钟（I/O） 外部接口数据线路 23（I/O/Z）
GPIO13 $\overline{TZ2}$ CANRXB MDRB	24	通用输入/输出 13（I/O/Z） 触发区输入 2（I） 增强型 CAN-B 接收（I） McBSP-B 串行数据接收（I）	GPIO57 $\overline{SPISTEA}$ XD22	99	通用输入/输出 57（I/O/Z） SPI-A 从器件发送使能（I/O） 外部接口数据线路 22（I/O/Z）
GPIO13 $\overline{TZ3}$/ $\overline{XHOLD}$ SCITXDB MCLKXB	25	通用输入/输出 14（I/O/Z） 触发区输入 3/外部保持请求（I） 增强 SCI-B 数据发送（O） McBSP-B 传输时钟（I/O）	GPIO58 MCLKRA XD21	100	通用输入/输出 58（I/O/Z） McBSP-A 接收时钟（I/O） 外部接口数据线路 21（I/O/Z）
GPIO15 $\overline{TZ4}$/ XHOLDA SCIRXDB MFSXB	26	通用输入/输出 15（I/O/Z） 触发区输入 4/外部保持确认 SCI-B 接收（I） McBSP-B 传输帧同步（I/O）	GPIO59 MFSRA XD20	110	通用输入/输出 59（I/O/Z） McBSP-A 接收帧同步（I/O） 外部接口数据线路 20（I/O/Z）
GPIO16 SPISIMOA CANTXB $\overline{TZ5}$	27	通用输入/输出 16（I/O/Z） SPI 从器件输入，主器件输出（I/O） 增强型 CAN-B 发送（O） 触发区输入 5（I）	GPIO60 MCLKRB XD19	111	通用输入/输出 60（I/O/Z） McBSP-B 接收时钟（I/O） 外部接口数据线路 19（I/O/Z）
GPIO17 SPISOMIA CANRXB $\overline{TZ6}$	28	通用输入/输出 17（I/O/Z） SPI-A 从器件输出，主器件输入（I/O） 增强型 CAN-B 接收（I） 触发区输入 6（I）	GPIO61 MFSRB XD18	112	通用输入/输出 61（I/O/Z） McBSP-B 接收帧同步（I/O） 外部接口数据线路 18（I/O/Z）
GPIO18 SPICLKA SCITXDB CANRXA	62	通用输入/输出 18（I/O/Z） SPI-A 时钟输入/输出（I/O） SCI-B 传输（O） 增强型 CAN-A 接收（I）	GPIO62 SCIRXDC XD17	113	通用输入/输出 62（I/O/Z） SCI-C 接收数据（I/O） 外部接口数据线 17（I/O/Z）

GPIO 和外设引脚					
GPIO19 SPISTEA SCIRXDB CANTXA	63	通用输入/输出 19（I/O/Z） SPI-A 从器件发送使能输入/输出（I/O） SCI-B 接收（I） 增强型 CAN-A 传输（O）	GPIO63 SCITXDC XD16	114	通用输入/输出 63（I/O/Z） SCI-C 发送数据（O） 外部接口数据线路 16（I/O/Z）
GPIO20 EQEP1A MDXA CANTXB	64	通用输入/输出 20（I/O/Z） 增强型 QEP1 输入 A（I） McBSP-A 串行数据传输（O） 增强型 CAN-B 传输（O）	GPIO64 XD15	115	通用输入/输出 64（I/O/Z） 外部接口数据线路 15（O）
GPIO21 EQEP1B MDRA CANRXB	65	通用输入/输出 21（I/O/Z） 增强型 QEP1 输入 B（I） McBSP-A 串行数据接收（I） 增强型 CAN-B 接收（I）	GPIO65 XD14	116	通用输入/输出 65（I/O/Z） 外部接口数据线路 14（I/O/Z）
GPIO22 EQEP1S MCLKXA SCITXDB	66	通用输入/输出 22（I/O/Z） 增强型 QEP1 选通脉冲（I/O） McBSP-A 传输时钟（I/O） SCI-B 传输（O）	GPIO66 XD13	119	通用输入/输出 66（I/O/Z） 外部接口数据线路 13（I/O/Z）
GPIO23 EQEP1I MFSXA SCIRXDB	67	通用输入/输出 23（I/O/Z） 增强型 QEP1 索引（I/O） McBSP-A 传输帧同步（I/O） SCI-B 接收（I）	GPIO67 XD12	122	通用输入/输出 67（I/O/Z） 外部接口数据线路 12（I/O/Z）
GPIO24 ECAP1 EQEP2A MDXB	68	通用输入/输出 24（I/O/Z） 增强型捕获 1（I/O） 增强型 QEP2 输入 A（I） McBSP-B 串行数据传输（O）	GPIO68 XD11	123	通用输入/输出 68（I/O/Z） 外部接口数据线路 11（I/O/Z）
GPIO25 ECAP2 EQEP2B MDRB	69	通用输入/输出 25（I/O/Z） 增强型捕获 2（I/O） 增强型 QEP2 输入 B（I） McBSP-B 串行数据接收（I）	GPIO69 XD10	124	通用输入/输出 69（I/O/Z） 外部接口数据线路 10（I/O/Z）
GPIO26 ECAP3 EQEP2I MCLKXB	72	通用输入/输出 26（I/O/Z） 增强型捕获 3（I/O） 增强型 QEP2 索引（I/O） McBSP-B 传输时钟（I/O）	GPIO70 XD9	127	通用输入/输出 70（I/O/Z） 外部接口数据线路 9（I/O/Z）
GPIO27 ECAP4 EQEP2S MFSXB	73	通用输入/输出 27（I/O/Z） 增强型捕获 4（I/O） 增强型 QEP2 选通脉冲（I/O） McBSP-B 传输帧同步（I/O）	GPIO71 XD8	128	通用输入/输出 71（I/O/Z） 外部接口数据线路 8（I/O/Z）
GPIO28 SCIRXDA XZCS6	141	通用输入/输出 28（I/O/Z） SCI 接收数据（I） 外部接口区域 6 芯片选择（O）	GPIO72 XD7	129	通用输入/输出 72（I/O/Z） 外部接口数据线路 7（I/O/Z）
GPIO29 SCITXDA XA19	2	通用输入/输出 29（I/O/Z） SCI 传输数据（O） 外部接口地址线路 19（O）	GPIO73 XD6	130	通用输入/输出 73（I/O/Z） 外部接口数据线路 6（I/O/Z）

GPIO 和外设引脚					
GPIO30 CANRXA XA18	1	通用输入/输出 30（I/O/Z） 增强型 CAN-A 接收（I） 外部接口地址线路 18（O）	GPIO74 XD5	131	通用输入/输出 74（I/O/Z） 外部接口数据线路 5（I/O/Z）
GPIO31 CANTXA XA17	176	通用输入/输出 31（I/O/Z） 增强型 CAN-A 发送（O） 外部接口地址线路 17（O）	GPIO75 XD4	132	通用输入/输出 75（I/O/Z） 外部接口数据线路 4（I/O/Z）
GPIO32 SDAA EPWMSYNCI ADCSOCAO	74	通用输入/输出 32（I/O/Z） I2C 数据开漏双向端口（I/O/D） 增强型 PWM 外部同步脉冲输入（I） ADC 转换启动 A（O）	GPIO76 XD3	133	通用输入/输出 76（I/O/Z） 外部接口数据线路 3（I/O/Z）
GPIO33 SCLA EPWMSYNCO ADCSOCBO	75	通用输入/输出 33（I/O/Z） I2C 时钟开漏双向端口（I/OD） 增强型 PWM 外部同步脉冲输出（O） ADC 转换启动 B（O）	GPIO77 XD2	134	通用输入/输出 77（I/O/Z） 外部接口数据线 2（I/O/Z）
GPIO34 ECAP1 XREADY	142	通用输入/输出 34（I/O/Z） 增强型捕捉输入/输出（I/O） XINTF 外部接口就绪信号	GPIO78 XD1	135	通用输入/输出 78（I/O/Z） 外部接口数据线路 1（I/O/Z）
GPIO35 SCITXDA XR/$\overline{W}$	148	通用输入/输出 35（I/O/Z） SCI-A 发送数据（O） XINTF 读写选通	GPIO79 XD0	136	通用输入/输出 79（I/O/Z） 外部接口数据线路 0（I/O/Z）
GPIO36 SCIRXDA $\overline{XZCS0}$	145	通用输入/输出 36（I/O/Z） SCI 接收数据（I） 外部接口 0 区芯片选择（O）	GPIO80 XA8	163	通用输入/输出 80（I/O/Z） 外部接口地址线 8（I/O/Z）
GPIO37 ECAP2 $\overline{XZCS7}$	150	通用输入/输出 37（I/O/Z） 增强型捕获输入/输出 2（I/O） 外部接口 7 区芯片选择（O）	GPIO81 XA9	164	通用输入/输出 81（I/O/Z） 外部接口地址线 9（I/O/Z）
GPIO38 $\overline{XWE0}$	137	通用输入/输出 38（I/O/Z） 外部接口写入使能 0（O）	GPIO82 XA10	165	通用输入/输出 82（I/O/Z） 外部接口地址线 10（I/O/Z）
GPIO39 XA16	175	通用输入/输出 39（I/O/Z） 外部接口地址线路 16（O）	GPIO83 XA11	168	通用输入/输出 83（I/O/Z） 外部接口地址线 11（I/O/Z）
GPIO40 XA0/$\overline{XWE1}$	151	通用输入/输出 40（I/O/Z） 外部接口地址线路 0/外部接口写入使能 1（O）	GPIO84 XA12	169	通用输入/输出 84（I/O/Z） 外部接口地址线路 12（I/O/Z）
GPIO41 XA1	152	通用输入/输出 41（I/O/Z） 外部接口地址线路 1（O）	GPIO85 XA13	172	通用输入/输出 85（I/O/Z） 外部接口地址线路 13（O）
GPIO42 XA2	153	通用输入/输出 42（I/O/Z） 外部接口地址线路 2（O）	GPIO86 XA14	173	通用输入/输出 86（I/O/Z） 外部接口地址线路 14（O）
GPIO43 XA3	156	通用输入/输出 43（I/O/Z） 外部接口地址线路 3（O）	GPIO87 XA15	174	通用输入/输出 87（I/O/Z） 外部接口地址线路 15（O）
$\overline{XRD}$	149	XINTF 读允许			

注：表中 I—输入，O—输出，Z—高阻抗，OD—漏极开路。